Fortran 95 程序设计

彭国伦　编著
健莲科技　改编

内 容 提 要

本书介绍了当前国际上广泛流行的高级算法语言 Fortran 的最新版本 Fortran 95。本书循序渐进、由浅到深，使用结构化及面向对象程序设计观念，以简单明了的方式把 Fortran 95 介绍给读者。书中主要讲述了 Fortran 95 程序设计的方法，包括数值计算、计算机绘图、窗口程序设计、与 Visual C++/Visual Basic/Delphi 的链接，甚至是游戏程序的编写。

本书语言简洁，实例丰富，面向初、中级读者，适合初学 Fortran 程序设计的读者和想尝试由 Fortran 77 跨入 Fortran 95 的老手，也可作为从事 Fortran 教学研究、开发及应用方面的工程技术人员的参考书。

图书在版编目（CIP）数据

Fortran 95 程序设计 / 彭国伦著；健莲科技改编. —北京：中国电力出版社，2002.9（2024.5 重印）
ISBN 978-7-5083-1062-6

Ⅰ. F… Ⅱ. ①彭…②健… Ⅲ. FORTRAN 语言–程序设计 Ⅳ. TP312

中国版本图书馆 CIP 数据核字（2002）第 032900 号

著作权合同登记号　图字：01-2002-1213

版 权 声 明

本书为台湾碁峰资讯股份有限公司独家授权的中文简体化字版本。本书专有出版权属中国电力出版社所有。在没有得到本书原版出版者和本书出版者书面许可时，任何单位和个人不得擅自摘抄、复制本书的一部分或全部，以任何方式（包括资料和出版物）进行传播。本书原版版权属碁峰资讯股份有限公司。版权所有，侵权必究。

中国电力出版社出版、发行
（北京市东城区北京站西街 19 号 100005　http://www.cepp.sgcc.com.cn）
三河市航远印刷有限公司印刷
各地新华书店经售

*

2002 年 9 月第一版　2024 年 5 月北京第三十次印刷
787 毫米×1092 毫米　16 开本　37 印张　914 千字
定价 59.00 元

版 权 专 有　侵 权 必 究
本书如有印装质量问题，我社营销中心负责退换

前　言

　　这本书的前身，是笔者在 1997 年出版的"精通 Fortran 90 程序设计"。Fortran 95 这个标准，与 Fortran 90 比较起来其实并没有很大的差别；不过这本书在内容上做了许多修订，把以前解释不足的地方都重新改写，尤其是数组、指针、MODULE 的部分；另外在绘图及数值计算方面还做了更详细的补充；对于 Visual Fortran 操作环境也做了更清楚的说明。

　　Fortran 95 包含 Fortran 77 及 Fortran 90 的原有功能，本书的目标是要让读者习惯新的 Fortran 编写格式。不过因为目前还不可能完全抛弃旧的规则，实例程序偶尔会使用古典风格来编写，让读者温故知新。在书中会特别注明有哪些命令是 Fortran 90 或 Fortran 95 新添加的功能，没有特别注明的部分都是从 Fortran 77 延续下来的语法。

　　这本书对于程序设计方法的讲解，会重于 Fortran 语法的说明。因为只要掌握写程序的方法，就有办法使用任何其他程序语言来编写程序。在书中除了会解释 Fortran 命令的语法，还会说明为什么需要这个命令，还有什么时候该使用它。

　　在实例程序方面，前半部的程序主要是用来示范 Fortran 命令的语法；到后半部介绍 Fortran 的应用时，才有机会看到比较实用及有趣的程序。等读者掌握 Fortran 基本语法能力后，本书后半部会示范如何应用 Fortran 来从事数值计算、计算机绘图、窗口程序设计、与 Visual C++/Visual Basic/Delphi 的链接、甚至是游戏程序的编写。

　　下面是笔者的电子邮件及网页位置，随时欢迎您的任何指教。
　　电子邮件信箱 perng@cmlab.csie.ntu.edu.tw
　　本书网页 http://www.cmlab.csie.ntu.edu.tw/～perng/book

导　　读

　　本书的章节并不完全有关联性，第 1 章是计算机概论的介绍，第 2 章是编译器的使用，读者可以根据自己的情况跳过它们。从第 3 章才开始进入 Fortran 程序的介绍。第 3～9 章介绍的是 Fortran 的最基本的功能，第 10、11 章介绍的是比较高级的功能。建议读者应该完全掌握第 3～9 章中的内容，如果时间不足，可以暂时先跳过第 10、11 这两章。

　　第 12～17 章介绍的是 Fortran 的应用，这几个章节并没有关联性，在读完前 9 章之后就有足够的基础来阅读其中任何一章。为了减少版面，在书中并没有显示第 17 章的内容，这一章的内容做成电子书放在光盘上。

　　第 12 章介绍高级编译器的使用方法，示范如何编译链接库、如何使用调试工具。有一部分在介绍 Fortran 与其他语言（Visual C++/Visual Basic/Delphi）的链接。还有一部分会介绍如何对程序进行优化处理，加快程序执行速度。

　　第 13 章是计算机绘图，从最基本的几何图形绘制开始，到制作实时动画的方法；最后会用两个游戏程序来作实例，这两个程序也用来打破一些人士对于 Fortran 只能用来做数值计算的错误概念。

　　第 14、16 章是数值方法，第 14 章会详细介绍数值方法中的几种算法，并示范程序写作的方法；第 16 章则会示范 IMSL 链接库的使用。

　　第 15 章是数据结构及算法，这是在说明编写程序所应该要学习的一些基本方法及概念。

　　第 17 章会介绍 Visual Fortran 的扩充功能，包含一些常用的扩充函数介绍及 Visual Fortran 所提供的绘图及窗口程序设计功能。这一章的内容以文件的类型放在随书光盘上。

　　附录 A 是 Fortran 的库函数说明，阅读完 3～9 章后，建议应该要翻到附录 A 看看 Fortran 有哪些库函数可以使用。附录 B 是 ASCII 表，在第 4 章介绍过字符类型后，就应该去看看这个表格。

光盘使用说明

在光盘的根目录下有个 INDEX.HTM 文件，读者用浏览器打开它就可以看到光盘内容的导览。简单地说明一下文件的存放情况：

\program\chap02 ~ chap17	这些目录下存放每一章的实例程序
\ans\chap02 ~ chap11	习题参考解答
\book	书中没有显示的第 17 章的电子文件，提供 WORD 及 PDF 文件的格式
\document	Fortran 标准的文件，从 Fortran 77 到最新的 Fortran 95，还有制订中的 Fortran 200X 草稿
\sgl	笔者提供的 SGL 绘图链接库
\gcc	GNU C/C++及 Fortran 77 编译器

致　　谢

能够完成这本书，除了要感谢父母的养育，还要感谢台大造船系及台大信息工程所多媒体实验室这几年的栽培。特别感谢造船系的蒋德普教授在 Fortran 方面的启蒙，及信息所的欧阳明主任、吴家麟教授、陈文进教授等等在我在研究所阶段对我的照顾。另外如果没有万云龙先生在我写第一本书时所给予的帮助，今天也不可能会有这本书。

当然还要感谢一群热心帮忙校稿的朋友，如果没有他们，我也不能顺利完稿。依校稿的章节顺序分别是：许美云、张志鸿、黄建桦、陈继峰、蔡明怡。母亲江秋月女士也很辛苦地帮忙做了整本书的第一次错字校正。

其他还要感谢的有在华硕计算机的彭伟伦，也是我的兄长，在学生时代经常会一起讨论很多程序问题。还有台大资工所多媒体实验室的全体成员，感谢大家所共同创造出来的学习环境。

目　　录

前　言
导　读
光盘使用说明
致　谢

第 1 章　计算机概论 ·· 1
　　1-1　计算机简史 ·· 2
　　1-2　数字化 ·· 4
　　1-3　微处理器（Micro Processor） ·· 7
　　1-4　计算机基本结构 ··· 8
　　1-5　操作系统 ·· 9
　　1-6　计算机语言 ·· 10
　　1-7　今天的计算机 ··· 11

第 2 章　编译器的使用 ·· 13
　　2-1　编译器简介 ·· 14
　　2-2　Visual Fortran 的使用 ··· 14
　　2-3　LINUX 下使用 Fortran ·· 21

第 3 章　Fortran 程序设计基础 ·· 25
　　3-1　字符集 ·· 26
　　3-2　书面格式 ··· 26
　　3-3　Fortran 的数据类型 ·· 28
　　3-4　Fortran 的数学表达式 ··· 31
　　3-5　Fortran 简史 ··· 31

第 4 章　输入输出及声明 ··· 33
　　4-1　输入（WRITE）输出（PRINT）命令 ······································· 34
　　4-2　声明 ··· 36
　　4-3　输入命令（READ） ·· 47
　　4-4　格式化输入输出（FORMAT） ·· 49
　　4-5　声明的其他事项 ·· 59
　　4-6　混合运算 ··· 63
　　4-7　Fortran 90 的自定义数据类型 ··· 65
　　4-8　KIND 的使用 ··· 67

第 5 章 流程控制与逻辑运算 ··· 71

- 5-1 IF 语句 ··· 72
- 5-2 浮点数及字符的逻辑运算 ··· 87
- 5-3 SELECT CASE 语句 ··· 90
- 5-4 其他流程控制 ··· 93
- 5-5 二进制的逻辑运算 ··· 96

第 6 章 循 环 ··· 99

- 6-1 DO ··· 100
- 6-2 DO WHILE 循环 ··· 105
- 6-3 循环的流程控制 ··· 107
- 6-4 循环的应用 ··· 111

第 7 章 数组（ARRAY） ··· 119

- 7-1 基本使用 ··· 120
- 7-2 数组内容的设置 ··· 129
- 7-3 数组的保存规则 ··· 144
- 7-4 可变大小的数组 ··· 146
- 7-5 数组的应用 ··· 149

第 8 章 函 数 ··· 155

- 8-1 子程序（SUBROUTINE）的使用 ··· 156
- 8-2 自定义函数（FUNCTION） ··· 166
- 8-3 全局变量（COMMON） ··· 169
- 8-4 函数中的变量 ··· 176
- 8-5 特殊参数的使用方法 ··· 186
- 8-6 特殊的函数类型 ··· 194
- 8-7 MODULE ··· 204
- 8-8 一些少用的功能 ··· 212
- 8-9 使用多个文件 ··· 214
- 8-10 函数的应用 ··· 218

第 9 章 文 件 ··· 231

- 9-1 文件读取的概念 ··· 232
- 9-2 文件的操作 ··· 233
- 9-3 顺序文件的操作 ··· 241
- 9-4 直接访问文件的操作 ··· 253
- 9-5 二进制文件的操作 ··· 257
- 9-6 Internal File（内部文件） ··· 260

| 9-7 | NAMELIST | 264 |
| 9-8 | 文件的应用 | 266 |

第10章 指 针 275

10-1	指针基本概念	276
10-2	指针数组	279
10-3	指针与函数	282
10-4	基本的指针应用	284
10-5	指针的高级应用	287

第11章 MODULE 及面向对象 311

11-1	结构化与面向对象	312
11-2	再论 MODULE	314
11-3	再论 INTERFACE	323
11-4	实际应用	336

第12章 编译器的高级使用 345

12-1	编译器的完整功能	346
12-2	编译	347
12-3	调试 Debug	353
12-4	优化	358
12-5	与其他语言链接	366
12-6	其他功能	385

第13章 计算机绘图 391

13-1	绘图基本概念	392
13-2	SGL 基本使用	394
13-3	SGL 的交互功能	409
13-4	图像与色彩	419
13-5	高级应用	432

第14章 数值方法 435

14-1	求解非线性函数	436
14-2	线性代数	444
14-3	积分	461
14-4	插值法与曲线近似	464

第15章 数据结构与算法 485

| 15-1 | 排序 | 486 |
| 15-2 | 搜索 | 495 |

15-3　堆栈 Stack ··· 505
　　15-4　树状结构 ··· 511
第 16 章　IMSL 函数库 ·· 523
　　16-1　线性代数 ··· 524
　　16-2　求解非线性方程 ·· 527
　　16-3　微积分 ·· 533
　　16-4　微分方程 ··· 541
　　16-5　插值与曲线近似 ·· 553
附　录 ·· 561
　　附录 A　Fortran 库函数 ··· 562
　　附录 B　ASCII 表 ··· 580

Chapter 1

计算机概论

在进入 Fortran 程序设计之前，先带给读者一些很基础的计算机概论课程，希望让大家了解计算机软硬件的基本运行原理。明白这些原理，对于实际编写程序会很有帮助。本章会顺序地从计算机开发的简史开始介绍，到二进制系统、微处理器（CPU）、硬件结构（Architecture）、低级语言（Assembly）、编译器（Compiler）、高级语言（Fortran/C/Java）、操作系统（OS）、应用程序（Application）。

1-1　计算机简史

开始介绍计算机的历史之前，先给大家一个概念，计算机不一定是一块屏幕、一台主机、再加上键盘鼠标的组合，这只是现在一般大众所使用的 PC 个人计算机的典型外观。

计算机的英文是 Computer，广义地来说，用来帮助人类做数学运算的机器及工具都可以叫做"计算机"。中国古老的算盘，就称得上是历史上早期的计算机（如图 1.1 所示）。

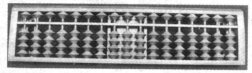

算盘

图 1.1

欧洲在 17 世纪发明了计算尺（如图 1.2 所示），它有效地利用对数的原理，可以快速地做出乘除法等等的计算。在差不多相同的时间，法国人 Pascal 发明了可以做加法计算的加法机（如图 1.3 所示），这算是第一个机械式的计算工具。

计算尺

图 1.2

Pascal 发明的加法机 Pascaline

图 1.3

工业革命后，科学家一直在尝试制造功能更强大的计算机，在 19 世纪末到 20 世纪初这段时间，终于出现了一些可以实际使用，并且公开在市场上销售的机械式计算机（如图 1.4 和 1.5 所示）。

现代计算机与过去简单的计算机最大的不同在于现代计算机不仅仅能做加减乘除的数学计算。现代计算机的概念可以追溯到 19 世纪中，是由一位英国数学教授 Charles Babbage 提出的。他设计了一台以蒸汽为动力，大小和火车头差不多的机器，叫做 Difference Engine，后来又进一步设计了一台叫作 Analytical Engine 的机器。它们都有保存程序和输出结果的能力，而且在功能上并不只限于数字的加减乘除运算，还可以通过程序来规划机器的运行，但可惜的是全都没有完工。

图 1.4　　　　　　　　　　　　　　　图 1.5

左图是 19 世纪末发明的机械式计算机；右图是 1947 年问世的历史上的第一台机械式掌上型计算机

在第二次世界大战中，应战争需要而开发出的电子式计算机在破解敌方密码、计算大炮弹道、飞机辅助设计等许多方面得到了应用。大战期间所发明的计算机有英国的 Colosus、美国的 Mark I（如图 1.6 所示）和 ENIAC（如图 1.7 所示）、德国的 Z3 等等。早期的计算机大都使用真空管来进行运算，体积非常庞大，而且编写程序时要使用机器语言，也就是程序员必须使用数字命令及开关来指挥计算机。学术界把它们归纳为第一代计算机。

图 1.6　　　　　　　　　　　　　　　图 1.7

左图是巨无霸 MarkI；右图是 ENIAC

1946 年发明的晶体管和真空管具备同样的功能，但是体积、用电，以及散发的热量都比真空管少。改用晶体管的第二代计算机，体积比第一代计算机小得多，而且执行起来较为可靠。软件业也在此时期开始萌芽，这段期间开发出了编译器，可以把机器语言改用文本来表示（也就是汇编语言），然后再把这些文本翻译成机器语言，Fortran 及 COBOL 等高级语言也在同时期问世。

集成电路发明后，可以把好几个晶体管放在一小块芯片上，开创了半导体时代，这也让计算机进入了所谓的第三代计算机时代。现在大家所使用的个人计算机，算是第四代计算机，它的一小块芯片中可以放入上百万个组件。今天在市场上大家都可以买到的掌上型计算机，例如 PDA 和 HPC（如图 1.8 所示），它们所拥有的计算能力及存储容量都远远超过了数十年前和房间一样大的超级计算机。

掌上型计算机

图 1.8

1-2 数字化

数字媒体已经不知不觉地进入每个人的生活，我们几乎每天都会接触到它们，例如 CD 唱片、DVD 电影、数字相机等等。这些电子数字媒体都是使用二进制的方法来保存数字数据的，那么为什么要使用二进制呢？

以电视遥控器为例，只要按下按钮，电视机就会有反应，这样说来按钮其实就是一个开关，按下按钮就会让这个开关通电。有没有通电，是电子设备接受信息最简单的方法。遥控器的按钮，没有所谓按一半、或是按下三分之一个按钮的操作方法，因为一个开关如果不是正在通电，就是关闭着不通电。而且在操作电视时，只有换台或不换台，没有换半个台的需要。

二进制中只有 0 和 1 这两种数字，正好可以用来形容一个开关的情况，0 代表关，1 代表开。记录一个二进制数所需要的容量大小，称为一个位（bit）。通常在使用时，并不是以一个位为最小的单位，而是组合 8 个位为一个字节（byte），1024 个字节为 1KB，1024KB 为 1MB，1024MB 为 1GB。

1 byte = 8 bits
1 KB = 1024 bytes = 2^{10} bytes
1 MB = 1024 KB = 1024*1024 bytes = 2^{20} bytes
1 GB = 1024 MB = 1024*1024*1024 bytes = 2^{30} bytes

一个字节中有 8 个位，也就是有 8 位数的二进制数。由二进制转换为十进制的方法很简单，我们来看一看下面的实例（下标的数字代表目前是用几进制的方式来显示数字，没有特别标示时是使用十进制）。

十进制的 $100_{(10)}$ =1*10^2，因为十进制的基数为 10。

二进制的 $100_{(2)}$ =1*2^2，因为二进制的基数为 2，把上一行中使用的 1*10^2 的 10 改成用 2 来计算就可以了。

计算机概论

十进制的 $13_{(10)} = 10+3 = 1*10^1+3*10^0$

二进制的 $1101_{(2)} = 1000_{(2)} + 100_{(2)} + 00_{(2)} + 1_{(2)} = 1*2^3+1*2^2+0*2^1+1*2^0 = 13_{(10)}$

本书不想仔细说明如何把十进制数字转换成二进制数字，因为 Windows 中的计算器就可以完成这个工作，以下为实例演示（如图 1.9 至 1.12 所示）。

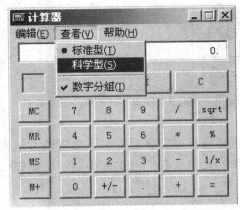

请先把计算器转换成"科学型"

图 1.9

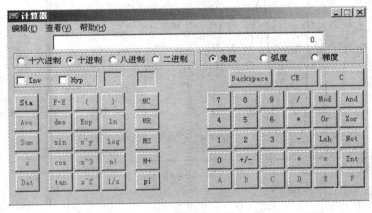

请注意靠近左上角的地方，计算器默认使用十进制的格式

图 1.10

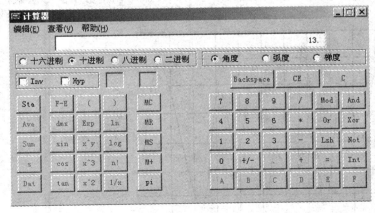

在十进制格式下输入数字

图 1.11

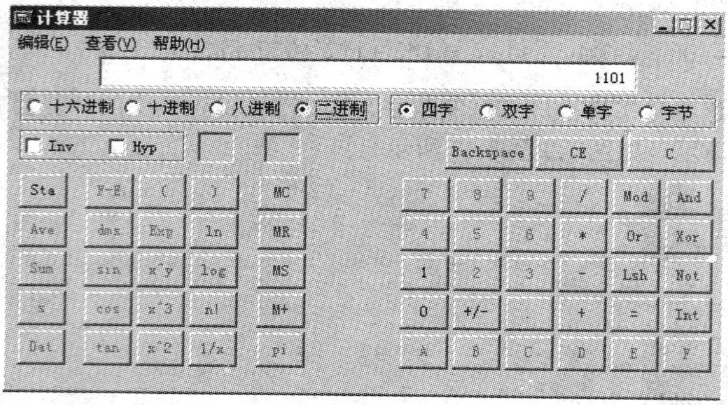

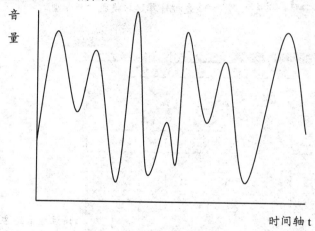

图 1.12

用鼠标选择"二进制"的选项就可以直接把数字转换成二进制显示

数字化的多媒体信息，都是先把声音、图像等信息转换成数字后，再以二进制方法来保存这些数字。那么声音是怎么转换成数字的呢？我们把声音在空气中的振动情况制做成声波图，会出现类似如图 1.13 的图形。

图 1.13

只要在水平的时间轴跟垂直的音量轴上等分切出许多小等分，就可以用数字的方法来描述这一段声音，如图 1.14。

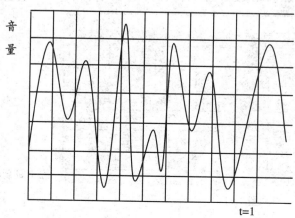

图 1.14

从图 1.14 中我们可以看到，在水平轴上 0～1 秒的时间被切割成 10 等份，每一等份刚好占用 0.1 秒，在垂直轴上则把音量分成 0～7 的 8 种不同音量大小。这样，以数字来描述这段声音就可用以下的方式表示：

第 0.1 秒时，发出音量单位为 6 的音量。
第 0.2 秒时，发出单位为 4 的音量。
第 0.3 秒时，发出单位为 2 的音量。

在时间间隔和音量方面分割得越细，就越接近原音。在上面的例子中，1 秒钟内会对声波取样 10 次，取样频率就是 10Hz。在音量振幅方面有 8 个等级的精度，而 $2^3 = 8$，所以取样的音质是 3 个位。

CD 唱片所使用的音质水准是每秒钟取样 44100 次，振幅方面有 $65536 = 2^{16}$ 阶的变化。所以每个时间点上面都需要用 16 个位来记录音量，而 16 bits = 2 bytes，每一个声道在每秒钟需要 44100*2 = 88600 bytes 的容量。而 CD 唱片会记录左右两个声道来做立体声，录制 1 小时的 CD 音乐就需要 60*60*88600*2 = 637920000 bytes = 608MB，差不多就是一张 CD 光盘的容量。至于图像的数字化方法我们会在第 13 章的计算机绘图中进行介绍。

除了多媒体影音之外，计算机里面所保存的文本、程序等也都是使用数字以二进制方式来保存。文本数字化的方法很简单，本书附录 B 中的 ASCII 表就是定义英文字母、阿拉伯数字及一些图形符号在计算机中所对应的数字。当某一段数字数据被定义为要当成文本来显示时，就会根据 ASCII 表来做数字对文本的转换。

ASCII 表主要定义的是欧美语系的拼音文本字母，使用 $256=2^8$ 个字节就已经足够存放所有的英文字母、数字及图形符号，所以 1 个字节就足以记录一个英文字母。中文有上万个文本，ASCII 表中当然没有定义中文文本的数字化代码，目前经常使用的中文代码表是 GB 码，总共有上万个字节，每个字要用 2 个字节来记录。

计算机本身并不会知道现在它所要处理的二进制数据，原本记录的是什么。以数字 65 为例，计算机可以把它当成一个整数来计算，也可以把它当成英文字母"A"来显示（请参考 ASCII 表）。二进制数据需要先说明所保存的是什么数据，计算机才会知道该如何去解释它。

举例来说，如果有一个文件的扩展名是 JPG，那么操作系统就会知道它里面存放的是以 JPEG 方式压缩的图文件，需要使用绘图软件来打开它；如果一个文件的扩展名是 TXT，那么它的原始数据就应该是记录一堆数字化后的文本，经过 ASCII 或 GB 表对照后可以转换为英文或中文显示。

1-3 微处理器（Micro Processor）

把一块电路板上的所有 IC、电阻、电路等都使用半导体方法结合起来而生产出的一小块硅芯片就是一个微处理器。封装成一块芯片的微处理器不能直接使用按钮来控制，而且一块包含上百万个组件的芯片，其功能也不可能使用几个按钮就能掌握。

微处理器从外观上看，除了一个小小的扁方块之外，其他部分就只有从方块里伸出来的金属针脚。控制芯片的方法就是对每一根针脚来做通电或断电的操作。每一根针脚都有不同的用途，有的负责输入电源让芯片运行，功能类似插头；有的用来读取外界的控制命令，功能类似开关；而有的则是用来根据所得到的命令进行输出。

如果针对负责输入工作的那几只针脚，把控制它们是否通电用来操作芯片的方法以二进制法来表示，就是这个芯片的命令集。控制芯片操作的一连串命令集，就叫做程序。

命令集也称为机器码（Machine Code）。把每个机器码的二进制数另外取一个字来表示，就是汇编语言（Assembly）。简单地说，微处理器因为功能太多，无法利用按钮来控制，就使用命令集的方法来发出操作命令。换句话说，也就是需要编写程序。

编写程序有几种方法，第一种是直接用二进制数来写程序，这是使用机器码的写法，非常不直观。第二种是把每个机器语言用文本来表示，每个机器码都会和一个特定的字相对应，这就是汇编语言（Assembly）。汇编语言写好后，再经过一个事先写好的编译程序把文本转换成机器码。这两种方法都被称为"低级"的写法，低级并不是比较低级的意思，它指的是比较接近机器原本的表示方法。每种芯片都会有自己的低级语言，不同芯片的低级语言不能互通。

第三种写法是可以一次把一段机器码用一句文本来代替，这就是高级语言。高级语言需要经过比较复杂的编译过程才能再把它转换成机器码，Fortran 和 C 都是广泛被大家使用的高级语言。高级语言的语法在字面上比较容易让人类思考，而且只需要通过编译器的翻译，同样的程序代码可以被转换到各种不同的芯片上面执行，不像低级语言会被限制住。

高级语言及汇编语言的程序代码，在没有翻译成机器码前，都无法让计算机使用。经过编译器翻译出来的机器码，就是所谓的执行文件。每种芯片都会有自己的命令集，所以不同芯片间的执行文件不能互通。高级语言的程序代码，必须分别经过设计给不同芯片的编译器翻译过后，才能在不同的芯片上面执行，这就是所谓的跨平台。

个人计算机中最重要的微处理器是中央处理器（Central Process Unit），简称为 CPU。现在普遍使用的 X86 系列 CPU 总共大约有 200 个命令可以使用。X86 系列的 CPU 一开始是由 Intel 公司所生产，到目前已经有很多种型号，例如 286、386、486、Pentium、Pentium II、……Pentium IV 等。另外还有 AMD 公司生产的，兼容于 X86 命令的 Athlon（K7）芯片。这一系列芯片的特色就是新型的芯片都会完全支持已有芯片的命令集，所以在 286 时代开发的程序都还可以在 Pentium IV 上执行。

1-4　计算机基本结构

一般说来，计算机的基本组件可以分成下面几个部分：

1. 输入设备：键盘、鼠标等。

输入设备是指任何可以让用户用来操作计算机，或是传递数据给计算机的工具。

2. 运算单元：CPU。

CPU 是计算机的核心，用来运行事先编写好的程序。

3. 存储设备：内存、软盘、硬盘、光盘等。

一般分成两种，永久保存设备及暂时保存设备。内存（RAM）就是暂时保存设备，BIOS、光盘、硬盘等都是永久保存设备。计算机在运行时，会先把程序及数据从光盘或是硬盘中取出，放到内存（RAM）中再开始执行。因为 CPU 直接存取内存会比直接存取硬盘快。

4. 输出设备：屏幕、打印机、声卡等。

可以用图像或是声音等方法来显示程序执行结果的工具，都可以算是输出设备。

简单说明一下典型的计算机程序运行过程，用户要先把想处理的数据经过输入设备输入计算机，计算机会通过设置好的程序来处理这些数据。处理完毕后，再把所得到的结果经过输出设备来显示。存储设备则可以保存程序运行中所得到或生成的任何数据。

1-5 操作系统

计算机只是一部接受程序命令运行的工具，没有程序就失去任何工作能力。刚打开电源的个人计算机，第一个步骤会自动去找一个程序来执行。BIOS 里会存放开机后第一个执行的程序，这段程序通常会检查计算机本身的硬件状态是否正常，确认内存和硬盘是否正常地安装在主板上等等。完成检查工作后，BIOS 会把硬盘启动扇区中的程序拿出来执行，通常这个程序就是操作系统。

简单说，操作系统是帮助配置计算机资源的工具。举例来说，如果没有操作系统提供的文件功能，一块硬盘对用户来说只是一大块有好几 GB 空间可以存放数据的硬件，用户要自己决定硬盘上哪个扇区要存放什么数据，而且还要自己写程序去控制硬盘机的磁头移动，到赋值的位置读写数据。操作系统所提供的文件系统，可以让用户利用文件或是文件夹的方式来使用硬盘。

操作系统还有另外一个很重要的功用，就是提供比较简单的方法，让程序员及用户来使用各种硬件。除了上一段提到硬盘的例子之外，还有声卡、3D 加速卡等各种外围硬件，硬件厂商只要遵循操作系统制定的规则来编写驱动程序，就可以保证新开发的硬件可以让消费者使用。例如，在 Windows 操作系统下，只要根据 DirectX 或是 OpenGL 标准来设计声卡或 3D 加速卡的驱动程序，这些硬件就可以执行市面上所有的 PC 游戏。

有效利用计算机资源的例子，还有操作系统所提供的多任务执行功能。多任务执行的目的，是要有效地使用 CPU，不让 CPU 大部分的时间都在休息。就以使用文字编辑器 Word 的情况来说，用户大部分的时间可能只是用眼睛浏览文件。就算在打字，一分钟最多也只能打一百多个字，完全赶不上 CPU 处理数据的能力。这种情况下，CPU 大部分的时候都是在休息，等待用户输入。操作系统可以把 CPU 休息的时间，去运行其他不是处于等待状态的程序，这便是所谓的多任务。

每个操作系统使用计算机资源的方法不同，所以就算是针对同一个 CPU 设计的不同操作系统，彼此间的程序也不一定能共享。例如硬件的驱动程序、程序执行文件等等。每个操作系统规定的驱动程序写法会有所不同，另外例如执行文件的文件格式以及操作系统所提供的系统功能调用也会不同。

1-6 计算机语言

在 1-3 节介绍微处理器时，已经让读者了解计算机语言是用来控制计算机的语言。中国人之间讲话要用中文，与美国人讲话要用英文，要讲话给计算机听那当然就要用计算机语言。

低级语言（机器语言，汇编语言）使用起来很辛苦，它们的程序代码在字面上看起来非常不直观。而且每当程序员要改用另一块拥有全新命令集的 CPU 时，就要重新学习它的汇编语言。除此之外，已有的程序也要完全改写，才能移植到新的 CPU 上来使用（如图 1.15 所示）。

高级语言主要就是为了解决这个问题才开发出来的。只要编译器能生成新型 CPU 的机器码，已有的程序只需要重新编译，或许稍做修改，就可以在新的 CPU 上使用。现在的厂商推出新 CPU 时，一定会想办法提供编译器给程序员使用，不然一定不会有软件厂商以新的 CPU 为平台来编写程序。

高级语言所造成的另外影响是，由于它的编写方法比较直观，可读性较高，所以程序员可以用比较抽象、与机器无关的方法来解决问题。这也导致硬件制造跟软件研发分成不同的专业领域。目前，研究软件的编写方法已经是好几门专业的学科。例如，数值计算、人工智能、计算机视觉、语音辨识、计算机图形学等等。这些不同的专业领域都有各自的算法需要学习。在学术方面之外，业界经常会用到的数据库、Windows 操作系统、Linux 操作系统、网络通信、驱动程序、游戏等，也都是不同的专业领域。

这号称是世界上的第一个计算机程序，它是使用 Mark I 命令集的机器语言

图 1.15

学习计算机语言，实际上主要是学习如何去做到上面所提到的几项应用。只要精通其中一、两项就可以称得上身怀绝技。会使用多少种高级语言并不是很重要的事情，基本上高级语言之间只是语法字面的不同，要精通多种语言是非常容易达到的。精通 Fortran 的程

序员，一定可以在很短的时间内学会使用 C、Java 等其他高级语言，反之亦然。程序员的价值并不取决于他会使用几种语言，而在于他精通哪些专业领域的算法及实现能力。

1-7 今天的计算机

广义地说，以微处理器为核心，并使用程序来控制的机器都可以算是计算机。计算机并不一定要像 PC 一样，要有一个屏幕及一套键盘鼠标才叫计算机。电视游戏机 PlayStation、PS2、任天堂等，实际上也是以另一种形式存在的计算机。其他电视机、洗衣机、甚至是移动电话里面都可能有微处理器，并且也有程序在里面运行。开发这些电子设备的过程中，程序员可以使用个人计算机来编写程序，经过特别的编译器制作出这些电子设备上所使用的机器码，最后再经过 RS232、USB 等连接设备把程序传输到这些电子设备上使用。

个人计算机（PC）是设计用来从事一般用途使用的计算机，只要配合适当的程序，它就可以做程序所设置的工作。简单地说，PC 是设计用来从事多功能应用的机器，只要安装 Word 就可以做文字编辑，只要安装游戏程序，就可以变成游戏机。

另外有些计算机则是设计用来专门从事某些特殊用途，像 PlayStation 2 是设计用来玩游戏的，它就不适合拿来做文字编辑。这种类型的计算机在其所专精的领域中，理所当然会有比较优异的表现。再举一个例子，一台 DVD 播放机里面所使用的解压缩芯片，执行速度可能只有 50MHz；然而使用个人计算机播放 DVD 时，CPU 最起码要有 500MHz 以上的速度才可以。因为 DVD 播放机使用的是专门的译码芯片，而且又配合专门设计的影音硬件，在播放 DVD 方面运行效率当然会比使用个人计算机要好。

当然还有很多比个人计算机更复杂的计算机，大型工作站计算机拥有比个人计算机更好的工作效率，工作站计算机的简单定义就是"用料比较高级"的计算机。它们通常会使用比较大量而且比较快速的内存，1 块以上的 CPU，价格当然也会是个人计算机的好几倍。

随着个人计算机能力的增强，工作站计算机和个人计算机间的运行效率差别也在不断缩短。目前最新的趋势已经不再流行使用一台昂贵的大型计算机来执行大程序，而是使用多台个人计算机，利用网络或是特殊硬件把它们串连起来，组合成一个大的丛集来做并行处理，而且这个方法已经在学术界及业内得到广泛应用。

Chapter 2

编译器的使用

本章会介绍 Visual Fortran 及一些网络上可以免费下载的 Fortran 编译器最基本的使用方法，比较完整地介绍则留在第 12 章。

2-1　编译器简介

第 1 章里面已经介绍过编译器（Compiler），它可以把 Fortran、C 等高级语言翻译成机器码，也就是常常可以看到扩展名为 EXE、COM 的文件。也有一些程序语言不需要经过编译就可以直接运行，例如 Visual Basic、Delphi 等，这些语言被称为解释语言，早期的解释语言要放在解释器下才能运行。现在的解释语言通常提供两种运行格式，第一种格式必须在解释器下才能运行，另一种格式与 Fortran 和 C 一样，可以编译成运行文件独立运行。

同样一句英文，让不同的人把它翻译成中文，翻译结果多多少少会有些不同。同样，相同的程序代码，让不同厂商的编译器来编译，所生成的运行文件也不会完全相同。编译器的好坏主要就取决于翻译结果。

有几个客观的方法，可以用来比较程序翻译结果的好坏。首先最重要的是要翻译正确，例如程序代码中要计算 3+4 时，转成机器码后不能变成计算 3+5。其次是看谁翻译出来的执行文件运行效率高，以及翻译出来的执行码长短等等。程序员通常还会注意编译过程所花费的时间、编译器所提供的调试（Debug）工具的完整程度、使用帮助是否清楚等等。

各家的编译器除了要支持高级语言的标准语法之外，通常都还会有自己的扩充功能，某些应用上这些扩充功能是必要的。在制订程序语言标准时，通常不会在输出方面定义太多功能，这些功能需要经过各编译器自行提供。例如想要用 Fortran 或 C 来编写 Windows 图形接口的程序，就要使用编译器所提供的扩充链接库。

本章只会介绍编译器的基本使用方法，让读者具备编译程序的能力。详细的编译器使用方法，例如调试工具（Debug），分析工具（Profile），动态链接库（LIB、DLL）的制作及使用，绘图及 Windows 程序的编写，都会留在本书后半段进行介绍。

2-2　Visual Fortran 的使用

Visual Fortran 起源于 Microsoft 的 Fortran PowerStation 4.0，这套工具后来卖给 Digital 公司继续开发，第二个版本称为 Digital Visual Fortran 5.0，Digital 被 Compaq 并购之后，接下来的 6.0 及 6.5 版就称为 Compaq Visual Fortran。而目前 Compaq 又与 HP 合并，也许下一个版本会称为 HP Visual Fortran。本书使用 Visual Fortran 6.5 版来做实际的范例。如果读者手边是 6.0/5.0 的版本，甚至是 4.0 的 PowerStation，它们的使用方法都一样，顶多是按钮的位置有些不同而已。

Visual Fortran 的安装过程应该不需要详细介绍，在此只有三点建议：

（1）除非真的是硬盘空间不够，否则请务必安装帮助文件。

（2）最好不要使用默认的目录位置来安装，默认目录会安装在 C:\Program Files\Microsoft Visual Studio，建议可以取一个短一点的名字直接放在根目录下，例如使用 C:\MSDev 目录。

（3）安装到 90%时，会出现对话框询问是否要更新一些环境参数的值以方便命令行下使用，建议单击 OK 按钮更新。

Visual Fortran 被组合在一个叫做 Microsoft Visual Studio 的图形接口开发环境中。Visual Studio 提供一个统一的使用接口，这个接口包括文字编辑功能、Project 的管理、调试工具等。而编译器则是使用类似 PlugIn 的方法组合到 Visual Studio 中，程序员在使用 Visual Fortran 或是 Visual C++时，看到的都是相同的使用接口。

Visual Fortran 6.5 除了完全支持 Fortran 95 的语法外，扩展功能方面提供完整的 Windows 程序开发工具，专业版还内含 IMSL 数值链接库。另外它还可以和 Visual C++直接互相链接使用，也就是把 Fortran 和 C 语言的程序代码混合编译成同一个运行文件。

介绍 Visual Fortran 图形接口使用，就等于介绍 Visual Studio 的使用。随书光盘中的 \program\chap02\hello.f90 文件是给大家练习编译操作的文件。安装好 Visual Fortran 后，运行 Developer Studio 就可以开始编译 Fortran 程序了。

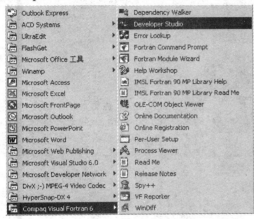

运行 Developer Studio 来启动 Visual Fortran，默认程序名称是 Compaq Visual Fortran 6

图 2.1

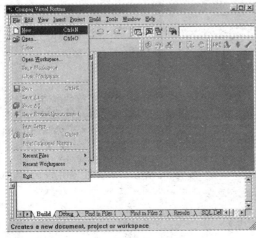

选择 File 菜单中的 New 选项

图 2.2

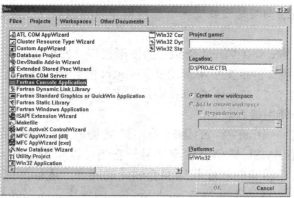

图 2.3

接着会弹出对话框,请注意要使用 Projects 标签,其他标签还不要去碰。Projects 的格式要选用 Fortran Console Application。读者所能选择的 Projects 格式可能会比较少,因为笔者的计算机还安装了 Visual C++

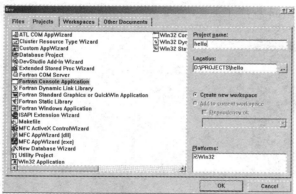

图 2.4

在 Project name 的文本框中给定 Project 的名字,Location 会显示出整个 Project 的工作目录位置,工作目录下会存放编译后的结果。给定名字后单击"OK"按钮

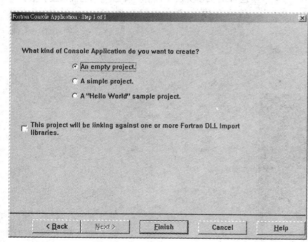

图 2.5

Visual Fortran 6.5 以前的版本不会有这个画面,旧版本的用户请直接跳过本画面。笔者建议选用第一个选项 An empty project,再直接按下 Finish 按钮就可以了。使用其他选项如 A simple project 或 A "hello World" sample project 时,Visual Studio 会自动生成一些程序代码

编译器的使用

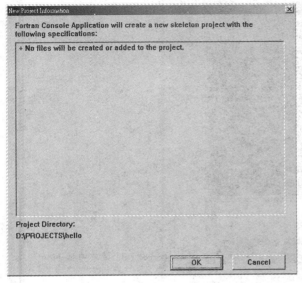

这个画面也只在新版本的 Visual Fortran 6.5 中才会出现，它会显示 Project 打开后自动生成的文件，直接单击 OK 按钮就可以了

图 2.6

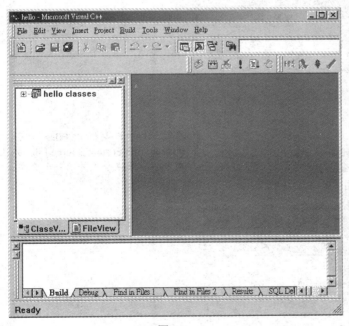

这是刚设置完成一个 Project 后的画面，目前还没有任何程序代码，需要用户把程序文件放入 Project 中

图 2.7

到目前为止介绍的是建立 Project 选项的方法，Visual Studio 的环境中是以 Project 作为编译程序的单位，*.dsp 或 *.dsw 是记录 Project 的文件。打开 Project 选项后，还要把程序代码文件加入 Project 中才能编译程序，下面是添加程序代码文件的方法。

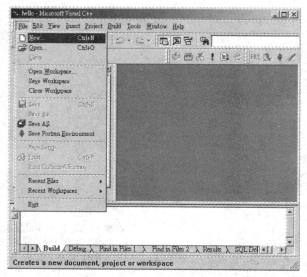

再选择一次 File 菜单中的 New

图 2.8

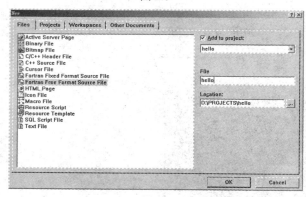

在对话框中，要使用 Files 标签，选择 Fortran Free Format Source File。并在 File 文本框中给这个文件取一个名字

图 2.9

读者可以自行在添加的 hello.f90 文件中键入图 2.10 所示的程序代码，或者是从光盘文件\program\chap02\ hello.f90 中进行拷贝

图 2.10

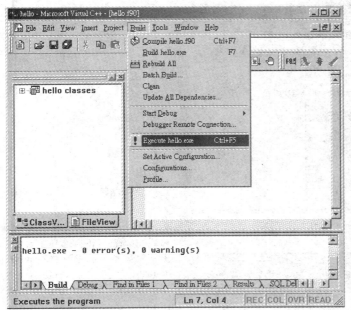

选择 Build 菜单中的 Execute 选项，Visual Fortran 会编译并运行编译好的程序。从下半部窗口中可以看到 0 error(s), 0 warning(s)的结果，代表编译过程没有任何错误发生，所有的错误信息都会在下半部窗口中显示

图 2.11

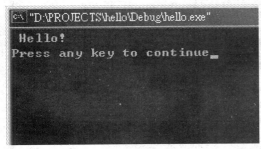

接着就可以看到如图所示的程序运行结果

图 2.12

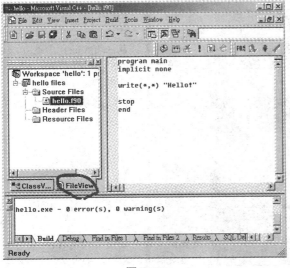

若想编译其他文件时，需要更换 Project 中的文件。用鼠标打开 FileView 这个页面，选择 Source Files 中的文件。按键盘上的 Delete 就可以把文件从 Project 中移出，原本的文件还会保留在硬盘上

图 2.13

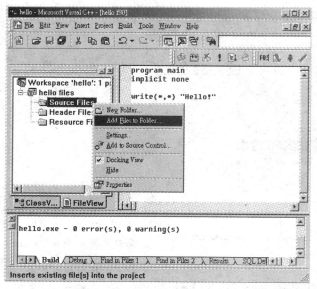

要放入一个已有的文件,可以把鼠标移到 Source Files 选项上右击,会弹出一组菜单,从中选择 Add Files to Folder

图 2.14

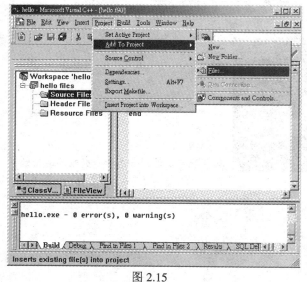

要把文件放入 Project 中也可以选择菜单中的 Project/Add To Project/Files 选项

图 2.15

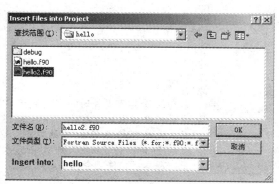

先确认文件类型使用的是 Fortran Files,选择想要使用的文件,单击"OK"按钮

图 2.16

编译器的使用

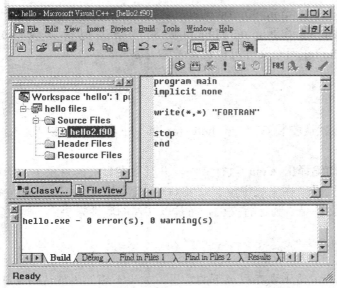

Project 中的文件已被更换，再单击一次 Build 中的 Execute 就可以重新编译并运行程序

图 2.17

最后再简单地说明一次编译程序的过程：

1. 建立一个新的 Project（File/New，选择 Project 选项卡，选择 Fortran Console Program 格式，给定 Project 名称）。Project 会保存成*.dsw 的文件。

2. 生成一个新的程序文件（File/New，选择 Files 选项卡，选择 Fortran Free Format Source File，给定文件名），或是插入一个已有的程序文件（选项 Project/Add to Project/Files）。程序代码会保存成*.f90 或*.for 的文件。单击 File/Save Workspace 后，会记录 Project 所包含的程序文件。

3. 用 Build 菜单中的 Execute 选项来编译并运行程序，或是只单击 Build 选项来只做编译，不运行程序。

4. 要写新的程序可以另外建立一个新的 Project，或是直接更换 Project 中的文件。千万不要把两个独立的程序文件放入同一个 Project 中，否则导致编译过程出现错误。

5. 下次要修改程序时，可以直接使用 File/Open Workspace 来打开*.dsw 的 Project 工程文件。

本节介绍了 Visual Fortran 最基本的功能，如果没有特别说明，本书中所有的程序都可通过上面的方法来编译。Visual Fortran 的用户请务必实际操作一次，学会编译的方法才能够继续后面的课程。现在只教大家使用图形接口来编译程序的方法，事实上 Visual Fortran 是使用命令行格式来编译程序。Visual Studio 的图形接口会帮助用户下达这些命令行命令。

2-3 LINUX 下使用 Fortran

现在的 LINUX 包（如 RedHat），都会包含 GNU 的 Fortran 77 编译器 G77。由于 G77 已经不再进行维护，所以 G77 长时间以来都一直停留在 0.526 版本。G77 已经计划被正在进行中的 G95 取代，希望不久后可以使用到 GNU 的 Fortran 95 编译器。

LINUX 下存在各种免费的工具可以使用，在 Fortran 方面目前除了 G77 外，还有

Pacific-Sierra Research free Linux Fortran 90 compiler，名为 VAST/F90；以及一个叫做 F Compiler 的 Fortran 95 subset 编译器，它们都可以从网络上免费下载。光盘中 /program/chap02/hello.f90 及 hello.for 两个文件可以让读者练习编译。

2-3-1 G77 的使用

一般的 LINUX 包中，应该默认安装 G77。把 hello.for 准备好之后，只需要键入：

  g77 hello.for

如果没有出现错误，会自动编译出 a.out 执行文件，并且放在目前的目录下。而如果出现 g77: command not found，则是现在系统中没有安装 G77，赶快把它补齐。UNIX 操作系统并不是以扩展名来决定这个文件是否为运行文件，而是以文件的属性来决定。要执行 a.out 只要键入：

  ./a.out

就会运行程序，"./" 是赋值 a.out 位于现在目录下的意思。如果不想使用默认的 a.out 作为执行文件的名字，编译时可以使用以下命令：

  g77 hello.for –o hello

这时编译出来的执行文件名为 hello，键入 ./hello 就可以运行它。

G77 和 GCC 的关系非常密切，不过并不是指 Fortran 语言会先被转换成 C 语言后再用 GCC 编译。GNU 的编译器分成前端与后端，前端负责辨识高级语言，再输出成为一个虚拟机器的汇编语言码，后端再把这个虚拟机器的汇编语言码编译成可执行文件。所以 G77 基本上是添加了 GCC 前端的语言辨识功能，后端的低级部分则和 GCC 共享一些程序。

2-3-2 VAST/F90 的使用

读者可以到 http://www.psrv.com/lnxf90.html 免费下载这套软件。下载 vf90_per.tar 后，创建一个新的目录，把它放进这个目录中，用 tar xvf vf90_per.tar 命令把文件解开，再用 uncompress f90.Z、uncompress vf90.Z、uncompress libvast90.a.Z 把这三个文件解压缩，还要用 chmod +x f90、chmod +x vf90、chmod libvast90.a 的命令把这三个文件都变成可执行文件，最后记得把这个目录加入到环境变量 PATH 中。

安装完成后只要直接键入：

  f90 hello.f90

同样会生成 a.out 的执行文件。如果出现 command not found，请检查 PATH 内容是否正确。想改变执行文件的名字同样要使用：

  f90 hello.f90 –o hello

Fortran 90 编译器并不是独立的程序，事实上它是把 Fortran 90 程序转换成 Fortran 77 的语法，再让 G77 来编译。

2-3-3　F Compiler 的使用

　　这个编译器的下载网页是 http://www.fortran.com/imagine1/，它主要应用于教学方面，因为它不完全支持 Fortran 95 的语法，主要是去掉了一些 Fortran 77 的旧语法，不过这些去掉的部分几乎都是一般建议要少使用的语法。这个编译器本身是个独立的程序，不需要配合 GCC 或 G77 才能使用。

　　下载 f_linux_xxxx.tar.gz 后，使用 tar zxvf f_linux_xxx.tar.gz 的命令来解开它，解开后的文件会分散在 bin、doc、examples、lib 四个目录中，把 lib 目录下的文件拷贝一份到 /usr/local/lib/F 目录下，再把 bin 的目录加入 PATH 中，就算安装完毕。

　　使用方法与 G77 差不多，键入：

　　　　F hello.f95

就可以得到运行文件 a.out，后面再加个-o 的参数就可以重新为执行文件取名。

Chapter 3

Fortran 程序设计基础

正式开始 Fortran 程序设计之前,首先要介绍编写 Fortran 程序在画面上的一些规则,以及它所能处理的数据类型。最后会简述 Fortran 的历史,让大家了解一些 Fortran 的过去与未来。

3-1 字符集

"字符集"是指编写 Fortran 程序时,所能使用的所有字符及符号。Fortran 所能使用的字符集有:

英文 26 个字母	A~Z 及 a~z(英文字母大小写不分)
数字	0~9
22 个特殊符号	:= + - * / ( ) , . ' ! " % & ; < > ? $ _ (还有一个显示不出来的空格符)

Fortran 标准中规定,编译器只需要认得大写的英文字母,而如果程序代码中使用小写英文字母,则会把它们视同为大写字母。简单说,Fortran 是不区分大小写的语言。写成 INTEGER、Integer、iNteger、integER,都会被当成相同的命令。

特殊符号除了用来做数学计算符号外,还有其他用法,后面章节会慢慢地介绍它们。

3-2 书面格式

Fortran 程序代码的编写格式有两种,Free Format(自由格式)及 Fixed Format(固定格式)。第 2 章介绍 Visual Fortran 时,添加一个程序文件就有这两个格式可以选择。简单说,Fixed Format(固定格式)是属于旧式的写法,它在编写版面上有很多限制。Free Format(自由格式)是 Fortran 90 之后的新写法,取消了许多旧的限制。Fortran 程序代码扩展名为*.F 或*.FOR 的文件,就是指以 Fixed Format 来编写的程序;以*.F90 为扩展名的文件,就是以 Free Format 来编写的程序。建议全部改用 Free Format 来编写程序。

3-2-1 Fixed Format(固定格式)

在"固定格式"中,规定了程序代码每一行中每个字段的意义。第 7~72 个字符,是可以用来编写程序的字段。每一行的前 5 个字符只能是空格或是数字,数字用来作为"行代码"。每一行的第 6 个字符只能是空格或"0"以外的字符。

第 1 个字符	如果是字母 C、c 或星号 *,这一行文本会被当成说明批注,不会被编译
第 1~5 个字符	如果是数字,就是用来给这一行程序代码取个代号。不然只能是空格
第 6 个字符	如果是"0"以外的任何字符,表示这一行程序会接续上一行
第 7~72 个字符	Fortran 程序代码的编写区域
第 73 个字符之后	不使用,超过的部分会被忽略,有的编译器会发出错误信息

用一个实例来说明,请注意每一行最前面出现的 1、2、3、……的编号是为了方便阅读程序额外列出的信息,不属于程序代码的一部分。本书所有的程序代码都会使用这个方式来输出。

EX0301.FOR

```
1.C     FIXED FORMAT DEMO
2.      program main
3.      write(*,*) 'Hello'
4.      write(*,*)
5.     1'Hello'
6.100   write(*,*) 'Hello'
7.10    stop
8.      end
```

先不需要去了解这个程序在写什么东西,这里只是作版面格式的介绍。第 1 行的第 1 个字符是 C,这一行的文本会被当成批注。

读者可以注意到,每一行程序代码的最前面,最少都会留有 6 个字段。因为前 6 个字段不能用来作为程序代码。

第 4、5 行事实上是把第 3 行程序拆成两半的结果,第 5 行的第 6 个字符是一个非 "0" 的字符,所以第 5 行会被当成是连接在第 4 行后面。

第 6、7 行的最前面都有一个数字,这个数字用来给第 6、7 行各取一个代码。行代码可以是任何数字,只要数值大小在 5 位数范围内即可。这个数字纯粹是用来给定一个代码,不需要和程序代码的执行先后顺序有关系;例如该程序第 6 行的代码就比第 7 行的代码大,却先执行。

程序代码命令之间的空格,不会有任何意义,举例来说:

WRITE(*,*) 'Hello'
WRITE(*,*)   'Hello'

上面的两行程序代码,WRITE 命令跟后面的 'Hello' 字符串间插入了不同数目的空格,不过这两行程序代码的含义是相同的,因为空格在程序代码命令间没有意义。

Fixed Format 是为了配合早期使用穿孔卡片输入程序所发明的格式。现在都应该使用 Free Format 来编写程序。早期的计算机,还没有使用显示器作为输出设备,不能像现在一样直接利用键盘来修改程序。早期的程序是利用穿孔卡片一张一张地记录下来,再让计算机来执行(如图 3.1 所示)。

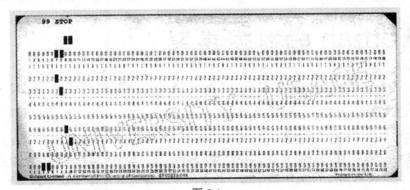

图 3.1

早期 Fortran 程序的模样,程序代码记录在穿孔卡片上

随着穿孔卡片的淘汰，Fixed Format 也没有必要再继续使用下去。不过读者还是需要知道 Fixed Format 的使用规则，因为现在仍然可以找到很多使用这种格式来编写的旧程序。

3-2-2　Free Format（自由格式）

Free Format 基本上允许非常自由的编写格式，它没有规定每一行的第几个字符有什么作用。需要注意的事项只有以下几点：

（1）叹号"！"后面的文本都是注释。
（2）每行可以编写 132 个字符。
（3）行号放在每行程序的最前面。
（4）一行程序代码的最后如果是符号&，代表下一行程序会和这一行连接。如果一行程序代码的开头是符号&，代表它会和上一行程序连接。

下面是一个 Free Format 格式的编写实例：

EX0302.F90

```
1.! Free Format
2.program main
3.write(*,*) "Hello" ! 这也是注释
4.write(*,*) &
5."Hello"
6.wri&
7.&te(*,*) "Hello"
8.end
```

读者可以发现 Free Format 已经不需要在每一行前面都留空格。这里第 1、3 行中都有注释，第 1 行整行都是注释，第 3 行只有叹号后的部分是注释。第 4 行的最后是连接符号&，所以第 5 行会连接在它后面。第 6、7 行是另一种连接方法。第 6 行最后与第 7 行最前面都是连接符，它把 write 命令分成了两半。这并不是一个很好的编写风格，不过在语法上是允许的。

Free Format 中的空格同样无意义，纯粹用来作为分隔及方便阅读程序代码使用。

3-3　Fortran 的数据类型

数据类型是指使用 Fortran 在计算机内存中记录文本、数值等数据的最小单位及方法。

1. 整数（INTEGER）

整数的类型又分两种，长整型与短整型。在个人计算机中长整型占用 32 bits（4 bytes）的空间，长整型可以保存的数值范围在 -2147483648～+2147483647 之间（也就是在 $-2^{31}+1$～2^{31} 之间），而短整型占用 16 bits（2 bytes）的空间，保存的数值范围在 -32768～$+32767$ 之间（就是 $-2^{15}+1$～2^{15} 之间）。有的编译器还可以提供一种更短的整数类型，只占 8 bits（1 bytes）的空间，可以保存 -128～$+127$ 之间的整数。

2. 浮点数（REAL）

浮点数也有两种类型，单精度及双精度。单精度浮点数在个人计算机中占用 32 bits（4 bytes）的空间，有效位数为 6~7 位。可记录的最大数值为 ±3.4*10³⁸，最小数值为 ±1.18*10⁻³⁸。双精度会占用 64 bits（8 bytes），有效位数为 15~16 位。可记录的最大数值为 ±1.79*10³⁰⁸，最小数值为 ±2.23*10⁻³⁰⁸。

3. 复数（COMPLEX）

就是以 a+bi 的形式来表示的数值。复数中的 a、b 值其实是由两个浮点数来做记录，所以复数同样也有两种类型，单精度复数及双精度复数。

4. 字符（CHARACTER）

计算机除了存储数字之外，也可以在内存中记录一段文本。字符类型可以记录的东西非常广，从键盘输入的任何东西，不论是数字、文本或任何特殊符号，它都可以记录。附录 B 的 ASCII 字符表就是这个类型所能记录的所有字符。只记录一个字母、符号时的数据类型称为"字符"，记录一连串的字符时，就称为"字符串"。记录一个字符需要一个字节的存储空间，记录 n 个字符长度的字符串则需要 n 个字节的存储空间。

5. 逻辑判断（LOGICAL）

逻辑判断只能保存两种逻辑结果，分别为"是"（TRUE）和"否"（FALSE）。也可以翻译成"对"、"错"，或是"真"、"假"等等。在二进制中，通常以 1 代表 TRUE，0 代表 FALSE。

程序代码中要清楚地指出每种数据所要存储的格式。不同种类的数据需要经过转换才能互通，因为它们可能是使用不同方法来存储的。就以整数和浮点数来说，整数是很单纯地以二进制来存储数字（见图 3.2、图 3.3）。浮点数和整数的不同在于浮点数可以存储带有小数的实数，浮点数会把数字转换成以二进制的指数方法来表示，并把数字分成指数部分和小数部分来做记录（见图 3.4、图 3.5）。

$0.5 = 5.0 * 10^{-1}$（十进制的指数方法）$= 1.0 * 2^{-1}$（二进制的指数方法）。

0.5 这个数值会被分成二进制的数值部分 1.0，跟指数部分 –1 来记录。

Visual Fortran 安装好后，默认的安装目录 C:\Program Files\Microsoft Visual Studio\DV98\bin 下有一个 BITVIEWER 的程序可以用来观看各种数据格式实际在内存中的二进制数据。图 3.2~图 3.5 最下面那一排的红绿色部分数字，就是使用二进制方法保存数据的实际内容。

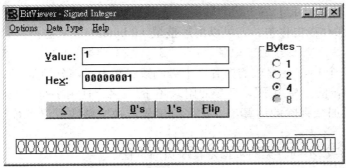

整数格式下，数字直接使用二进制来记录。

图 3.2

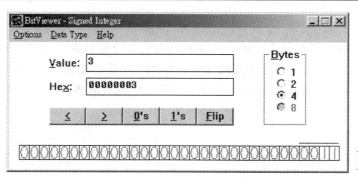

图 3.3 整数格式下，十进制的 3 直接用二进制的 11 来表示

图 3.4 选择 Data Type 中的 Float-Point Real，转换成浮点数格式

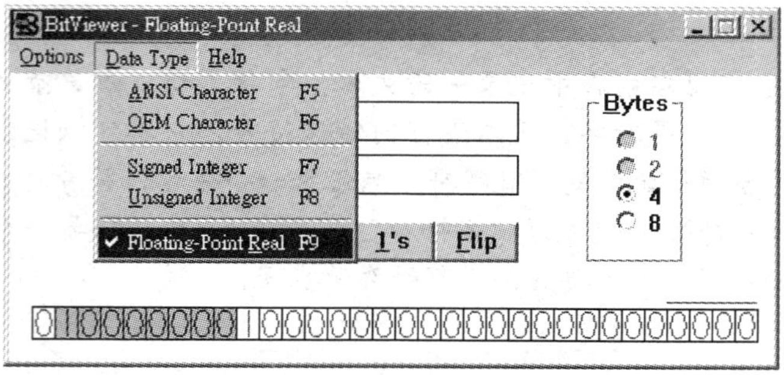

图 3.5 在 Value 框中输入 3，发现浮点数实际记录的方法和整数相差很多

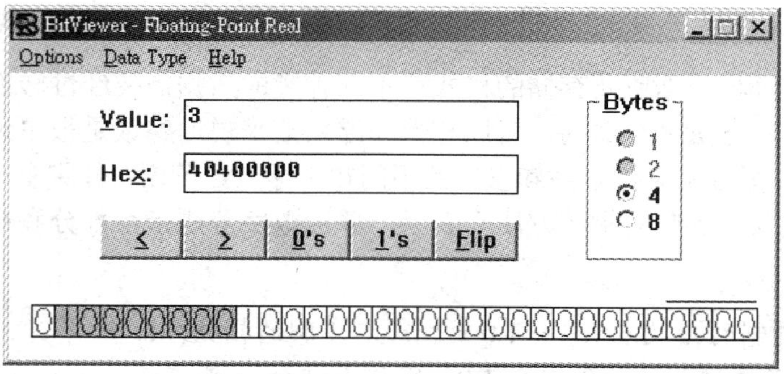

读者不需要实际了解每个数值真正会被记录的格式，只需要知道上面所介绍的整数、浮点数、字符、逻辑这四种数据会使用不同的方法来记录就行了，不同数据间没有经过转换前不能混用。

再举一个例子，假如现在需要记录 15243 这个数字，使用整数来记录的话，会把 15243 转换成二进制的 10111110011 保存在内存中。它可以用短整型（2 bytes）或长整型（4 bytes）来记录。使用字符串来记录的话，需要分别去记录"1"、"5"、"2"、"4"、"3"，这 5 个字符，需要 5 bytes 来记录。而每个 byte 会存放的内容以十进制数字来表示，分别是 49、53、50、52、51，也就是这 5 个字符的 ASCII 码，请参照附录 B 的表格。使用字符串来记录数字时，不能直接把它们拿来做加减乘除的运算，要把字符串先转换成整数或浮点数等等的数值类型后才能拿来计算。

如何配置内存的空间，以存放不同种类的数据是程序员的责任。

3-4　Fortran 的数学表达式

用 Fortran 来编写数学表达式的规则和方法都很"直观化",和在纸上做四则运算只有一点点的差别。Fortran 所使用的数学运算符号,根据运算优先级顺序排行如下:

+ 　　加法　　− 　　减法
* 　　乘法　　/ 　　除法
** 　　乘幂(两个星号要连续)
( ) 　　括号(表示括号起来的部分优先计算)

越是下面的符号,运算优先级越高,所以算式中会先计算乘除,后计算加减。在程序中编写表达式和手写的差别主要有三点:

(1)乘幂要连用两个星号,不能像手写的时候只要把数字写成上标就行了,例如 2^2 必须写成 2**2。

(2)乘号不能省略,手写的算式中(A+B)(C+D)和(A+B)*(C+D)是一样的,但写程序时只容许第 2 种写法,所以像 2*A 也不能写成 2A。

(3)除法用计算机编写时没有下面的表示方法:

$$\frac{(A+B)*(C+D)}{2*(E+F)}$$

这个算式一定要写成((A+B)*(C+D))/(2*(E+F))的形式才行。

3-5　Fortran 简史

Fortran 的起源,要追溯到 1954 年 IBM 公司的一项计划。由 John Backus 领导的一个小组,尝试着在 IBM 704 计算机上开发一套程序,它可以把使用接近数学语言的文本翻译成机械语言。这个计划在刚开始并不被大家看好,但他们在 1957 年交出了成果,也就是第一套 Fortran 编译器,Fortran 语言也就因此诞生了。Fortran 语言的运行效率普遍令各界满意,它证明了这项计划的可行性,也成为第一个被广泛使用的高级语言。Fortran 的名字来自英文的 Formula Translator,即数学公式翻译器的意思。

Fortran 问世后,计算机语言进入高级语言时代。高级语言比较容易维护,也更容易移植到不同的机器上。在 20 世纪 60 年代,Fortran 是世界上最通用的计算机语言,有很多软件公司在市面上推出自己的编译程序。竞争之下,各家厂商为了强调自己产品的功能,都在原本的 Fortran 语言之外添加了一些自己发明的独门语法。这也让 Fortran 语言衍生出许多方言,这些方言导致 Fortran 语言移植困难。A 牌编译器所能编译的 Fortran 程序代码常常不能使用 B 牌编译器来编译。鉴于如此,美国国家标准局的前身,(当时叫做 American Standards Association,后来改为 American National Standards Institute,缩写成 ANSI)在 1966 年制订了 Fortran 语言的统一标准,供各家软件厂商遵循,这套标准后来被称为 Fortran 66。

Fortran 66 标准制订后,程序语言的理论又另有创新,计算机硬件也随着时间在进步。因需要,在 1977 年又制订了新的 Fortran 语言标准,1978 年由美国国家标准局(ANSI)正式公布，这套标准就是所谓的 Fortran 77。Fortran 77 大致上保留了已有的 Fortran 66 标准，只删去了部分内容，又另外添加了一些逻辑判断及输出输入方面的功能。

Fortran 77 标准完成后，新版本的修订工作也在同一时间开始进行。这个版本进行了 15 年，最后在 1992 年正式由国际标准组织 ISO 公布，它就是 Fortran 90。Fortran 90 没有删去任何 Fortran 77 的标准，只是添加了更多的内容。其主要特色是加入了面向对象的概念及工具、提供了指针、加强了数组的功能、改良了旧式 Fortran 语法中的编写"版面"格式，使 Fortran 语法看起来美观许多，功能上也增强不少。

Fortran 95 标准在 1997 年同样由 ISO 公布，它并不像 Fortran 90 相对于 Fortran 77 一样添加很多内容，它可以视为是 Fortran 90 的修正版，主要加强了 Fortran 在并行运算方面的支持。

最新的 Fortran 200X 在本书完稿前仍然在制订中，预计 2002 年可以正式发布。随书光盘中配有 Fortran 77 的正式标准文件，至于 Fortran 90 及 95 在光盘中可以找到标准文件的草稿版本。虽然说是草稿，但是与正式版本几乎没有差异。正式的版本需要向 ISO 购买，所以不能放在光盘中。光盘中还有 Fortran 200X 的最新草稿可供读者引用。

制订通用的程序语言标准，可以让程序员和编译器厂商有一个遵循的原则。各家编译器可以提供自己的扩展功能，但是对于语言标准所承认的语法则一定要支持。程序员根据 Fortran 标准编写出来的程序，可以不用担心程序移植的问题。

程序语言标准所制订的功能，通常足以满足基本的使用需求。不过一些与输出输入或是操作系统相关的部分，通常不会定义在语言标准中。例如，要使用窗口操作系统的图形接口以及绘图功能，就需要额外的程序库或是扩充语法来帮忙。

Chapter 4

输入输出及声明

这一章正式开始编写程序，先介绍最简单，马上就能看到结果的输入输出命令。学会在屏幕上面输入东西以及从键盘读取数据的方法后，再学习使用 Fortran 来做基本的数学计算。

Fortran 95 包含所有已有的 Fortran 77 及 90 的语法。本书会标示出哪些语法是 Fortran 77 时代就已经存在，有哪些语法是到了 Fortran 90 或是 95 时代才添加。对于建议不要使用的旧语法会有特别标示，像 Fixed Format 就被列为建议不要使用。不过对于不建议使用的旧语法，读者还是要有看懂它的能力。

4-1　输入（WRITE）输出（PRINT）命令

现在就开始来编写第一个 Fortran 程序，这个程序会在屏幕上面输出 Hello。

EX0401.F90

```
1.program ex0401
2.write(*,*) "Hello"
3.stop
4.end
```

这个程序的功能非常简单，执行后会显示下面这一行文本：
```
Hello
```

Fortran 程序通常以 PROGRAM 描述来开头，PROGRAM 后面还要接一个自定义的程序名称。这个名称可以完全自定义，不需要和文件名有任何的关系。笔者在这里取名为 EX0401 代表这是第 4 章的第 1 个程序，本书的实例程序都以这个策略来命名。

读者要是在编写程序时想不出 PROGRAM 要取什么名字，建议取名为 MAIN 是不错的选择，因为 MAIN 可以明确代表这一段程序代码是"主程序"。在本书中都会以"主程序"这个名词来代表 PROGRAM 到 END 间的程序。主程序这个名词的意义要等到第 8 章才会做解释。

Fortran 程序最后还要有 END 描述，表示程序代码写到这一行结束。Fortran 程序的主要结构可以用下图来表示：

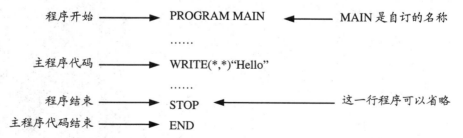

PROGRAM 这个描述可以省略，但是并不建议这么做。省略 PROGRAM 在编写大程序时可能会发生混乱，阅读程序代码时可能会找不到主程序。这个实例程序的实际执行命令只有很简单的一行：

```
2.write(*,*) "Hello"
```

WRITE 命令的用法很"生活化",作用是"显示"后面双引号中所包含的字符串。而 WRITE(*,*) 括号中的两个星号都有各自的意义,第一个星号代表输出的位置使用默认值,也就是屏幕,第二个星号则代表不特别设置输出格式。到后面的章节时再来尝试着改变 WRITE 描述的输出位置及输出格式。

总归一句话,WRITE 这个命令的最简单用法,就是在括号中挂上两个星号,再把所要输出的字符串用两个双引号引起来放在后面,例如:

`write(*,*)"就是这么简单"`

上面的命令执行后会显示:"就是这么简单"这几个字。希望大家还记得 Fortran 不分大小写,所以使用 WRITE 跟 write 是没有差别的。上面的写法是使用简写的方法所显示的描述,完整的写法应该像下面这样:

`write( UNIT=*,FMT=* ) "就是这么简单"`

这种写法的程序执行结果不变,在 WRITE 中加上了 UNIT=*,FMT=* 这两个描述,只是为了明确地表示输出位置使用默认值以及不限定输出格式。通常在程序中都会使用简写的方法。事实上,使用 WRITE 在屏幕上印字符串时,最严谨的方法应该像下面这样:

`write(6, *) "String" ! 严谨一些的写法`

`write( UNIT=6, FMT=* ) "String" ! 最严谨的写法`

因为屏幕的输出 UNIT 位置就是 6,而 UNIT=*时,就是指 UNIT=6。第 1 种的简写方法也经常被使用。关于 WRITE 还有两点要注意:

(1)每一次执行 WRITE 命令后,会自动换到下一行来准备做下一次的输出。

(2)因为双引号是用来"输出"字符串的,所以想要输出双引号时,要连用两个双引号。

Fortran 90 可以使用双引号或单引号来封装字符串,Fortran 77 标准中只能使用单引号,不过大部分的 Fortran 77 编译器还是可以接受双引号。

想要在字符串中输出双引号时,要连续使用两个双引号。例如要印出 My name is "Peter". 时,则对 WRITE 的描述要编写如下:

`write(*,*)"My name is ""Peter""."`

实例程序 EX0401 还使用了另外一个命令 STOP。STOP 是终止程序的意思,它可以出现在程序的任何地方,程序执行到这个命令就会中止。除非必要,不要把 STOP 命令使用在主程序结束之外的其他地方。因为一个程序如果有太多的终止点会容易出错。前面提到过 STOP 这个命令在此并不是必要的,因为主程序的程序代码执行完毕后,程序会自动终止。本程序加上 STOP 命令只是为了更明确表示程序到此结束而已。

END 是用来封装程序代码使用的,说明程序代码已经编写完毕。Fortran 90 标准中,可以使用下列的 3 种方法来表示程序代码编写结束;Fortran 77 只使用第 1 种方法。

`end`

`end program`

`end program main ! main 指的是 program 所取的名字,上个例子是 ex0401`

既然介绍了 WRITE,就要顺便提一下 PRINT 命令。如果把程序的第 3 行改成使用 PRINT,程序的执行结果还是一样的。

`print *,"Hello"`

PRINT 的用法和 WRITE 大致上相同,只是 PRINT 后面不使用括号,而且只有一个星号。这一个星号的意义是不限定输出格式。PRINT 和 WRITE 的不同处就在于少了 WRITE 的第一个星号,也就是少了赋值输出位置的能力,PRINT 命令只能针对屏幕来使用。

笔者的建议是尽量使用 WRITE 来做输出的工作,因为如果日后想把程序的输出转换到其他地方,例如是转换到文件中,使用 WRITE 命令的程序改写起来会比较容易,只要把 UNIT 值指到另一个输出位置就行了,这一点在第 9 章会有更详细的介绍。

EX0402.F90

```
1.program ex0402
2.print *,"Hello"
3.stop
4.end
```

现在来回顾一下 Fortran 77 的部分。把前面的程序 EX0401 用 Fortran 77 的 Fixed Format 来编写,会变成下面的模样:

EX0403.FOR

```
1.      PROGRAM ex0403
2.      WRITE(*,*) 'Hello'
3.      STOP
4.      END
```

这个程序和 Fortran 90 的 Free Format 风格看起来大致相同,使用大写来编写的原因只是为了强调 Fortran 对英文的大小写是一视同仁的。另外也是为了在本书中对于使用 Free Format 的程序作一个区分,在本书中 Fixed Format 的程序都会以大写字母来编写,而使用小写字母来编写 Free Format 的程序。

这个程序和 EX0401 有两点不同:

(1)WRITE 后用单引号来封装字符串,Fortran 77 只能使用单引号来封装字符串,Fortran 90 可以用单引号或双引号。

(2)每一行程序前面都有 6 个空格,这是 Fixed Format 规定需要的。

4-2 声　明

所谓的声明是指:"在程序代码中,程序员向编译器要求预留一些存放数据的内存空间。"这句话看不懂没有关系,直接先来看一个程序。

EX0404.F90

```
1.program ex0404
2.  integer a  !声明一块保存整数的内存空间,以 a 来表示
3.  a=3  !把 a 设置为 3
4.  write(*,*) "a=",a  !显示 a 的内容
5.stop
```

6.end

执行结果：

a=   3

第 2 行出现了新的描述。前面提到过 Fortran 有 4 种基本数据类型。分别是整数（INTEGER）、浮点数（REAL）、字符（CHARACTER）、布尔变量（LOGICAL）等。这个程序声明一个可以存放整数类型的空间，并以 a 来代表这块内存。接着在这块内存中放入数字 3，再把它的内容写到屏幕上。现在来看看这 4 种类型的详细使用方法。

4-2-1 整数类型（INTEGERAL）

声明一个整数类型存储空间的方法描述如下：

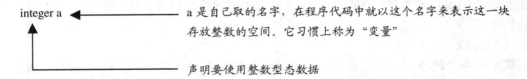

实例 EX0404.F90 的第 2 行声明了一个名字叫做"a"的整型变量。被称为"变量"的原因是，在程序代码中可以通过变量的名字来改变或是使用变量的内容，所以在程序执行时这个数字的值可能会常常改变。以示范程序的第 4 行为例：

    4. a=3   !把 a 设置为 3

这行程序代码会把 a 这个整型变量的数值"设置"成 3。几乎所有的程序语言中，等号的意义都是把等号"="左边的变量设置成等号右边的数值。等号的右边除了可以是一个数值外，也可以是一个数学表达式或是另外一个变量。现在来试着编写一个比较有实用价值的程序。

EX0405.F90

```
1.program ex0405
2.  integer a
3.  a=2+2*4-3
4.  write(*,*) "2+2*4-3=",a
5.stop
6.end
```

这个程序会计算出 2+2*4-3 的结果：

    2+2*4-3=   7

程序的内容很简单，详细说明如下：

第 1 行：program ex0405

以 program ex0405 来开头，表示这个程序名字叫做 ex0405。虽然这一行可以省略，但是建议不要省略。

第 2 行：integer a

声明一个名字为"a"的整型变量。

第 3 行：a=2+2*4-3

把变量"a"的内容设置成算式 2+2*4-3 的计算结果。

第 4 行：write(*,*) "2+2*4-3=", a

在屏幕上显示第 3 行的算式内容及变量 a 的数值。这里要注意的是字符串 "2+2*4-3" 和 a 之间有一个逗号，这个逗号是用来区分字符串跟变量 a 这两笔数据。

第 5 行：stop

中止程序执行的命令，可以省略。

第 6 行：end

表示程序代码编写到此结束。

读者现在已经有能力用 Fortran 来编写简单的计算机程序。只要以程序 EX0404 为模板，改变第 4 行中等号右边的算式及第 5 行中的字符串就行了。不过这个计算机程序的功能还是很有限，因为目前所使用的都是整数类型，所以计算的结果如果有小数点时都会忽略不计，例如：

【A=3/2】

这个命令会使 A 等于 1，虽然 3/2 =1.5，但因为 A 只能保存"整数"，会把小数点的部分无条件舍去。

【A=1/2】

不要怀疑，因为无条件忽略小数的缘故，这个时候 A 会等于 0。

请注意在 Fortran 中不区分大小写，所以变量名字不论是写成大写 A 或小写 a，都是指同一个变量。

第 3 章曾经介绍过，整数类型又分成长整型和短整型两种，赋值使用长整型的声明方法如下：

    integer(kind=4) a ! Fortran 90 添加
    INTEGER*4 b   ! Fortran 77 传统作法
    INTEGER(4) c   ! Fortran 77 传统作法

kind=4 及 *4 都是赋值要使用 4 个 bytes 来存放整数的意思。第 1 种方法是 Fortran 90 添加的，第 2 种方法是 Fortran 77 原有的。KIND 的用法稍后会做更详细的介绍。下面是赋值使用短整型的声明方法：

    integer(kind=2) a ! Fortran 90 添加
    INTEGER*2 b   ! Fortran 77 传统作法
    INTEGER(2) c   ! Fortran 77 传统作法

同理，2 在这就是 2 bytes 的意思。以 INTEGER 声明的变量在没有特别赋值长短时，通常编译器都会默认使用长整型。有的编译器还有支持更短的整数，只使用 1 bytes；这种整型数能保存的数值范围很小，使用时要注意不要超出它的范围。

    integer(kind=1) a
    INTEGER*1 b
    INTEGER(1) c

再介绍一个声明的技巧，在程序代码中想要一次声明许多个同样类型的变量时，可以把它们写在同一行，下面的例子在一行程序代码中同时声明出 a、b、c 这 3 个整型变量。

    integer a,b,c

最后要说明在 Fortran 中，声明变量时要注意的几个原则：

（1）变量的名称以使用英文字母为原则，可以内含下划线或数字，但前缀必须是英文字母。

（2）变量名字的长度，在 77 标准中最起码支持 6 个字符长，90 标准中最起码支持 31 个字符长。也就是说在 Fortran 77 中变量长度最好是在 1～6 之间，在 Fortran 90 中变量长度则最好是在 1～31 之间。

（3）变量名称最好不要和 Fortran 的执行命令同名，也不能和主程序的名称或是前面声明过的变量同名。这也就是说，不要把变量取名为 PROGRAM、WRITE，因为这些都是 Fortran 语言中的命令。而在程序 EX0405.F90 中，不能有变量叫做 EX0405，因为主程序已事先使用了这个名字。

（4）程序中辨认变量时，不会区分它的大小写。

下面是一些声明变量的错误实例：

```
program example
integer a
integer example  ! 错误,example 是 program 的名字
integer write    ! 不好的用法,write 是程序命令之一
integer a        ! 错误,a 在前面已经使用过了
```

事实上 Fortran 并没有强迫规定不能使用程序命令作为变量名称，但是建议绝对不要这么做，因为这种程序代码会很容易发生混淆。下面的例子把变量名称取名为 WRITE，这个程序代码在阅读时，不太容易区分出哪些是变量，哪些是命令。

EX0406.F90

```
1.program ex0406
2.  integer(kind=4) write ! 把变量取名为 write 是不好的做法
3.  write=2+2*4-3 ! 这一行看起来像是要输出,但却不是。
4.  write(*,*) "2+2*4-3=",write
5.  stop
6.end
```

在此再进入纯 Fortran 90 的部分。Fortran 90 的声明语法多了一些变化，它可以在类型的后面先写两个冒号 "::"，再写上变量的名字。

```
integer :: a  ! 声明一个叫做 a 的整数变量。
```

在这里还看不出这两个冒号的功能何在，读者大概只会觉得很啰嗦，等到后面的章节中才会介绍冒号的用途。

4-2-2　浮点数（REAL）

浮点数和整数的最大不同在于浮点数可以保存小数，下面是声明浮点数类型变量的方法：

```
real a
```

不加上任何形容词时，通常会声明占用 4 bytes 的"单精度"浮点数。如果要确定所使用的变量长度时，使用下面的方法会声明使用 4 个 bytes 的单精度浮点数。

```
real(kind=4) a  ! Fortran 90 添加
real*4 a        ! Fortran 77 传统方法
real(4) a       ! Fortran 77 传统方法
```

使用下面的方法则会声明使用 8 个 bytes 的双精度浮点数。

```
real(kind=8) a  ! Fortran 90 添加
real*8 a        ! Fortran 77 传统方法
```

双精度浮点数占用较多的内存，所容许的保存范围也比较广。有了浮点数后，可以把 EX0405 这个计算机程序加以改写，让它不在局限于整数计算。

EX0407.F90

```
1.program ex0407
2. real :: a ! 声明浮点数类型变量 a
3. a = 2.5+3.0/2.0
4. write(*,*) '2.5+3.0/2.0=',A ! A 和 a 指的是同一个变量
5. stop
6.end
```

程序执行结果如下：

```
2.5+3.0/2.0= 4.00000
```

程序流程大致上和 EX0405 相同，只有下面两点不同：

（1）第 2 行的声明把变量的类型由 INTEGER 改成 REAL。

（2）第 3 行等号右边的算式中，把整数值 3、2 都加上了".0"，让它们变成 3.0、2.0，这是在做数值计算时所应该做的操作。这个步骤可以确保计算机在计算过程中会使用"浮点数"类型来做计算，而不是用"整数"的类型。

第二点要特别注意，如果第 3 行写成 a=2.5+3/2，计算出来的结果会是 a=3.5，因为算式中的 3/2 部分会先使用整数格式来计算，计算的结果是 1 而不是 1.5。错误的写法会让式子变成 a=2.5+3/2=2.5+1=3.5，这是错误的答案！

使用浮点数后，计算机程序已经具备普通的小型掌上计算机的能力了。还差几步就可以完成一个具备工程计算机功能的程序，等一下再来示范如何编写这个程序，现在要先说明"有效位数"的概念。

EX0408.F90

```
1.program ex0408
2. real(kind=4) :: a,b
3. a=1
4. b=0.1
5. write(*,*) a,"+",b,"=",a+b
6. stop
7.end
```

程序执行结果如下：

```
 1.000000    + 0.1000000   = 1.100000
```

这个程序第 5 行出现了一个新的用法：

write (*,*)a, "+", b, "=", a+b
                              ↑
                    可以直接放入一个算式

现在请读者自己试着把这个程序中变量 a、b 的数值改成 a = 1000000、b = 0.1。正确的计算结果应该是 a+b=1000000.1，程序执行结果却会变成：

  1000000.　　+　　0.1000000　　=　　1000000.

这个答案是错的，正解应该是 100000.1，错误的原因出在有效位数不足。计算机在保存浮点数时，会先把它转成科学计数法。例如要保存 12345 时，会转换成类似 $1.2345*10^4$ 的方法来记录。其中数值的部分可以保存约 6 位数字，所以 12345678 时，实际会表示为 $1.23456*10^7$，最后的两个数字 78 会被忽略。由于转换成科学计数的浮点数，在数值部分只能保留 6 位数字，超过的部分会被忽略，所以才会说："单精度浮点数的有效位数为 6 位"。

事实上单精度的有效位数是 6~7 位，因为小数跟指数部分实际都是使用二进制的方法来保存，转成十进制时的精度会随着数值不同而改变。

因为有效位数的关系，所以计算结果会有误差。想解决这个误差的问题，在此可以改用双精度来声明变量，也就是把程序第 2 行改成：

```
real(kind=8) :: a,b    ! Fortran 90 写法，冒号在这边可以省略
real*8 a,b             ! Fortran 77 写法
real(8) a,b            ! Fortran 77 写法
```

双精度有高达 15 位的有效位数，所以在此可以正确地计算出 a+b = 1000000.1 的结果。如果运算结果超过 15 个位数，那就不可避免地还是会出现计算误差。

对单精度浮点数设置数值时，有一些技巧可以使用。要设置一个超大的数值，例如 10^{10}=10000000000 时，可以直接用 1E10 来代入。同样地要设置一个极小的数值，例如 10^{-10}=0.0000000001 时，可以用 1E-10 来代入。有的时候使用指数类型来设置数值是很必要的，例如要设置 2.5E23 这个数值时，使用指数类型几乎是惟一的方法。要不然就会在程序描述中显示 20 多个 0，这会浪费掉许多版面及时间。

上一段介绍了设置单精度浮点数巨大数值的方法，要设置双精度浮点数的方法也差不多，只要把字母 E 改成 D 就行了。例如 10000000000=1D10、0.0000000001=1D-10。不过这个方法很重要，因为有些编译器一定要看到 D 这个字符，才能正确无误地对双精度浮点数设置数值。

现在来回顾一下把 EX0408 用 Fixed Format 格式编写的形式。这两个程序只是版面上不同，不再多做赘述。

EX0408.FOR

```
1.      PROGRAM ex0408
2.      REAL*4 a,b
3.      a=1000000
4.      b=0.1
5.      WRITE(*,*) a,"+",b,"=",a+b
```

```
6.    STOP
7.    END
```

现在再进入另一个概念,刚刚所编写的计算机程序,只能做出简单的四则运算而已,无法做出工程计算机的一些功能,像是求三角函数 sin、cos、tan,求 log 对数等等的运算。要达到这些功能,必须使用 Fortran 的数学库函数。直接来看一个程序:

EX0409.F90

```
1.program ex0409
2. real :: a
3. a=3.14159/2.0
4. write(*,*) "sin(",a,")=",sin(a)
5. stop
6.end
```

执行结果如下:

```
 sin(   1.570795    )=   1.000000
```

第 4 行出现一个新的用法,sin(a)的命令会计算出三角函数的值。

write(*,*)"sin(",a,")=",sin(a)
           ↑
        计算 sin(a)

这是一个很直观的用法,直接使用 Fortran 的数学库函数 sin 来做计算。顺便提醒读者一点,Fortran 数学库函数中的三角函数,使用的单位不是角度而是弧度。完整的数学库函数在书后的附录 A 中有详细的介绍,一般工程计算时所需要基本数学函数几乎都可以在附录 A 中找到。

使用库函数时,要特别注意参数类型,以及函数返回值的类型。像求 sin(X)时,X 通常是浮点数类型,而所得到的返回值也是浮点数。在使用时不能把 X 用整数类型的变量代入,最好也不要把 sin(X)的值设置给一个整数变量,因为小数的部分会被无条件忽略。

读者现在应该有能力来显示一个具备基本工程计算需求的程序了。只要把程序 EX0407 中第 3 行等号右边的算式部分,加上所需要的数学函数即可,来看一个实例:

EX0410.F90

```
1.program ex0410
2. real :: a,b,c
3. a=0.5
4. b=0.5
5. c=sin(a)**2 + cos(b)**2
6. write(*,*) "c=",c
7. stop
8.end
```

执行结果如下:

```
c=    1.000000
```

第 3 章曾经介绍过，连续使用两个"*"号是要做乘幂计算。程序的第 5 行就等于在计算 c=sin(a)²+cos(b)²。由于 a=b，根据三角函数定理，计算结果一定是 1。

在 Fortran 中要求平方根，可以使用乘幂来做到，因为 $4^{0.5}=\sqrt{4}$ 。

```
a=4.0**0.5 ! 乘幂的值可以小于 1
```

把数字开平方可以使用乘幂 0.5 来做到，也可以调用数学函数 SQRT 来完成：

```
a=sqrt(4.0) ! 和上一行程序结果一样
```

开立方的计算同样可以使用乘幂来做到，因为 $8^{\frac{1}{3}}=\sqrt[3]{8}$ 。

```
a=8.0**(1.0/3.0) ! 开立方
```

4-2-3 复数（COMPLEX）

Fortran 是笔者所知道的计算机语言中，惟一直接提供复数类型的语言。Fortran 中声明复数的方法如下：

```
complex a
```

复数是由实部和虚部两个部分组成，而 Fortran 中保存这两个数字的方法是用两个浮点数来保存，所以复数也可以分成单精度及双精度两种类型。赋值精度的方法如下：

```
complex(kind=4) a   ! 单精度，Fortran 90 添加
complex(kind=8) b   ! 双精度，Fortran 90 添加
complex*4 c         ! 单精度，Fortran 77 传统
complex(4) c        ! 单精度，Fortran 77 传统
complex*8 d         ! 双精度，Fortran 77 传统
complex(8) d        ! 双精度，Fortran 77 传统
```

要设置一个复数数值的方法如下：

```
a=(x,y) ! x 为实部，y 为虚部，当 a=(3.2,2.5)时，表示 a=3.2+2.5i
```

实际操作一个以复数来运算的程序来做示范。

EX0411.FOR

```
1.program ex0411
2. complex :: a,b
3. a=(1.0,1.0) ! a=1+1i
4. b=(1.0,2.0) ! b=1+2i
5. write(*,*) "a+b=",a+b
6. write(*,*) "a-b=",a-b
7. write(*,*) "a*b=",a*b
8. write(*,*) "a/b=",a/b
9. stop
10.end
```

执行结果如下：

```
a+b=(2.000000,3.000000)
```

```
a-b=(0.0000000E+00,-1.000000)
a*b=(-1.000000,3.000000)
a/b=(0.6000000,-0.2000000)
```

复数加法的规则很简单，实部与实部相加，虚部与虚部相加就可以了。减法也是差不多的做法，相加改成相减而已。乘法和除法的规则稍微复杂一点，如果忘记了可以参看一下高中数学课本。

4-2-4 字符及字符串（CHARACTER）

字符类型是用来保存一个字符或一长串字符所组成的"字符串"时所使用的类型。下面是声明一个字符的方法：

```
character a
```

声明时要求使用好几个字符，就是在声明字符串，声明方法如下：

```
character(len=10) a   ! Fortran 90 添加
character(10)    b    ! Fortran 77 已有
CHARACTER*10     c    ! Fortran 77 已有
CHARACTER*(10)d       ! Fortran 77 已有
```

字符串长度最大需要多少字符，就赋值多少数字给它。下面是设置字符串变量内容的方法：

```
a="Hello" ! Fortran 90 可以用双引号来封装字符串
b='Hello' ! Fortran 77 只能用单引号来封装字符串
c="That's right."   ! 用双引号封装字符串时，可以在字符串中任意使用单引号
d='That''s right.'  ! 用单引号封装字符串时，输出单引号时要连续用两个单引号
e="That's ""right""." ! 用双引号来封装时，输出双引号也要连用两个双引号
```

虽然曾经提到过 Fortran 语言不区分大小写，但那是对程序执行命令而言。字符串内容属于数据，字符的大小写对数据来说是不同的。如果对数据还不去区分大小写，下面的程序就没法正确输出内含大小写的 Hello 字符串。

EX0412.F90

```
1.program ex0412
2.  character a
3.  character(len=10) b
4.  a='H'
5.  b="ello"
6.  write(*,*) a,b
7.end
```

执行结果如下：

```
Hello
```

最开头的 H 是输出字符 a 得到的，接下来的 ello 是输出字符串 b 的结果。两个加起来的结果刚好就是 Hello。也许读者计算机输出的结果 H 和 ello 中间会有空格，不需要在意，

输入输出及声明

那也是正确的结果。write(*,*)会使用默认格式来输出，不同编译器的默认格式可能会不一样。

字符串类型除了直接"设置"之外，还可以有其他的运行，比如改变字符串的某一部分。字符串可以一次只改变其中的几个字符，以实例来做说明：

EX0413.F90

```
1. program ex0413
2.   character(len=20) string
3.   string = "Good morning."
4.   write(*,*) string
5.   string(6) = "evening."  ! 重新设置从第6个字符之后的字符串
6.   write(*,*) string
7. end
```

执行结果为：

Good morning.
Good evening.

程序第 5 行的描述把字符串 string 的后半段由 morning 改成 evening。当改用下面的命令时，会有不同的结果：

string(1:2)="GO" ! 字符串最前面两个字符会变成 GO
string(13:13)="!" ! 字符串的第 13 个字符会变成叹号！

简单地说，字符串变量后面加上括号，再通过冒号来区分所要重新设置的字符串位置范围，就可以重新设置字符串中某一部分的内容。

两个字符串之间还可以"相加"。这里的相加和数字的加法不同，是把两个字符串前后合并起来的意思。

EX0414.F90

```
1. program ex0413
2.   character(len= 6) first
3.   character(len=10) second
4.   character(len=20) add
5.   first="Happy "
6.   second="Birthday"
7.   add = first//second  ! 经过两个连续的除号可以连接两个字符串
8.   write(*,*) add
9. end
```

执行后会出现：

Happy Birthday

这个程序示范了把字符串相加的方法，这个操作是在程序第 7 行中完成的。

```
add = first // second
```

连用两个除号，可以把前后两个字符串连接起来

既然介绍到字符串，就顺便介绍一些 Fortran 中有关字符串运行的函数：

CHAR(num)	返回计算机所使用的字符表上，数值 num 所代表的字符。（个人计算机使用 ASCII 字符表）
ICHAR(char)	返回所输入的 char 字符在计算机所使用的字符表中所代表的编号，返回值是整数类型
LEN(string)	返回输入字符串的声明长度，返回值是整数类型
LEN_TRIM(string)	返回字符串去除尾端空格后的实际内容长度
INDEX(string, key)	所输入的 STRING 和 KEY 都是字符串。这个函数会返回 KEY 这个"子字符串"在"母字符串"STRING 中第一次出现的位置
TRIM(string)	返回把 string 字符串尾端多余空格清除过后的字符串

跟字符串相关的函数还不只这些，详情请参考附录 A。在此只大概介绍几个字符串库函数的使用方法，让大家有个概念，其他部分交由读者自行类推。

EX0415.F90

```
1. program ex0415
2.   character(len=20) string
3.   character(len=5) substring
4.   string = "Have a nice day."
5.   substring = "nice"
6.   write(*,*) ichar('A')    ! 输出字符 A 的 ASCII 码
7.   write(*,*) char(65)      ! 输出 ASCII 码 65 所代表的字符，也就是 A
8.   write(*,*) len(string)   ! 输出字符串 string 声明时的长度
9.   write(*,*) len_trim(string) ! 输出字符串 string 内容的实际长度
10.  write(*,*) index(string,substring)
11.  ! nice 在 Have a nice day 的第 8 个位置
12. end
```

执行结果如下：

```
          65
 A
          20
          16
           8
```

读者会不会觉得这个程序所使用的输出版面格式很难看，我自己就这么认为。因为这个程序所使用的是非常粗糙的输出方法，没有经过"格式化"处理。格式化输出会在稍后再做说明。

4-2-5 逻辑变量（LOGICAL）

逻辑变量主要是在逻辑判断时使用，所以要在下一章才会做详细的介绍，本章只介绍声明跟设置的方法。声明逻辑变量的方法如下：

logical a

逻辑变量同样可以赋值它所占用的内存大小，但是实际意义不大，因为它只用来保存两种数值，"真"或"假"，最少只需要 1 bit 的空间就足够了。通常都让编译器去自行选择空间大小而不会在程序代码中设置，要赋值空间大小的方法如下：

logical(kind=4) a ! 用 4 bytes 来记录 true/false, Fortran 90 做法
logical*4   b ! Fortran 77 已有
logical(4)   b ! Fortran 77 已有
logical(kind=2) c ! 用 2 bytes 来记录 true/false, Fortran 90 做法
logical*2   d ! Fortran 77 已有
logical(2)   d ! Fortran 77 已有

设置逻辑变量的方法如下：

a=.true. ! 设置为"真"值，请注意 true 的前后要加上两个点
a=.false. ! 设置为"假"值，请注意 false 的前后要加上两个点

用 WRITE 显示一个逻辑变量时只会出现一个"T"代表真值（TRUE）或是出现一个"F"来代表假值（FALSE），来看一个实例：

EX0416.F90

```
1.program ex0416
2. logical a,b
3. a=.true.
4. b=.false.
5. write(*,*) a,b
6.end
```

执行结果如下：

T F

在实际使用上，几乎不会有机会需要显示逻辑变量的值。逻辑变量到下一章介绍流程控制时才会有比较实际的应用。

4-3 输入命令（READ）

前面两节的实例程序中，所使用的数据都是在程序代码中事先写好，如果想要改变数据内容，必须更改程序代码，重新编译后才能生效。

实际使用时，这种方法相当不实用。要改变这个情况，就需要一个能够在程序进行当

中，实时接受用户从键盘输入数据的命令，这就是 READ 命令的作用。下面的实例程序可以让用户经过键盘来输入数字。

EX0417.F90

```
1. program ex0417
2.   integer a
3.   read(*,*) a   ! 由键盘读入一个整数
4.   write(*,*) a  ! 显示读进变量a的内容
5. end
```

程序执行时会出现光标来等待用户利用键盘输入数据，在此处等待输入的是一个整数，如果输入英文字母可能会导致死机。

程序中的第 3 行使用 READ 命令来等待用户输入。READ 命令在使用时和 WRITE 一样，都有两个星号。代表的意义也是差不多的，第 1 个星号代表输入的来源使用默认的设备（也就是键盘），第 2 个星号代表不指定输入格式。

```
3.   read(*,*) a   ! 由键盘读入一个整数
```

使用 READ 命令时，比较严谨的使用方法会是下面的样子：

read(5,*) a ! 严谨一些, 省略 unit 跟 fmt 这两个字

read(unit=5,fmt=*) a ! 最严谨的写法

因为键盘的输入位置是 5，使用 UNIT=*代表使用默认的输入设备，也就是使用键盘。FMT=*的用意则是不赋值输入格式，简写的方法经常被使用的。

使用 READ 描述还有一些技巧，例如可以在同一行程序代码中一次读入多个数值。

EX0418.F90

```
1. program ex0418
2.   real a,b,c
3.   read(*,*) a,b,c   ! 在一行中导入3个变量内容
4.   write(*,*) a+b+c
5. end
```

执行时会出现一个光标，用户可以输入 3 个整数：例如"1, 2, 3"或是"1 2 3"，逗号或空格可以用来区分数据，或是每输入一个数字就按一次 Enter 键。程序最后会输出这 3 个整数相加起来的结果。

在输入数据时要注意它所对应的变量类型，如果在输入数据时搞错类型，像在要输入整数时却输入了一个英文字母，会导致程序在执行时出现错误。

前面示范过 INTEGER 及 REAL 类型读取数据的方法，事实上读取任何类型数据的方法都一样。读取 CHARACTER 类型数据的方法也是相同的，只要使用 READ 命令就行了。

character a

read(*,*) a

不过在输入字符串时，使用默认的格式来读取数据可能会出现问题，下面是一个可能会出错的例子：

EX0419.F90

```
1. program ex0419
2.   character(len=80) a
3.   read(*,*) a
4.   write(*,*) a
5. end
```

程序运行后同样会出现一个闪烁的光标来等待用户输入。输入的字符串中间如果没有出现空格，执行起来会很正常，输入什么东西就输出什么东西。若出现空格，输入的字符串会被截断。例如输入：

`Happy Birthday`

输出时只会看到：

`Happy`

因为 Happy Birthday 中间有空格，所以被当成两个不同的字符串，变量 a 只得到第一个字符串的内容。解决方法是不要使用默认的格式来读取数据，这也就是需要格式化输入输出功能的原因之一。

4-4 格式化输入输出（FORMAT）

前面 3 节在使用 WRITE/READ 命令时，都没有赋值输入输出格式，这些程序的显示效果都不是很"美观"。格式化输出的目的就是要把数据经过"有计划"的版面设计来显示。除了美观之外，某些情况下要读取数据时，要设置恰当的输入格式才能得到正确的数据。

4-4-1 格式化输出概论

FORMAT 命令可以用来设置输出格式，FORMAT 这个字在英文中也正是"格式"的意思。先直接进入一段实例程序：

EX0420.F90

```
1. program ex0420
2.   integer a
3.   a=100
4.   write(*,100) a   ! 使用行代码100，也就是第5行的格式来输出变量a
5. 100 format(I4)     ! 最前面的100是行代码，把这一行程序代码给一个编号
6. end
```

从执行结果可以发现输出数字时不会跟从前的程序一样，在数字的前面还出现一堆没有用的空格，这个程序中只会使用 4 个字符宽来输出整数。

`100`

如果把第 4 行的 write（*，100）改成 write（*，*），会恢复到从前的情况。读者可以发

现，不赋值输出格式时，数字前面会出现一大段额外的空格。

　　　　100

程序第 4 行的 WRITE 命令，会把整数 A 经过代号为 100 那一行（也就是第 5 行）的 FORMAT 命令中所设置的格式来输出。在此所设置的输出格式是（I4），也就是用 4 列来显示整数 a 的数值。

使用 Fortran 90 的 Free Format 来编写程序时，只要在一行程序代码的最前面使用数字，就可以给这一行程序取一个代码。若是用 Fortran 77 的 Fixed Format，这个数字固定要放在每一行的最前面 5 个字符文本框中。EX0420.F90 用旧语法改写后如下：

EX0420.FOR

```
1.      PROGRAM ex0420
2.      INTEGER A
3.      A=100
4.      WRITE(*,100) A    ! 使用行代码为 100 的地方设置的格式来输出变量 a
5.100    FORMAT(I4)       ! 最前面的 100 是行代码，把这一行程序代码给一个编号
6.      END
```

Fortran 语言有一项很重要的资源，它拥有许多开发很多年的旧程序。新创作的程序当然应该用新的语法，但是对于比较旧的 Fortran 语法还是有必要认识，也才有能力去继续使用旧的程序代码。

FORMAT 命令中可以使用很多的格式控制描述，下面是列出所有格式命令的表格，括号（[ ]）中的东西可以省略，完整的使用说明请参考下一节。

Aw	以 w 个字符宽来输出字符串
BN	定义文本框中的空位为没有东西，在输入时才需要使用
BZ	定义文本框中的空位代表 0，在输入时才需要使用
Dw.d	以 w 个字符宽来输出指数类型的浮点数，小数部分占 d 个字符宽
Ew.d[Ee]	以 w 个字符宽来输出指数类型的浮点数，小数部分占 d 个字符宽，指数部分占 e 个字符
ENw.d[Ee]	以指数类型来输出浮点数
ESw.d[Ee]	以指数类型来输出浮点数
Fw.d	以 w 个字符宽来输出浮点数，小数部分占 d 个字符宽
Gw.d[Ee]	以 w 个字符宽来输出任何种类的数据
Iw[.m]	以 w 个字符宽来输出整数，最少输出 m 个数字
Lw	以 w 个字符宽来输出 T 或 F 的真假值
nX	把输出的位置向右跳过 n 个位置
/	代表换行
:	在没有更多数据时结束输出
kP	K 值控制输入输出的 SCALE
Tn	输出的位置移动到本行第 n 列
TLn	输出的位置向左相对移动 n 列
TRn	输出的位置向右相对移动 n 列
SP	在数值为正时加上"正号"
SS	取消 SP

输入输出及声明

以下是 Fortran 90 添加的格式:

Bw[.m]	把整数转换成二进制来输出,输出会占 w 个字符宽,固定输出 m 个数字。m 值可以不给定
Ow[.m]	把整数转换成八进制来输出,输出会占 w 个字符宽,固定输出 m 个数字。m 值可以不给定
Zw[.m]	把整数转换成十六进制来输出,输出会占 w 个字符宽,固定输出 m 个数字。m 值可以不给定

先通过一个实例来简单看一下输出格式命令的使用方法:

EX0421.F90

```
1. program ex0421
2.   integer   a
3.   real      b
4.   complex   c
5.   logical   d
6.   character(len=20) e
7.   a=10
8.   b=12.34
9.   c=(1,2)
10.  d=.true.
11.  e="Fortran"
12.  write(*,"(1X,I5)")    a  ! 用 I 来格式化整数
13.  write(*,"(1X,F5.2)") b   ! 用 F 来格式化浮点数
14.  write(*,"(1X,F4.1,F4.1)") c ! complex 要用 2 个浮点数来输出
15.  write(*,"(1X,L3)") d    ! 用 L 来输出 logical
16.  write(*,"(1X,A10)") e   ! 用 A 来输出字符串
17. end
```

执行结果如下:

```
   10
 12.34
 1.0 2.0
  T
 Fortran
```

这个程序使用了一个新的用法,它把输出格式的设置直接放在 WRITE 命令中,不再另外使用 FORMAT 描述。有些程序员不喜欢看到程序代码前面还要给定行代码,就会用这个方法来做格式化输出,笔者个人就比较偏好这个方法。

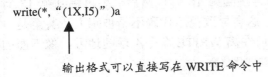

输出格式可以直接写在 WRITE 命令中

使用这种方法的好处是：

（1）减少程序的行数，输出的格式直接写在 WRITE 命令中，不需要再使用 FORMAT。

（2）输出格式和 WRITE 命令放在同一行，可使程序阅读起来比较清楚。不用再去寻找 FORMAT。

（3）可以避免在程序代码中使用行号。

使用这个方法的主要缺点是：

（1）输出格式很复杂时，编写起来会比较麻烦。

（2）在不同地方使用相同的输出格式时，程序代码会重复。

如果另外编写 FORMAT 来指定输出格式，程序会变成下一个实例程序的样子。在某些时候，使用 FORMAT 会有它好用之处，只是如果位置乱放的话，程序代码会变得很难阅读，读者请小心这一点。

EX0422.FOR

```
1.      PROGRAM ex0421
2.      INTEGER A
3.      REAL    B
4.      COMPLEX C
5.      LOGICAL D
6.      CHARACTER*(20) E
7.      A=10
8.      B=12.34
9.      C=(1,2)
10.     D=.true.
11.     E="Fortran"
12.     WRITE(*,100) A ! 用I来格式化整数
13.     WRITE(*,200) B ! 用F来格式化浮点数
14.     WRITE(*,300) C ! complex也是浮点数
15.     WRITE(*,400) D ! 用L来输出logical
16.     WRITE(*,500) E ! 用A来输出字符串
17.100  FORMAT(1X,I5)
18.200  FORMAT(1X,F5.2)
19.300  FORMAT(1X,F4.1,F4.1)
20.400  FORMAT(1X,L3)
21.500  FORMAT(1X,A10)
22.     END
```

程序增加了 5 行的 FORMAT 描述，在阅读时要"跳跃式"地来阅读程序。读到第 12 行时，要跳到第 17 行去阅读输出格式，再跳回第 16 行，然后又要再跳到第 18 行……。这就是使用 FORMAT 常常出现的现象，这会导致程序代码不易被别人、甚至是自己来阅读。使用 FORMAT 描述时，最好是把它放在离 WRITE 命令不远的地方，像下面的类型。

```
12.     WRITE(*,100) A ! 用I来格式化整数
```

输入输出及声明

```
13.100    FORMAT(1X,I5)
14.       WRITE(*,200) B  ! 用F来格式化浮点数
15.200    FORMAT(1X,F5.2)
16.       WRITE(*,300) C  ! complex 也是浮点数
17.300    FORMAT(1X,F4.1,F4.1)
18.       WRITE(*,400) D  ! 用L来输出 logical
19.400    FORMAT(1X,L3)
20.       WRITE(*,500) E  ! 用A来输出字符串
21.500    FORMAT(1X,A10)
```

当输出格式不复杂时，建议最好还是把输出格式直接写在 WRITE 中。就如同实例程序 EX0421 的做法一样。

4-4-2 详论格式化输出

格式化输出的控制字符非常丰富，但是常用的并不多，所以读者不需要记住每一个控制字符。一般说来："I、F、E、A、X"是最常使用的几个格式，最好能把它们记下来。不常使用的控制字符在本书其他章节的实例中不会去使用它们。现在就来仔细地看看如何使用用这些输出格式：

【*Iw[.m]*】

以 w 个字符的宽度来输出整数，至少输出 m 个数字。

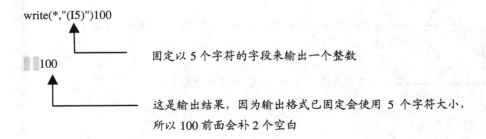

如果所设置的输出文本框不足时，则会输出星号（*）。

```
write(*，"(I3)") 10000
```

  *** ← 输出结果会是 3 个星号，因为数字 10000 需要用 5 个字符字段，但输出格式只给了 3 个字符字段，输出星号作为警告

```
write(*，"(I5.3)") 10
```

    010   固定使用 5 个字符字段，至少输出 3 个数字

         因为强迫输出 3 个数字，10 会输出 010。最前面的空格则来自于使用 I5 的格式

【F*w.d*】

以 w 个字符文本框宽来输出浮点数，小数部分占 d 个字符宽，输出文本框的设置不足时一样会出现星号。

```
write(*，"(F9.3)") 123.45
```

123.450

固定使用 9 个字符宽来输出浮点数，小数部分固定输出 3 个位数

这是输出结果，不足 9 个字符部分会填上空白，小数不足 3 位部分会补 0

【E*w.d*[E*e*]】

用科学计数法，以 w 个字符宽来输出浮点数，小数部分占 d 个字符宽，指数部分最少输出 e 个数字。

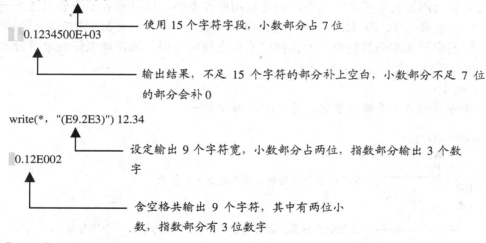

```
write(*，"(E15.7)")123.45
```

0.1234500E+03

使用 15 个字符字段，小数部分占 7 位

输出结果，不足 15 个字符的部分补上空白，小数部分不足 7 位的部分会补 0

```
write(*，"(E9.2E3)") 12.34
```

0.12E002

设定输出 9 个字符宽，小数部分占两位，指数部分输出 3 个数字

含空格共输出 9 个字符，其中有两位小数，指数部分有 3 位数字

【D*w.d*】

使用方法同 E*w.d*，差别在于输出时用来代表指数的字母由 E 换成 D。

```
write(*,"(D9.2)") 12.34
```

输出结果为 0.12D+02，而不是 0.12E+02。

【A*w*】

以 w 个字符宽来输出字符串。

```
write(*，"(A10)")"Hello"
```

Hello

固定用 10 个字符字段来输出字符串

不足 10 个字符的部分会补上空格

```
write(*,"(A3)")"Hello"
```
　　　　↑ 固定用 3 个字符字段宽度来输出字符串
Hel
　↑ 超过 3 个字符的部分会被省略去

【nX】

输出位置向右移动 n 位

```
write(*,"(5X，I3)")100
```
　　　↑ 先填 5 个空白，再输出整数

░░░░░100

　↑ 这 5 个空白是从格式 5X 中得到的

【Lw】

以 w 个字符宽来输出 T 或 F 的真假值。

```
write(*,"(L4)") .true.
```

程序会输出 3 个空格和一个 T：░░░T。通常不需要输出逻辑变量的值。

【Gw.d[Ee]】

G 可以用来输出所有类型的数据，固定使用 w 个字符宽来输出，d 不一定会使用，但不能省略。

用来输入/出字符时，Gw.d=Aw，d 必须随便给一个数字，不能省略。

用来输入/出整数时，Gw.d=Iw，d 必须随便给一个数字，不能省略。

用来输入/出逻辑数时，Gw.d=Lw，d 必须随便给一个数字，不能省略。

输出浮点数是比较复杂的情况。Gw.d 有时候会相等于 Fw.d，有时会等于 Ew.d。当数值 $n<0.1-0.5*10^{-d-1}$ 或 $n>=10^d-0.5$ 时，输出控制等于 Ew.d。其他情况等于(Fa.b, 4X)，其中 a=w-4，b 等于剩下的字符位数。

```
write(*,"(G9.4)") 123.0 ! G9.4=F5.1, 4X
write(*,"(G9.2)") 123.0 ! G9.2=E9.2
```

【/】

换行输出

```
write(*,"(I3//I3)") 10, 10
```

上面的程序代码会得到 4 行输出，中间两行空格是从除号 "/" 得到的。

 10

 10

【Tc】

把输出的位置移动到本行的第 c 个字节

```
write(*,"(T3,I3)") 100
write(*,"(10X,T3,I3") 100
```

上面两行程序代码会得到同样的输出结果。第 1 行程序会先把输出位置移动到第 3 个字符位置，再输出一个整数。第 2 行程序会先把输出位置向左移动 10 个位置，接着又被指定到第 3 个位置，就变成跟第 1 行一样了。

　　100
　　100

【TL*n*】

输出位置向左相对移动 n 个字节，不常使用，举例说明如下

```
WRITE(*,'(1X,A10,TL3,I3)') 'CALL 119',110
```

程序先输出 CALL 119，接着输出位置左移 3 位，输出 110 把原本的 119 改掉。所以最后看到的结果是 CALL 110。

【TR*n*】

输出位置相对向右移动 n 个字符宽，这个描述和上个描述类似，只是移动的方向是向右的。

【字符串】

FORMAT 中还可以直接放入所要显示的提示字符串，例如：

```
      WRITE(*,100) 10
100   FORMAT('Ans=',I3)
```

还可以用 wH 的格式来输出字符串，wH 代表在此之后要输出 w 个字符。通常都使用第 1 种方法而不使用第 2 种方法。

```
      WRITE(*,100) 10
100   FORMAT(4HAns=,I3)
```

这两段程序有相同的效果，都会输出 Ans= 10。

【SP、SS】

加了 SP 后，在输出数字时，如果数值为正则加上"正号"，SS 则用来取消 SP 的功能。

```
WRITE(*,"(SP,I5,I5,SS,I5)") 5,5,5
```

会输出　　+5　　+5　　5。前面两个数字会加上正号，第 3 个不会。

【BN、BZ】

应用在输入时，BN 定义在输入时，没有数据的字节代表"没有东西"。BZ 则定义在输入时，没有数据的字节代表"0"。

```
READ(*,"(BZ,I5)") A ! 输入 1 时 A=10000，没有输入数据的地方被定义为 0。
READ(*,"(BZ,I5)") A ! 输入 1 时 A=1，没有输入数据的地方代表没有东西。
```

通常应用在从文件读取数据时，从键盘读取数据时不太会去使用这个功能。

【*k*P】

用来改变输入浮点数的 Scale。输入的数值会自动乘上 10^{-k}。不过如果使用指数类型来输入时就会无效。

```
READ(*,"(-3P,F5.2)") A ! 输入 1.0 时，A=1000，因为会自动乘上 10³。
```

【B*w*[.*m*]】（Fortran 90 添加）

把整数转换成二进制来输出，输出会占 w 个字符宽，固定输出 m 个数字，m 值可以不给定。

```
write(*,"(B6.5)") 3
```

会输出▯00011，数字 3 用二进制来表示就是 11。

【Ow[.m]】（Fortran 90 添加）

把整数转换成八进制来输出，输出会占 w 个字符宽，固定会输出 m 个数字，m 值可以不给定。

```
write(*,"(O6.5)") 3
```

数字 3 在八进制中仍然是 3，所以在此会输出▯00003。

【Zw.[m]】（Fortran 90 添加）

把整数转换成十六进制来输出，会占 w 个字符宽，输出 m 个数字。m 值可以不给定。

```
write(*,"(Z2)") 20
```

在这边会输出 14，读者可以使用 Windows 的计算器求证。忘记如何用计算器来转换数字的读者可以翻回第 1 章来复习。

输出的格式句柄就介绍到此。输出格式的写法还有一些技巧，例如可以重复地以同样的格式输出数据。来看一个实例。

EX0423.F90

```
1. program ex0423
2.   real     a,b,c
3.   a=1.0
4.   b=2.0
5.   c=3.0
6.   write(*,"(3(1XF5.2))") a,b,c
7. end
```

执行结果如下

```
 1.00  2.00  3.00
```

第 6 行所用的输出格式 3(1XF5.2)就等于 1XF5.2，1XF5.2，1XF5.2。3(1XF5.2)代表重复(1XF5.2)这个输出格式 3 次。上面的做法会重复两个格式字符串，只要重复一个格式时，还可以有更简洁的表示方法：

```
WRITE(*,'(3I3)') 1,2,3   ! 连续以 3 个 I3 的格式来输出 3 个整数。
```

格式设置的字符串中，还可以放进固定要输出的字符串。

EX0424.F90

```
1. program ex0424
2.   write(*,"('3+4=',I1)") 3+4
3. end
```

这个程序会输出 3+4=7，3+4 这个字符串是直接写在格式设置中。因为 Fortran 90 可以混合使用单引号及双引号，所以程序看起来还不太复杂。在 Fortran 77 中，这段程序会写成下面的模样：

```
2.   write(*,'('3+4=',I1)') 3+4
```

格式字符串中会出现好几个单引号，因为 Fortran 77 只允许单引号来封装字符串。Fortran 90 可以利用单双引号的混合使用来避免掉这个麻烦。另外还有一个设置输出格式的方法，可以把输出格式放在字符串变量当中。

EX0425.F90

```
1. program ex0425
2.   character(len=10) fmtstring
3.   fmtstring = "(I2)"
4.   write(*,fmtstring) 3
5. end
```

这个程序声明了一个长度为 10 的字符串，字符串的内容就设置为用来输出一个整数的格式。程序的第 4 行就利用这个字符串中的格式设置来输出一个整数。

用这个方法来设置输出格式有一个好处，它可以在程序进行中动态地改变输出格式。例如程序执行时，突然发现整数太大了，2 个字节放不下，可以通过"fmtstring（3:3）="5""的命令来改变整数输出所占用的字节，由原来的 2 个字节改为 5 个字节。

使用输出格式时，要注意"类型"对应是否正确。例如格式（A10）不能拿来输出一个整数，（I3）不能拿来输出浮点数。类型对应错误时会出现很奇怪的输出结果，有时候还会导致程序中断，所以要避免这种错误。

有些编译器会把输出的第一个字符拿来作为控制字符，不过这通常是应用在打印机输出时才需要使用。所以有些程序在输出时，会习惯在每一行的最前面预留一个空格。现在比较新的编译器大都已经不再做这种处理，Visual Fortran 就不会做这种处理。

设置输入输出格式时，不同的格式控制命令间的逗号在某些情况下可以省略，这种情况下，加上逗号只是为了方便阅读程序代码。

```
write(*,"(1X,I5)") "Hello",5
write(*,"(1XI5)") "Hello",5   ! 在这里格式字符串中的逗号可以省略
```

下面的程序代码不能省略逗号，在这里一定要加上逗号才能区分出它们是两个格式控制命令。

```
write(*,"(I5,I5)") a,b   ! 在这里格式字符串中的逗号不能省略
```

再来介绍一下 PRINT。PRINT 的使用方法和 WRITE 非常类似，只是不能指定输出位置，在 PRINT 中指定输出格式的方法如下：

```
print 100,a   ! 使用行代码 100 的 format 来输出
print "(A10)","Hello"   ! 直接把格式字符串写在 print 中
```

最后还要说明一个概念，就是本节的输入输出格式也可以使用在输入命令 READ 中来使用。通常在输入数据时，不会经常遇到一定要设置输入格式的情况，使用文件时除外。不过在某些情况下，设置输入格式是必要的操作。像是输入一个内容中包括有空格符及逗号的字符串时，或是经过文件来输入数据时。

例如想经过 READ 描述来输入"Hello，World"这个字符串时，就一定要设置输入的格式为"（A12）"。因为这个字符串中有一个逗号，如果在读数据时没有设置输入格式，READ 命令会把字符串拆成 Hello 跟 World 两个字符串来读入。下面的程序可以读入长度在 80 字符内，内含任何字符的字符串，包括空格符及逗号。

EX0426.F90

```
1. program ex0426
2.  character(len=80) string
3.  read(*,"(A80)") string
4.  write(*,"(A80)") string
5. end
```

4-5 声明的其他事项

定义变量时，有一些需要注意的事项，可以减少编写程序犯错的机会。这一节中还会学习在定义变量时，同时给定变量初值的方法，以及其他和声明有关的技巧。

4-5-1 变量名称的取名策略

再强调一次变量的取名策略。变量的名字中可以使用的字符集包括英文的 26 个字母、0~9 这 10 个数字以及下划线"_"，不过前缀必须是英文字母。变量名称的长度限制随着各家编译器的不同而有所不同。Fortran 77 标准规定最少要支持到 6 个字符，Fortran 90 则最少要支持到 31 个字符。

变量的名字最好是取成一个有意义的英文单词，这样可以减少程序编写时出错的机会。

4-5-2 IMPLICIT 命令

这里要来看的是一个新的命令，叫做 IMPLICIT。Fortran 标准中有一项不太好的功能，它的变量并不一定要经过程序的声明才能使用，编译器会根据变量名称的第一个字母来自动决定这个变量的类型。第 1 个字母为 I、J、K、L、M、N 的变量会被视为整数类型，其他的变量则会被当成浮点数来使用。来看一个实例：

EX0427.F90

```
1. program ex0427
2.  read(*,*) fa, fb
3.  write(*,*) fa+fb
4. end
```

这个程序会等待用户输入两个数字，再输出把它们相加起来的结果。它示范了 Fortran 中不经定义就可使用变量的方法，这个方法建议最好是不要使用，主要有下面几个原因：

（1）好的程序员都会在程序中，先经过程序定义才使用变量，这样才能明白地了解程序执行时的内存使用情况。

（2）变量如果不经声明就使用，写程序时会很容易发生"人为错误"。

下面是一个错误的实例：

EX0428.F90

```
1.program ex0428
2.  i=123+321
3.  write(*,"('123+321=',I4)") j
4.end
```

程序执行结果会得到 123+321= 0，这个结果当然是错误的，错误出在程序的第 3 行，原本应该是要输出变量i，却不小心在键入时输成了j。而 j 还没有设置任何数值，所以会输出 0 来。"输错字"是编写程序的过程当中最容易发生的错误，这一类的错误通常很难查觉，尤其是在编写大程序的时候。所以笔者建议在 Fortran 程序中，开始做声明之前，都加入 IMPLICIT NONE 这个描述。

IMPLICIT 命令的功能是用来设置"默认类型"。所谓的默认类型，是指 Fortran 不经过声明，由第一个字母来决定变量类型。可以经过 IMPLICIE 描述来决定哪些字母开头的变量会自动使用某种类型。

```
implicit integer(A,B,C)    ! A、B、C开头的变量都视为整型数
implicit integer(A-F,I,K)  ! A到F及I、K开头的变量都视为整型数
implicit real(M-P)         ! M到P开头的变量都视为浮点数
implicit none              ! 关闭默认类型功能，所有变量都要事先声明
```

在 EX0428 程序当中如果加入 IMPLICIT NONE 的描述，程序在编译时就会发生错误。因为"默认类型"的功能已被关闭，所以编译器会发现 i、j 这两个变量都没有经过声明，并发出错误的信息。一般早期的 Fortran 程序都不会使用这个命令，本书在这个章节之后的实例程序中，都会加入这个描述，希望读者也都能养成这个习惯。

IMPLICIT 命令要接在 PROGRAM 命令的下一行，不能把它放在其他位置。

4-5-3　常数的声明方法（PARAMETER）

程序中所需要的数据，有些是永远固定、不会改变的常数。例如，程序可能经常会使用到圆周率、重力加速度 G 值等等的数据，这些数据可以把它们声明成"常数"来处理，下面是一个实例：

EX0429.F90

```
1.program ex0429
2.  implicit none
3.  real pi
4.  parameter(pi=3.14159)
5.  write(*,"(F4.2)") sin(pi/6)
6.end
```

执行结果会得到 0.5，正是 SIN(π/6)的值。这个程序出现一个新的 PARAMETER 命令，在 PARAMETER 后面的括号中所出现的变量，都会变成常数。常数只能在声明时经过 PARAMETER 命令来设置数值，而且只能设置一次。数值设置好后，在程序代码中不能再

改变它的内容。若在程序代码中试着去改变"常数"的值，则编译时会出现错误信息。

事实上在程序中不论变量是否被设置成常数，对于程序的执行结果是不会有影响的，但是声明常数还是有它的价值：

（1）被设置成常数的变量，如果在程序代码中改变数值，编译时会出现错误信息，这样可以减少错误发生的机会（因为它们在计划中是不会改变的）。

（2）把不会改变内容的变量都设置成常数时，可以增加程序执行的速度。

好的编译器所生成的程序，对于常数变量在执行时应该都会比较快。因为一般的变量在使用时，CPU 要先从它在内存的位置中取出数值，再放到 CPU 的缓存器中来使用。而在使用常数时，执行过程中可以直接把数字写入缓存器中，节省了到内存去"抓取"变量数据的时间。

Fortran 90 里，PARAMETER 可以作为一个形容词，和变量的声明同时写在一起。EX0429.F90 的第 3、4 两行可以合并为下面的一行程序。

```
real, parameter :: pi=3.14159 ! pi 前面的冒号不能省
```

声明中的冒号是用来表示形容词已经形容完毕，准备要开始给定变量名称。除了 PARAMETER 外，Fortran 90 还可以有其他的形容词来参与声明。

4-5-4 设置变量的初值

变量内容并不一定要在程序执行时才设置，可以在声明时同时给予初值。Fortran 90 中要设置变量初值时，直接把数值写在声明的变量后面就行了。使用这个方法来设置初值时，不能省略声明中间的那两个冒号。

EX0430.F90

```
1. program ex0430
2.   integer :: a = 1
3.   real    :: b = 2.0
4.   complex :: c =(1.0,2.0)
5.   character(len=20) :: str = "Fortran 90"
6.   write(*,*) a,b,c,str
7. end
```

Fortran 77 则要使用 DATA 命令来设置初值。DATA 的语法是在 DATA 后接上所要设置初值的变量，然后再用两个斜杠包住所要设置的值。下面的程序是 EX0430 用 Fortran 77 重写的版本。

EX0430.FOR

```
1.      PROGRAM ex0430
2.      IMPLICIT NONE
3.      INTEGER A
4.      REAL    B
5.      COMPLEX C
```

```
6.      CHARACTER*(20) STR
7.      DATA A,B,C,STR /1,2.0, (1.0,2.0),'Fortran 77'/
8.      WRITE(*,*) A,B,C,STR
9.      STOP
10.     END
```

DATA 命令会依照顺序来设置数值。

```
DATA A, B, C, STR /  1,   2.0,  (1.0,2.0), 'FORTRAN 77' /
                     ↑    ↑      ↑           ↑
                     A    B      C          STR
```

4-5-5 等价声明（EQUIVALENCE）

把两个以上的变量，声明它们使用同一个内存地址，就是"等价声明"。使用同一个内存位置的变量，只要改变其中的一个变量，就会同时改变其他变量的数值，因为它们都占用同一块内存。等价声明的方法如下：

integer a,b

equivalence(a,b) ! 声明 a、b 这两个变量使用同一块内存空间

使用等价声明可以用在以下两个方面：

（1）节省内存。

在同一个 EQUIVALENCE 中的变量，都会占据同一块内存，会同时改变内容。这个功能可以用来声明一些暂时使用的变量。有时程序中需要用到很多只是用来临时保存数据的变量，就可以视情况来把这些变量都设成 EQUIVALENCE，使这些变量都占用同一块内存。这样可以节省内存的使用。

（2）精简代码。

有一种情况使用 EQUIVALENCE 可以精简程序代码并加速程序执行。在程序中，可能要经常使用 array(1,1,5)的值（这是数组的用法，在第 7 章会做介绍），这时就可以做出像下面的声明：

EQUIVALENCE(ARRAY(1,1,5),A)

这个声明可以让变量 A 代替 ARRAY(1,1,5)。除了程序代码可以精简之外，程序直接读取变量 A 的速度也会比读取数组 ARRAY(1,1,5)要快。

4-5-6 声明在程序中的结构

声明的位置应该放在程序代码的可执行描述之前，在程序代码开始出现数值计算和输入输出命令时，就不能再声明变量。声明部分的程序代码在编译后，并不会生成任何的机器码。因为声明只是用来请编译器预留内存空间给程序使用，所以不被视为可执行描述。

输入输出及声明

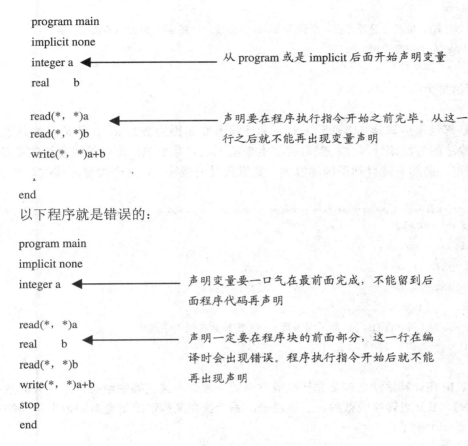

```
program main
implicit none
integer a          ← 从 program 或是 implicit 后面开始声明变量
real    b

read(*, *)a        ← 声明要在程序执行指令开始之前完毕。从这一
read(*, *)b          行之后就不能再出现变量声明
write(*, *)a+b

end
```

以下程序就是错误的：

```
program main
implicit none
integer a          ← 声明变量要一口气在最前面完成，不能留到后
                     面程序代码再声明

read(*, *)a
real    b          ← 声明一定要在程序块的前面部分，这一行在编
read(*, *)b          译时会出现错误。程序执行指令开始后就不能
write(*, *)a+b       再出现声明
stop
end
```

如果使用 DATA 命令，请记住 DATA 也算是声明的一部分，它也只能放在执行命令前，而且所要设置初值的变量最好先声明它的类型。

4-6 混合运算

编写程序的过程中，经常会遇到"混合运算"的情况。所谓的混合运算是指："在算式中所进行计算的每个数字的类型不完全相同。"例如把一个整数和一个浮点数相加。

进行混合运算时，最好先经过类型转换的工作，把数字的类型都统一起来。事实上编译器会自动做一些类型转换的工作，只是并不一定正确地达到要求。做一个实验给读者看看类型不统一时可能会发生的结果。

EX0431.F90

```
1.program ex0431
2.implicit none
3.  integer :: a=1
4.  integer :: b=2
5.  real    :: c
```

```
6. c=a/b
7. ! c=1/2=0,虽然 c 是浮点数,但因为 a、b 是整数,计算 a/b 时会用整数去计算
8. write(*,"(F5.2)") c
9. end
```

程序执行结果为

```
0.00
```

c=a/b 的计算结果应该是 1/2=0.5 才对。会计算出 0 是因为变量 a、b 都是整数类型,a/b 会用整数除法的方法来计算,而整数类型本来就无法记录小数,即使等号左边的变量 c 是浮点数的类型,仍然不能得到正确的答案。要想获得正确答案,这个程序应该改写如下:

EX0432.F90

```
1. program ex0432
2. implicit none
3.   integer :: a=1
4.   integer :: b=2
5.   real    :: c
6.   c=real(a)/real(b) ! 经过库函数 real 把整数转型成浮点数
7.   write(*,"(F5.2)") c
8. end
```

把变量 a、b 在计算除法之前都先转换成浮点数,才会得到正确的结果。浮点数类型可以经过函数 INT(R)来转换成整数。一般说来,编译器在某些情况下会自动做出正确的类型转换,再来看一个例子:

EX0433.F90

```
1. program ex0433
2. implicit none
3.   integer :: a=1
4.   real    :: b=2
5.   real    :: c
6.   c=a ! 整数设置给浮点数的操作会自动转型
7.   write(*,"(F5.2)") c
8.   c=a/b ! 因为除数跟被除数类型不同,计算的结果会以浮点数来表示
9.   write(*,"(F5.2)") c
10. end
```

这个程序执行后会正确显示结果,第 8 行的除法计算中,被除数 b 是浮点数类型,所以会自动把 a 转换成浮点数来计算。不过为了避免在计算时发生任何的意外,当算式中的变量类型不统一时,最好还是由程序员自行来完成数据转型的工作。

4-7 Fortran 90 的自定义数据类型

本章的 4.2 节中介绍过 4 种最基本的数据类型，像用来记录整数的 INTEGER、记录浮点数的 REAL、记录字符的 CHARACTER 等等。在 Fortran 90 中，还提供了一个能够自由组合上述的基本数据类型，创造出一个更复杂类型组合的功能"TYPE"，它也就是这一节所要讨论的自定义数据类型。

首先来了解"自定义类型"的意义何在。在现实生活当中，要形容一个人的时候，常常需要用到的信息有：姓名、年龄、身高、体重、地址等等。在程序当中便可以组合这些最基本的数据来创造出一个更为复杂，叫做"person"的数据类型来：

```
! 开始创造一个叫做 person 的数据类型
type :: person
  character(len=30) :: name     ! 记录人名用
  integer :: age                ! 记录年龄用
  integer :: length             ! 记录身高用
  integer :: weight             ! 记录体重用
  character(len=80) :: address  ! 记录地址用
end type person
! 自定义数据类型结束
```

第 2 行 type :: person 里面的两个冒号可以省略。person 这个新的类型创建完成后，就可以利用它来声明变量。下面用一个简单的实例程序来实际示范如何使用自定义类型来保存一个人的基本数据：

EX0434.F90

```
1.program ex0434
2.implicit none
3.! 开始创建 person 这个类型
4.type :: person
5.  character(len=30) :: name  ! 人名
6.  integer :: age             ! 年龄
7.  integer :: height          ! 身高
8.  integer :: weight          ! 体重
9.  character(len=80) :: address ! 地址
10.end type person
11.
12.type(person) :: a ! 声明一个 person 类型的变量
13.
14.write(*,*) "NAME:"
15.read(*,*) a%name
```

```
16.write(*,*) "AGE:"
17.read(*,*)  a%age
18.write(*,*) "HEIGHT:"
19.read(*,*)  a%height
20.write(*,*) "WEIGHT:"
21.read(*,*)  a%weight
22.write(*,*) "ADDRESS:"
23.read(*,"(A80)") a%address
24.
25.write(*,100) a%name,a%age,a%height,a%weight
26.100 format(/,"Name:",A10/,"Age:",I3/,"Height:",I3/,"Weight:",I3,&
27.           &"Addres:",A50)
28.
29.stop
30.end
```

这个实例程序很简单，它会读入"路人 A"（也就是变量 a）的数据，然后再把它们的内容输出。程序执行中需要输入 5 笔数据，下面是分别输入 Peter、20、170、60、Taipei,Taiwan 后的执行结果：

```
NAME:
Peter  (输入姓名)
 AGE:
20  (输入年龄)
 HEIGHT:
170  (输入身高)
 WEIGHT:
60  (输入体重)
 ADDRESS:
Taipei,Taiwan  (输入地址)
Name:Peter
Age: 20
Height:170
Weight: 60
Addres:Taipei,Taiwan
```

这个程序一开始就先创建了一个叫做 person 的自定义类型，接着在程序的第 12 行，则以 person 类型来声明了一个变量 a。

```
type(person) :: a  ! 用 person 类型声明变量 a, 冒号可省
```

每个类型为 person 的变量中，都有 name、age、height、weight、address 这几个元素可以使用，使用时要加上一个百分号来取用它们。Fortran 90 的 type 功能跟 C 语言的 struct 类似。

输入输出及声明

```
read(*，*)a%name
```

这表示要使用变量 a 中 name 这个的元素。变量和元素间要以 "%" 号来区隔。
变量 a 中可以取用的元素还有 a%age、a%height、a%weight、a%address 等等。
Visual Fortran 还可以用点号 "." 来区隔，这是类似 C 语言的做法

在设置资料时，不一定要一个一个元素慢慢地来做设置，可以使用下面的方法来直接设置所有的元素：

```
a=person("Peter",   20,    170,    60,    "Taipei,Taiwan" )
                  name   age    height  weight     address
```

自定义类型的应用范围很广，在第 8 章之后，可以看到比较实际的应用。

4-8 KIND 的使用

本章一开始介绍 KIND 描述时，是把它当成声明整型数、浮点数变量所占用的内存字节。KIND 描述如果搭配上一些 Fortran 90 的库函数，可以增加程序代码的"跨平台"能力。

声明变量所占用的内存大小，主要是根据据在计算时所要使用到的有效位数以及值域范围。在 PC 的编译器中，各类变量所保存的值域范围如下：

integer(kind=1) $-128 \sim 127$
integer(kind=2) $-32768 \sim 32767$
integer(kind=4) $-2147483648 \sim 2147483647$
real(kind=4) $\pm 1.18*10^{-38} \sim \pm 3.40*10^{38}$
real(kind=8) $\pm 2.23*10^{-308} \sim \pm 1.79*10^{308}$

Fortran 90 提供库函数来判断所要记录的数值值域范围所需要的 kind 值。

SELECTED_INT_KIND（n）

返回如果想要记录 n 位整数时，所应声明的 kind 值。返回-1 时，表示无法提供所想要的值域范围。

SELECTED_REAL_KIND（n，e）

返回如果想要能够记录具有 n 位有效位数、指数达到 e 位的浮点数所需的 kind 值。返回-1 表示无法满足所要求的有效位数、返回-2 表示无法满足所要求的指数范围、返回-3 表示两者都无法满足。

写程序时，可以配合使用这个几个函数来声明变量。来看一个实例：

EX0435.F90

```
1.program ex0435
```

```
2. implicit none
3. ! 判断可以记录 9 个位数的整数 kind 值
4. integer,parameter :: long_int  = selected_int_kind( 9 )
5. ! 判断可以记录 3 个位数的整数 kind 值
6. integer,parameter :: short_int = selected_int_kind( 3 )
7. ! 判断可以有 10 个有效位数,指数可以记录到 50 的浮点数 kind 值
8. integer,parameter :: long_real = selected_real_kind( 10,50 )
9. ! 判断可以有 3 个有效位数,指数可以记录到 3 的浮点数 kind 值
10. integer,parameter :: short_real= selected_real_kind( 3,3 )
11.
12. integer(kind=long_int)  :: a = 12345678
13. integer(kind=short_int) :: b = 12
14. real(kind=long_real)    :: c = 1.23456789D45
15. real(kind=short_real)   :: d = 1230
16.
17. write(*,"(I3,1X,I10)" )   long_int, a
18. write(*,"(I3,1X,I10)" )   short_int, b
19. write(*,"(I3,1X,E10.5)" ) long_real, c
20. write(*,"(I3,1X,E10.5)" ) short_real,d
21.
22. stop
23. end
```

执行结果每一行会先输出变量所需要的 KIND 值,再输出数字内容:

```
4    12345678
2          12
8  .12346E+46
4  .12300E+04
```

程序中的 long_int、short_int 等几个变量都是用来记录 KIND 值,在程序执行中不会再改变内容,所以把它们声明成常数 PARAMETER。这个方法其实不太有必要,产生这个用法的主要原因,是想在不同的机器上保存同样位数的数值,所使用的 kind 值不一定会相同。而且不同的机器所能保存的值域范围也可能不太一样。这里所指的不同机器,是指"等级不同"的机器,例如工作站和个人计算机之间。

查询出各种数值范围所需要的 KIND 值,可以有效地视需要来使用内存。而所编的程序代码也会比较有"共通性",因为有可能某个编译器可以提供 kind=1 的类型,而某些编译器则不行。在程序中不直接用常数,使用 selected_int_kind 之类的函数根据程序的需要决定 kind 值,可以使程序代码更容易在不同的机器之间移植。

除了在声明的时候应用,设置数值时同样可以赋值数字所使用的 KIND 值类型。方法是在数字后面加下划线,赋值所要使用的 KIND 值。这个方法不需要经常使用,下面是一个实例。

EX0436.F90

```fortran
1.program ex0436
2.implicit none
3.real(kind=4) :: a
4.real(kind=8) :: b
5.a=1.0_4 ! 确保1.0这个数字是使用单精度
6.b=1.0_8 ! 确保1.0这个数字是使用双精度
7.write(*,*) a,b
8.stop
9.end
```

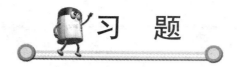

习 题

1. 请编写程序输出下面 3 行字符串：

   ```
   Have a good time.
   That's not bad.
   "Mary" isn't my name.
   ```

2. 请写一个可以让用户输入圆形的半径，并计算、输出这个圆形面积的程序。（请自行设计输出的格式）

3. 某次物理期中考试的考题太难，老师决定调整全体学生的成绩，调整的公式是把原成绩开平方再乘以 10。请写一个程序来读入一位学生的初始成绩，并计算出调整后的分数。

4. 请问下面程序的输出结果是什么？

   ```
   integer a,b
   real    ra,rb
   a=2
   b=3
   ra=2.0
   rb=3.0
   write(*,*) b/a
   write(*,*) rb/ra
   ```

5. Fortran 90 的自定义类型，在主程序中定义一个新的类型 distance。这个类型中有 3 个浮点数类型的元素，分别以米（m）、厘米（cm）、英寸（inch）为单位来记录同样的一段长度。请编写一个程序，程序会以公尺为单位来读入一段长度，并自动计算出其他单位的数值。

Chapter 5

流程控制与逻辑运算

流程控制可以在程序执行中，视情况来选择是否要执行某一段程序代码。没有流程控制的程序代码，可以想像成是在播放一段传统电影，每一次看都会是相同的剧情和结局。有了流程控制的程序代码，就可以变为交互电影，每一次看都可能会有不同的剧情和结局。

5-1　IF 语句

第 4 章所介绍的实例程序，它们的执行流程，都是经过直线，一行接着一行来执行，这样的东西是很难做出一个具备复杂功能的程序。较具备功能的程序，都免不了会出现一些"流程判断"的命令。也就是能够在程序执行当中自动选择转向、跳过某些程序模块来执行程序代码，这也正是 IF 这个关键字的功能。

5-1-1　IF 基本用法

IF 的使用方法很直观，最基本的使用方法是由一个程序模块所构成。当 IF 中所赋值的逻辑判断式成立时，这个程序模块中的程序代码才会执行。

```
IF（逻辑判断式）THEN
    ……
    ……    ← 逻辑成立时，才会执行这里面的程序代码
    ……
END IF
```

用 IF 来试着写一个警告车速过快的程序。假设现在正在高速公路上，如果车速超过 100 公里，就输出警告标语。

EX0501.F90

```
1. program ex0501
2. implicit none
3.   real(kind=4) :: speed
4.   write(*,*) "speed:"  ! 信息提示
5.   read(*,*) speed      ! 读入车速
6.   if ( speed > 100.0 ) then
7.     ! speed > 100 时才会执行下面这一行程序
8.     write(*,*) "Slow down."
9.   end if
10. stop
11. end
```

程序执行后会要求输入现在车速，如果车速太快会输出 "Slow down."，没有超速的话就不会出现任何警告。

这个程序只在第 3 行声明了一个变量 speed，用来读入车速使用。第 4 行的 WRITE 命

令会显示提示输入车速的信息，第 5 行的 READ 命令会把车速读入变量 speed 中。第 6 到第 9 行是核心的部分：

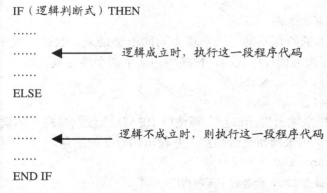

```
if(speed > 100.0)then
  ! speed > 100 时才会执行下面这一行程序
  write(*, *)"Slow down."     ← 从 IF 到 END IF 之间的程序算是一个区块，IF 中判
end if                            断式成立时会执行这个区块中的程序
stop                          ← IF 中判断式不成立时，会跳跃到 END IF 后的地方
                                  继续执行
```

IF 括号中的判断式成立时，如果所需要执行的程序模块只有一行程序代码，可以把 IF 跟这行程序代码写在同一行，实例程序的 6 到 9 行可以改写成下面这一行程序代码：

`if ( speed > 100.0 ) write(*,*) "Slow down."`

这个写法还可以省略掉 THEN 及 END IF，不过只能在程序模块中只有一个程序命令时才能使用。

IF 命令还可以搭配上 ELSE，用来赋值当判断式不成立时，会去执行某一段程序代码。

```
IF（逻辑判断式）THEN
……
……          ← 逻辑成立时，执行这一段程序代码
……
ELSE
……
……          ← 逻辑不成立时，则执行这一段程序代码
……
END IF
```

试着用 IF 及 ELSE 来编写一个判断体重是否合乎标准的程序。假如张先生的身高是 170 厘米，体重是 75 公斤，而如果一个人的体重值大于身高减去 100 后得到的数值，代表这个人超重，试写一个程序来判断张先生是否超重。

EX0502.F90

```
1. program ex0502
2. implicit none
3.   real(kind=4) :: height  ! 记录身高
4.   real(kind=4) :: weight  ! 记录体重
5.
6.   write(*,*) "height:"
7.   read(*,*)   height      ! 读入身高
8.   write(*,*) "weight:"
9.   read(*,*)   weight      ! 读入体重
10.
```

```
11.   if ( weight > height-100 ) then
12.       ! 如果体重大于身高减去 100，会执行下面的程序
13.       write(*,*) "Too fat!"
14.   else
15.       ! 如果体重不大于身高减去 100，会执行下面的程序
16.       write(*,*) "Under control."
17.   end if
18.
19. stop
20. end
```

这个程序会经过一个很"粗糙"、"不科学"的方法来判断一个人是不是太胖。程序会要求输入身高、体重，最后显示出判断的结果：

```
height:
170   (输入身高)
weight:
50    (输入体重)
Under Control.   (判断的结果)
```

程序的执行结果会随着输入的数据不同，而出现不同的输出结果。这是由程序代码中的流程控制语句来决定的。现在来阅读程序代码，程序中声明了 2 个浮点数。

```
3.  real(kind=4) :: height ! 记录身高
4.  real(kind=4) :: weight ! 记录体重
```

第 6 行到第 9 行以 WRITE 来输出提示信息，再使用 READ 来读取身高、体重。第 11 行到第 17 行是程序的核心部分，用来判断是否超重，并输出相对应的信息。

```
11.   if ( weight > height-100 ) then
12.       ! 如果体重大于身高减去 100，会执行下面的程序
13.       write(*,*) "Too fat!"
14.   else
15.       ! 如果体重不大于身高减去 100，会执行下面的程序
16.       write(*,*) "Under control."
17.   end if
```

通常在程序编写中出现 IF 语句时，接下来的程序代码都会向后缩几格。这是为了避免出现多层的 IF 语句时，程序变得难以阅读。因为程序在 IF 区段中会有"跳跃执行"的情况。程序代码向后错位可以增加程序代码的可读性，并减少出错的机会。如果不向后错位的话，实例程序 EX0502 的第 11 到第 17 行看起来会是下面的样式。

```
11. if ( weight > height-100 ) then
12. ! 如果体重大于身高减去 100，会执行下面的程序
13. write(*,*) "Too fat!"
14. else
15. ! 如果体重不大于身高减去 100，会执行下面的程序
16. write(*,*) "Under control."
```

流程控制与逻辑运算

17.　end if

　　这个实例中的程序模块都只有一行命令，还不太容易搞混。当每个程序模块都有好几行命令时，没有向后错位会导致不容易区分出在判断成立和不成立时，分别会执行的程序模块。

5-1-2　逻辑运算

　　IF 命令需要搭配逻辑表达式才能使用。一个逻辑表达式，可以不只是单纯的两个数字间互相比较大小。它还可以是由两个，甚至多个小逻辑表达式组合成的。
　　Fortran 90 的逻辑运算符号共有下面几种：

==	判断是否"相等"
/=	判断是否"不相等"
>	判断是否"大于"
>=	判断是否"大于或等于"
<	判断是否"小于"
<=	判断是否"小于或等于"

Fortran 77 要使用缩写来做逻辑判断，不能使用数学符号

.EQ.	判断是否"等于"（EQuivalent）
.NE.	判断是否"不等于"（Not Equivalent）
.GT.	判断是否"大于"（Greater Than）
.GE.	判断是否"大于或等于"（Greater or Equivalent）
.LT.	判断是否"小于"（Little Than）
.LE.	判断是否"小于或等于"（Little or Equivalent）

程序 EX0501 用 Fortran 77 的方法会编写成下面的样子：

EX0501.FOR

```
1.    PROGRAM ex0501
2.    IMPLICIT NONE
3.    REAL speed
4.
5.    WRITE(*,*) "speed:"
6.    READ (*,*) speed
7.
8.    IF ( speed .GT. 100 ) then ! Fortran 77 要用缩写.GT.代表大于">"
9.      write(*,*) "Slow down."
10.   END IF
11.
12.   STOP
```

13.   END

在这里只需要注意第 8 行的大于运算符号改用 ".GT." 来代表，虽然大部分的 Fortran 77 编译器都可以像 Fortran 90 一样允许使用数学符号，但是大部分的 Fortran 77 程序都还是使用缩写来做逻辑运算。

逻辑表达式除了可以单纯地对两个数字来比较大小之外，还可以对两个逻辑表达式间的关系来运算，例如下面的例子：

if (a>=80 .and. a<90) then

".AND." 是并且的意思，所以上一行程序代码的逻辑判断式就是在说"如果 a>=80 并且 a<90 的话，就……。"。下面是所有使用在相互关系之间的集合运算符号：

.AND.	交集，如果两边的表达式都成立，整个表达式就成立
.OR.	并集，两边的表达式只要有一个成立，整个表达式就成立
.NOT.	逻辑反向，如果后面的表达式不成立，整个表达式就成立
.EQV.	两边表达式的逻辑运算结果相同时，整个表达式就成立
.NEQV.	两边表达式的逻辑运算结果不同时，整个表达式就成立

大于小于等式的运算符号优先级高于集合运算符号，所以上面的表达式也等于下面的写法：

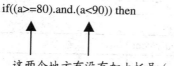

这两个地方有没有加上括号（ ）的运算结果都一样，因为 >= 跟 < 这两个符号的优先级都比 .and. 高

用一个实例来示范一次处理两个逻辑表达式的用法。假设台风来临时，如果风势超过 10 级或是降雨量超过 500 厘米，就停止上班上课。写一个程序来判断明天是否要上班上课。

EX0503.F90

```
1. program ex0503
2.   implicit none
3.   integer rain, windspeed
4.
5.   write(*,*) "Rain:"
6.   read(*,*) rain
7.   write(*,*) "Wind:"
8.   read(*,*) windspeed
9.
10.  if ( rain>=500 .or. windspeed>=10 ) then
11.    write(*,*) "停止上班上课"
12.  else
```

```
13.     write(*,*) "照常上班上课"
14.   end if
15.
16. stop
17. end
```

程序执行结果如下:

```
Rain:
100   (输入降雨量)
Wind:
8     (输入风势)
照常上班上课   (判断的结果)
```

最后输出的结果会因输入不同而改变,只要风刮的太大(超过 10 级)或是降雨量超过 500 厘米,满足其中一项条件就会输出"停止上班上课"的结果。程序第 10 行的判断式可以做出正确的判断。

```
10.   if ( rain>=500 .or. windspeed>=10 ) then
```

下面来详细解释集合运算符号的使用方法。TRUE 代表条件成立,FALSE 代表条件不成立。

【.AND.】

逻辑 A	逻辑 B	A .AND. B
True	True	True
True	False	False
False	True	False
False	False	False

".AND."的逻辑运算一定要在前后的两个条件都成立的情况下,整个表达式才会成立。AND 本来就可以翻译成"并且"的意思,所以只要有其中一边不成立,运算结果也就不会成立。

下面是一些条件成立的例子:

```
( 10 > 5 .and. 6 < 10 )   ! 10>5 和 6<10 这两个表达式都成立,整个表达式也成立
( 2 > 1 .and. 3 > 1 )     ! 2 和 3 都比 1 大,所以整个表达式会成立
```

下面是一些条件不成立的例子:

```
( 10>5 .and. 10>20 )   ! 10>5 成立,但 10>20 不成立,所以整个表达式不成立
( 1>2 .and. 1>3 )      ! 1>2 和 1>3 都不成立,所以整个表达式不成立
```

【.OR.】

逻辑 A	逻辑 B	A .AND. B
True	True	True
True	False	True
False	True	True
False	False	False

OR 本来就是"或"的意思，所以前后的两个逻辑条件只要有一个条件成立时，整个集合运算就成立。

来看一些条件成立的例子：

（1>5 .or. 2<5 ） ! 1>5 不成立，但 2<5 成立，所以整个表达式会成立

（3>1 .or. 2>1 ） ! 3>1 和 2>1 都成立，整个表达式也成立

来看看条件不成立的例子：

（1>5 .or. 2>5 ） ! 1>5 和 2>5 都不成立，整个表达式也就不成立。

【.NOT.】

逻辑 A	.NOT. A
True	False
False	True

.NOT.只跟一个表达式做运算，".NOT."会很单纯地把原本的逻辑结果取反。

来看一个成立的例子：

（ .not. 3>5） ! 3>5 不成立，经过 not 取反后的表达式是成立的

下面是不成立的例子：

（.not. 1<2） ! 1<2 成立，经过 not 取反后的表达式会不成立

【.EQV.】

逻辑 A	逻辑 B	A .EQV. B
True	True	True
True	False	False
False	True	False
False	False	True

当两边逻辑运算结果相同时，整个表达式才会成立，其他情况就不成立。

下面是成立的例子：

（1>3 .eqv. 2>3 ） ! 1>3 和 2>3 都不成立，结果相同，所以表达式成立

（1<2 .eqv. 2<3 ） ! 1<2 和 2<3 都成立，结果相同，所以表达式不成立

下面是不成立的例子：

（1<2 .eqv. 2>3 ） ! 1<2 成立，但 2>3 不成立，结果不同，表达式不成立

【.NEQV.】

逻辑 A	逻辑 B	A .NEQV. B
True	True	False
True	False	True
False	True	True
False	False	False

流程控制与逻辑运算

当两边逻辑运算结果不同时，整个表达式就会成立。它也是".EQV."的取反。

来看条件成立的例子：

(1>2 .neqv. 3>2) ! 1>2 不成立，3>2 成立，两边结果不同，表达式成立

下面是不成立的例子：

(1>2 .neqv. 2>3) ! 1>2 和 2>3 都不成立，两边结果相同，表达式不成立
(1<2 .neqv. 2<3) ! 1<2 和 2<3 都成立，两边结果相同，表达式不成立

逻辑运算可以通过.AND.、.OR.、.NOT.、.EQV.、.NEQV.这几个运算符号连接出很长的表达式，也可以用括号（）括起来以确定它们的运算先后顺序。

!如果变量A>=10 而且A<=20 时，也就是A 在 10～20 之间时，条件成立。
if ((A >= 10) .and. (A <= 20)) then
!如果变量KEY 等于字符Y 或 y 时，条件会成立。
if ((KEY =='Y') .or. (KEY =='y')) then
!变量A 等于 10 时，条件不成立。
if (.not. (A == 10)) then

上面这几个例子，事实上有没有使用括号的结果都一样，不过使用括号的可读性会比较高一些。像下面这个例子就一定要使用括号：

if ((a>0 .and. b>0) .or. (a<0 .and. b<0)) then

第 4 章介绍过逻辑变量，逻辑变量本身保存的内容就已经是"真"或"假"的布尔变量，所以可以直接放在 IF 的括号中来使用，程序代码中还可以使用逻辑表达式来设置逻辑变量的内容。

> Logical_var = A > B
> ↑
> 当 A 的数值大于 B 时，logical_var 这个逻辑变量会被设定成"真"（.TRUE.），否则会被设定为"假"（.FALSE.）

使用 IF 时，可以先把逻辑运算的结果存放到逻辑变量中，再利用逻辑变量来做条件判断。利用这个方法把程序 EX0503 改写如下：

EX0504.F90

```fortran
1. program ex0504
2. implicit none
3.  integer rain, windspeed
4.  logical r,w
5. 
6.  write(*,*) "Rain:"
7.  read(*,*) rain
8.  write(*,*) "Wind:"
9.  read(*,*) windspeed
10. 
```

```
11.    r = (rain>=500)      ! 如果 rain>=500, r=.true., 否则 r=.false.
12.    w = (windspeed>=10)  ! 如果 windspeed>=10, w=.true., 否则 w=.false.
13.
14.    if ( r .or. w ) then ! 只要 r 或 w 有一个值是 true 就成立
15.      write(*,*) "停止上班上课"
16.    else
17.      write(*,*) "照常上班上课"
18.    end if
19.
20.  stop
21.  end
```

通常在 IF 中的逻辑判断非常复杂，只有需要使用到重复的逻辑运算时，才会配合逻辑变量来使用，以增加程序代码的可读性。某些情况下使用逻辑变量可以增加执行效率，下面的章节会做出示范。

5-1-3 多重判断 IF-ELSE IF

IF 可以配合 ELSE IF 来做多重判断，多重判断可以一次列出多个条件及多个程序模块。但是其中最多只有一个条件成立，也就是最多只有其中一个程序模块会被执行。

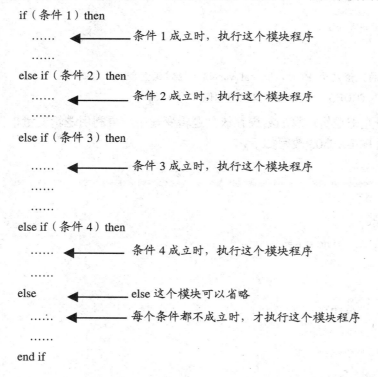

```
if (条件 1) then
   ……          ← 条件 1 成立时，执行这个模块程序
   ……
else if (条件 2) then
   ……          ← 条件 2 成立时，执行这个模块程序
   ……
else if (条件 3) then
   ……          ← 条件 3 成立时，执行这个模块程序
   ……
   ……
else if (条件 4) then
   ……          ← 条件 4 成立时，执行这个模块程序
   ……
else           ← else 这个模块可以省略
   ……          ← 每个条件都不成立时，才执行这个模块程序
   ……
end if
```

最后的 ELSE 模块可以省略，省略 ELSE 这个模块时，如果每个条件都不成立，则不会

有任何一个模块的程序被执行，程序会继续从 END IF 后面来执行下去。

通过一个实例来示范"多重判断"的使用方法。小许这次的微积分考试得了 85 分，如果把成绩分成 A、B、C、D、E 这 5 个等级，而 90～100 分为 A 级、80～89 分为 B 级、70～79 分为 C 级、60～69 分为 D 级、60 分以下为 E 级。请写一个程序来判断小许这次微积分成绩的等级。

EX0505.F90

```
1. program ex0505
2. implicit none
3.   integer score
4.   character grade
5.
6.   write(*,*) "Score:"
7.   read(*,*)  score
8.
9.   if ( score>=90 .and. score<=100 ) then
10.     grade='A'
11.   else if ( score>=80 .and. score<90 ) then
12.     grade='B'
13.   else if ( score>=70 .and. score<80 ) then
14.     grade='C'
15.   else if ( score>=60 .and. score<70 ) then
16.     grade='D'
17.   else if ( score>=0 .and. score<60 ) then
18.     grade='E'
19.   else
20.     ! score<0 或 score>100 的不合理情况
21.     grade='?'
22.   end if
23.
24.   write(*,"('Grade:',A1)") grade
25.
26. stop
27. end
```

执行结果如下：

```
Score:
85         (输入 85)
Grade:B    (判定得到等级"B")
```

这个程序声明了两个变量 score 及 grade，分别用来记录成绩及等级。第 7 行读取成绩之后，在第 9 行开始进入多重判断的部分。

```
 9.     if ( score>=90 .and. score<=100 ) then
```

这个语句成立的条件就是要变量 score>=90 而且 score<=100 时。也就是"分数在 90 分到 100 分之间时条件成立"。若这个条件成立，会执行："grade='A'"，也就是把等级设置成"A"级。

程序的第 11、13、15、17 行的 ELSE IF（…）THEN 都是在做多重判断的工作。所做的工作就是把：

（1）分数在 80～89 间时，等级设为"B"（第 11、12 行）

（2）分数在 70～79 间时，等级设为"C"（第 13、14 行）

（3）分数在 60～69 间时，等级设为"D"（第 15、16 行）

（4）分数在 60 以下时，等级设为"E"（第 17、18 行）

第 19 行的 ELSE，是为了处理当条件完全出乎程序所设置的判断情况时。在多重判断当中，并不是一定要出现 ELSE 这个语句，但是为了能够完整地处理所有的情况，最好在所有的多重判断最后都能加入 ELSE，用来处理所有的意外情况。这个程序中只承认 0 到 100 分之间的分数是"正常"的成绩，所以当输入的分数大于 100 或小于 0 时，都会执行属于 ELSE 的程序模块，把等级设置成不知道"？"。

多重判断会按顺序从第 1 个 IF 开始尝试着做逻辑运算，遇到成立的表达式就执行相对应的程序模块，执行完后再跳到 END IF 后继续执行程序。每个条件都不成立时才会执行 ELSE 中的模块（如果这个有模块的话）。简而言之，程序只会执行其中一个符合条件的程序模块。根据这个策略，EX0504 在逻辑运算方面可以简化成下面的样子：

EX0506.F90

```
 1. program ex0506
 2. implicit none
 3.   integer score
 4.   character grade
 5.
 6.   write(*,*) "Score:"
 7.   read(*,*)  score
 8.
 9.   if ( score>100 ) then
10.     grade='?'
11.   else if ( score>=90 ) then  ! 会执行到此，代表 score<=100
12.     grade='A'
13.   else if ( score>=80 ) then  ! 会执行到此，代表 score<90
14.     grade='B'
15.   else if ( score>=70 ) then  ! 会执行到此，代表 score<80
16.     grade='C'
17.   else if ( score>=60 ) then  ! 会执行到此，代表 score<70
18.     grade='D'
```

流程控制与逻辑运算

```
19.    else if ( score>=0 ) then    ! 会执行到此, 代表 score<60
20.      grade='E'
21.    else                          ! 会执行到此, 代表 score<0
22.      grade='?'
23.    end if
24.
25.    write(*,"('Grade:',A1)") grade
26.
27. stop
28. end
```

这个程序和上一个实例的执行结果完全相同,只是写法不同。每一个条件都只使用了一个判断式,比原本的方法简洁了许多,不过在效果上却是完全相同的。因为 IF-ELSE IF 所组合出来的多重判断式只会执行第一个符合条件的程序模块,执行完就跳到 END IF 离开。以 85 分作为例子来看看实际执行过程:

(1) 第 9 行的 if(score>100)不会成立,跳到下一个 else if。既然这个表达式不成立,那 score 一定小于等于 100。

(2) 第 11 行的 if(score>=90)不会成立,跳到下一个 else if。既然这个表达式不成立,那 score 一定小于 90。

(3) 第 13 行的 if(score>=80)会成立,而经过前面两个判断式不成立后,已经可以确定 score<90,所以 score 在 80 到 89 分之间,等级为 B。执行完这个程序模块后,再跳到第 23 行的 end if 后面继续执行程序。

第 15、17、19 行的条件判断式,虽然在逻辑上 85>70、85>60、85>0 都是成立的。但是因为在第 13 行的条件已经先成立,程序执行位置会在第 14 行执行完后就跳离整个 IF 语句,不会再有机会执行到这 3 行条件判断。

比较 EX0505 和 EX0504 这两个程序,以程序可读性来说 EX0504 更好一些,但以执行效率来说是 EX0505 比较好。因为 EX0505 的每一个 IF 判断式都只有 1 个表达式,EX0504 中则都有 2 个表达式,自然是 EX0505 所需要的运算量会比较少。

如果不使用多重判断,利用很多个独立的 IF 语句,同样可以编写判别成绩等级的程序。来看看下一个实例:

EX0507.F90

```
1. program ex0507
2. implicit none
3. integer score
4. character grade
5.
6. write(*,*) "Score:"
7. read(*,*)  score
```

```
 8.
 9.  if ( score>=90 .and. score<=100 ) grade='A'
10.  if ( score>=80 .and. score<90 )   grade='B'
11.  if ( score>=70 .and. score<80 )   grade='C'
12.  if ( score>=60 .and. score<70 )   grade='D'
13.  if ( score>=0  .and. score<60 )   grade='E'
14.  if ( score>100 .or.  score<0  )   grade='?'
15.
16.  write(*,"('Grade:',A1)") grade
17.
18. stop
19. end
```

程序执行结果和前两个实例相同，但这次的写法是最没有效率的方法。因为每个 IF 都是互相独立的，所以从第 9 行到第 14 行之间的 6 个 IF 里的逻辑表达式一定都会去执行。同样以 85 分的情况来看执行过程：

（1）第 9 行的 IF 不成立，离开这段 IF 语句，来到第 10 行。

（2）第 10 行的 IF 成立，这个程序模块把 grade 设置成 B。接着离开这段 IF 语句，来到第 11 行。

（3）第 11 行的 IF 不成立，离开这段 IF 语句，来到第 12 行。

（4）第 12 行的 IF 不成立，离开这段 IF 语句，来到第 13 行。

（5）第 13 行的 IF 不成立，离开这段 IF 语句，来到第 14 行。

（6）第 14 行的 IF 不成立，离开这段 IF 语句。

这 6 个 IF 语句是独立的，所以每个逻辑表达式会按顺序一个一个做下去，不像使用 IF-ELSE IF 时可以跳过其中几个。所以这个写法虽然执行起来有相同效果，但执行效率会比较差。

如果把这个程序的 9 到 14 行改写成下面的样子就会大错特错。

```
 9.  if ( score>=90 )   grade='A'
10.  if ( score>=80 )   grade='B'
11.  if ( score>=70 )   grade='C'
12.  if ( score>=60 )   grade='D'
13.  if ( score>=0  )   grade='E'
14.  if ( score>100 .or. score<0 )   grade='?'
```

执行后会发现，永远都只可能得到"E"和"?"两种结果。同样以 85 分的情况来看执行过程：

（1）第 9 行 score>=90 不成立。

（2）第 10 行 score>=80 成立，执行 grade='B'。

（3）第 11 行 score>=70 也成立，执行 grade='C'。

（4）第 12 行 score>=60 也成立，执行 grade='D'。

（5）第 13 行 score>=0 又成立，执行 grade='E'。

（6）第 14 行 score>100 .or. score<0 不成立。

可以发现 grade 被重新设置了 4 次内容，最后得到的值是 E。在这里因为每个 IF 都是独立的，所以逻辑表达式不能像 EX0506 那样使用。

5-1-4 嵌套 IF 语句

介绍完多重判断 IF-ELSE IF 后，现在来介绍多层 IF 的使用。

```
IF ( …… ) THEN          ←第 1 层 IF 开始
  IF ( …… ) THEN        ←第 2 层 IF 开始
    IF ( …… ) THEN      ←第 3 层 IF 开始
    ELSE IF ( …… ) THEN
    ELSE
    END IF              ←第 3 层 IF 结束
  END IF                ←第 2 层 IF 结束
END IF                  ←第 1 层 IF 结束
```

当第 1 层的 IF 成立时，才有可能执行到第 2 层 IF 的程序代码。简单地说，要先通过第 1 关的考验，才有可能来到第 2 关，通过第 2 关才能到达第 3 关。这种 1 层接着 1 层的结构被称为嵌套结构。

以一个简单的数学问题来示范嵌套 IF 的用法。在 2D 的平面坐标系上，可以区分出四个象限。写一个程序来读入一个（x，y）的坐标值，并判断这个点是位于哪个象限中。

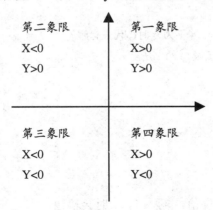

EX0508.F90
──

```
1. program ex0508
2. implicit none
3.   real x,y
4.   integer ans
5.
6.   write(*,*) "Input (x,y)"
```

```
7.   read(*,*) x,y
8.
9.   if ( x>0 ) then
10.     if ( y>0 ) then  ! x>0,y>0
11.       ans=1
12.     else if ( y<0 ) then  ! x>0, y<0
13.       ans=4
14.     else  ! x>0, y=0
15.       ans=0
16.     end if
17.   else if ( x<0 ) then
18.     if ( y>0 ) then  ! x<0, y>0
19.       ans=2
20.     else if ( y<0 ) then  ! x<0, y<0
21.       ans=3
22.     else  ! x<0, y=0
23.       ans=0
24.     end if
25.   else  ! x=0, y=任意数
26.     ans=0
27.   end if
28.
29.   if ( ans/=0 ) then  ! ans 不为 0 时，代表有解
30.     write(*,"('第',I1,'象限')") ans
31.   else
32.     write(*,*) "落在轴上"
33.   end if
34.
35. stop
36. end
```

程序执行后会要求输入 x，y 坐标值，输入 1，1 时会输出：
第 1 象限

这个程序先把整个坐标系分成左、右两边来看。左边就是 X<0 的部分，在这个部分中，如果 Y>0 时，坐标就在第 2 象限；如果 Y<0 时，坐标就在第 3 象限。右边是指 X>0 的部分，如果 Y>0 则坐标就在第 1 象限；如果 Y<0 则坐标就在第 4 象限。X=0 或 Y=0 时，都是坐标点落在轴上面的情况。

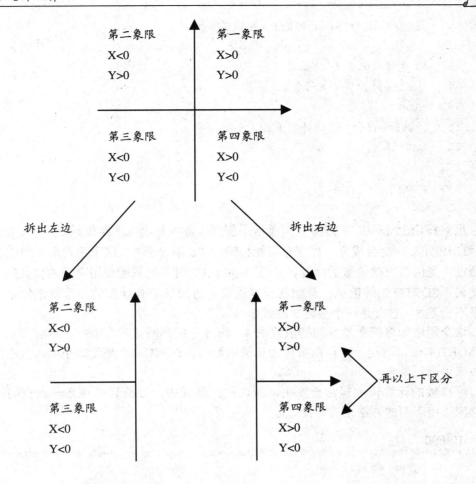

5-2 浮点数及字符的逻辑运算

使用浮点数及字符来做逻辑判断时,有一些注意事项需要了解。

5-2-1 浮点数的逻辑判断

使用浮点数来做逻辑运算时,要避免使用"等于"的判断。因为使用浮点数做计算时,有效位数是有限的,难免会出现计算上的误差,理想中的等号不一定会成立。要使用浮点数来做"等于"的逻辑判断时,最好用其他方法来取代。来看看下面的例子:

EX0509.F90

```
1.program ex0509
2.implicit none
3.  real :: a
4.  real :: b = 3.0
5.
```

```
6.    a=SQRT(b)**2-b ！理论上 a 应该要等于 0
7.
8.    if ( a==0.0 ) then
9.      write(*,*) " a 等于 0"
10.   else
11.     write(*,*) " a 不等于 0"
12.   end if
13.
14.   stop
15.end
```

虽然理论上 $a=\sqrt{b}^2-b=0$，但是这个程序实际执行出来的结果，a 并不一定会为 0，第 8 行的 IF 并不一定会成立，程序有可能会输出 "a 不等于 0" 这个字符串。原因在第 4 章中介绍过，是因为有效位数的问题。计算 SQRT(3.0)时，就只能使用有限的位数来记录这个计算结果，SQRT(3.0)的值从一开始就会有误差，再把这个有误差的数值拿来做乘幂，得到的结果不会是 3，它会是一个接近 3 的数值。

这个程序如果把变量 b 的初值改成 4，第 8 行的判断式就会成立，读者可以试试看。因为 SQRT(4)=2，这是一个可以被正确记录的数值。SQRT(3)会是无穷小数，没有办法使用浮点数来正确记录它。

浮点数的计算误差经常会发生，所以在判断式中，要给误差预留一点空间。上面的实例就应该用下面的方法来改写：

EX0510.F90

```
1.program ex0510
2.implicit none
3.  real :: a
4.  real :: b = 4.0
5.  real, parameter :: e = 0.0001   ！设置误差范围
6.
7.  a=SQRT(b)**2-b ！理论上 a 应该要等于 0
8.
9.  if ( abs(a-0.0)<=e ) then
10.    write(*,*) "a 等于 0"
11.  else
12.    write(*,*) "a 不等于 0"
13.  end if
14.
15.  stop
16.end
```

判断 a 是否为 0 的程序代码被改写成第 9 行的写法：

```
9.  if ( abs(a-0.0)<=e ) then
```

流程控制与逻辑运算

ABS 这个函数是取绝对值。程序设置计算误差大小为 0.0001，当 a>=-0.0001 而且 a<=0.0001 时，都视为 a 等于 0。误差范围大小通常要视计算时的数值范围来设置。

5-2-2 字符的逻辑判断

除了数字可以拿来互相比较大小之外，字符也可以互相比较大小。比较字符大小的根据是比较它们的字符码，因为在保存字符时，事实上就是保存它的字符码。个人计算机都使用 ASCII 字符码，附录 B 中有 ASCII 字符表。举例说明如下：

```
'a' < 'b'
! 因为 a 的 ASCII 码为 97，b 的 ASCII 码为 98
'A' < 'a'
! 因为 A 的 ASCII 码为 65，a 的 ASCII 码为 97
"abc" < "bcd"
! 根据字母顺序来比较，字符串"abc"的第 1 个字符小于字符串"bcd"的第 1 个字符
"abc" < "abcd"
! 根据字母顺序来做比较，两个字符串的前 3 个字符都一样，
! 但字符串"abcd"比字符串"abc"多了 1 个字符
```

用一个程序实际读入两个字符串来做比较：

EX0511.F90

```
1.  program ex0511
2.  implicit none
3.    character(len=20) :: str1,str2
4.    character relation
5.
6.    write(*,*) "String 1:"
7.    read(*,"(A20)") str1
8.    write(*,*) "String 2:"
9.    read(*,"(A20)") str2
10.
11.   if ( str1>str2 ) then
12.     relation = '>'
13.   else if ( str1==str2 ) then
14.     relation = '='
15.   else
16.     relation = '<'
17.   end if
18.
19.   write(*,"('String1',A1,'String2')") relation
20.
```

21. stop
22. end

5-3　SELECT CASE 语句

SELECT CASE 语句是收录在 Fortran 90 的标准当中，不过市面上各家的 Fortran 77 编译器几乎早就把 SELECT-CASE 当成 Fortran 77 的不成文标准了。

写程序时有时会使用"多重判断"，第 5.1.1 节中学习过使用 IF 来完成"多重判断"的方法，现在来学习用另一个在语法上更简洁的方法来做这个工作。使用新的语法 SELECT CASE 来改写判断分数等级的程序 EX0505：

EX0512.F90

```
1.  program ex0512
2.  implicit none
3.    integer score
4.    character grade
5.
6.    write(*,*) "Score:"
7.    read(*,*) score
8.
9.    select case(score)
10.   case(90:100) ! 90 到 100 分之间
11.      grade='A'
12.   case(80:89)  ! 80 到 89 分之间
13.      grade='B'
14.   case(70:79)  ! 70 到 79 分之间
15.      grade='C'
16.   case(60:69)  ! 60 到 69 分之间
17.      grade='D'
18.   case(0:59)   ! 0 到 59 分之间
19.      grade='E'
20.   case default ! 其他情况
21.      grade='?'
22.   end select
23.
24.   write(*,"('Grade:',A1)") grade
25.   stop
26. end
```

程序执行结果和 EX0505 判断成绩等级的程序是一模一样的。从这个例子很容易就可以了解 SELECT-CASE 的使用方法。事实上，通常在 SELECT-CASE 语句中的一个判断式，不会完全用来判断变量是否落在一个数值范围中，而是用来判断变量是否等于某个数值。详细语法介绍如下：

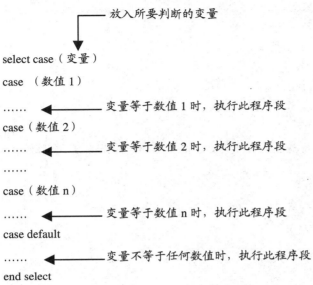

CASE DEFAULT 程序模块并没有规定一定要出现。在 CASE 里的冒号前后放入两个数值时，代表在这两个数字范围中的所有数值。CASE 的括号里还可以用逗号来放入多个变量。

```
case(1)      ! 变量=1 时，会执行这个 case 中的程序模块
case(1:5)    ! 1<=变量<=5 时，会执行这个 case 中的程序模块
case(1: )    ! 1<=变量时，会执行这个 case 中的程序模块
case( :5)    ! 变量<=5 时，会执行这个 case 中的程序模块
case(1,3,5)  ! 变量等于 1 或 3 或 5 时，会执行这个 case 中的程序模块
```

使用 SELECT CASE 来取代某些使用 IF-ELSE IF 的多重语句，会让程序代码看起来比较简洁。不过使用 SELECT CASE 有一些限制：

（1）只能使用整数(INTEGER)，字符(CHARACTER)，及逻辑变量(LOGICAL)，不能使用浮点数及复数。

（2）每个 CASE 中所使用的数值必须是固定的常量，不能使用变量。

使用浮点数时，不能用 SELECT-CASE 来做多重判断，只能使用 IF-ELSE IF 的做法。另外一个限制就是每个 CASE 里面的数值必须是常量，像下面这一段程序就是错误的：

```
a = 65
b = 97
read(*,*) key
select case(key)
case(a)     ! 这一行程序错误，case 中不能使用变量
   ......
case(b)     ! 这一行程序错误，case 中不能使用变量
   ......
case(c)     ! 如果 c 是声明成 parameter 的常量，才能在这里使用
```

......

再来看一个实例，下面是一个小型的交互式计算机程序。

EX0513.F90

```fortran
1.program ex0513
2.implicit none
3.  real a,b,ans
4.  character operator
5.
6.  read(*,*) a
7.  read(*,"(A1)") operator ! 不赋值格式时，有些机器会读不到除号"/"
8.  read(*,*) b
9.
10. select case(operator)
11. case('+')
12.   ans = a+b
13. case('-')
14.   ans = a-b
15. case('*')
16.   ans = a*b
17. case('/')
18.   ans = a/b
19. case default ! 输入其他符号不处理
20.   write(*,"('Unknown operator ',A1)") operator
21.   stop ! 结束程序
22. end select
23.
24. write(*,"(F6.2,A1, F6.2,'=',F6.2)") a,operator,b,ans
25.
26. stop
27.end
```

程序执行后会要求输入 3 笔数据，最后把输入的两个数字拿来做加减乘除的其中一项运算。

```
100             (第 1 笔数据要输入第 1 个数字)
+               (第 2 笔数据要输入+ - * /其中一个操作数)
200             (第 3 笔数据要输入第 2 个数字)
100.00+200.00=300.00   (最后会输出计算结果)
```

这个程序与第 4 章最初始的计算机程序比较起来进步了一些，表达式不再需要事先写好在程序代码中。只可惜输入接口差了一些。

5-4 其他流程控制

除了 IF 和 SELECT CASE 之外，Fortran 还有一些控制流程的命令，其中最重要的是 GOTO 命令。

5-4-1 GOTO

GOTO 语句从 Fortran 77 之前就流传下来了，但不建议读者使用它。因为使用 GOTO 编写的程序在结构上会很乱，导致程序代码难以阅读。在这里之所以要介绍 GOTO 的目的，是希望读者不会看不懂一些用古典风格编写的 Fortran 程序。

Fortran 程序中，任何一行程序代码都可以加上自定义的"代码"，不是只有用到 FORMAT 语句时才能给定代码。而 GOTO 命令就是提供程序员一个任意跳跃到所赋值"行代码"的那一行程序位置来执进程序的能力。来看看把前面判断一个人是否过重的程序 EX0502 使用 GOTO 改写后的形式。

EX0514.F90

```
1.      PROGRAM ex0514
2.      IMPLICIT NONE
3.      REAL height ! 记录身高
4.      REAL weight ! 记录体重
5.
6.      WRITE(*,*) "height:"
7.      READ(*,*)  height      ! 读入身高
8.      WRITE(*,*) "weight:"
9.      READ(*,*)  weight      ! 读入体重
10.
11.     IF ( weight > height-100 ) GOTO 200
12.     ! 上面不成立，没有跳到200才会执行这里
13.100  WRITE(*,*) "Under control."
14.     GOTO 300   ! 下一行不能执行所以要跳到300.
15.200  WRITE(*,*) "Too fat!"
16.
17.300  STOP
18.     END
```

程序前半段并没有什么改变，在没有遇到 GOTO 时，程序仍然是一行行地向下执行。在第 11 行中，如果条件成立，程序就跳到代码为 200 的第 15 行去，显示：

Too fat!

如果条件不成立，程序就会继续执行第 13 行，输出下面的字符串：

Under Control.

接着再执行第 14 行的 GOTO 300，这个命令会导致执行路径跳到行代码为 300 的第 17 行结束程序。如果没有第 14 行的跳跃操作，程序会继续执行第 15 行的 WRITE 命令。

GOTO 所要跳跃的目的地，可以是程序代码中的任何一个有设置"行代码"的地方，这个位置可以在 GOTO 命令的前面或是后面。下面是使用 GOTO 所编写的"循环"。

EX0515.FOR

```
1.      PROGRAM  ex0515
2.      IMPLICIT NONE
3.
4.      INTEGER I  ! 用来累加使用
5.      INTEGER N  ! 被当成常量，用来限定 I 的累加次数
6.      PARAMETER(N=10)
7.      DATA I /0/
8.
9.10    WRITE(*, '(1X,A3,I2)' ) 'I=',I
10.     I=I+1
11.     IF ( I .LT. N ) GOTO 10 ! I<10 就跳回代码为 10 的那一行
12.
13.     STOP
14.     END
```

这个程序很有趣，它会重复执行第 9 行的 WRITE 命令 10 次，所以会出现下面这 10 行输出：

```
I= 0
I= 1
I= 2
I= 3
I= 4
I= 5
I= 6
I= 7
I= 8
I= 9
```

这个程序声明了两个变量：

```
4.      INTEGER I  ! 用来累加使用
5.      INTEGER N  ! 被当成常量，用来限定 I 的累加次数
```

程序开始后会一直执行到第 11 行，然后看看 I 是否小于 N。如果 I<N 就返回代码为 10 的第 9 行来执行。因为 I 的初值为 0，每次执行到第 10 行时，I 的数值就会累加上 1。这个操作会一直重复到 I=10 的时候才会停止，所以屏幕上会输出 10 次变量 I 的数值，而且这个数值每次会增加 1。这个程序也顺便引出了下一章所要介绍的"循环"的概念。

GOTO 还有一种用法，程序代码中可以一次提供好几个跳跃点，根据 GOTO 后面的算

流程控制与逻辑运算

式来选择要使用哪一个跳跃点。

EX0516.FOR

```
1.        PROGRAM ex0516
2.        IMPLICIT NONE
3.        INTEGER I
4.        INTEGER N
5.        DATA I,N /2,1/
6.C   I/N=1 时 GOTO 10, I/N=2 时 GOTO 20, I/N=3 时 GOTO 30
7.C   I/N<1 或 I/N>3 时不做 GOTO,直接执行下一行
8.        GOTO(10,20,30) I/N
9.10      WRITE(*,*) 'I/N=1'
10.       GOTO 100
11.20     WRITE(*,*) 'I/N=2'
12.       GOTO 100
13.30     WRITE(*,*) 'I/N=3'
14.
15.100    STOP
16.       END
```

程序代码中已经写定 I=2、N=1,所以执行后输出 I/N=2。这个 GOTO 的用法并不常被使用,笔者的建议是不要去使用它。

最后还要强调一点,虽然 GOTO 命令看起来很具有威力,但是建议不是必要时,不要使用。因为它很容易破坏程序的结构,在程序写到上百、千行时,如果其中包含了许多 GOTO 命令,阅读程序代码时,要到处去寻找"跳跃点",这会造成程序难以维护及修改。

5-4-2 IF 与 GOTO 的联用

IF 判断还有一种叫做算术判断的方法,它的做法跟 GOTO 有点类似。直接来看一个实例。

EX0517.FOR

```
1.        PROGRAM ex0517
2.        IMPLICIT NONE
3.        REAL A,B
4.        REAL C
5.        DATA A,B /2.0,1.0/
6.
7.        C=A-B
8.C   C<0 就 GOTO 10,C=0 就 GOTO 20,C>0 就 GOTO 30
9.        IF ( C ) 10,20,30
```

```
10.10      WRITE(*,*) 'A<B'
11.        GOTO 40
12.20      WRITE(*,*) 'A=B'
13.        GOTO 40
14.30      WRITE(*,*) 'A>B'
15.40      STOP
16.        END
```

程序代码中已经固定 A=2、B=1，所以最后会输出 A>B。算术 IF 要配合行代码来使用，在这个实例中，IF 会去查看 C 的数值，如果 C<0 时，程序会跳跃到行号为 10 的地方来执行程序，C=0 时，程序会跳跃到行代码为 20 的地方去，C>0 时，程序会跳跃到行代码为 30 的地方法。这个语法同样不建议大家使用。

5-4-3　PAUSE，CONTINUE，STOP

PAUSE 的功能就跟它的字面意义相同，程序执行到 PAUSE 时，会暂停执行，直到用户按下 Enter 键才会继续执行。这可以应用在当屏幕上要连续输出许多页的数据时，在该换页的地方加上一个 PAUSE。等用户看完一页数据后，按 Enter 键再来读下一页的资料。

CONTINUE 这个命令并没有实际的用途，它的功能就是"继续向下执行程序"。在 Fortran 77 中，如果把 CONTINUE 放在适当的地方，可以方便阅读程序代码；在 Fortran 90 之后就不大会有机会使用到它。

STOP 命令在第 4 章已经介绍过了，它可以用来"结束程序执行"。要小心使用这个命令，不然程序会不知不觉地被终止。STOP 命令可以使用在当程序读取到不合理的输入时，例如要计算 a/b 的值，但却发现 b=0，这个时候就可以印出一段警告信息，接着使用 STOP 把程序终止，不要再执行下去。

5-5　二进制的逻辑运算

二进制的逻辑运算跟 IF 中的逻辑判断式不太相同，它比较接近单纯的数学运算。这一节所介绍的二进制的逻辑运算都是 Fortran 90 中所提供的功能。

二进制的数字只有 0 和 1 两种，应用上通常都把 0 当成逻辑上的 FALSE，1 当成逻辑上的 TRUE。用 0、1 来表示逻辑上的集合运算时，可以得到下面的结果：

    0 .and. 0 = 0   0 .and. 1 = 0
    1 .and. 0 = 0   1 .and. 1 = 1

这个结果跟本章第 1.2 节所列的表是相同的，只差在用 0/1 取代 FALSE/TRUE 而已。计算机在记录数值时，是以二进制的方法来保存，也就是以一连串的 0 及 1 来保存。它们可以看成是一连串的布尔变量，这一连串的布尔变量也可以拿来做逻辑的集合运算。

Fortran 90 的库函数中，IAND 用来做二进制的 AND 计算，IOR 用来做二进制的 OR 计算。来看几个实例：

```
a=2           ! a 等于二进制的 010
b=4           ! b 等于二进制的 100
c=iand(a,b)   ! c=0,也就是二进制的 000
c=ior(a,b)    ! c=6,也就是二进制的 110
```

IAND、IOR 这两个函数都是把输入的两个整数中，同样位置的位值进行逻辑运算，上面实例中的计算写成下面的形式可以看得比较清楚。

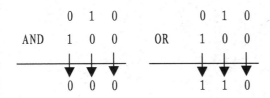

Fortran 90 对二进制的操作还不只如此，读者可以参考附录中的函数表。这些功能可以使 Fortran 更加能够掌握控制内存内容的能力。

顺便再提一点，Fortran 90 在设置整数时，可以不使用十进制的方法，而使用其他进制的方法来做设置。某些状况下，使用十六进制或是二进制来设置数值会比较方便。

```
integer :: a
a=B"10"  ! a=2,二进制的 10 相当于十进制的 2
a=O"10"  ! a=8,八进制的 10 相当于十进制的 8
a=Z"10"  ! a=16,十六进制的 10 相当于十进制的 16
```

把数字用双引号括起来，最前面加上 B(Binary)代表这段数字是二进制数字，同理最前面用 O(Octal)代表要使用八进制，最前面用 Z 代表要使用十六进制。要注意十六进制中可以使用的数字是 0~9 及 A，B，C，D，E，其中 A=10，B=11……F=15。也就是说十六进制的 A 等于十进制的 10，Z"A"=10。

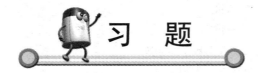

1. 假如所得税有 3 个等级，月收入在 1000 元以下的税率为 3%，在 1000 元至 5000 元之间的税率为 10%，在 5000 元以上的税率为 15%。请写一个程序来输入一位上班族的月收入，并计算他（她）所应缴纳的税金。

2. 某电视台的晚上 8 点节目安排如下：
- 星期一、四：新闻
- 星期二、五：电视剧
- 星期三、六：卡通片
- 星期日：电影

请写一个程序，可以输入星期几来查询当天晚上的节目。

3. 假如所得税有三个等级，而且随年龄不同又有不同算法：

第一类：年轻级（不满 50 岁）

月收入在 1000 元以下的税率为 3%，在 1000 元至 5000 元之间的税率为 10%，在 5000 元以上的税率为 15%。

第二类：老年级（50 岁以上）

月收入在 1000 元以下的税率为 5%，在 1000 元至 5000 元之间的税率为 7%，在 5000 元以上的税率为 10%。

请写一个程序来输入一位上班族的年龄、年收入，并计算他（她）所应缴纳的税金。

4. 在一年当中，通常有 365 天。但是如果是润年时，一年则有 366 天。在公历中，闰年的策略如下：（以公元来记年）
- 年数是 4 的倍数时，是闰年
- 年数是 100 的倍数时是例外，不当闰年记。除非它刚好又是 400 的倍数。

请写一个程序，让用户输入一个公元的年份，然后交给程序来判断这一年当中会有多少天。

Chapter 6

循 环

循环可以用来自动重复执行某一段程序代码，善用循环可以让程序代码变得很精简。循环有两种执行格式，第一种格式会固定重复程序代码 n 次。另一种格式则是不固定重复几次，一直执行到出现跳出循环的命令为止。

6-1 DO

第 4、5 这两章的实例程序，每个程序都是执行一次就结束了，如果想再做一次同样的事情，就要再重新执行一次程序。写程序时有时候会希望能自动连续重复执行某一段程序代码，这个时候就需要使用"循环"。

先来看一段实例程序，假如我们想对一个好朋友连说 10 次 Happy Birthday，用前面学过的方法要连续用 10 个 WRITE 命令来显示 10 行 Happy Birthday。使用循环就不需要这么麻烦。

EX0601.F90

```
 1.program ex0601
 2.  implicit none
 3.  integer counter
 4.  integer, parameter :: lines=10
 5.  ! counter<=lines 之前会一直重复循环
 6.  ! 每执行一次循环 counter 会累加 1
 7.  do counter=1,lines,1
 8.    write(*,*) "Happy Birthday",counter
 9.  end do
10.
11.  stop
12.end
```

程序执行后显示 10 行 Happy Birthday，每一行最后还会有计算行数用的数字：

```
Happy Birthday          1
Happy Birthday          2
Happy Birthday          3
Happy Birthday          4
Happy Birthday          5
Happy Birthday          6
Happy Birthday          7
Happy Birthday          8
Happy Birthday          9
Happy Birthday         10
```

这个程序会重复执行循环中（第 7 行到第 9 行中）的程序代码 10 次。下面是 DO 的详细语法：

循环

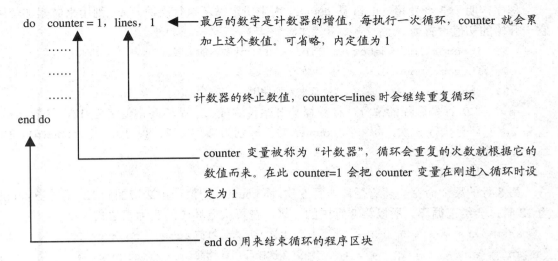

DO 循环中，用来决定循环执行次数的变量，通常被称为这个循环的"计数器"。本书都会以"计数器"这个名词来称呼这一类的变量。计数器会在循环的一开始就设置好它的初值、终值以及增量，每进行一次循环，计数器就会累加上前面所设置的增量，当计数器超过终值时就会结束循环。

DO 循环中的计数器的初值、循环终止值及循环增量值可以用常量或是变量来指定。

实例程序 EX0601 在每个循环中除了显示 Happy Birthday 外，还会显示计数器 counter 的内容。可以发现计数器 counter 每经过一次循环，数值就会累加上 1。执行到第 10 次循环时 counter=10，进行第 11 次循环前 counter 累加 1 变成 11，这个时候 counter<=lines 的条件不成立，循环也就不再执行下去。在递增的循环中，在结束循环后，计数器的数值一定会比循环的终止条件值大。这个例子的终止值为 10，计数器 counter 离开循环后会变成 11。

再来看一个例子，试着使用循环来计算 2+4+6+8+10。

EX0602.F90

```
1.program ex0602
2.implicit none
3.  integer, parameter :: limit=10   ! 计数器的上限
4.  integer counter       ! 计数器
5.  integer :: ans = 0  ! 拿来累加使用
6.
7.  do counter=2, limit ,2
8.    ans = ans + counter
9.  end do
10. write(*,*) ans
11.
12. stop
13.end
```

执行后会输出正确的答案 30。

程序声明了 3 个变量，limit 跟 counter 用来决定循环执行次数。ans 则用来做累加使用，它一开始的初值设置为 0。

```
3.      integer, parameter :: limit=10  ! 计数器的上限
4.      integer counter                  ! 计数器
5.      integer :: ans = 0               ! 拿来累加使用
```

第 7 到 9 行是循环的部分，计数器一开始设置成 2，循环终止值定为 10，计数器累加值为 2。循环会执行 5 次，每一次 counter 的值分别为 2、4、6、8、10，当 counter=12 时循环就会结束。

```
7.      do counter=2, limit ,2
```

第 8 行的累加命令会随着循环执行 5 次。而 counter 的值会由 2 增加到 12，不过当 counter 为 12 时，会结束循环。所以第 8 行中的计算，在每次循环中的实际表达式为：

```
ans = ans + 2  = 0 + 2  = 2     ! 第 1 次循环，计算前 ans=0,  counter=2
ans = ans + 4  = 2 + 4  = 6     ! 第 2 次循环，计算前 ans=2,  counter=4
ans = ans + 6  = 6 + 6  = 12    ! 第 3 次循环，计算前 ans=6,  counter=6
ans = ans + 8  = 12 + 8 = 20    ! 第 3 次循环，计算前 ans=12, counter=8
ans = ans +10  = 20 +10 = 30    ! 第 3 次循环，计算前 ans=20, counter=10
```

请注意，把变量拿来和自己做累加，在写程序时是经常使用的技巧。

ans = ans + 2

这个式子会先取出变量 ans 的值，把这个数值加上 2。再把计算得到的结果储存回变量 ans 的内存所在位置

Fortran 77 使用 DO 会比较麻烦一点，它不使用 END DO 来结束循环，而是使用行号来结束循环，程序代码要在 DO 的后面写清楚这个循环到哪一行程序代码结束。把程序 EX0602 用 Fortran 77 语法改写的形式如下：

EX0602.FOR

```
 1.      PROGRAM ex0602
 2.      IMPLICIT NONE
 3.      INTEGER limit
 4.      PARAMETER(limit=10)
 5.      INTEGER counter
 6.      INTEGER ans
 7.      DATA ans /0/
 8.
 9.      DO 100, counter=2, limit, 2
10.100    ans = ans + counter
11.
12.      WRITE(*,*) ans
13.
14.      STOP
```

```
15.        END
```

程序代码在第 9、10 这两行有点不同。

```
DO 100, counter=2, limit, 2
100     ans = ans + counter
```

在这边多了一个数字，用来指定循环到哪一行结束。这里指定循环到行代码为 100 的地方结束

这一行的行代码为 100，循环到此结束

Fortran 77 中，经常会使用 CONTINUE 这个命令来结束循环。因为 CONTINUE 这个命令没有实际的用途，刚好可以拿来做封装使用。使用 CONTINUE 后的循环会变成下面的样子：

```
 9.        DO 100, counter=2, limit, 2
10.            ans = ans + counter
11.100     CONTINUE
```

END DO 虽然是 Fortran 90 才提供的语句，但是如同 CASE 一般，早就被市面上的 Fortran 77 编译器视为"不成文标准"，所以可以看到有很多 Fortran 77 的程序同样使用 END DO，而不使用行号来封装循环。

循环的增值并没有规定一定要是正数，它也可以是负数，让计数器一直递减下去。不过这个时候循环的计数器终止值必须小于计数器起始值，递减的循环终止条件会由大于终止值，改成小于终止值时结束循环。下面的程序代码同样可以执行循环 10 次，在循环中 i 值会从 10 递减到 1，i=0 时结束循环。

```
do i=10, 1, -1
  write(*,*) i
end do
```

用来设置计数器初值、上限及增值的数值可以使用变量来指定，不过这些变量的值，只会在进入循环之前被读取一次，在循环中改变这些变量并不会发生作用。以下面的程序代码为例，计数器 i 值还是会从 1 慢慢增加到 10，循环还是会执行 10 次，不会因为 s、e、inc 这 3 个变量的值在循环中被改变而有变化。因为 s、e、inc 的值只在进入循环之前会被读取一次，在循环中改变它们的值不会对循环有任何影响。

```
s=1
e=10
inc =1
do i=s, e, inc
  s=5
  e=1
  inc=-1
  write(*,*) i
end do
```

用来作为计数器的变量，在循环的程序模块中不能再使用命令去改变它的数值，不然在编译时会发生错误。

```
do i=1, 10
   i=i+1    ! 改变计数器的值，在编译时会出现错误
end do
```

DO 循环和 IF 描述一样可以是多层嵌套的结构。

```
do i=1,10       (第1层循环开始)
  do j=1,10     (第2层循环开始)
    do k=1,10   (第3层循环开始)
    end do      (第3层循环结束)
  end do        (第2层循环结束)
end do          (第1层循环结束)
```

使用嵌套循环时要小心，因为内层循环重复执行的次数会是外层循环的好几倍。以下面的程序代码来说，总共会显示 15 行 Happy Birthday。因为外层循环设置要执行 5 次，内层循环则要执行 3 次。但是每执行一次外层的循环，都一定也要在内层执行 3 次。所以 WRITE 命令会执行 5*3=15 次。

```
do i=1, 5
  do j=1, 3
    write(*,*) "Happy Birthday"
  end do
end do
```

用一个实例程序来实际观察嵌套循环中计数器增长的情况。

EX0603.F90

```
1. program ex0603
2.   implicit none
3.   integer i,j
4.
5.   do i=1, 3
6.     do j=1, 3
7.       write(*, "(I2,I2)") i,j
8.     end do
9.     write(*,*) "another cycle"
10.  end do
11.
12.  stop
13. end
```

每执行一次内层循环，就会把计数器 i、j 的内容显示出来，每执行完一次外次会显示 "another cycle" 的字符串，执行结果如下：

```
 1 1      (外层第1次，内层第1次)
 1 2      (外层第1次，内层第2次)
 1 3      (外层第1次，内层第3次)
```

循环

```
another cycle   (外层第1次跑完)
2 1             (外层第2次，内层第1次)
2 2             (外层第2次，内层第2次)
2 3             (外层第2次，内层第3次)
another cycle   外层第2次跑完)
3 1             (外层第3次，内层第1次)
3 2             (外层第3次，内层第2次)
3 3             (外层第3次，内层第3次)
another cycle   (外层第3次跑完)
```

由执行结果可以发现，在嵌套循环中，每当外层的循环要进行新的循环时，所有的内层循环都要全部重新重复执行它所设置的次数。以这个实例来说，外层循环会执行 3 次，每次会令内层循环执行 3 次，所以内层循环总共会重复 3*3=9 次。

6-2 DO WHILE 循环

循环并不一定要由计数器的增、减来决定是否该结束循环，它可改由一个逻辑运算来做决定，这就是 DO-WHILE 的功能。

```
do while（逻辑运算）    ←—— 逻辑运算成立时，会一直重复执行循环
    ……
    ……
end do
```

以这个方法改写计算 2+4+6+8+10 的程序如下：

EX0604.F90

```
1.  program ex0604
2.  implicit none
3.  integer, parameter :: limit=10   ! 计数器的上限
4.  integer counter       ! 计数器
5.  integer :: ans = 0    ! 拿来累加使用
6.
7.  counter = 2   ! 设置计数器初值
8.  do while( counter <= limit )
9.    ans = ans + counter
10.   counter = counter + 2   ! 计数器累加
11. end do
12.
13. write(*,*) ans
14.
```

```
15.    stop
16.end
```

执行结果和 EX0602 完全相同，同样会算出正确的结果 30。不过程序代码看起来比较繁杂一点。改用 DO WHILE 循环后，计数器的初值设置（第 7 行）跟累加（第 10 行）都需要用命令明确显示来。还有循环终止条件的判断也要明确写清楚（第 8 行）。

这个循环同样会执行 5 次，来仔细地看看这 5 次的过程是怎么样的情况。

第 1 次：

counter 初值为 2，所以 counter<=limit 成立，循环会执行

ans = ans + counter = 0 + 2 = 2 及

counter = counter + 2 = 2 + 2 = 4

第 2 次：

counter=4，ans=2，counter<=limit 成立，循环会执行

ans = ans + counter = 2 + 4 = 6 及

counter = counter + 2 = 4 + 2 = 6

第 3 次：

counter=6，ans=6，counter<=limit 成立，循环会执行

ans = ans + counter = 6 + 6 = 12 及

counter = counter + 2 = 6 + 2 = 8

第 4 次：

counter=8，ans=12，counter<=limit 成立，循环会执行

ans = ans + counter = 12 + 8 = 20 及

counter = counter + 2 = 8 + 2 = 10

第 5 次：

counter=10，ans=20，counter<=limit 成立，循环会执行

ans = ans + counter = 20 + 10 = 30 及

counter = counter + 2 = 10 + 2 = 12

第 6 次：

counter=12，counter<=limit 不成立，循环结束

在这里使用 DO WHILE 循环并不会比以前使用 DO 所编写出来的循环更精简和美观。因为 DO WHILE 的目的并不是要用来处理这种"单纯的计数累加循环"情况。这一类型的循环都是使用一个计数器（就是在程序中所使用的 counter）来做固定程序的累加操作，当计数器累加到一个数值时就会跳出循环，进入循环之前就事先知道这个循环会执行几次。而 DO WHILE 循环所处理的是，不能事先预知执行次数的循环，来看一个实例。

蔡小姐把她的体重视为秘密，不过这边有一个程序可以让大家来猜她的体重。

EX0605.F90

```
1.program ex0605
2.  implicit none
3.  real, parameter :: weight=45.0   !答案
4.  real, parameter :: e = 0.001      !误差
```

```
 5.    real :: guess = 0.0      ! 猜测值
 6.
 7.    do while( abs(guess-weight) > e )
 8.      write(*,*) "Weight:"
 9.      read(*,*) guess
10.    end do
11.
12.    write(*,*) "You're right"
13.
14.    stop
15. end
```

程序执行后会不断要求用户猜一个数字,一直到猜到答案才会停止。程序中声明了 3 个变量,weight 用来储存答案,e 用来作为浮点数的误差值,guess 用来读取用户猜测的数值。

```
 3.    real, parameter :: weight=45.0   ! 答案
 4.    real, parameter :: e = 0.001     ! 误差
 5.    real :: guess = 0.0              ! 猜测值
```

一开始把 guess 的初值先设置成 0,这是因为一个变量在声明之后所"先天存在"的数值无法预料,虽然 Fortran 中通常会把它设为 0,但是建议还是自己来做设置初值的操作。要是这个先天的数值刚好等于所要猜测的数值时,程序中的循环就不会执行。

这个程序是一个很典型必须使用 DO WHILE 循环来解决的程序。因为在设计程序时,根本就不能预测到用户需要猜几次才会猜对,也就不知道循环要执行几次。所以在此设置的循环执行条件是:

```
 7.    do while( abs(guess-weight) > e )
```

这个条件基本上可以看成 do while(guess/=weight),也就是 guess 不等于 weight 时,就继续猜下去。第 5 章曾介绍过,使用浮点数时,最好不要直接判断两个数字是否相等,必须使用 abs(guess-weight)>e 这个方法来判断,允许一些误差。第 7 行中判断式的意义是,当 guess-weight 得到的值和 0 相差很远时,就把这两个数字视为不相等。

当 guess 不等于 weight 时,就继续执行循环。也就是说,猜不对就继续猜,一直到猜对为止。

6-3 循环的流程控制

这一节要介绍 CYCLE 和 EXIT 这两个与循环相关的命令。这两个命令虽然都是 Fortran 90 标准新增加的,不过也早就被当成 Fortran 77 的不成文标准之一。

6-3-1 CYCLE

CYCLE 命令可以略过循环的程序模块中,在 CYCLE 命令后面的所有程序代码,直接

跳回循环的开头来进行下一次循环,来看下面的实例:

假设某百货公司共有 9 层楼,但电梯在 4 层不停,试写一个程序来仿真百货公司中电梯从 1 楼爬升到 9 楼时的灯号显示情况。

EX0606.F90

```
1.program ex0606
2.implicit none
3.  integer :: dest = 9
4.  integer floor
5.
6.  do floor=1, dest
7.    if ( floor==4 ) cycle
8.    write(*,*) floor
9.  end do
10.
11.  stop
12.end
```

执行结果如下:

```
1
2
3
5    (没有出现 4,直接跳到 5)
6
7
8
9
```

这个程序使用了一个计数循环,在每一次的循环中,都把计数器(变量 floor)给显示出来,程序中第 7 行的 IF 判断会使得 floor==4 时执行 CYCLE 命令,程序会略过 CYCLE 后面的 WRITE 描述,又跑到循环的入口继续执行,floor 值此时也累加到 5 来进行下一个循环。

在程序中,如果需要略过目前的循环程序模块,直接进行下一个循环时,就可以使用 CYCLE 命令。

6-3-2 EXIT

EXIT 的功能是可以直接"跳出"一个正在运行的循环,不论是 DO 循环还是 DO WHILE 循环都可以使用。用 EXIT 命令改写前面的猜体重程序 EX0605 来做示范:

EX0607.F90

```
1.program  ex0607
```

```
 2.implicit none
 3.  real, parameter :: weight=45.0
 4.  real, parameter :: error=0.0001
 5.  real :: guess
 6.
 7.  do while( .true. )
 8.    write(*,*) "weight:"
 9.    read(*,*) guess
10.    if ( abs(guess-weight)<error ) exit
11.  end do
12.
13.  write(*,*) "You are right!"
14.
15.  stop
16.end
```

程序执行起来和前面的 EX0605 是一模一样的。第 7 行中第一次出现这个用法:

```
 7.  do while( .true. )
```

循环的逻辑表达式直接放入一个 .true. 值,这是允许的做法,代表这个循环继续执行的条件永远成立,不需要判断。如果不在循环中加入跳出循环的描述,会造成循环一直执行下去,程序无法终止,所以在第 10 行中加入了 EXIT 命令。

```
10.    if ( abs(guess-weight)<error ) exit
```

当 guess 值接近于 weight 时,就当成 guess 等于 weight,执行 EXIT 命令跳出循环。一般说来,EXIT 命令是在循环最少需要执行一次,或是结束循环的条件式太过复杂时才会拿出来使用。

DO WHILE 循环会在进入循环之前就先检查执行循环的条件是否成立,条件不成立时不会执行循环。某些情况下会希望 DO-WHILE 循环中的程序代码至少执行一次,这时候就会使用类似这个实例 EX0607 的写法来使用循环。

读者有没有注意到 EX0607 并不需要和 EX0605 一样要对 guess 设置初值,因为循环至少会执行一次,guess 变量的值一定会有机会让用户从键盘输入。EX0605 则不一样,如果 guess 的初值刚好就是 weight 的值,那用户根本没有机会去猜,程序就会结束了。

6-3-3 署名的循环

循环还可以取"名字",这个用途是可以在编写循环时能明白地知道 END DO 这个描述的位置是否正确,尤其是在多层的循环当中。署名的循环也可以配合 CYCLE、EXIT 来使用。先来看这一个实例:

EX0608.F90

```
 1.program ex0608
 2.implicit none
```

```
3.  integer :: I,j
4.
5.  outter: do i=1,3    ! 循环取名为 outter
6.    inner: do j=1,3   ! 循环取名为 inner
7.      write(*, "('(',i2,',',i2,')')" ) i,j
8.    end do inner      ! 结束 inner 这个循环
9.  end do outter       ! 结束 outter 这个循环
10.
11. stop
12.end
```

执行结果如下：

```
( 1, 1)
( 1, 2)
( 1, 3)
( 2, 1)
( 2, 2)
( 2, 3)
( 3, 1)
( 3, 2)
( 3, 3)
```

程序使用了两层循环，在第 5、6 行中还把循环分别都取了名字。当循环取了名字之后，想要结束一个循环就不能随便只用一个 END DO 来解决。就如程序的第 8、9 行，在 END DO 后面还要加上循环的名字才行。

```
5.  outter: do i=1,3    ! 循环取名为 outter
6.    inner: do j=1,3   ! 循环取名为 inner
7.      write(*, "('(',i2,',',i2,')')" ) i,j
8.    end do inner      ! 结束 inner 这个循环
9.  end do outter       ! 结束 outter 这个循环
```

取名的循环在编写多层循环时不易出错，因为具备名字的循环在使用 END DO 来结束循环时，还要指名清楚要结束哪一个循环。具名的循环还可以配合 CYCLE、EXIT 来运行，在嵌套的多层循环中可以从内层的循环指名要跳离外层的循环，看看这个实例：

EX0609.F90

```
1.program ex0609
2.implicit none
3.  integer :: I,j
4.
5.  loop1: do i=1,3
6.    loop2: do j=1,3
7.      if ( i==3 ) exit loop1    ! 跳离 loop1 循环
```

```
8.        if ( j==2 ) cycle loop2   ! 重做 loop2 循环
9.        write(*, "('(',i2,',',i2,')')" ) i, j
10.    end do loop2
11. end do loop1
12.    stop
13. end
```

执行结果如下：

(1, 1)
(1, 3)
(2, 1)
(2, 3)

程序的第 7、8 行出现了下面的描述

```
7.        if ( i==3 ) exit  loop1   ! 跳离 loop1 循环
8.        if ( j==2 ) cycle loop2   ! 直接做下一次的 loop2 循环
```

当 i=3 时，会跳离最外层的循环，j=2 时，会直接做下一次的内层循环。如果没有这两行的话，执行结果应该会出现 9 组数字。有了这两行之后，因为 j=2 的内层循环会不做，所以（1，2）、（2，2）这两组数字都不会显示，直接跳到（1，3）、（2，3）。i=3 时则会跳出循环 loop1，所有以 3 开头的数字（3，X）都不会显示。

从这个程序中可以看到，使用署名的循环时，可以配合 EXIT、CYCLE 等命令，在内层循环中指名所想要作用的循环，从内层循环中直接跳离外层循环。

6-4 循环的应用

循环是编写程序时不可缺少的重要工具之一，读者一定要熟悉有关循环的各种用法，才不会在阅读本书接下来的章节时发生困难。基于循环的重要性，在本节中就示范一些使用循环来解决问题的方法。

【实例 1】
试求等差数列 1 + 2 + 3 + 4 +… + 99 + 100 的值。

EX0610.F90

```
1. program  ex0610
2. implicit none
3.    integer counter
4.    integer :: ans = 0
5.
6.    do counter = 1, 100
7.        ans = ans + counter
8.    end do
9.
```

```
10. write(*,*) ans
11.
12.  stop
13. end
```

执行后会输出正确的答案 5050。

虽然这类 "等差数列" 的相加问题比较好的解法应该是使用数学家高斯所发明的梯形公式，不过还是有必要学习一下使用循环来一个个累加的程序方法。

程序的主要技巧在于，要先声明一个 ANS 变量，并把初值设置成 0。然后在循环中，把 ANS 的值和 1、2、…、99、100 这 100 个数字来做累加。而循环的计数器正好可以用来生成这 100 个数字。

【实例2】

费氏数列（Fibonacci Sequence）的数列规则如下：

$f_0=0$， $f_1=1$， 当 n>1 时 $f_n=f_{n-1}+f_{n-2}$

费氏数列的前 10 个数字列举如下："0 1 1 2 3 5 8 13 21 34"。请编写程序来计算费氏数列的前 10 个数字。

EX0611.F90

```
1. program ex0611
2. implicit none
3.  integer counter
4.  integer :: fn-1 = 1
5.  integer :: fn-2 = 0
6.  integer :: fn = 0
7.
8.  write(*,*) fn-2
9.  write(*,*) fn-1
10.
11.  do counter = 2, 9  ! 设置循环执行 7 次
12.    fn = fn-2 + fn-1
13.    write(*,*) fn
14.    fn-2 = fn-1
15.    fn-1 = fn
16.  end do
17.
18.  stop
19. end
```

执行结果如下：

　　　　0
　　　　1
　　　　1

```
                2
                3
                5
                8
               13
               21
               34
```

由于 F_0、F_1 早就被定义了，而且它们和 F_n（n>1）的求法不同，所以要把前面两者独立出来另做处理。程序中的变量 FN-2、FN-1 的值代表的是 F_{n-2}、F_{n-1} 的意思，在声明时 FN-2 先设成 F_0 的值，FN-1 先设置成 F_1 的值。把这两个数值写在屏幕上后，才进入循环中来计算 F_2 以后的值。

要计算费氏数列的前 10 个数值，也就是计算 $F_{0\sim9}$ 的数值。而 F_0 跟 F_1 都已经确定，所以只需要计算 $F_{2\sim9}$ 的数值。在这边循环也就设置让计数器由 2 到 9。不过计数器的值在程序中并不会拿来使用，只要确定循环会执行 7 次就行了。

```
11.    do counter = 2, 9     ！设置循环执行7次
```

循环中的程序模块，会根据公式 $F_n=F_{n-2}+F_{n-1}$ 来计算 F（n）的值，并显示结果。

```
12.      fn = fn-2 + fn-1
13.      write(*,*) fn
```

计算出新的 F_n 值后，再重新设置 F_{n-2}、F_{n-1} 的值来进行下一次的循环。在下一次的循环中，要计算 F_{n+1} 的值，根据公式，$F_{n+1}=F_{n-1}+F_n$。所以在下一次的循环中，F_{n-2} 的值就是目前 F_{n-1} 的值，F_{n-1} 的值就是目前的 F_n 值。

```
14.      fn-2 = fn-1
15.      fn-1 = fn
```

【实例 3】

来试着做简单的密码加密、解密程序。这里使用的加密方法很简单，把每个英文字母在 ASCII 表中的编号加上 2 所得到的字母当成密码来传输。例如：abc 加密后成为 cde。解密的工作就是把上述的操作还原，把 cde 解密回 abc。

EX0612.F90 （加密程序）

```
1.program ex0612
2.implicit none
3.  integer i
4.  integer strlen
5.  integer, parameter :: key = 2
6.  character(len=20) :: string
7.
8.  write(*,*) "String:"
9.  read(*,*) string
10. strlen = len-trim(string)    ！取得字符串实际长度
11.
```

```
12.   do i = 1, strlen
13.     string(i:i) = char( ichar(string(i:i)) + key )
14.   end do
15.
16.   write(*,"('encoded:',A20)") string
17.
18.   stop
19. end
```

EX0613.F90 （解密程序）

```
1. program ex0613
2.   implicit none
3.   integer i
4.   integer strlen
5.   integer, parameter :: key = 2
6.   character(len=20) :: string
7.
8.   write(*,*) "Encoded string:"
9.   read(*,*) string
10.  strlen = len_trim(string)   ! 取得字符串实际长度
11.
12.  do i = 1, strlen
13.    string(i:i) = char( ichar(string(i:i)) - key )
14.  end do
15.
16.  write(*,"('String:',A20)") string
17.
18.  stop
19. end
```

把 attack now 这个字符串送到加密程序中，会得到一段密码：cvvcem"pgy。把这一段密码送到解密程序中，可以还原出本来的字符串"attack now"。

程序中第 10 行程序代码会计算输入字符串的真正长度，如果没有做这个工作，那么就必须把整个字符串，连同没有输入数据的部分都拿去加密，例如"attack now"会被加密成为：cvvcem"pgy""""""""""最后面会出现一连串的双引号，因为字符串声明长度为 20，没有输入数据的字符串尾部都会是空格。

这样的结果可以经过假设双引号等于空格而被猜测出所使用的加密方法是字母的 ASCII 码加 2。如果只传送 cvvcem"pgy 这一段密码，就可能不会被一眼看出所使用的加密方法。

这两个程序一个用来加密，另一个用来解密。两个程序的写法几乎完全一样，只差在第 13 行，因为解密的操作就是把加密的过程给还原。加密时先用 ichar 函数取出每个字符的 ASCII 值，把得到的值加上 2 之后再把这个数值用 char 函数转换回字符。

循环

```
13.     string(i:i) = char( ichar(string(i:i)) + key )
```
解密时，只要把加的操作变成减的操作，把字符一个一个还原回来就行了。
```
13.     string(i:i) = char( ichar(string(i:i)) - key )
```
密码学在今天网络流行之后更显重要，它可以用来保障数据移植时的安全，还可以防止外人入侵计算机。读者可以试着自行设计加密的方法。

【实例 4】

写一个小型的计算机程序，用户可以输入两个数字及一个运算符号来决定要把这两个数字做加减乘除的其中一项运算。每做完一次计算后，让用户来决定要再做新的计算或是结束程序。

EX0614.F90

```
 1. program ex0614
 2. implicit none
 3.   real a,b,ans
 4.   character :: key = 'y'
 5.
 6.   do while( key=='y' .or. key=='Y' )
 7.     read(*,*) a
 8.     read(*,"(A1)") key
 9.     read(*,*) b
10.     select case(key)
11.     case('+')
12.       ans = a+b
13.     case('-')
14.       ans = a-b
15.     case('*')
16.       ans = a*b
17.     case('/')
18.       ans = a/b
19.     case default
20.       write(*,"('Unknown operator ',A1)") key
21.       stop
22.     end select
23.     write(*,"(F6.2,A1,F6.2,'=',F6.2)") a,key,b,ans
24.     write(*,*) "(Y/y) to do again. (Other) to exit."
25.     read(*,"(A1)") key
26.   end do
27.   stop
28. end
```

这个程序跟第 5 章的实例 EX0513 差不多。不过 EX0513 做完一个算式后程序就结束了，这个程序则可以让用户输入 Y 或 y 来做一个新的运算。程序执行结果如下：

```
3       (输入数字)
*       (输入操作数)
5       (输入数字)
 3.00*  5.00= 15.00
(Y/y) to do again. (Other) to exit.
N       (输入 Y 或 y 可以再做新的计算,输入其他值则程序结束)
```

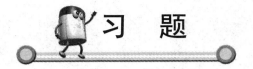

习 题

1. 以循环来连续显示 5 行的 Fortran 字符串，输出结果如下：

   ```
   Fortran
   Fortran
   Fortran
   Fortran
   Fortran
   ```

2. 以循环来计算等差数列 1＋3＋5＋7＋9 … ＋99 的结果。

3. 改变一下 EX0605 这个猜小姐体重的程序的条件。让程序最多只准许用户猜 5 次，5 次之内猜不中就不能再猜下去了。也就是这个循环最多执行 5 次就会结束，不过要是在 5 次之内就猜对，也要跳出循环。程序最后还要显示信息来告诉用户有没有猜对。

4. 以循环来计算 1/1! ＋ 1/2! ＋ 1/3! ＋ 1/4! … 1/10! 的值。

5. 写一个程序，让用户输入一个内含空格符的字符串，然后使用循环把字符串中的空格符消除之后再重新输出。例如：

   ```
   Happy   New   Year      （输入这个包括空格的字符串）
   HappyNewYear             （最后要输出这个没有任何空格的字符串）
   ```

Chapter 7

数组 (ARRAY)

数组是另外一种使用内存的方法，它可以用来配置一大块内存空间。使用第 4 章所介绍的变量声明方法，所得到的变量只能保存一个数值，数组则可以用来保存多个数值。处理大量数据时，数组是不可缺少的工具。

7-1 基本使用

数组（ARRAY）是一种使用数据的方法。它可以配合循环等的功能，用很精简的程序代码来处理大量的数据。

7-1-1 一维数组

简单地来说，数组可以一次声明出一长串同样数据类型的变量，直接来看一个实例。某小学 5 年 5 班刚刚结束了他们的期中考试，请写一个程序来记录全班 5 位同学的数学成绩，并提供由座号来查询成绩的功能。

EX0701.F90

```
1.program ex0701
2.implicit none
3.  integer,parameter :: students = 5
4.  integer :: student(students)
5.  integer i
6.
7.  do i=1,students
8.    write(*,"('Number ',I2)")i
9.    read(*,*)student(i)
10.  end do
11.
12.  do while(.true.)
13.    write(*,*)"Query:"
14.    read(*,*)i
15.    if(i<=0 .or. i>students)exit
16.    write(*,*)student(i)
17.  end do
18.
19.  stop
20.end
```

执行后会要求按照学生号码一个一个输入成绩，输入完成后就可以由学生号码来查询成绩，输入一个不存在的号码会结束程序。

```
Number 1
```

数组(ARRAY)

```
Number 2
85
Number 3
90
Number 4
75
Number 5
95
Query:
1
      80
3
      90
0
```

这个程序使用数组来记录 5 位同学的成绩。数组也是一种变量，使用前同样要先声明，数组的声明方法如下：

程序的第 4 行声明了一个叫做 student 的整型数组，数组的大小为 5 个元素。

```
4.    integer :: student(students)
```

请注意，在声明时，只能使用常数来赋值数组的大小，常数包括直接填入数字或是使用声明为 parameter 的常数。

```
4.    integer :: student(5)  ! 也可以直接填入数字
```

在声明数组时，要说明它的大小。因为数组是用来保存多个相同类型的数据，至于能保存几个数据，就要根据所声明的大小而定。本程序中声明为整型、大小为 5 的数组，所以可以保存 5 个整数。而要取用这 5 个元素的方法如下：

```
student(1)=89       ! 设置第 1 个元素值为 89
student(3)=83       ! 设置第 3 个元素值为 83
a=student(1)+student(3)  ! 把第 1、3 这两个元素的值拿出来相加
```

大小为 5 的数组，可以把它想像成 5 个变量。使用这些变量的方法很简单，只要配合括号，再加上一个索引值就可以使用其中的一个变量。数组在声明大小时要使用常数，但数组的索引值就不一定要用常数，也可以使用一般的变量。

使用数组时超出范围是很危险的,绝对要避免发生这种情况。在编译过程中,通常不会检查数组使用是否超过范围,而且很多情况下根本也无法在编译过程中就发现这种错误。这个责任都是由程序员自行负担。

```
read(*,*)I
write(*,*)student(I)
```

上面这两行程序就很有可能会超出数组所能使用的范围,因为没有办法事先就知道输入的 I 值会是多少,只要 I 值超过数组 student 的大小,使用了不存在的元素,程序执行就会发生错误。

再回到实例程序 EX0701,程序中声明了 3 个变量,其中 students 被声明成常数,只有常数才能被拿来赋值数组的大小。

```
3.    integer,parameter :: students = 5   ! 班级人数
4.    integer :: student(students)   ! 用来保存每个人的成绩
5.    integer I
```

程序的 7~9 行是一个循环,用来根据座号读取每一位同学的成绩到数组 student 中,而数组 student 中的第 1 个元素就存放 1 号同学的成绩,第 2 个元素存放 2 号同学的成绩……。

```
7.    do i=1,students
8.        write(*,"('Number ',I2)")i
9.        read(*,*)student(i)
10.   end do
```

程序的 12~17 行是另外一个循环,循环中的程序代码用来让用户输入一个学生的号码,再根据这个号码来查询成绩。因为事先不会知道用户想查询几位学生的成绩,所以循环的执行次数无法事先判断,这种情况就可以使用 DO WHILE 循环。当用户输入了一个不存在的学生号码,就会跳出循环。

```
12.   do while(.true.)
13.       write(*,*)"Query:"
14.       read(*,*)i
15.       if(i<=0 .or. i>students)exit   ! 号码不存在,跳出循环
16.       write(*,*)student(i)
17.   end do
```

来看看这个程序如果不使用数组来保存数据的话,会变成什么样子?

EX0702.F90

```
1.program ex0702
2.implicit none
3. integer :: student1,student2,student3,student4,student5
4. integer :: i
5.
6. write(*,*)"Number 1"
7. read(*,*)student1
8. write(*,*)"Number 2"
```

数组(ARRAY)

```fortran
 9.      read(*,*)student2
10.      write(*,*)"Number 3"
11.      read(*,*)student3
12.      write(*,*)"Number 4"
13.      read(*,*)student4
14.      write(*,*)"Number 5"
15.      read(*,*)student5
16.
17.      do while(.true.)
18.         write(*,*)"Query:"
19.         read(*,*)i
20.         select case(i)
21.         case(1)
22.            write(*,*)student1
23.         case(2)
24.            write(*,*)student2
25.         case(3)
26.            write(*,*)student3
27.         case(4)
28.            write(*,*)student4
29.         case(5)
30.            write(*,*)student5
31.         case default
32.            exit
33.         end select
34.      end do
35.
36.      stop
37.end
```

程序执行的结果仍然不变，但在写法上差很多，这是很"笨"的写法。现在变成要声明 5 个整型变量来记录 5 位同学的成绩，另外也要写 5 个 WRITE、READ 来读取成绩。最麻烦的是查询的部分，需要使用 SELECT CASE。整个程序代码比原来的版本足足增加了几乎一倍的大小。

如果学生人数不是 5 人，而是 50 个人、甚至是 500 个人时，程序就要声明出 50、500 个整数，要写 50、500 个 READ/WRITE，SELECT CASE 中要写 50、500 个 CASE。这对程序员来说，几乎是不可能的任务，而且程序写出来会上千、万行。如果使用数组来保存每位同学的成绩，就如同 EX0701 的写法，在学生人数改变时，只要改变常数 STUDENTS 的数值就完成程序了，其他部分完全不需要更动。由此可以看见数组的功能："用来记录相同类型、性质的长串数据。"

再来回顾一下声明数组的语法，Fortran 中有很多不同语法可以用来声明数组，下面几种方法会得到同样的结果：

```
integer a(10)  ! 最简单的方法
integer,dimension(10):: a  ! 另一种方法
integer a              ! 这是Fortran 77的做法，先声明a是整型
dimension a(10)        ! 再声明a是大小为10的数组
```

最后再强调一点，数组除了可以使用基本的 4 种类型之外，还可以使用自定义类型，这部分在下一章会有比较多的实用实例。

```
Type :: person
  real :: height,weight
End type
Type(person):: a(10) ! 用person这个新类型来声明数组
……
……
! 同样在变量后面加上"%"来使用person类型中的元素
a(2)%height = 180.0
a(2)%weight = 70
```

这一节所介绍的是一维数组，因为一维数组在声明大小和使用数组时，都只需要使用一个索引值。数组还可以是多维的，下一节会介绍多维数组部分。

7-1-2　二维数组

声明数组大小时，如果使用两个数字，它就变成二维数组。使用二维数组时，要给两个坐标索引值。

```
integer a(3,3) ! 数组a是3×3的二维数组
a(1,1)= 3      ! 使用二维数组时要给两个索引值
```

用一个实例来示范二维数组的使用。EX0701 可以保存一个班级的数学成绩，现在来试试看保存整个年级 5 个班级，每班 5 位同学的数学考试成绩的程序要怎么写。

EX0703.F90

```
1. program ex0703
2. implicit none
3.   integer,parameter :: classes = 5
4.   integer,parameter :: students = 5
5.   integer :: student(students,classes)
6.   integer s ! 用来赋值学生号码
7.   integer c ! 用来赋值班级号码
8.
9.   do c=1,classes
10.    do s=1,students
11.      write(*,"('('Number ',I2,' of class ',I2)")s, c
```

数组（ARRAY）

```
12.         read(*,*)student(s,c) ! 第c班的第s位学生
13.     end do
14.  end do
15.
16.  do while(.true.)
17.     write(*,*)"class:"
18.     read(*,*)c
19.     if(c<=0 .or. c>classes)exit
20.     write(*,*)"student:"
21.     read(*,*)s
22.     if(s<=0 .or. s>students)exit
23.     write(*,"('score:',I3)")student(s,c) ! 第c班的第s位学生
24.  end do
25.
26.  stop
27.end
```

这个程序与 EX0701 很类似，差别在 EX0701 只用来记录一个班的学生成绩，这个程序可以记录好几个班的学生成绩。这个程序需要输入 25 位学生的成绩，查询成绩时要先输入班级号码，再输入学生号码。

在这里使用了一个二维数组来保存所有学生的成绩。声明二维数组时要使用两个常数，一个二维数组的元素个数等于这两个常数的乘积。所以 student 数组中总共有 students * classes = 5 * 5 = 25 个元素可以使用。

使用二维数组时要给两个索引值，也可以想像成坐标值。这个程序对数组数据安排方法为：

student（1，1）、student（2，1）、student（3，1）、student（4，1）、student（5，1）存放第 1 个班级的 5 位学生成绩。

student（1，2）、student（2，2）、student（3，2）、student（4，2）、student（5，2）存放第 2 个班级的 5 位学生成绩。

student（1~5，3）存于第 3 个班级的学生成绩。
student（1~5，4）存于第 4 个班级的学生成绩。
student（1~5，5）存于第 5 个班级的学生成绩。

也就是说，student（s，c）代表第 c 班的第 s 位同学。同样的 s 跟 c 的数值不能超过声明时的数值大小，不然程序执行会发生错误。

Fortran 中有很多种语法可以用来声明二维数组，下面的不同语法都会得到相同的结果：

```
integer a(10,10)   ! 最简单的方法
integer,dimension(10,10):: a  ! 另一种方法
integer a              ! 这是Fortran 77的做法，先声明a是整型
dimension a(10,10)  ! 再声明a是长度为10的数组
```

再来看一个二维数组的例子，二维数组经常被拿来当成矩阵使用，下面的实例程序可以让用户输入两个 2×2 矩阵的值，再把这两个矩阵相加。

EX0704.F90

```fortran
1.  program ex0704
2.  implicit none
3.   integer,parameter :: row = 2
4.   integer,parameter :: col = 2
5.   integer :: matrixA(row,col)
6.   integer :: matrixB(row,col)
7.   integer :: matrixC(row,col)
8.   integer r  ! 用来赋值 row
9.   integer c  ! 用来赋值 column
10.
11.  ! 读入矩阵 A 的内容
12.  write(*,*)"Matrix A"
13.  do r=1,row
14.    do c=1,col
15.      write(*,"('A(',I1,',',I1,')=')")r,c
16.      read(*,*)matrixA(r,c)
17.    end do
18.  end do
19.
20.  ! 读入矩阵 B 的内容
21.  write(*,*)"Matrix B"
22.  do r=1,row
23.    do c=1,col
24.      write(*,"('B(',I1,',',I1,')=')")r,c
25.      read(*,*)matrixB(r,c)
26.    end do
27.  end do
28.
29.  ! 把矩阵 A,B 相加并输出结果
30.  write(*,*)"Matrix A+B="
31.  do r=1,row
32.    do c=1,col
33.      matrixC(r,c)= matrixB(r,c)+matrixA(r,c)! 矩阵相加
34.      write(*,"('(',I1,',',I1,')=',I3)")r,c,matrixC(r,c)
35.    end do
36.  end do
37.
38.  stop
```

39.   end

程序长了一点，因为要用一些语句来定义输出的部分，并没有复杂的部分。简单地说，这个程序使用 3 个两层的嵌套循环。前面两个循环用来读入矩阵 A、B 的内容，最后一个循环用来做矩阵相加，同时还输出相加的结果。

```
 Matrix A
A(1,1)=
1           (输入数值)
A(1,2)=
1
A(2,1)=
1
A(2,2)=
1
 Matrix B
B(1,1)=
2
B(1,2)=
2
B(2,1)=
2
B(2,2)=
2
 Matrix A+B=
(1,1)=   3
(1,2)=   3
(2,1)=   3
(2,2)=   3
```

事实上还有更快的方法可以用来做矩阵相加，下面的章节将另外进行示范。

7-1-3 多维数组

除了二维数组外，还可以声明出更高维的数组，只要声明与使用时多给几个数字就行了。使用多维数组时，头脑一定要很清楚，因为使用多维数组时会很容易把坐标位置搞混，Fortran 最多可以声明高达七维的数组。

```
integer a(D1,D2,...,Dn) ! n 维数组
a(I1,I2,...,In)          ! 使用 n 维数组时，要给 n 个坐标值
```

来看看一个三维数组的使用实例。把上一节矩阵相加的程序使用三维数组来改写：

EX0705.F90

```fortran
1.  program ex0705
2.  implicit none
3.    integer,parameter :: row = 2
4.    integer,parameter :: col = 2
5.    integer :: matrix(row,col,3)
6.    integer m ! 用来赋值第几个矩阵
7.    integer r ! 用来赋值 row
8.    integer c ! 用来赋值 column
9.
10.   ! 读入矩阵的内容
11.   do m=1,2
12.     write(*,"('Matrix ',I1)")m
13.     do r=1,row
14.       do c=1,col
15.         write(*,"('(',I1,',',I1,')=')")r,c
16.         read(*,*)matrix(r,c,m)
17.       end do
18.     end do
19.   end do
20.
21.   ! 把第 1,2 个矩阵相加
22.   write(*,*)"Matrix 1 + Matrix 2 = "
23.   do r=1,row
24.     do c=1,col
25.       matrix(r,c,3)= matrix(r,c,1)+matrix(r,c,2)! 矩阵相加
26.       write(*,"('(',I1,',',I1,')=',I3)")r,c,matrix(r,c,3)
27.     end do
28.   end do
29.
30.   stop
31. end
```

程序执行起来和 EX0704 差不多，都是输入两个矩阵再把它们相加。这个实例程序用一个三维数组来取代 EX0704 中的 3 个二维数组。输入部分的程序代码减少了一些，因为现在可以用循环来读取两个矩阵。

```fortran
11.   do m=1,2
12.     write(*,"('Matrix ',I1)")m
13.     do r=1,row
14.       do c=1,col
```

数组(ARRAY)

```
15.        write(*,"('(',I1,',',I1,')=')")r,c
16.        read(*,*)matrix(r,c,m)
17.      end do
18.    end do
19.  end do
```

最外层的循环执行两次,刚好用来读取两个矩阵。这个程序中,对数组数据的使用方法为:

`matrix(r,c,m)`代表第 m 个矩阵的(r,c)

`matrix(*,*,1)`代表第 1 个矩阵

`matrix(*,*,2)`代表第 2 个矩阵

`matrix(*,*,3)`代表第 3 个矩阵

这里使用三维数组的方法,可以想像成是一次声明了 3 个二维数组来存放 3 个矩阵。其中 matrix(*,*,1)就是第 1 个矩阵,matrix(*,*,2)就是第 2 个矩阵。程序代码声明出来的三维数组,总共有 row * col * 3 = 2 * 2 * 3 = 12 个元素可以使用。保存 3 个 2×2 矩阵正好就需要 12 个变量。

实例程序目前先示范到三维数组的使用,至于其他高维数组的使用,读者可以以此类推。有一点要注意,一般说来,使用越高维的数组,程序执行时读取数据的速度会越慢。并不是叫大家因此就不要使用多维数组,而是警告读者在使用多维数组时要小心。

7-1-4 另类的数组声明

在没有特别赋值的情况中,数组的索引值都是由 1 开始,例如:

`integer a(5)`

! 这个数组能使用的是`a(1),a(2),a(3),a(4),a(5)`这 5 个元素

可以经过特别声明的方法来改变这个默认的规则,在声明时,可以特别赋值数组的坐标值使用范围,例如:

`integer a(0:5)`

! 这个数组能使用的是`a(0),a(1),a(2),a(3),a(4),a(5)`这 6 个元素,

上面的例子把数组索引坐标的起始值由原本的 1 改成 0。事实上,这个值要改成多少都可以。

`integer a(-3:3)`

! 总共有`a(-3),a(-2),a(-1),a(0),a(1),a(2),a(3)`这 7 个元素可用

除了一维数组之外,二维数组及其他多维数组同样也可以使用这种方式来声明。

`integer a(5,0:5)! a(1~5,0~5)`是可以使用的元素

`integer b(2:3,-1:3)! b(2~3,-1~3)`是可以使用的元素

7-2 数组内容的设置

数组中每个元素的内容,可以在程序执行中一个一个进行设置,也可以在声明时就给

定初值。另外 Fortran 90 及 95 还有提供直接对整个数组来操作的功能。

7-2-1 赋初值

数组也可以像一般变量一样使用 DATA 来设置数组的初值。看一看以下的范例：
```
INTEGER A(5)
DATA    A   /1,2,3,4,5/
! 如此会把数组 A 的初值设置成
! A(1)=1、A(2)=2、A(3)=3、A(4)=4、A(5)=5
```
DATA 的数据区中还可以使用星号 "*" 来表示数据重复。
```
INTEGER A(5)
DATA A /5*3/   ! 5*3 在此指有 5 个 3，不是要计算 5*3=15
! 这里会把数组 A 初值设置成
! A(1)=3、A(2)=3、A(3)=3、A(4)=3、A(5)=3
```
另外有一种"隐含式"循环的功能可以用来设置数组的初值。

```
INTEGER A(5)
INTEGER I
DATA(A(I)，I = 2，4)/ 2，3，4/
```

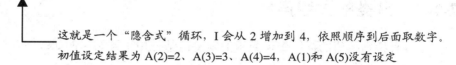

这就是一个"隐含式"循环，I 会从 2 增加到 4，依照顺序到后面取数字。
初值设定结果为 A(2)=2、A(3)=3、A(4)=4，A(1)和 A(5)没有设定

"隐含"的循环省略了 DO 的描述，除了应用在声明的初值设置，还可以应用在其他的程序代码中，像用来输出数组的内容。
```
write(*,*)(a(i),I=2,4)
! 显示 a(2)、a(3)、a(4)的值
```
"隐含"循环，只要在最后面再多加一个数字，同样可以改变计数器的累加数值，默认值为 1。
```
(A(I),I= 2,10,2)
! 循环执行 5 次，I 分别为 2、4、6、8、10
```
"隐含式"循环也可以是多层嵌套的，所以也可以应用在多维数组上：
```
INTEGER A(2,2)
INTEGER I,J
DATA((A(I,J),I=1,2),J=1,2)/1,2,3,4/
! 里面括号的循环会先执行，设置结果为
! A(1,1)=1、A(2,1)=2、A(1,2)=3、A(2,2)=4
```
Fortran 90 中，可以省略掉 DATA 描述，直接设置初值。
```
integer :: a(5)=(/ 1,2,3,4,5 /)! 注意括号跟除号间不能有空格
! 这里会把数组 a 初值设置成
```

数组（ARRAY）

```
! a(1)=3、a(2)=3、a(3)=3、a(4)=3、a(5)=3
```

省略 DATA 直接把初值写在声明后面时，不能像使用 DATA 时一样，可以用隐含式循环来对数组中的部分元素设置初值，每个元素都必须给定初值。而且与直接把初值写在声明后面的隐含式循环的写法有点不同。

```
integer :: I
integer :: a(5)=(/(2,I=2,4)/)
! 直接把初值写在声明后面时，每个元素都要给定初值
! 这里少给了 a(1)及 a(5)，会发生错误
```

上面的写法必须把 a(1)及 a(5)的初值补齐才行，下面是补齐后的结果。

```
Integer :: I
Integer :: a(5)=(/ 1,(2,I=2,4),5 /)
! a(1)=1
!(2,I=2,4)是一个隐含式循环，会得到下面的结果
! a(2)=2，a(3)=2，a(4)=2，隐含式循环把 a(2～4)的值都设置为 2
! a(5)=5
```

Fortran 90 隐含式循环的功能可以更强大，像下面的初值设置方法是 Fortran 77 及其他程序语言所做不到的。其他程序语言一定要在程序代码中使用循环才能做到同样的效果。

```
integer :: I
integer :: a(5)=(/(I,I=1,5)/)
!(I,I=1,5)是一个隐含式循环，设置结果为
! a(1)=1，a(2)=2，a(3)=3，a(4)=4，a(5)=5
```

现在就来看一个完整的程序来示范设置数组初值的方法。把前面查询学生成绩的程序 EX0701 改写，学生成绩改成直接记录在程序代码中：

EX0706.F90

```
 1. program ex0706
 2. implicit none
 3.   integer,parameter :: students = 5
 4.   integer :: student(students)=(/ 80,90,85,75,95 /)
 5.   integer i
 6.
 7.   do while(.true.)
 8.     write(*,*)"Query:"
 9.     read(*,*)i
10.     if(i<=0 .or. i>students)exit
11.     write(*,*)student(i)
12.   end do
13.
14.   stop
```

```
15.end
```

这个版本的查询程序，学生成绩直接写在程序代码中，不再由用户输入，所以少了输入部分的程序代码。其他部分都跟 EX0701 一样。

再来看一个实例来示范隐含式循环的功能。这个实例会设置二维数组的矩阵内容，再把它输出到屏幕上。

EX0707.F90

```
1.program ex0707
2.implicit none
3.  integer,parameter :: row = 2
4.  integer,parameter :: col = 2
5.  integer :: m(row,col)
6.  integer r ! 用来赋值 row
7.  integer c ! 用来赋值 column
8.  data((m(r,c),r=1,2),c=1,2)/1,2,3,4/
9.
10.  ! 按顺序输出 m(1,1)、m(2,1)、m(1,2)、m(2,2) 这 4 个数字
11.  write(*,"(I3,I3,/,I3,I3)")((m(r,c),c=1,2),r=1,2)
12.
13.  stop
14.end
```

程序执行后会显示二维数组 matrix 的内容。

```
  1  3
  2  4
```

这个程序输出 2×2 矩阵只用了一行命令。程序的第 11 行使用了两层的隐含式循环来输出这个二维数组的内容。

```
11.  write(*,"(I3,I3,/, I3,I3)")((m(r,c),c=1,2),r=1,2)
```

Fortran 90 中，除了可以一个一个元素慢慢来给定初值之外，还可以一口气直接把整个数组内容设置为同一个数值，这也是其他语言所做不到的。

```
integer :: a(5)= 5
! a(1)=a(2)=a(3)=a(4)=a(5)=5
```

7-2-2 对整个数组的操作

上一节介绍的是在声明时设置数组初值的方法。Fortran 90 语法添加了许多设置数组内容的方法，可以使用一个简单的命令来操作整个数组，大量简化了其他语言需要使用循环才能做到的效果。这部分也成为 Fortran 90 的主要特色之一。直接举几个实例来说明：

【a = 5】

其中 a 是一个任意维数及大小的数组。这个命令把数组 a 的每个元素的值都设置为 5。以一维的情况来说，这个命令相当于下面的程序代码：

数组 (ARRAY)

```
do i=1,N
  a(i)=5
end do
```

【a =(/ 1，2，3 /)】

a(1)=1，a(2)=2，a(3)=3。等号右边所提供的数字数目，必须跟数组 a 的大小一样。

【a = b】

a 跟 b 是同样维数及大小的数组。这个命令会把数组 a 同样位置元素的内容设置成和数组 b 一样。以一维的情况来说，这个命令相当于下面的程序代码：

```
do i=1,n ! n为数组大小
  a(i)=b(i)
end do
```

【a = b+c】

a，b，c 是三个同样维数及大小的数组，这个命令会把数组 b 及 c 中同样位置的数值相加，得到的数值再放回数组 a 同样的位置中。举例来说，如果它们是二维数组的话，执行结果为 a(i,j)=b(i,j)+c(i,j)，其中 i、j 为在数组范围中的任意值。这个语法可以拿来做矩阵相加。

```
do i=1,n
  do j=1,m
    a(I,j)= b(i,j)+ c(i,j)
  end do
end do
```

【a = b-c】

a，b，c 是三个同样维数及大小的数组，这个命令会把数组 b 及 c 中同样位置的数值相减，得到的数值再放回数组 a 同样的位置中。举例来说如果它们是二维数组的话，执行结果为 a(i,j)=b(i,j)-c(i,j)，其中 i、j 为在数组范围中的任意值。这个语法可以拿来做矩阵相减。

```
do i=1,n
  do j=1,m
    a(i,j)= b(i,j)- c(i,j)
  end do
end do
```

【a = b*c】

a，b，c 是三个同样维数及大小的数组，执行后数组 a 的每一个元素值为相同位置的数组 b 元素乘以数组 c 元素。以二维的情况来说，即 a(i,j)=b(i,j)*c(i,j)，其中 i、j 为数组范围中的任意值。请注意这并不等于矩阵相乘的规则。

```
do i=1,n
  do j=1,m
    a(i,j)= b(i,j)* c(i,j)
  end do
end do
```

【a = b/c】

a，b，c 是三个同样维数及大小的数组，执行后数组 a 的每一个元素值为相同位置的数组 b 元素除以数组 c 元素。以二维的情况来说，即 a(i,j)=b(i,j)/c(i,j)，其中 i、j 在为数组范围中的任意值。

```
do i=1,n
  do j=1,m
    a(i,j)= b(i,j)/ c(i,j)
  end do
end do
```

【a = sin(b)】

矩阵 a 的每一个元素为矩阵 b 元素的 sin 值，数组 b 必须是浮点数类型，才能使用 sin 函数。以一维的情况来说，这个命令得到的结果为 a(i)=sin(b(i))，i 为数组范围中的任意数，这个命令相当于下面的程序代码：

```
do i=1,n  ! 任意在数组范围中的值
  a(i)= sin(b(i))
end do
```

前面这几个都还是比较单纯的用法，基本上就是把原本要使用循环才能做到的设置功能改成使用一行命令来完成。来看一个实例程序，它使用了本节介绍的新功能来改写 EX0704 矩阵相加的程序。

EX0708.F90

```
1.  program ex0708
2.  implicit none
3.    integer,parameter :: row = 2
4.    integer,parameter :: col = 2
5.    integer :: ma(row,col)= 1
6.    integer :: mb(row,col)= 4
7.    integer :: mc(row,col)
8.    integer :: i,j
9.
10.   mc = ma + mb ! 一行程序代码就可以做矩阵相加
11.   write(*,"(I3,I3,/,I3,I3)")((mc(i,j),i=1,2),j=1,2)
12.
13.   stop
14. end
```

这个程序很简单，声明占去了较大部分。声明中先把矩阵 ma 全部的内容设置成 1，矩阵 mb 全部内容设置成 4。

```
5.    integer :: ma(row,col)= 1
6.    integer :: mb(row,col)= 4
```

程序运算的部分只有一行，靠这行命令就可以完成矩阵相加的工作。

数组 (ARRAY)

```
mc = ma + mb  ! 一行程序代码就可以做矩阵相加
```

下面再介绍一个特别的用法,这个用法可以和后面所要介绍的 WHERE 命令配合使用。

【a = b > c】

a,b,c 是三个同样维数及大小的数组,不过数组 a 为逻辑类型数组,数组 b、c 则为同类型的数值变量。以一维的情况来说,这个命令相当于使用了下面的程序代码:

```
do i=1,N
  if(b(i)> c(i)) then
    a(i)= .true.
  else
    a(i)= .false.
end do
```

7-2-3 对部分数组的操作

除了一次对整个数组进行操作之外,Fortran 90 还有提供一次只挑出部分数组来操作的功能。取出部分数组的语法看起来有点类似隐含式循环,下面直接举几个实例来做说明:

【a(3:5)=5】

把 a(3)、a(4)、a(5)的内容设置成 5,其他值不变。

【a(3:)=5】

把 a(3)之后的元素的内容都设置成 5,a(1)、a(2)则不变。

【a(3:5)=(/ 3,4,5)/】

执行 a(3)=3、a(4)=4、a(5)=5 的设置,其他值不变。等号左边所赋值的数组元素数目必须跟等号右边所提供的数字数量一样多。

【a(1:3)=b(4:6)】

设置 a(1)=b(4)、a(2)=b(5)、a(3)=b(6)。这个命令有点类似隐含式循环,用来特别对数组中的某几个元素来操作。等号两边的数组元素数量必须一样多。

【a(1:5:2)=3】

设置 a(1)=3、a(3)=3、a(5)=3。这也有点类似隐含式循环,a(1:5:2)的最后一个数字同样用来赋值增值。

【a(1:10)=a(10:1:-1)】

使用类似隐含式循环的方法来把 a(1~10)的内容给翻转。

【a(:)=b(:,2)】

假设 a 声明为 integer a(5),b 声明为 integer a(5,5)。等号右边 b(:,2)的意思是取出 b(1~5,2)这 5 个元素来使用。而因为 a 是一维数组,所以 a(:)和直接写 a 的意思一样,都是取出 a(1~5)这 5 个元素来使用。只要等号两边的元素数目一样多就是合理的描述。这道命令的执行结果为 a(i)=b(i,2),其中 i 为数组范围中的任意数。

【a(:, :)=b(:, :, 1)】

假设 a 声明为 integer a(5,5),b 声明为 integer b(5,5,5)。等号右边 b(:,:,1)是取出 b(1~5,1~5,1)这 25 个元素。A 是二维数组,所以 a(:,:)跟直接使用 a 是一样的,都是指 a(1~5,1~5)这 25 个元素。这条命令的结果为 a(i,j)= b(i,j,1),其中 i,j 为数组范围

中的任意数。

要拿数组中一部分内容来使用时，只要把握两个原则就可以：

（1）等号两边所使用的数组元素数目要一样多。

（2）同时使用多个隐含式循环时，较低维的循环可以想像成是内层的循环。用一个实例来说明这个原则：

```
integer :: a(2,2),b(2,2)
b = a(2:1:-1,2:1:-1)
! b 没特别赋值时，等于 b(1:2:1,1:2:1)
! 低维的是内层循环，会先执行，所以这个命令结果为
! b(1,1)= a(2,2)
! b(2,1)= a(1,2)
! b(1,2)= a(2,1)
! b(2,2)= a(1,1)
```

下面用一个实例来简单示范一下本节所介绍的功能。

EX0709.F90

```
1. program ex0709
2. implicit none
3.   integer,parameter :: row = 2
4.   integer,parameter :: col = 2
5.   integer :: a(2,2)=(/ 1,2,3,4 /)
6.   ! a(1,1)=1,a(2,1)=2,a(1,2)=3,a(2,2)=4
7.   integer :: b(4)=(/ 5,6,7,8 /)
8.   integer :: c(2)
9.
10.  write(*,*)a ! 显示 a(1,1),a(2,1),a(1,2),a(2,2)
11.  write(*,*)a(:,1)! 显示 a(1,1),a(1,2)
12.
13.  c = a(:,1)  ! c(1)=a(1,1),c(2)=a(2,1)
14.  write(*,*)c ! 显示 c(1),c(2)
15.
16.  c = a(2,:)  ! c(1)=a(2,1),c(2)=a(2,2)
17.  write(*,*)c ! 显示 c(1),c(2)
18.  write(*,*)c(2:1:-1)! 显示 c(2),c(1)
19.
20.  c = b(1:4:2)! c(1)=b(1),c(2)=b(3)
21.  write(*,*)c ! 显示 c(1),c(2)
22.
23.  stop
24. end
```

数组(ARRAY)

程序输出结果为：

```
         1         2         3         4
         1         2
         1         2
         2         4
         4         2
         5         7
```

声明二维数组 a 时已给定初值。至于为什么程序会使用下面的顺序来设置初值，下一节会详细说明，这里只要知道就跟上面的第 2 个原则一样，低维的是内层循环，所以 a(1,1)会拿走第 1 个数字，a(2,1)会拿走第 2 个数字，a(1,2)会拿走第 3 个数字，a(2,2)会拿走第 4 个数字。

```
5.  integer :: a(2,2)=(/ 1,2,3,4 /)
6.  ! a(1,1)=1,a(2,1)=2,a(1,2)=3,a(2,2)=4
```

慢慢地来看这 6 行输出是如何生成的。第 1 行输出是来自程序第 10 行，前面提过，只写 a 等于 a(1:2:1,1:2:1)，而低维的是内层循环，所以这个地方也是一个隐含式循环，会显示 4 个数字，也就是 1 2 3 4。

```
10.  write(*,*)a ! 显示a(1,1),a(2,1),a(1,2),a(2,2)
```

第 2 行输出来自第 11 行，a(:,1)等于 a(1:2:1,1)，所以会显示 a(1,1)跟 a(2,1)这两个数字来。也就是 1 2。

```
11.  write(*,*)a(:,1)! 显示a(1,1),a(1,2)
```

第 3 行输出来自第 13、14 这两行，会输出 1 2。

```
13.  c = a(:,1)  ! c(1)=a(1,1)=1,c(2)=a(2,1)=2
14.  write(*,*)c ! 显示c(1),c(2)
```

第 4 行输出来自第 16、17 这两行程序，会输出 2 4。

```
16.  c = a(2,:)  ! c(1)=a(2,1)=2,c(2)=a(2,2)=4
17.  write(*,*)c ! 显示c(1),c(2)
```

第 5 行输出来自第 17 行，会输出 4 2。

```
18.  write(*,*)c(2:1:-1)! 显示c(2),c(1)
```

第 6 行输出来自 20、21 这两行，会输出 5 7。

```
20.  c = b(1:4:2)! c(1)=b(1)=5, c(2)=b(3)=7
21.  write(*,*)c ! 显示c(1),c(2)
```

Fortran 90 在数组方面的功能非常强大，这些一次操作数组中多个元素的使用方法，在其他语言中都不存在。

7-2-4 WHERE

WHERE 是 Fortran 95 添加的功能，它也是用来取出部分数组内容进行设置，不过跟上一个小节介绍的方法不太一样。上一节是由数组坐标值很规则地使用一部分元素，WHERE 命令则可以经过逻辑判断来使用数组的一部分元素。来看一个实例：

EX0710.F90

```
1.  program ex0710
2.    implicit none
3.    integer :: i
4.    integer :: a(5)=(/(i,i=1,5)/)
5.    ! a(1)=1,a(2)=2,a(3)=3,a(4)=4,a(5)=5
6.    integer :: b(5)=0
7.
8.    ! 把 a(1～5)中小于 3 的元素值设置给 b
9.    where(a<3)
10.     b = a
11.   end where
12.
13.   write(*,"(5(I3,1X))")b
14.   stop
15. end
```

这里的 WHERE 描述会把数组 a 中数值小于 3 的元素找出来，并把这些元素的值设置给数组 b 同样位置的元素。也就是说，因为 a(1)及 a(2)的值小于 3，它们的值会分别设置给 b(1)、b(2)，其他值则不变。程序最后输出数组 b 时会得到下面的结果：

```
  1   2   0   0   0
```

这个程序 9～12 行的 WHERE 描述所做的工作，相当于使用下面的循环所得到的效果：

```
do i=1,5
  if(a(i)<3)b(i)=a(i)
end do
```

虽然执行结果相同，但是使用 WHERE 命令的程序代码比较精简，执行起来也会比较快。尤其是如果计算机有多个 CPU，而编译器又支持多 CPU 的并行处理能力时。用 DO 循环写的程序不能拿来做并行处理。

WHERE 描述与 IF 有点类似，如果程序模块只有一行命令时，同样可以把这一行命令写在 WHERE 后面，并且省略 END WHERE。这个程序的 9～11 行可以改写成以下这行：

```
where(a<3)b=a
```

WHERE 是用来设置数组的，所以它的程序模块中只能出现与设置数组相关的命令。而且在它的整个程序模块中所使用的数组变量，都必须是同样维数及大小的数组。

```
integer :: a(5)=1
integer :: c(3)=2
where(a/=0)c=a
```

! 上一行错误，c 跟 a 的大小不同，不能把它们一起放在 WHERE 程序模块中

```
where(a(1:3)/=0)c=a
```

! 正确，因为 where 命令只对 a(1:3)操作，a(1:3)跟 c 都是 3 个元素，大小相同

WHERE 除了可以处理逻辑成立的情况之外，还可以配合 ELSEWHERE 来处理逻辑不

数组（ARRAY）

成立的情况。来看下面的例子：

EX0711.F90

```
1. program ex0711
2. implicit none
3.  integer :: i
4.  integer :: a(5)=(/(i,i=1,5)/)
5.  integer :: b(5)=0
6.
7.  where(a<3)
8.    b = 1
9.  elsewhere
10.   b = 2
11. end where
12.
13. write(*,"(5(I3,1X))")b
14. stop
15.end
```

最后数组 b 会得到的值为 b(1)=1，b(2)=1，b(3)=2，b(4)=2，b(5)=2。程序 7～11 行的 WHERE 描述相当于下面的循环所得到的效果：

```
do i=1,5
  if(a(i)<3)then
    b(i)=1
  else
    b(i)=2
  end if
end do
```

WHERE 描述还可以做多重判断，只要在 ELSEWHERE 后面接上逻辑判断就行了。

```
where(a<2)
  b=1
elsewhere(a>5)
  b=2
elsewhere ! 剩下 2<=a(i)<=5 的部分
  b=3
end where
```

上面的程序片段相当于使用下面的循环所做出来的效果。

```
do i=1,n
  if(a(i)<2)then
    b(i)=1
  else if(a(i)>5)then
```

```
    b(i)=2
  else
    b(i)=3
  end if
end do
```

WHERE 也可以是嵌套的，它也跟循环一样可以取名字，不过取名的 WHERE 描述在结束时 END WHERE 后面一定要接上它的名字，用来明确赋值所要结束的是哪一个 WHERE 模块。

```
name: where(a<5)  ! where 模块可以取名字
  b = a
end where name    ! 有取名字的 where 结束时也要赋值名字

where(a<5)  ! where 也可以是嵌套的
  where(a/=2)
    b = 3
  elsewhere
    b = 1
  end where
elsewhere
  b = 0
end where
```

最后再来看一个实例，假设年所得 3 万以下所得税率为 10%，3 万到 5 万之间为 12%，5 万以上为 15%。使用 WHERE 命令来计算，并记录 10 个人的所得税金额。

EX0712.F90

```
1. program ex0712
2. implicit none
3.   integer :: i
4.   real :: income(10)=(/ 25000,30000,50000,40000,35000,&
5.                         60000,27000,45000,20000,70000 /)
6.   real :: tax(10)=0
7.
8.   where(income < 30000.0)
9.     tax = income*0.10
10.  elsewhere(income < 50000.0)
11.    tax = income*0.12
12.  elsewhere
13.    tax = income*0.15
14.  end where
15.
```

```
16.     write(*,"(10(F8.1,1X))")tax
17.
18.     stop
19.end
```

这个程序使用 WHERE 描述，很快根据年所得来把每个人分级，并且使用不同的税率来计算所得税金额，计算结果会保存在数组 tax 中。

7-2-5 FORALL

FORALL 是 Fortran 95 添加的功能。简单地来说，它也可以看成是一种使用隐含式循环来使用数组的方法，不过它的功能可以做得更强大。先用一个实例来简单介绍它的功能。

EX0713.F90

```
1.program ex0713
2.implicit none
3.    integer i
4.    integer :: a(5)
5.
6.    forall(i=1:5)
7.      a(i)=5
8.    end forall
9.    ! a(1)=a(2)=a(3)=a(4)=a(5)=5
10.   write(*,*)a
11.
12.   forall(i=1:5)
13.     a(i)=i
14.   end forall
15.   ! a(1)=1,a(2)=2,a(3)=3,a(4)=4,a(5)=5
16.   write(*,*)a
17.
18.   stop
19.end
```

程序使用了两段 FORALL 描述。FORALL 描述也有点类似在使用隐含式循环。第 6~8 行的 FORALL 描述相当于使用下面的命令：

```
do i=1,5
  a(i)=5
end do
```

也等于下面的这一行命令：

```
a(1:5)=5
```

程序的第 12~14 行的执行结果等于下面这一段程序代码：

```
do i=1,5
  a(i)=i
end do
```
也相当于下面这一行命令
```
a =(/(i, i=1,5)/)
```
FORALL 的详细语法为
```
forall（triplet1 [, triplet2 [, triplet3....] ], mask）
  ……
end forall
```
triple$_n$ 是用来赋值数组坐标范围的值。上一个实例 EX0713 中第 6 行的 forall（I=1:5）其中的 I=1:5 就是一个 triple，跟隐含式循环一样，省略第 3 个数字时默认的增值就是 1。FORALL 中可以赋值好几个 triple，数组最多有几维就可以赋值多少个。
```
integer :: a(10,5)
forall(I=2:10:2,J=1:5) ! 二维数组可以用两个数字
  a(I,J)=I+J ! 可以使用算式
end forall
```
mask 是用来做条件判断，跟 WHERE 命令中使用的条件判断类似，它可以用来限定 FORALL 程序模块中，只作用于数组中符合条件的元素。还可以做其他的条件限制，直接来看几个例子：
```
integer :: a(5,5)
integer :: I,J
……
……
forall(I=1:5,J=1:5,a(I,J)<10)! 只处理数组 a 中小于 10 的元素
  a(I,J)= 1
end forall


forall(I=1:5,J=1:5,I==J)
! 只做 I==J 的情况，也就是只处理
! a(1,1),a(2,2),a(3,3),a(4,4),a(5,5)这 5 个元素
  a(I,J)= 1
end forall


forall(I=1:5,J=1:5,((I>J).and. a(I,J)>0))
! 还可以赋值好几个条件
! 这个条件可以想像成只处理 a(5,5)这个二维矩阵的上半部三角形部分
! 而且 a(I,J)大于 0 的元素
  a(I,J)=1/a(I,J)
end forall
```
FORALL 描述中的程序模块如果只有一行程序代码时，也可以省略 END FORALL，把

数组(ARRAY)

程序模块跟 FORALL 写在同一行，就跟 IF 及 WHERE 的情况相同。

```
forall(I=1:5,J=1:5,a(I,J)/=0)a(I,J)=1/a(I,J)
! 模块中只有一行时可以省略 end forall
```

再来看一个实例，这个程序声明了一个二维数组作为二维矩阵使用。它使用 FORALL 命令把矩阵的上半部设置为1，对角线部分设置成2，下半部设置成3。

EX0714.F90

```
1. program ex0714
2. implicit none
3.   integer I,J
4.   integer,parameter :: size = 5
5.   integer :: a(size,size)
6.
7.   forall(I=1:size,J=1:size,I>J) a(I,J)=1 ! 上半部
8.   forall(I=1:size,J=1:size,I==J)a(I,J)=2 ! 对角线部分
9.   forall(I=1:size,J=1:size,I<J) a(I,J)=3 ! 下半部
10.
11.  write(*,"(5(5I5,/))")a
12.
13.  stop
14. end
```

输出结果为：

```
2 1 1 1 1
3 2 1 1 1
3 3 2 1 1
3 3 3 2 1
3 3 3 3 2
```

FORALL 可以写成多层的嵌套结构，它里面也只能出现跟设置数组数值相关的程序命令，还可以在 FORALL 中使用 WHERE。不过 WHERE 当中不能使用 FORALL。

```
forall(I=1:5)! 嵌套的 forall
  forall(J=1:5)
    a(I,j)=2
  end forall
  forall(J=6:10)
    a(I,J)=2
  end forall
end forall

forall(i=1:5)
  where(a(:,i)/=0) ! forall 中可以使用 where
```

```
a(:,i)=1.0/a(:,i)
end where
end forall
```

7-3 数组的保存规则

还有一些关于数组的概念应该要了解，才能在写程序时使用一些特别的技巧。这些概念可以应用在下一章中要介绍的传递数组数据到子程序中，还可以应用在程序的优化上，编写出效率比较高的程序。

一个数组不管是声明成什么"形状"（指维数跟大小），它的所有元素都是分布在计算机内存的同一个连续模块当中。一维数组是最单纯的情况。它的元素在内存中的排列位置刚好就依照元素的顺序。

INTEGER A(5)

元素在内存连续模块中的排列情况为

A(1)=>A(2)=>A(3)=>A(4)=>A(5)

如果声明成以下类型时：

INTEGER A(-1:3)

元素在内存连续模块中的排列情况为

A(-1)=>A(0)=>A(1)=>A(2)=>A(3)

多维数组的元素，在内存的连续模块中排列情况是以一种称为"Column Major"的方法来排列。先使用二维数组来解释 Column Major 的意义，假设现在有一个二维数组声明成："INTEGER A(3，3)"。把这个二维数组当成二维矩阵来看时，这个数组中的第 1 维称为 ROW，第 2 维就称为 COLUMN。

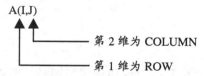

Column Major 的意义对二维数组来说就是：数组存放在内存中，会先放入 COLUMN 中每个 ROW 的元素，第 1 个 COLUMN 放完了再放第 2 个 COLUMN。所以，数组 A 会依照下面的顺序在内存中放置 9 个元素。

    A(1,1)=>A(2,1)=>A(3,1)　　（先放第 1 个 COLUMN 中的元素）
=>A(1,2)=>A(2,2)=>A(3,2)　　（再放第 2 个 COLUMN 中的元素）
=>A(1,3)=>A(2,3)=>A(3,3)　　（最后放第 3 个 COLUMN 中的元素）

Column Major 的意义引申到多维数组时，会先放入较低维的元素，再放入较高维的元素。来看一个三维数组的实例：

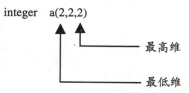

数组（ARRAY）

它在内存中的排列情况为：

   A(1,1,1)=>A(2,1,1)　　（先放入第 1 维）
=>A(1,2,1)=>A(2,2,1)　　（接着放入第 2 维）
=>A(1,1,2)=>A(2,1,2)　　（接着放入第 3 维）
=>A(1,2,2)=>A(2,2,2)

用循环依照内存顺序读出这个数组的方法为：

```
do i=1,2
  do j=1,2
    do k=1,2
    ! 维越小的使用越内层的循环
      write(*,*)a(k,j,i)
    end do
  end do
end do
```

其他更高维的数组也是用这个原则在内存中来排列，数组元素的排列方法可以归纳出下列的公式：

假设声明了一个 n 维数组 $A(D_1,D_2,\cdots,D_n)$

设 $S_n = D_1 * D_2 * \cdots * D_n$

则 $A(d_1,d_2,d_3,\cdots,d_n)$ 在第 $1+(d_1-1)+(d_2-1)*S_1+\cdots+(d_n-1)*S_{n-1}$ 个位置

如果声明的 n 维数组有设置每一维的起始值 $A(S_1:E_1,S_2:E_2,\cdots,S_n:E_n)$

设 $M_n=(E_1-S_1+1)*(E_2-S_2+1)*\cdots*(E_n-S_n+1)$

则 $A(d_1,d_2,d_3,\cdots,d_n)$ 在第 $1+(d_1-S_1)+(d_2-S_2)*M_1+\cdots+(d_n-S_n)*M_{n-1}$ 个位置

数组对计算机来说只是一大块内存。实际使用数组时，会先根据它的索引值计算出现在所要使用的是内存中的第几个数字，计算方法所使用的就是上面的公式。越高维的数组，所需要计算的式子会越长，所以高维数组的读取速度会比较慢。

顺便提一点，C 语言的数组排列方法刚好是相反的，C 语言中最右边的元素会最先被填入内存，而且它的索引值固定从 0 开始计算。如果读者想链接这两种语言的程序时要小心这两点。

现在的计算机硬件结构，读取大笔数据时，如果每一笔数据都位在邻近的内存位置中，执行起来会比较快。这主要原因是因为有使用高速缓存 Cache 的缘故，高速缓存的访问速度比主存储器快上好几倍，CPU 需要数据时，会先检查这个数据有没有放在 Cache 中，没有在 Cache 中才会到比较慢的主存储器拿数据。而向主存储器拿数据时，除了会拿回所需要的数据外，通常还会顺便把这笔数据的邻近几笔数据也拿回来放在 Cache 里，所以下一笔数据如果距离不是很远，通常就会顺便被拿到 Cache 中，这样可以加快下一个命令的执行速度。

在写程序时要好好利用这个原则来安排数据。比如在程序代码中使用一个四维数组时，下面这一段程序就不是很好的写法：

```
DO B = 1,5
  Sum = Sum + A(1,1,1,1,B)
```

```
END DO
```
因为四维数组 A(1,1,1,1)、A(1,1,1,2)、A(1,1,1,3)……在内存中的位置可能会间隔很远。这段程序在执行时，CPU 要不断地在内存中跳跃式地来读取数据，这就无法使用到高速缓存 Cache 的便利。下面是比较好的写法：

```
DO B = 1,5
  Sum = Sum + A(B,1,1,1,1)
END DO
```

A(1,1,1,1)、A(2,1,1,1)、A(3,1,1,1)……这几个数值在内存中都是紧紧相邻的，CPU 不需要跳跃式的读取数据，程序执行效率会比较好。在安排数组时（尤其是多维数组），最好能把同一组比较常一起使用的数据，放在内存的邻近模块中。

再举一个例子，假如现在要处理一个二维数组，下面是一个比较不好的写法：

```
do I=1,N
  do J=1,M
    a(I,J)= ......
  end do
end do
```

因为 a(I,J) 跟 a(I,J+1) 在内存中的位置并不是连续的。下面的写法会比较好一点：

```
do I=1,N
  do J=1,M
    a(J,I)= ......
  end do
end do
```

只要很简单地把 I、J 的使用位置交换，就可以得到比较好的效率。因为 a(J,I) 跟 a(J+1,I) 在内存中的位置是连续的。

解释过数组在内存的排列方法后，再来回忆设置初值的部分，现在读者应该就可以知道下面的程序代码为什么会有那样子的结果：

```
integer :: a(2,2)=(/ 1,2,3,4 /)
! a(1,1)=1,a(2,1)=2,a(1,2)=3,a(2,2)=4
! 正好是根据内存的排列顺序来设置数值
```

7-4 可变大小的数组

某些情况下，要等到程序执行之后，才会知道所需要使用的数组大小。例如，要记录一个班级的学生成绩，但是每个班级的学生人数不一定相同，这个数值最好可以让用户来输入，而不是固定写死在程序代码当中。用户输入学生人数之后，程序代码再去声明一个刚刚好大小的数组来使用。

先来看一下，如果数组大小是不能改变的，那要做到上一段要求的程序要怎样编写：

数组(ARRAY)

EX0715.F90

```fortran
1.program ex0715
2.implicit none
3.  integer,parameter :: max = 1000
4.  integer :: a(max) ! 先声明一个超大的数组
5.  integer :: students
6.  integer :: i
7.
8.  write(*,*)"How many students:"
9.  read(*,*)students ! 输入的值不能超过max
10.
11.  ! 输入成绩
12.  do i=1,students
13.    write(*,"('Number ',I3)")i
14.    read(*,*)a(i)
15.  end do
16.
17.  stop
18.end
```

这个做法是无可奈何的写法，程序代码中事先声明一个超大的数组，然后再来使用数组的一小部分。Fortran 77 还没有支持可变大小的数组，就只能使用这种写法。而 Fortran 90 的数组则可以等到程序执行后，根据需求来实时决定它的大小。来看看下面的写法：

EX0716.F90

```fortran
1.program ex0716
2.implicit none
3.  integer :: students
4.  integer,allocatable :: a(:) ! 声明一个可变大小的一维数组
5.  integer :: i
6.
7.  write(*,*)"How many students:"
8.  read(*,*)students
9.  allocate(a(students)) ! 配置内存空间
10.
11.  ! 输入成绩
12.  do i=1,students
13.    write(*,"('Number ',I3)")i
14.    read(*,*)a(i)
15.  end do
```

```
16.
17.    stop
18.end
```

使用可变大小数组要经过两个步骤，第一步当然就是声明，这里的声明方法有些不同，声明时要加上 ALLOCATABLE，数组的大小也不用赋值，使用一个冒号 ":" 来代表它是一维数组就行了。

声明完成后，这个数组还不能使用，因为还没有设置它的大小。要经过 ALLOCATE 这个命令到内存中配置了足够的空间后才能使用数组，就如程序中第 9 行所做的一般：

```
9.    allocate(a(students)) ! 配置内存空间
```

这里的 students 值是由用户输入的。在这里设置数组大小的值可以使用变量，不像在声明一般数组时要使用常数。配置完内存空间后，这个数组使用起来就和一般的数组没有什么不同了。

讲到 ALLOCATE，就要顺便提到 DEALLOCATE。ALLOCATE 是去要求内存使用空间，而 DEALLOCATE 则是逆向运行，它是用来把用 ALLOCATE 命令所得到的内存空间释放掉，使用这两个命令可以用来重新设置数组大小。

计算机的内存是有限的，当然也就不能无限制地去要求空间来使用。所以 ALLOCATE 命令在内存满载时，有可能会要求不到使用空间。ALLOCATE 命令中可以加上 stat 的文本框来得知内存配置是否成功。

allocate(a(100),stat = error)

error 是事先声明好的整型变量，做 allocate 这个动作时会经由 stat 这个叙述传给 error 一个数值，如果 error 等于 0 则表示 allocate 数组成功，而如果 error 不等于 0 则表示 allocate 数组失败

写一个程序来测试大家的计算机能承受多大的数组。

EX0717.F90

```
1.program ex0717
2.implicit none
3.  integer :: size,error=0
4.  integer,parameter :: one_mb=1024*1024 ! 1MB
5.  character,allocatable :: a(:)
6.
7.  do while(.true.)
8.    size=size+one_mb ! 一次增加 1MB 个字符，也就是 1MB 的内存空间
9.    allocate(a(size),stat=error)
10.   if(error/=0)exit
11.   write(*,"('Allocate ',I10,' bytes')")size
12.   write(*,"(F10.2,' MB used')")real(size)/real(one_mb)
```

数组（ARRAY）

```
13.     deallocate(a)
14.   end do
15.
16.   stop
17.end
```

程序最后一行所显示的结果，就是一次所能配置到的最大数组大小。请注意这里使用的数组类型是字符类型，因为一个字符刚好占用 1 byte，要换算成 MB 比较容易。每台计算机最后出现的数值多少会有差异，这个数值也可能会超过计算机本身安装的内存大小，这是因为现在的操作系统有提供虚拟内存的功能。

最后再回到 ALLOCATE 这个命令。除了一维数组之外，其他维度的数组当然也可以使用。其他维度的声明方法如下：

```
integer,allocatable :: a2(:,:)    ! 用 2 个冒号，代表二维数组
integer,allocatable :: a3(:,:,:)  ! 用 3 个冒号，代表三维数组
allocate(a2(5,5))    ! 给定两维的大小
allocate(a3(5,5,5))  ! 给定三维的大小
```

在 ALLOCATE 中也可以特别赋值数组索引坐标的起始及终止范围。

```
integer,allocatable :: a1(:)
integer,allocatable :: a2(:,:)
allocate(a1(-5:5))
allocate(a2(-3:3,-3:3))
```

跟 ALLOCATE 相关的函数还有 ALLOCATED，它用来检查一个可变大小的矩阵是否已经配置内存来使用，它会返回一个逻辑值。使用方法举例如下：

```
if(.not. allocated(a))then
   allocate(a(5))
end if
! 检查数组 a 是否有配置内存，若还没配置就去要求 5 个元素的内存空间
```

7-5 数组的应用

在介绍过流程控制、循环及数组的使用后，现在才有足够的工具来实际操作比较具备难度的程序。首先来看一个很实用的问题，如何把一堆数字按照它们的大小来排序？排序有很多种算法可以使用，这里先示范一个最简单的排序方法，叫做选择排序法。

EX0718.F90

```
1.program ex0718
2.implicit none
3.  integer,parameter :: size=10
4.  integer :: a(size)=(/ 5,3,6,4,8,7,1,9,2,10 /)
5.  integer :: i,j
```

```
 6.    integer :: t
 7.
 8.    do i=1,size-1
 9.      do j=i+1,size
10.        if(a(i)> a(j))then  ! a(i)跟a(j)交换
11.          t=a(i)
12.          a(i)=a(j)
13.          a(j)=t
14.        end if
15.      end do
16.    end do
17.
18.    write(*,"(10I4)")a
19.
20.    stop
21.end
```

程序会把数组 a 中的所有数值从小排到大。这个程序的核心部分就在第 8~16 这几行程序代码。这个排序方法很简单，先说明它的步骤：

（1）把全部 10 个数字中，最小的那个找出来，跟 a(1)交换位置。

（2）把 a(2~10)中，最小的那个找出来，跟 a(2)交换位置。

（3）把 a(3~10)中，最小的那个找出来，跟 a(3)交换位置。

（4）……

（5）把 a(9、10)这两个数字中，最小的那个找出来，跟 a(9)交换位置，排序完成。

第 1 个步骤完成后，a(1)中存放的会是最小的数值。第 2 个步骤完成后，a(2)中存放的会是全部数字当中第 2 小的数值，因为最小的数值是 a(1)，而第 2 个步骤是去寻找 a(2~10)中最小的数值，找到的一定是全部当中第 2 小的数值。以此类推，第 N 个步骤会找出第 N 小的数值，把它放在 a(N)当中。

现在来看程序如何实现，先介绍交换两个变量内容的方法。程序的第 11~13 行是用来交换 a(i)及 a(j)这两个变量的内容。

```
11.      t=a(i)      ! 先把 a(i)存起来
12.      a(i)=a(j)   ! 把 a(i)设置为 a(j)的值，原本 a(i)的内容留在 t 中
13.      a(j)=t      ! 把 a(j)设置成原本 a(i)的值
```

这里要注意，总共需要用到 3 个变量才能完成交换两个变量的工作。这 3 个变量包括这两个需要交换的变量，及一个额外的暂存变量。如果只使用两个变量，会得到错误的结果：

a(i)=a(j)

! a(i)设置为 a(j)的值，原本 a(i)的值被覆盖了

a(j)=a(i)

! a(j)设置为 a(i)的值，不过 a(i)的值已经在上一行被改成 a(j)的值了，

! 所以这一行相当于做白工。

讲解完交换变量内容的方法后,现在假设有一个命令叫做 swap 可以用来交换两个变量的内容。用 swap 命令来取代 11～13 行的程序代码后,重新来看一下循环的部分。

```
do i=1,size-1 ! 只需要做 size-1 次
   do j=i+1,size ! 把第 i 小的数值放到 a(i)中
      if(a(i)> a(j))swap(a(i),a(j))! a(i)跟 a(j)交换
   end do
end do
```

swap 命令是为了方便阅读程序代码假设出来的,它实际上并不存在。内层循环的功能是用来在 a(i:size)中,找出第 i 小的数字。外层循环用来赋值现在要找出第 i 小的数字,并把它放到 a(I)当中。这两层循环就可以完成排序工作。

再来看一个实例,实做一个矩阵相乘的程序。矩阵相乘有它的特别规则,假设现在有两个二维矩阵 A、B,其中 A 的大小是 L*M,B 的大小是 M*N。现在要计算 C=A*B,C 矩阵的大小一定是 L*N。矩阵乘法的规则为:

$$C_{i,j} = \sum_{k=1}^{M} A_{i,k} * B_{k,j}$$

EX0719.F90

```
1.  program ex0719
2.  implicit none
3.   integer,parameter :: L=3,M=4,N=2
4.   real :: A(L,M)=(/ 1,2,3,4,5,6,7,8,9,10,11,12 /)
5.   real :: B(M,N)=(/ 1,2,3,4,5,6,7,8 /)
6.   real :: C(L,N)
7.   integer :: i,j,k
8.
9.   do i=1,L
10.    do j=1,N
11.      C(i,j)= 0.0
12.      do k=1,M
13.        C(i,j)= C(i,j)+A(i,k)*B(k,j)
14.      end do
15.    end do
16.  end do
17.
18.  do i=1,L
19.    write(*,*)C(i,:)
20.  end do
21.
22.  stop
```

```
23.end
```
程序会输出下面的结果：

```
    70.00000        158.0000
    80.00000        184.0000
    90.00000        210.0000
```

矩阵乘法部分在第 9~16 行的地方，这里使用了一个三层的嵌套循环。前面两层用来赋值 C(i,j)的 i 及 j 的值，第 3 层用来计算 $C_{i,j} = \sum_{k=1}^{M} A_{i,k} * B_{k,j}$ 的结果。进入第 3 层循环计算累加之前，程序第 11 行先把 C(i,j)的初值设置为 0 才能开始计算累加。

事实上，Fortran 90 库存函数就有提供 MATMUL 这个函数来做矩阵乘法。不过还是有必要学会作矩阵乘法的程序方法。这个实例程序的第 9~16 行部分如果改用 MATMUL 来做，只需要一行就完成了。

```
C = matmul(A,B)
```

习题

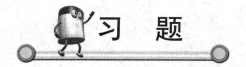

1. 请声明一个大小为 10 的一维数组，它们的初值为 a(1)=2，a(2)=4，a(3)=6，......a(i)=2*i，并计算数组中这 10 数字的平均值。

2. 请问在下面声明中，每个数组分别有几个元素可以使用：

integer a(5,5)

integer b(2,3,4)

integer c(3,4,5,6)

integer d(-5:5)

integer e(-3:3,-3:3)

3. 编写一个程序来计算前 10 个费氏数列，并把它们按顺序保存在一个一维数组当中。费氏数列（Fibonacci Sequence）的数列规则如下：

f(0)=0

f(1)=1

当 n>1 时

f(n)=f(n-1)+f(n-2)

4. 把排序程序 EX0718 由从小排到大，改成从大排到小。

5. 声明为 integer a(5,5)的二维数组，请问 a(2,2)跟 a(3,3)在所配置的内存中是排行第几个位置？

Chapter 8

函　数

程序代码当中，常常会在不同的地方需要重复某一个功能和重复使用某一段程序代码，这个时候就可以使用"函数"。循环是应用在程序代码相同的地方中，需要重复执行某一段程序代码时，跟函数的应用范围有点不同。

"函数"是自定义函数和子程序的统称。子程序可以用来独立出某一段具有特定功能的程序代码，供其他地方调用。自定义函数可以用来自由扩充出 Fortran 库函数中原来不存在的函数。

8-1 子程序（SUBROUTINE）的使用

写程序时，可以把某一段常常被使用、具有特定功能的程序代码独立出来，封装成子程序，以后只要经过调用的 CALL 命令就可以执行这一段程序代码。先来看一个使用子程序的实例。

EX0801.F90

```
1. program ex0801
2.   implicit none
3.   call message( )! 调用子程序 message
4.   call message( )! 再调用一次
5.   stop
6. end
7. ! 子程序 message
8. subroutine message( )
9.   implicit none
10.  write(*,*)"Hello."
11.  return
12. end
```

执行结果如下：

Hello.

Hello.

程序的第 3、4 行出现了一个新的命令"CALL"，而 CALL 在程序中的意义就如同它的英文原义，是"调用"的意思。所以第 3、4 行的意思就是："调用一个名字叫做 message 的子程序"。

子程序中也包含可执行的程序代码，这段程序代码的内容可以是任何的 Fortran 命令描述。在这里面也可以声明变量、做流程控制、执行循环、甚至调用其他子程序。

子程序和第 4 章一开始所提到过的"主程序"（以 PROGRAM 开头、END 来结束之间的这一段程序代码）最大不同处在于："主程序的程序代码，在程序一开始就自动会被执行，而子程序则不会自动执行，它需要被别人'调用'才会执行。"这就是它之所以被称做"子"的原因。

子程序的程序代码以 SUBROUTINE 开头，它同样要取一个名字，以 END 或 END SUBROUTINE 来结束。严格地讲，END SUBROUTINE 后还可以再接上这个子程序的名字。

子程序的名字比起主程序来重要多了，因为主程序的名字可以随时更改，而且在改名时只需更动程序中 PROGRAM 后的那几个字就行了，而子程序的名字是用来给别人调用时所要使用的，在取名时最好能配合这个子程序的功能来给予适当的称呼（和变量一样）。改变子程序的名字时，还要把在程序中所有 CALL 它旧名字的部分全部改成 CALL 它新的名字。简单地说："子程序的名字是要让大家都能够认识的"。

一个包含子程序的 Fortran 程序在结构上的模样大致如下：

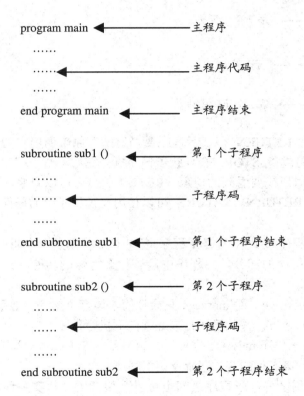

主程序并不一定要放在程序代码的最开头，它可以安排在程序中的任意位置，可以先写子程序再写主程序，以下的结构也是合乎标准的写法。

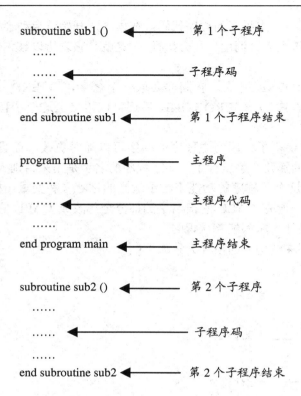

子程序最后一个命令通常是"RETURN",表示程序要"返回"原来调用它的地方来继续执行程序。如果像主程序一样写成了 STOP,会导致子程序执行完后,整个程序就跟着全部结束,这通常不是使用子程序时所想要看到的现象。RETURN 命令可以省略,子程序执行完它所有的程序代码后会自动 RETURN。RETURN 可以使用在子程序中的任何地方,让子程序提早返回。

再回头看实例程序 EX0801,程序第 1~6 行是主程序,第 8~12 行则是一个叫做 message 的子程序。程序开始会先执行主程序的部分,主程序中没有什么特殊的功能,只做了两行命令:

(1) 第 3 行会调用子程序 message,而 message 只会很简单地打个招呼,显示 Hello。子程序执行完会回到原来调用它的地方,并从第 4 行来继续向下执行程序。

(2) 第 4 行又会再一次调用子程序 message 来使用,再显示一个 Hello,输出结束后会返回原来调用它的地方,继续执行第 5 行的 STOP 命令让程序结束。

子程序除了可以让主程序调用之外,子程序之间也可以互相调用。其实主程序和子程序的地位在程序中是差不多的,"主"程序称为"主",只是因为它是程序开始执行的入口而已。编写程序时也可以把程序中最主要的核心部分放在子程序中,再经过调用来执行。来看看下面的实例:

EX0802.F90

```
1.program  ex0802
2.implicit none
3.  call sub1( )
```

```
4.    call sub2( )
5.    stop
6.end program ex0802
7.
8.subroutine sub1( )
9.implicit none
10.   write(*,*)"This is sub1"
11.   call sub2( )
12.   return
13.end subroutine sub1
14.
15.subroutine sub2( )
16.implicit none
17.   write(*,*)"This is sub2"
18.   return
19.end subroutine sub2
```

执行结果如下:

```
This is sub1
This is sub2
This is sub2
```

这个程序在结构上除了一个主程序之外,还有两个分别叫做 sub1、sub2 的子程序。子程序 sub1 的功能就是显示 "This is sub1" 及调用子程序 sub2。子程序 sub2 的功能就是显示 "This is sub2"。而主程序只做了两件事情,按顺序调用子程序 sub1 及子程序 sub2 各一次。所以最后会出现 3 行输出:

This is sub1(主程序调用 sub1 时所显示的)

This is sub2(sub1 中它又调用 sub2 时所显示的)

This is sub2(主程序调用 sub2 所显示的)

子程序可以在程序的任何地方被别人调用,甚至可以自己调用自己,这个操作被称为"递归"。不过 Fortran 77 并不允许递归的操作,而 Fortran 90 可以,下面章节会介绍递归的使用。

关于子程序还有一个重要的概念,就是"子程序独立地拥有属于自己的变量声明"。也就是说,在主程序和其他的子程序之间,所声明出来的变量彼此是不相干的,假使在主程序与其他的子程序中使用了同样的变量名称,它们也是彼此没有关系的不同变量。来看看下面的实例:

EX0803.FOR

```
1.program ex0803
2.  implicit none
3.  integer :: a = 1
4.  call sub1( )
```

```
 5.    write(*,"('a =',I2)")a
 6.    stop
 7.end program ex0803
 8.
 9.subroutine sub1( )
10.    implicit none
11.    integer :: a=2
12.    write(*,"('a =',I2)")a
13.    return
14.end subroutine sub1
```

执行结果如下:

a = 2(子程序的a)

a = 1(主程序的a)

这个程序包含一个主程序和一个叫做 sub1 的子程序，它们都各自声明了同样叫做 a 的变量。主程序中的 a=1，子程序中的 a=2。读者可以发现这两个变量是独立存在的，主程序跟子程序可以各自使用自己的变量 a，不会互相影响。子程序中设置变量 a 的值时，主程序中的变量 a 不会改变。

除了变量独立之外，子程序也独立地拥有自己的"行代码"。下面的程序在寻找 FORMAT 时不会出现错误，因为主程序和子程序可以各自定义自己的行代码。

```
program main
 ……
write（*,100）1      ! 它会使用主程序中行代码 100 的那一行 format。
100 format（I5）     ! 这个行代码只在主程序中使用
    ……
end program
subroutine sub（ ）
    ……
    ……
write（*,100）1.0   ! 它会使用子程序 sub 中行代码 100 那一行的 format。
100 format（F5.2）  ! 这个行代码只在子程序 sub 中使用
    ……
end subroutine
```

简单来说，主程序跟子程序是两种不同的"程序"，不同程序之间可以各自独立拥有属于自己的变量声明及自己的行代码定义。

不过严格来说，不同的程序之间所声明的变量，还是有办法让它们牵扯出关系来。在调用子程序时，可以同时传递一些变量数据过去让它处理，这个操作叫做"传递参数"，来看看下面这个实例：

EX0804.F90

```
 1.program  ex0804
```

```
 2.implicit none
 3.   integer :: a = 1
 4.   integer :: b = 2
 5.   call add(a,b)! 把变量 a 及 b 交给子程序 add 来处理
 6.   stop
 7.end
 8.
 9.subroutine add(first,second)
10.implicit none
11.   integer :: first,second ! first,second 的内容会从 CALL 时得到
12.   write(*,*)first+second
13.   return
14.end
```

执行后会显示主程序中 a+b 的结果，也就是 3。程序第 5 行在调用子程序 add 时，还同时输入了变量 a 及 b。

```
 5.   call add(a,b)! 把变量 a 及 b 交给子程序 add 来处理
```

子程序方面也要相对地有一些写法来做"参数"的接收工作。

```
subroutine add（first,second）
implicit none
integer :: first，second
```

这边要指定用两个变量来接收传递进来的参数。名字可以完全自定，不需要跟呼叫时所放入的变量名称有任何关系

用来接收参数的变量还是要声明它的类型。参数变量的初值就等于传递进来的数值

进入子程序 add 后，由于 first 跟 second 这两个变量是用来接收参数的，first 的初值等于主程序中的 a，因为 a 是调用时所输入的第 1 个数值。同理 second 就等于主程序中的 b。子程序 add 会计算 first+second 的值，也就等于是计算主程序中 a+b 的数值。

Fortran 在传递参数时使用的是传址调用（call by address/call by reference），这个意思是说调用时所传递出去的参数，和子程序中接收的参数，它们会使用相同的内存地址来记录数据。所以在上一个实例程序中，在主程序调用子程序时，主程序的变量 a 和子程序 add 的变量 first 会使用同样的内存地址来存储数值，所以 first 的值会等于 a，而如果 first 重新设置，a 的内容也会跟着更改，因为他们使用同一块内存来记录，可以视为同一个变量。再来看一个实例：

EX0805.F90

```
 1.program ex0805
 2.implicit none
 3.   integer :: a = 1
 4.   integer :: b = 2
```

```
 5.  write(*,*)a,b
 6.  call add(a)
 7.  call add(b)
 8.  write(*,*)a,b
 9.  stop
10. end
11.
12. subroutine add(num)
13. implicit none
14.   integer :: num
15.   num = num+1
16.   return
17. end
```

这里的子程序 add 会把传进来的参数累加上 1。主程序在调用子程序 add 之前，会先输出变量 a 及 b 的内容，这个时候 a=1、b=2。调用完子程序 add 之后，再输出变量 a、b 的内容，发现 a=2、b=3，它们都比原来增加了 1。

这个程序用来示范在子程序中可以改变主程序中变量的值。程序的第 6 行第一次调用子程序 add，因为 a 被当成参数输入子程序 add 中，这个时候子程序中的变量 num 和 a 会使用同一块内存来记录数值。

```
 6.  call add(a)! 把 a 累加上 1
```

子程序 add 中的执行命令只有一行，把得到的参数累加上 1。所以主程序中的变量 a 也会跟着加 1，原因已经说过了，因为这个时候变量 num 和 a 使用同一块内存。

第 6 行的子程序调用执行完后，第 7 行也是一个子程序调用，不过这一次用变量 b 当参数。这个时候在子程序 add 中，变量 num 和变量 b 使用同一块内存，这个时候子程序 add 把 num 累加上 1 也等于把变量 b 累加上 1。

```
 7.  call add(b)! 把 b 累加上 1
```

有的程序语言会使用"传值调用"（call by value）来传递参数，像 C 语言就使用传值调用。使用传值调用的程序语言，在子程序中改变参数内容，不会影响到调用处的变量内容。混合使用这两种语言时要注意这一点。

了解子程序的使用规则后，现在来写一些比较有用途的东西。假设在一场田径赛的标枪选项中，有 5 位选手的投掷标枪的情况如下：

1 号选手：以 30 度角，每秒 25 米的速度掷出标枪。
2 号选手：以 45 度角，每秒 20 米的速度掷出标枪。
3 号选手：以 35 度角，每秒 21 米的速度掷出标枪。
4 号选手：以 50 度角，每秒 27 米的速度掷出标枪。
5 号选手：以 40 度角，每秒 22 米的速度掷出标枪。

假如忽略空气阻力以及身高等等的因素，请写一个程序来计算选手们的投射距离。（也就是计算自由投射运动的抛物线距离）

EX0806.F90

```fortran
1.program ex0806
2.implicit none
3.  integer,parameter :: players = 5
4.  real :: angle(players)=(/ 30.0,45.0,35.0,50.0,40.0 /)
5.  real :: speed(players)=(/ 25.0,20.0,21.0,27.0,22.0 /)
6.  real :: distance(players)
7.  integer :: I
8.
9.  do I=1,players
10.     call Get_Distance(angle(i),speed(i),distance(i))
11. write(*,"('Player ',I1,' =',F8.2)")I,distance(i)
12.    end do
13.
14.    stop
15.end
16.! 把0～360的角度转换成0～2PI的弧度
17.subroutine Angle_TO_Rad(angle,rad)
18.  implicit none
19.  real angle,rad
20.  real,parameter :: pi=3.14159
21.
22.  rad = angle*pi/180.0
23.
24.  return
25.end
26.! 由角度、切线速度来计算投射距离
27.subroutine Get_Distance(angle,speed,distance)
28.implicit none
29.  real angle,speed    ! 输入的参数
30.  real distance       ! 准备返回去的结果
31.  real rad,Vx,time    ! 内部使用
32.  real,parameter :: G=9.81
33.
34.  call Angle_TO_Rad(angle,rad)! 单位转换
35.  Vx   = speed*cos(rad)         ! 水平方向速度
36.  time = 2.0*speed*sin(rad)/ G  ! 在空中飞行时间
37.  distance = Vx * time          ! 距离 = 水平方向速度 * 飞行时间
38.
```

```
39.     return
40. end
```

执行结果如下：

```
Player 1 =    55.17
Player 2 =    40.77
Player 3 =    42.24
Player 4 =    73.18
Player 5 =    48.59
```

这个程序长了一些，不过如果把主程序和子程序分开来看，会简化许多。在这个程序中，每一个子程序都具有自己的特殊功能，先介绍它们的功能如下，至于如何显示这些功能则稍后再做介绍。在使用商业程序库时也是如此，说明书上会写明调用时所应输入的参数、参数类型以及调用的功能，程序员可以根据说明文件来使用这些工具。

subroutine Get_Distance（angle，speed，distance）

功能：

计算投掷距离，只要输入速度（speed）及角度（angle），就可以由 distance 返回值中得到投掷距离

参数：

real angle　　　输入投掷出去的角度
real speed　　　输入投掷出去的速度
real distance　　返回计算得到的投掷距离

subroutine Angle_TO_Rad（angle，rad）

功能：

把"角度"值转换成"弧度"，输入一个角度值就可以由 rad 得到转换出来的弧度

参数：

real angle　　　输入所要转换的角度值
real rad　　　　返回所对应的弧度值

知道每一个子程序的功能后，可以直接阅读主程序来了解这个程序的运行：

```
 1. program ex0806
 2. implicit none
 3.   integer,parameter :: players = 5
 4.   real :: angle(players)=(/ 30.0,45.0,35.0,50.0,40.0 /)
 5.   real :: speed(players)=(/ 25.0,20.0,21.0,27.0,22.0 /)
 6.   real :: distance(players)
 7.   integer :: I
 8.
 9.   do I=1,players
10.     call Get_Distance(angle(i),speed(i),distance(i))
11.     write(*,"('Player ',I1,' =',F8.2)")I,distance(i)
12.   end do
13.
```

函　数

```
14.    stop
15. end
```

主程序的部分很简单，只要了解子程序的功能及使用方法（甚至可以不去理会子程序的做法），就可以完成这个程序。在这个程序中，只要会使用 Get_Distance 这个子程序就行了。程序第 10 行会输入 3 个参数给 Get_Distance 使用，因为有 5 位选手要计算，这里使用数组来记录 5 位选手的数据。

```
        call Get_Distance(angle(i),speed(i),distance(i))
        ! 也可以使用数组来传递参数
```

第 10 行中使用数组来作为参数，所以子程序 Get_Distance 所接收到的第 1 个参数，与 angle(i)会使用同样的内存地址，第 2、3 个参数则会跟 speed(i)及 distance(i)使用相同的内存地址。Get_Distance 这个子程序可以由输入的角度及速度，计算出投射的距离。现在就来看看这个子程序是如何运行的：

```
27. subroutine Get_Distance(angle,speed,distance)
28. implicit none
29.    real angle,speed     ! 输入的参数
30.    real distance         ! 准备返回去的结果
31.    real rad,Vx,time     ! 内部使用
32.    real,parameter :: G=9.81
33.
34.    call Angle_TO_Rad(angle,rad) ! 单位转换
35.    Vx   = speed*cos(rad)            ! 水平方向速度
36.    time = 2.0*speed*sin(rad)/ G    ! 在空中飞行时间
37.    distance = Vx * time             ! 距离 = 水平方向速度 * 飞行时间
38.
39.    return
40. end
```

因为 Fortran 库函数的三角函数都使用弧度，所以这个子程序会先调用 Angle_TO_Rad 这个子程序，先把角度转换成弧度。单位转换完成后，就根据牛顿的运动定律来计算抛物线运动。

投掷距离　＝　标枪在水平面上的速度分量　＊　飞行时间
distance　＝　　　　　　Vx　　　　　　　＊　time

其中

Vx   = speed*cos(rad)
time = 2.0* speed*sin(rad)/G

Angle_TO_Rad 这个子程序非常简单，只要一个算式就可以做角度的单位换算：

```
22.    rad = angle*pi/180.0
```

angle 是第 1 个参数，rad 是第 2 个参数。调用时只要输入两个参数，在第 1 个参数中放入想要转换的角度值，就可以从第 2 个参数中拿到转换出来的弧度值。

8-2 自定义函数（FUNCTION）

上一个实例程序中，使用了 Fortran 的库函数 SIN 及 COS。在附录 A 中，有 Fortran 所能使用的所有数学函数列表。读者有没有想过，要是我们想使用的函数，没有收录在 Fortran 的库函数中，该怎么办？

答案很简单，如果库存里面没有，那就自己来创造一个。自定义函数的运行和上面所提到的子程序大致上是相同的，它也是要经过调用才能执行，也可以独立声明变量，参数传递的方法也如同子程序一般，和子程序只有两点不同：

（1）调用自定义函数前要先声明。
（2）自定义函数执行后会返回一个数值。

在本书中会把子程序及自定义函数用"函数"这个名词来通称，它们都是需要被调用才会执行的一段程序。先来看一个简单的实例：

EX0807.F90

```
1. program ex0807
2.   implicit none
3.   real :: a=1
4.   real :: b=2
5.   real,external :: add   ! 声明 add 是个函数而不是变量
6.   ! 调用函数 add，调用函数不必使用 call 命令
7.   write(*,*)add(a,b)
8.   stop
9. end
10.
11. function add(a,b)
12.   implicit none
13.   real :: a,b ! 输入的参数
14.   real :: add
15.   ! add 跟函数名称一样，这里不是用来声明变量，
16.   ! 是声明这个函数会返回的数值类型
17.   add = a+b
18.   return
19. end
```

程序执行后会输出变量 a+b 的结果，也就是 3。

第 5 行使用了一个新的声明方法，声明中多了 EXTERNAL 这个形容词，用来表示这里所要声明的不是一个可以使用的变量，而是一个可以调用的函数。EXTERNAL 这个字其实是可以省略的，不过建议还是不要省略，因为这样才容易分辨出它是个函数而不是变量。

```
5.   real,external :: add   ! 声明 add 是个函数而不是变量
```

EXTERNAL 可以独立出来编写，旧的 Fortran 77 程序中都使用这个方法。把 EXTERNAL 独立出来之后，原来一行就做完的声明，会变成需要两行程序代码。

```
real add        ! 先说明 add 是浮点数类型
external add    ! 再说明 add 是一个函数，而不是变量
```

第 14 行也有一个很特别的声明，函数名称叫 add，这里却又声明了一个叫 add 的东西。这里的 add 并不是变量，而是用来声明说 add 这个函数会返回一个浮点数。

```
14.    real :: add
15.    ! add 跟函数名称一样，这里不是用来声明变量，
16.    ! 是声明这个函数会返回的数值类型
```

函数返回值类型的声明可以写在函数的最开头，跟 function 写在一起。程序的第 11 行可以改写如下，这样的写法就可以省略掉原来第 14 行的声明。

```
11.real function add(a,b)! 声明函数 add 返回值为浮点数
```

调用函数的方法很简单，直接写上它的名字就行了，不需要使用 call 这个命令。函数调用完后会返回一条数据，这里的函数 add 会返回一个浮点数，所以程序第 7 行会输出调用 add（a，b）所得到的数值。

```
7.    write(*,*)add(a,b)! 调用函数 add,调用函数时不必使用 call 命令
```

由于函数执行完后会返回一个浮点数，所以像下面的写法也是合理的：

```
C = add(a,b)! 把变量 C 设置成调用函数 add(a,b)所得到的值
D = add(1.0,2.0)+ add(2.0,3.0)! 调用函数得到的值也可以拿来做运算
E = add(1.0,add(2.0,3.0))
! 把 add(2.0,3.0)=5.0 的结果再当成参数传出去，这里等于调用 add(1.0,5.0)。
```

函数如果很简短，又只会在同一个主程序或是函数中被使用时，可以用下面的方法来编写：

EX0808.F90

```
1.program ex0808
2.  implicit none
3.  real :: a = 1
4.  real :: b
5.  real add
6.  add(a,b)= a+b    ! 直接把函数写在里面
7.  write(*,*)add(a,3.0)
8.  stop
9.end
```

这种写法的优点是简单，而且程序代码阅读起来很快速。缺点是只能适用在简单的函数中，而且写好的函数只能在同一个程序中被调用，在别的地方就调用不到了。像这里的 add 函数就只能在主程序中被调用，在其他函数中则调用不到。

```
6.    add(a,b)= a+b   ! 直接把函数定义写在里面
```

最后来讨论一下有关函数及子程序的概念。使用函数时有一个"不成文规定"，就是："传递给函数的参数，只要读取它的数值就好了，不要去改变它的数据。"虽然在语法上这

个操作是允许的，不过在数学意义上，输入函数中的参数就是所谓的"自变量"，而函数返回的值是"应变量"。"自变量"是自由变化的，它的值应该不会在使用函数的过程中被改变。如果想要改变输入的参数时，最好使用子程序，而不是使用函数来完成这个工作。这是编写函数及子程序时的不成文规定。

上一节计算投标枪的程序很适合使用函数来编写，来看看改写后的结果：

EX0809.F90

```
1.  program ex0809
2.  implicit none
3.    integer,parameter :: players = 5
4.    real :: angle(players)=(/ 30.0,45.0,35.0,50.0,40.0 /)
5.    real :: speed(players)=(/ 25.0,20.0,21.0,27.0,22.0 /)
6.    real :: distance(players)
7.    real,external :: Get_Distance ! 声明Get_Distance是个函数
8.    integer :: I
9.
10.   do I=1,players
11.      distance(i)= Get_Distance(angle(i),speed(i))
12.   write(*,"('Player ',I1,' =',F8.2)")I,distance(i)
13.   end do
14.
15.   stop
16. end
17. ! 把0~360的角度转换成0~2PI的弧度
18. real function Angle_TO_Rad(angle)
19.   implicit none
20.   real angle
21.   real,parameter :: pi=3.14159
22.
23.   Angle_TO_Rad = angle*pi/180.0
24.
25.   return
26. end
27. ! 由角度、切线速度来计算投射距离
28. real function Get_Distance(angle,speed)
29. implicit none
30.   real angle,speed ! 输入的参数
31.   real rad,Vx,time ! 内部使用
32.   real,external :: Angle_TO_Rad ! 声明Angle_TO_Rad是个函数
33.   real,parameter :: G=9.81
34.
```

```
35.     rad  = Angle_TO_Rad(angle)    ! 单位转换
36.     Vx   = speed*cos(rad)         ! 水平方向速度
37.     time = 2.0*speed*sin(rad)/ G  ! 在空中飞行时间
38.     Get_Distance = Vx * time      ! 距离 = 水平方向速度 * 飞行时间
39.
40.     return
41. end
```

用函数来改写后,可以比原来的程序少输入 1 个参数。因为计算结果直接由函数返回去,不需要再另外使用变量来返回结果。

8-3 全局变量(COMMON)

不同的程序之间,也就是在不同的函数之间或是主程序跟函数之间,除了可以通过传递参数的方法来共享内存,还可以通过"全局变量"来让不同程序中声明出来的变量使用相同的内存位置。这是另一种在不同程序间传递数据的方法。

8-3-1 COMMON 的使用

COMMON 是 Fortran 77 中使用"全局变量"的方法,它用来定义一块共享的内存空间,来看看下面这个实例:

EX0810.F90

```
1. program ex0810
2. implicit none
3.   integer :: a,b
4.   common a,b  ! 定义 a,b 是全局变量中的第 1 及第 2 个变量
5.   a=1
6.   b=2
7.   call ShowCommon( )
8.   stop
9. end
10.
11. subroutine ShowCommon( )
12. implicit none
13.   integer :: num1,num2
14.   common num1,num2  ! 定义 num1,num2 是全局变量中的第 1 及第 2 个变量
15.   write(*,*)num1,num2
16.   return
17. end
```

执行结果如下：
　　　　　　1　　　　　2

这个程序中，主程序及子程序在声明时都出现了一个新的命令"COMMON"。放在 COMMON 命令后的变量，都会变成全局变量。全局变量之所以称为"全局"，是因为它们可以在程序中的任何一个部分被取用。

主程序中声明了两个变量，并且把它们设置为全局变量。

```
 3.   integer :: a,b
 4.   common a,b ! 定义a,b是全局变量中的第1及第2个变量
```

声明完成后，在第5、6两行把它们设置成a=1、b=2。读者要记得声明成COMMON的变量不能随便使用DATA的命令来设置它们的初值，要设置全局变量的初值有另外的方法，下面再做介绍。

数值设置完之后，第7行会调用子程序 ShowCommon 来执行，子程序 ShowCommon 中声明了两个变量，也把它们设置成全局变量。

```
13.   integer :: num1,num2
14.   common num1,num2 ! 定义num1,num2是全局变量中的第1及第2个变量
```

取用全局变量时，是根据它们声明时的相对位置关系来作对应，而不是使用变量名称来对应。所以在这个子程序中所声明的 num1 会对应到主程序中的 a，而 num2 则会对应到主程序中的 b。因为 a、num1 都是 COMMON 中的第 1 个变量，b、num2 都是 common 中的第 2 个变量。

子程序在显示 num1、num2 值的时候，会发现 num1=1、num2=2，因为在主程序中执行了 a=1、b=2 的命令，而 a 和 num1 使用相同的内存位置，b 和 num2 使用相同的内存位置，所以它们的内容会相同。

简单说，如果在程序的任何一个地方改变了全局变量的值，因为全局变量都使用相同的内存位置，所以程序中的每一个函数中都可以察觉到这个变动。

由于全局变量是使用"地址对应"的方法在程序中共享数据，所以在程序设计时常常会有下面的麻烦出现：

```
program main
implicit none
  integer a,b,c,d,e,f
  common   a,b,c,d,e,f      ◄────── 在这里使用了6个变量当全域变量
  ……
  ……
end program main

subroutine sub( )
implicit none
  integer n1,n2,n3,n4,n5,f
  common   n1,n2,n3,n4,n5,f  ◄────── 假设子程序中只使用第6个全域变量，它仍
  ……                                  然要宣告出前5个变量在前面垫着，才能拿
  ……                                  到第6个变量来使用
end subroutine sub
```

函数

这种麻烦在全局变量多的情况之下更为惊人。有一个方法可以减少这个麻烦,就是可以把变量归类、放在彼此独立的 COMMON 区间中。来看看下面这个程序:

EX0811.F90

```
1.program ex0811
2.implicit none
3.   integer :: a,b
4.   common /group1/ a
5.   common /group2/ b
6.   a=1
7.   b=2
8.   call ShowGroup1( )
9.   call ShowGroup2( )
10.  stop
11.end
12.
13.subroutine ShowGroup1( )
14.implicit none
15.   integer :: num1
16.   common /group1/ num1
17.   write(*,*)num1
18.   return
19.end
20.
21.subroutine ShowGroup2( )
22.implicit none
23.   integer :: num1
24.   common /group2/ num1
25.   write(*,*)num1
26.   return
27.end
```

执行结果如下:

    1 (common 中 group1 区间的第 1 个变量)
    2 (common 中 group2 区间的第 1 个变量)

主程序中声明了两个变量,分别把它们放入不同区间。

```
3.   integer :: a,b
4.   common /group1/ a   ! 变量 a 放在 group1 这个区间
5.   common /group2/ b   ! 变量 b 放在 group2 这个区间
```

主程序中还做了下面的操作来设置全局变量的数值:

```
6.   a=1   ! 把 group1 区间的第 1 个变量值设置成 1
```

```
 7.    b=2    ! 把group2区间的第1个变量值设置成2
```

子程序 ShowGroup1 会声明一个变量 num1，把它放在 group1 区间中，所以它和主程序中变量 a 使用相同的内存位置，显示 num1 的值发现它是 1。

```
15.    integer :: num1
16.    common /group1/ num1    ! 声明num1是group1区间中的第1个变量
```

子程序 ShowGroup2 声明的变量 num1 会放在 group2 区间中，所以它和主程序中变量 b 使用相同的内存位置，这里显示 num1 的值发现它是 2。

```
23.    integer :: num1
24.    common /group2/ num1    ! 声明num1是group2区间中的第1个变量
```

传递参数与使用全局变量都可以使用在不同的程序之间共享数据，那什么时候该使用参数，还有什么时候该使用全局变量呢？

简单地说，当需要共享的变量不多，而且只有少数的几个程序需要使用这些数据时，那就使用参数。需要共享大笔数据，或是有很多个不同程序都需要使用这些数据时，就使用全局变量。

8-3-2 BLOCK DATA

关于 COMMON 还有最后一点要介绍的就是设置初值的方法，COMMON 变量不能直接在子程序或主程序中使用 DATA 来设置初值，要在 BLOCK DATA 程序模块中使用 DATA 命令来设置初值，直接来看一个程序。

EX0812.F90

```
 1.program ex0812
 2.implicit none
 3.  integer :: a,b
 4.  common a,b             ! a,b放在不署名的全局变量空间中
 5.  integer :: c,d
 6.  common /group1/ c,d    ! c,d放在group1的全局变量空间中
 7.  integer :: e,f
 8.  common /group2/ e,f    ! e,f放在group2的全局变量空间中
 9.
10.  write(*,"(6I4)")a,b,c,d,e,f
11.
12.  stop
13.end
14.
15.block data
16.implicit none
17.  integer a,b
18.  common a,b             ! a,b放在不署名的全局变量空间中
```

```
19.    data    a,b /1,2/     ! 设置 a,b 的初值
20.    integer c,d
21.    common  /group1/ c,d  ! c,d 放在 group1 的全局变量空间中
22.    data    c,d /3,4/     ! 设置 c,d 的初值
23.    integer e,f
24.    common  /group2/ e,f  ! e,f 放在 group2 的全局变量空间中
25.    data    e,f /5,6/     ! 设置 e,f 的初值
26.end block data
```

执行结果如下：

```
   1   2   3   4   5   6
```

程序中多了一段叫做 BLOCK DATA 的描述，BLOCK DATA 这一段程序也很类似子程序。它也是一段独立的程序模块，也拥有自己的变量声明，不过它不需要被别人调用就可以自己执行。事实上这一段程序会在主程序执行前就会生效，不过它的功能只在于设置全局变量的初值，不能有其他执行命令出现，BLOCK DATA 的模样结构：

```
block data name ! name 可以省略
    implicit none ! 最好不要省这一行
    integer …  ! 声明变量
    real    …
    common  …     ! 把变量放到 common 空间中
    common /group1/ …
    data   var1,var2 …! 同样使用 data 设定初值
    ……
    ……
end block data name ! 可以只写 end 或 end block data
```

BLOCK DATA 只能用来设置全局变量的初值。所以这一个段的程序代码，只能包含跟声明有关的描述，程序命令不能放在这个程序模块中。这个模块只是用来填写全局变量的数据内容，这些数据内容在一开始执进程序时，就会被写入每个变量的内存空间中。所以在主程序执行前，全局变量的初值内容就会设置完毕。还有一点要注意，全局变量不能声明成常量，所以 BLOCK DATA 中不能出现 PARAMETER。

8-3-3 注意事项

使用 COMMON 时要注意两点：
（1）变量的类型。
（2）变量的位置。

基本上 COMMON 只是用来提供一块共享的内存，编译器不会去注意程序员如何使用这一块内存，它不会帮忙做类型的检查。来看看下面的实例：

EX0813.F90

```
1.program ex0813
2.implicit none
3.  real a
4.  common a ! 把浮点数 a 放在全局变量中
5.  a = 1.0
6.  call ShowCommon( )
7.  stop
8.end
9.
10.subroutine ShowCommon( )
11.implicit none
12.  integer a
13.  common a ! 把整数 a 放在全局变量中
14.  write(*,*)a
15.  return
16.end
```

执行后会输出一个很奇怪的数值 1065353216。

主程序中把全局变量 a 设置为 1.0，但是在子程序中要输出这个全局变量时却发现它变成 1065353216，这是因为在这两个地方所使用的变量类型不同。在主程序中第 1 个全局变量声明成浮点数，在子程序中却声明成整数。

程序第 5 行的 a=1.0 会使用浮点数的方法把 1.0 的数据放到全局变量的第 1 个变量内存空间中。第 14 行则会使用整数的方法把第 1 个全局变量读出来，输出在屏幕上。第 3 章中有介绍过，保存浮点数的方法和整数不同，所以这里会出现这个奇怪的数字。使用 Visual Fortran 的读者可以试着把 bitview.exe 这个程序找出来执行看看，也会发现这个结果。

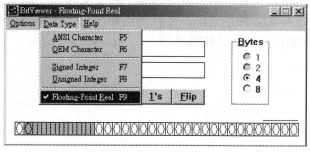

打开 BitView，转换到浮点数格式

图 8.1

函 数

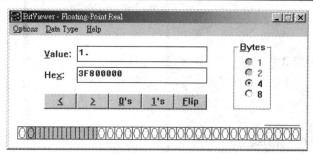

在 Value 中输入 1.0，可以看到浮点数在内存中用
00111111100000000000000000000000 的二进制方法来保存数字 1.0

图 8.2

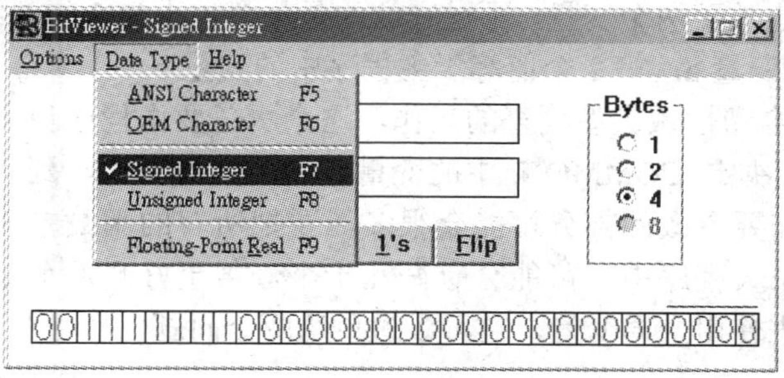

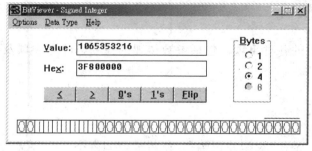

不要改变任何东西，直接转换到整数格式

图 8.3

可以发现，同样的内存内容用整数方法来解读会变成 1065353216 这个数字

图 8.4

这个实例可以发现类型不统一时，会出现不正确的解读结果。

使用 COMMON 时还有一些技巧，来看下一个例子：

EX0814.F90

```
1.  program ex0814
2.  implicit none
3.   real a,b
4.   common a,b  ! 把浮点数 a,b 放在全局变量中
5.   a = 1.0
6.   b = 2.0
7.   call ShowCommon( )
8.   stop
9.  end
10.
11. subroutine ShowCommon( )
```

```
12.implicit none
13.   real a(2)
14.   common a  ! 把数组 a 放在全局变量中
15.   write(*,*)a(1),a(2)
16.   return
17.end
```

执行结果可以发现子程序中 a(1)=1.0，a(2)=2.0。

这里使用全局变量时，把握了它们会使用相同内存空间的策略。主程序中在全局变量空间中放了两个变量 a 及 b，子程序中也放了两个变量，不过它放的是一个大小为 2 的数组。所以数组的第 1 个值就等于主程序中的变量 a，第 2 个值等于主程序中的变量 b。

使用 COMMON 时，编译器并不会帮忙做类型检查的工作，这个责任要由程序员自行负责。有一点很麻烦的是，有可能今天决定 COMMON 中的变量要使用整数类型，到明天又决定要使用浮点数类型。程序代码需要更改的部分可能会很多，要把所有的函数中使用整数类型的变量都改成浮点数。而一个大程序中，可能会有好几十个，甚至好几百个地方需要更改。Fortran 90 中有另一种方法来使用全局变量，它可以避免这两个问题。

8-4 函数中的变量

这一节要介绍在函数中跟变量相关的各种事项，包括参数传递的技巧、注意事项及参数的"生存周期"等等。

8-4-1 传递参数的注意事项

传递参数给函数时，最重要的一点是："类型要正确"。参数类型如果不合，会发生难以预料的结果，因为 Fortran 在传递参数时，是传递这个变量的内存地址，传送出去的参数跟接收的参数会使用相同内存位置记录数值，不同的数据类型在解读内存内容的方法上会有所不同，这里来做一个实验：

EX0815.F90

```
1.program ex0815
2.implicit none
3.   real :: a=1.0
4.   call ShowInteger(a)
5.   call ShowReal(a)
6.   stop
7.end
8.
9.subroutine ShowInteger(num)
10.implicit none
```

```
11.    integer :: num
12.    write(*,*)num
13.    return
14.end
15.
16.subroutine ShowReal(num)
17.implicit none
18.    real :: num
19.    write(*,*)num
20.    return
21.end
```

这个程序的执行结果如下:

```
1065353216
 1.000000
```

这个情况和 3-3 节中的实例 EX0813 是差不多的。主程序调用了两个子程序，ShowInteger 时是以整数类型的变量来接收参数，ShowReal 则以浮点数类型来接收参数。读者可以发现只有 ShowReal 这个子程序会正确显示出参数的内容 1.0，ShowInteger 则会显示出奇怪的数字 1065353216。原因已经解释过了，因为整数和浮点数在计算机中的保存方法不同。

传递参数时也可以直接传递常量，不一定要把数值先存放在变量中。例如:

```
call ShowInteger(1) ! 直接放入常量 1
call ShowReal(1.0)  ! 使用浮点数要记得加小数点
call ShowReal(1)    ! 这会得到错误的数字，因为这样会输入整数类型的 1
```

直接使用常量时类型也要正确，像这个例子中如果使用 call ShowReal(1)，它不会使用浮点数的方法输入数值 1，这里一定要放入 1.0 才行。把常量作为参数时，还要确定子程序中不会去更改这个参数的内容，这可能会造成程序执行时死机，因为常量是不能被更改的。

```
......
call add(2)
! 这一行程序代码可能会有问题，直接输入常量时要确定子程序不会更改它的值
......
! 子程序 add 会更改参数内容，上面就不该使用常量作为参数
subroutine add(num)
implicit none
  integer :: num
  num = num+1
  return
end subroutine
```

8-4-2 数组参数

数组会占据一块内存中的连续空间。在传递数组参数时，实际上是传递数组元素当中

的某一个内存地址。把握这个原则，可以有很多使用技巧，来看一个实例：

EX0816.F90

```
1.  program ex0816
2.  implicit none
3.    integer :: a(5)=(/ 1,2,3,4,5 /)
4.    call ShowOne(a)   ! 输入 a，就是输入数组 a 第 1 个元素的内存地址
5.    call ShowArray5(a)
6.    call ShowArray3(a)
7.    call ShowArray3(a(2)) !输入 a(2)，就是输入数组 a 第 2 个元素的内存地址
8.    call ShowArray2X2(a)
9.    stop
10. end
11.
12. subroutine ShowOne(num)
13. implicit none
14.   integer :: num ! 只取出参数地址中的第 1 个数字
15.   write(*,*)num
16.   return
17. end
18.
19. subroutine ShowArray5(num)
20. implicit none
21.   integer :: num(5)! 取出参数地址中的前 5 个数字，当成数组来使用
22.   write(*,*)num
23.   return
24. end
25.
26. subroutine ShowArray3(num)
27. implicit none
28.   integer :: num(3)! 取出参数地址中的前 3 个数字，当成数组来使用
29.   write(*,*)num
30.   return
31. end
32.
33. subroutine ShowArray2×2(num)
34. implicit none
35.   integer :: num(2,2)! 取出参数地址中的前 4 个数字，当成 2×2 数组来使用
36.   write(*,*)num(2,1),num(2,2)
37.   return
```

```
38.end
```

执行结果如下：

```
1
1       2       3       4       5
1       2       3
2       3       4
2       4
```

每一行输出都是调用不同的子程序所生成的，每个子程序会显示它的参数内容所输入的结果。先来看第 1 行的结果，它是由程序代码第 4 行调用子程序 ShowOne 得到的。

```
4.  call ShowOne(a)  ! 输入 a，也就是输入数组 a 第 1 个元素的内存地址
```

子程序 ShowOne 会把传进来的参数用一个整数去接收。这里传进来的是数组 a，也就等于输入 a(1)的地址，所以 ShowOne 中的 num=a(1)=1。

第 2 行的输出是由程序第 5 行调用 ShowArray5 得到的。

```
5.  call ShowArray5(a)
```

子程序 ShowArray5 中把输入的参数，用大小为 5 的一维数组去接收，刚好也就是数组 a 原来的声明大小，所以这里的数组 num 跟主程序中的数组 a 是一模一样的。

第 3 行的输出是由程序第 6 行调用 ShowArray3 得到的。

```
6.  call ShowArray3(a)
```

子程序 ShowArray3 中把输入的参数，用大小为 3 的一维数组去接收，比数组 a 原来声明大小少了一些，所以这里的数组 num 跟主程序中数组 a 的前 3 个元素一模一样，后面的元素就不去使用它。

第 4 行的输出来自程序第 7 行，它是比较特殊的用法。

```
7.  call ShowArray3(a(2))!输入 a(2)，是输入数组 a 第 2 个元素的内存地址
```

它跟第 6 行一样会调用 ShowArray3，但是输入值为 a(2)，所以这里 ShowArray3 中的 num 数组起始地址会等于 a(2)，所以 num(1)=a(2)，num(2)=a(3)，num(3)=a(4)，a(1)及 a(5)则不使用。

第 5 行的输出来自程序第 8 行，这也是个特殊用法。

```
8.  call ShowArray2X2(a)
```

子程序 ShowArray2×2 会把得到的参数当作 2×2 数组来使用。根据数组的内存排列原则，num(1,1)=a(1)、num(2,1)=a(2)、num(1,2)=a(3)、num(2,2)=a(4)，a(5)则不使用，因为 2×2 数组总共只有 4 个数值。这里也示范了数组变形的方法。前一章所介绍"COLUMN MAJOR"对应策略可以在此得到证明。

上一章曾介绍过，数组在声明时要使用常量来赋值它的大小。不过在函数中，如果数组是接收用的参数时，可以例外。这个时候可以用变量来赋值它的大小，甚至可以不去赋值大小，来看下面的例子：

EX0817.F90

```
1.program ex0817
2.implicit none
3.  integer,parameter :: size = 5
```

```fortran
4.    integer :: s = size
5.    integer :: a(size)=(/ 1,2,3,4,5 /)
6.    call UseArray1(a,size) ! 把常量 size 输入做数组大小
7.    call UseArray1(a,s)    ! 把一般变量 s 输入做数组大小
8.    call UseArray2(a)      ! 不输入数组大小
9.    call UseArray3(a)
10.   stop
11.end
12.
13.subroutine UseArray1(num,size)
14.implicit none
15.   integer :: size
16.   integer :: num(size) ! 输入数组的大小可用变量来赋值
17.   write(*,*)num
18.   return
19.end
20.
21.subroutine UseArray2(num)
22.implicit none
23.   integer :: num(*) ! 不赋值数组大小
24.   integer :: i
25.   write(*,*)(num(i),i=1,5)
26.   ! 如果输入的数组大小小于 5,write 在执行时会出现错误
27.   return
28.end
29.
30.subroutine UseArray3(num)
31.implicit none
32.   integer :: num(-2:2) ! 可以重新定义数组坐标范围
33.   write(*,*)num(0)
34.   return
35.end
```

程序中有 3 个子程序 UseArray1、UseArray2 及 UseArray3。UseArray1 中使用输入的变量来设置数组的大小，UseArray2 则在设置大小时使用一个星号，代表不指定大小的意思。UseArray3 则重新定义了数组坐标值范围。

函数中接收到的参数，事实上它们的内存地址都在执行函数前就已经配置完毕，以这个实例来说 UseArray1、UseArray2 及 UseArray3 中的数组 num 都是去接受主程序的数组 a。而数组 a 在主程序第 5 行的声明中就配置到内存空间。

```fortran
5.    integer :: a(size)=(/ 1,2,3,4,5 /)
```

既然内存空间都已经配置好了，参数在函数中的声明就不会再去配置新的内存来使用，

所以可以使用变量来赋值数组大小。甚至也可以不赋值数组大小，因为数组已经在进入子程序之前就配置到内存空间了，在函数中赋值数组大小只是用来方便检查，不会去重新配置内存，所以可以省略。

子程序 UseArray3 是比较特殊的用法，它定义数组 num 坐标范围为-2～2，所以 num(-2)=a(1)，num(-1)=a(0)，num(0)=a(2)….。函数中可以重新定义所接收的数组参数能使用的坐标范围，不管原来是声明成什么样子。

函数中只要注意使用数组参数时，不要超过它的实际范围就行了。其他方面要如何使用都没有关系，例如把一维数组变成二维数组、改变坐标范围等等。如果使用超过原来的范围，编译时不会出现错误，在执行时会出现奇怪的结果，甚至死机。

事实上，在函数中如果声明的数组大小超过原来的范围，编译时也不会出现错误，不过这是不好的写法。一般在传递数组时，最好也顺便输入它原来声明的大小，函数中才会知道数组所能使用的范围。有这个数据，编译器可以在执行文件中加入一些做数组范围检查的程序代码。

顺便提一点，传递字符串变量时，也可以不特别赋值它的长度。原因相同，因为它的长度早就设置好了。

```
character(len=*)string   ! 表示字符串长度在此不定。
```

EX0818.F90

```
1.program ex0818
2.implicit none
3.  character(len=20):: str="Hello, Fortran 95."
4.  call ShowString(str)      ! 送出字符串开头地址
5.  call ShowString(str(8:))! 送出字符串第8个字符的地址
6.  stop
7.end
8.
9.subroutine ShowString(str)
10.  implicit none
11.  character(len=*):: str
12.  write(*,*)len_trim(str)
13.  write(*,*)str
14.  return
15.end subroutine
```

执行结果如下：
```
         18
 Hello, Fortran 95.
         11
 Fortran 95.
```

子程序 ShowString 会输出所输入字符串的长度及内容。主程序第一次输入整个字符串，所以会显示"Hello, Fortran 95."。第二次输入第 8 个字符之后的字符串，所以会显示"Fortran

95."。子程序 ShowString 中没有赋值字符串 str 的长度，代表不特别赋值，长度等于原来调用处的声明。声明时当然也可以赋值长度，只要赋值的长度不超过原来声明的长度就行了。如果声明的长度比原来的短，最后多出来的字符不会去使用。

再回到数组的部分，多维数组在传递时，只有最后一维可以不赋值大小，其他维都必须赋值大小，来看一个实例：

EX0819.F90

```
1.program ex0819
2.implicit none
3.  integer,parameter :: dim1 = 2
4.  integer,parameter :: dim2 = 2
5.  integer,parameter :: dim3 = 2
6.  integer :: a(dim1,dim2,dim3)
7.  a(:,:,1)=1
8.  a(:,:,2)=2
9.  call GetArray1(a(:,:,1),dim1,dim2)
10. call GetArray2(a(1,1,2),dim1)
11. stop
12.end program ex0819
13.
14.subroutine GetArray1(a,dim1,dim2)
15.  implicit none
16.  integer :: dim1,dim2
17.  integer :: a(dim1,dim2)
18.  write(*,*)a
19.  return
20.end subroutine GetArray1
21.
22.subroutine GetArray2(a,dim1)
23.  implicit none
24.  integer :: dim1,dim2
25.  integer :: a(dim1,*)   ! 最后一维可以不赋值数组大小
26.  integer :: i
27.  write(*,*)(a(:,i),i=1,2) ! 必须指定要输出哪几维
28.  return
29.end subroutine GetArray2
```

执行结果会输出：

```
    1     1     1     1
    2     2     2     2
```

这个程序示范了两个东西，第一是把三维数组传递到子程序中变成二维数组的方法，

函　数

第二是示范了多维数组的最后一个维度可以不赋值大小。程序第 9 行是用来输入部分数组。

```
 9.    call GetArray1(a(:,:,1),dim1,dim2)
```

因为数组 a（1~2，1~2，1）这 4 个元素在内存当中是连续存放的，这里参数放入 a（:,:,1）就等于是放入 a（1，1，1）的地址。子程序接收时改用二维数组来使用这块内存，所以这里等于是把原来容量为 dim1 * dim2 * dim3 的三维数组拿出其中一小块当成容量为 dim1*dim2 的二维数组来使用。

```
17.    integer :: a(dim1,dim2)! 把输入的数组当二维数组使用
```

第 10 行也是同样的用法，只是它换了一个写法，而且放入的是另一块空间。

```
10.    call GetArray2(a(1,1,2),dim1)
```

子程序 GetArray2 用另一个方法来声明，它同样用二维数组来接收参数，但它没有赋值第二维的大小，这是合理的语法。

```
25.    integer :: a(dim1,*)    ! 最后一维可以不赋值数组大小
```

不过用这个方法后，输出数组 a 时要指定它的范围。因为声明时没说明它的第二维有多大。

```
27.    write(*,*)(a(:,i),i=1,2)! 必须指定要输出哪几维
```

为什么可以不赋值最高维的大小，这跟数组在内存中的排列顺序有关。第 7 章曾介绍过，要取用数组元素时，会根据坐标来计算这个元素在内存中的位置。假设数组声明成 A（L，M，N），那么 A（x，y，z）是内存中的第 1+（x-1）+（y-1）*L +（z-1）*L*M 个数字。这个公式没有使用到最高维 N 的值，所以最高维可以省略。

函数所接收到的参数，都已经配置好内存空间，函数中的声明只是定义如何去使用它们。而定义如何使用数组时，可以不知道它最后一维的大小，只要知道前面几维的大小就行了。笔者建议还是不要偷懒，把数组实际声明大小全部都传递出去是比较好的做法。

8-4-3　变量的生存周期

函数中的变量（不含所输入的参数）有它们的"生存周期"。它们所能够生存的时间，只有在这个子程序被调用执行的这一段时间中。子程序结束后，它们就"死亡"了，所保存的数据也会跟着被埋没掉。

在声明中加入 SAVE 可以拯救这些变量、增加变量的生存周期、保留住所保存的数据。这些变量可以在程序执行中永久记忆住上一次函数调用时所被设置的数值，来看看这一个实例：

EX0820.F90

```
1.program ex0820
2.implicit none
3.  call sub( )
4.  call sub( )
5.  call sub( )
6.  stop
7.end program
```

```
   8.
   9.subroutine sub( )
  10.   implicit none
  11.   integer :: count = 1
  12.   save    count         ! 赋值 count 变量会永远活着,不会忘记它的内容
  13.   write(*,*)count
  14.   count = count+1
  15.   return
  16.end
```

执行结果如下：

```
         1
         2
         3
```

第 12 行使用了新的声明方法，在 save 命令后面的变量的生存周期将不只局限在子程序的执行过程中，会延伸到和整个程序的执行时间一样长。每次子程序 sub 被调用时，count 都会记得它上一次被调用时所留下来的数值。

这里要注意一点，变量的初值只会设置一次，所以第 11 行设置 count 初值的操作只会做一次，并不是每次调用 sub 时，count 都会重新设置为 1。如果没有赋值要 save 变量 count，它的内容在子程序 sub 执行完后就可能会忘记。这个程序中，count 变量就可以用来记录子程序 sub 总共被调用了几次。

在 Fortran 90 中，可以把 save 跟声明写在同一行，程序的 11、12 行可以改写如下：

`integer,save :: count = 1`

Fortran 标准并没有强制规定，令没有使用 SAVE 的变量就不能永远记住它的数值，它只规定加 SAVE 的变量要永远记住它的数值。事实上有些编译器不管声明中有没有指明要 SAVE，都会让变量永远记住数值，例如 Visual Fortran 就是如此。不过为了确保程序正确、增加程序代码的可移植性，在该加上 SAVE 的时候还是加上 SAVE 比较保险。

8-4-4 传递函数

读者可能没有想过，传递参数时，除了传送数字、字符等等数据之外，还可以把一个函数名称当成参数传送出去，来看一个实例：

EX0821.F90

```
  1.program ex0821
  2.  implicit none
  3.  real,external  :: func  ! 声明 func 是个自定义函数
  4.  real,intrinsic :: sin   ! 声明 sin 是库函数
  5.
  6.  call ExecFunc(func)! 输入自定义函数 func
```

```
 7.   call ExecFunc(sin) ! 输入库函数 sin
 8.
 9.   stop
10.end program
11.
12.subroutine ExecFunc(f)
13.   implicit none
14.   real,external :: f  ! 声明参数 f 是个函数
15.   write(*,*)f(1.0)    ! 执行输入的函数 f
16.   return
17.end
18.
19.real function func(num)
20.   implicit none
21.   real :: num
22.   func = num*2
23.   return
24.end function
```

执行结果会得到 func(1.0)及 sin(1.0)这两个数值，也就是 2.0 和 0.841。

```
   2.000000
   0.8414710
```

第 3 行的声明中使用了 EXTERNAL，前面曾介绍过这是用来表明所声明的是一个自定义函数的名称。第 4 行的声明中使用了一个新的关键字 INTRINSIC，它用来表明所声明的 sin 是 Fortran 的库存函数，而不是一个变量。在这个程序中 EXTERNAL 和 INTRINSIC 这两个字都不能省略，因为在这里要把函数名称当成参数传递出去。如果纯粹把函数拿来计算使用，不把它当成参数传递出去，声明 func 时可以省略 EXTERNAL，声明 sin 的这一整行则都可以完全省略。

第 6、7 这两行执行了两次调用子程序 ExecFunc，分别把自定义函数 func 和库函数 sin 输入。

```
 6.   call ExecFunc(func) ! 输入自定义函数 func
 7.   call ExecFunc(sin)  ! 输入库函数 sin
```

子程序 ExecFunc 中则会执行所输入的函数。第一次输入的是自定义函数 func，所以它会输出 func(1.0)的值。

```
15.   write(*,*)f(1.0) ! 第一次执行时会调用 func(1.0)
```

第二次输入的是库函数 sin，所以它会输出 sin(1.0)的值。

```
15.   write(*,*)f(1.0) ! 第二次执行时会调用 sin(1.0)
```

除了函数可以当成参数来传递之外，子程序也可以拿来作为参数传递出去。

EX0822.F90

```
 1.program ex0822
```

```
 2.    implicit none
 3.    external sub1,sub2  ! 声明 sub1 跟 sub2 是子程序名称
 4.    call sub(sub1)      ! 把子程序 sub1 当参数传出去
 5.    call sub(sub2)      ! 把子程序 sub1 当参数传出去
 6.    stop
 7.end program
 8.
 9.subroutine sub(sub_name)
10.    implicit none
11.    external sub_name   ! 声明 sub_name 是个子程序
12.    call sub_name( )    ! 调用输入的子程序 sub_name
13.    return
14.end subroutine
15.
16.subroutine sub1( )
17.    implicit none
18.    write(*,*)"sub1"
19.end subroutine
20.
21.subroutine sub2( )
22.    implicit none
23.    write(*,*)"sub2"
24.end subroutine
```

程序执行结果如下：

```
sub1
sub2
```

这个程序用法与前一个实例 EX0821 很类似，只差在一个是传递函数，一个是传递子程序。这个用法在第 13、14、15 章会有比较实际的应用。顺便说明一点，这个用法类似 C 语言中的函数指针。

8-5 特殊参数的使用方法

Fortran 90 中，可以赋值参数的属性，设置某些参数是只读不能改变的。它还可以输入不定个数的参数，还可以不按照顺序来传递参数。

8-5-1 参数属性

Fortran 中，参数传递出去之后，它的数值很有可能会在函数中被改变。有的时候程序员会希望某些参数是只读的，它的数值不能在函数中被改变。Fortran 90 的 INTENT 命令可

以用来设置参数属性，先来看一个简单的实例：

EX0823.F90

```
 1.program ex0823
 2.  implicit none
 3.  integer :: a=4
 4.  integer b
 5.  call div(a,b)
 6.  write(*,*)a,b
 7.  stop
 8.end program
 9.
10.subroutine div(a,b)
11.  implicit none
12.  integer,intent(in):: a   !指定a是只读
13.  integer,intent(out):: b  !指定b在子程序中应该重新设置数值
14.  b=a/2
15.end subroutine
```

子程序 div 的功能是把第 1 个参数的值除以 2 的结果放到第 2 个参数中。第 1 个参数 a 只可拿来读取，不能改变量值，程序代码第 12 行用 INTENT(IN) 把它指定成为只读的参数。

```
12.  integer,intent(in):: a   !指定a是只读
```

第 2 个参数 b 则用来返回计算结果，程序第 13 行用 INTENT(OUT) 把它指定成会输出结果的参数。

```
13.  integer,intent(out):: b  !指定b在子程序中应该重新设置数值
```

事实上不指定参数属性并不会影响程序执行结果，加上这两行只是用来避免编写程序时不小心出错。设置成只读的变量，在函数中如果重新设置数值，编译过程中会出现错误。而设置成要输出的变量，如果在函数中没有重新设置一个数值给它，编译过程会出现警告信息。

除了 INTENT(IN)、INTENT(OUT) 外，还可以指定 INTENT(INOUT) 这个属性。这个属性是指参数可读又可写的意思，基本上就和什么都没有指定时是一样的。

在计算丢标枪的实例程序 EX0809 中的两个函数 Angle_TO_Rad 及 Get_Distance 都不会去改变参数，这两个函数的参数都是只读的。这个程序严格的写法会变成下面的样子。

EX0824.F90

```
1.program ex0824
2.implicit none
3.  integer,parameter :: players = 5
4.  real :: angle(players)=(/ 30.0,45.0,35.0,50.0,40.0 /)
5.  real :: speed(players)=(/ 25.0,20.0,21.0,27.0,22.0 /)
```

```
 6.    real :: distance(players)
 7.    real,external :: Get_Distance  ! 声明 Get_Distance 是个函数
 8.    integer :: I
 9.
10.    do I=1,players
11.       distance(i)= Get_Distance(angle(i),speed(i))
12.    write(*,"('Player ',I1,' =',F8.2)")I,distance(i)
13.    end do
14.
15.    stop
16.end

17.! 把 0~360 的角度转换成 0~2PI 的弧度
18.real function Angle_TO_Rad(angle)
19.    implicit none
20.    real,intent(in):: angle
21.    real,parameter :: pi=3.14159
22.
23.    Angle_TO_Rad = angle*pi/180.0
24.
25.    return
26.end

27.! 由角度、切线速度来计算投射距离
28.real function Get_Distance(angle,speed)
29.implicit none
30.    real,intent(in):: angle,speed  ! 输入的参数
31.    real rad,Vx,time  ! 内部使用
32.    real,external :: Angle_TO_Rad  ! 声明 Angle_TO_Rad 是个函数
33.    real,parameter :: G=9.81
34.
35.    rad = Angle_TO_Rad(angle)  ! 单位转换
36.    Vx  = speed*cos(rad)            ! 水平方向速度
37.    time = 2.0*speed*sin(rad)/ G    ! 在空中飞行时间
38.    Get_Distance = Vx * time        ! 距离 = 水平方向速度 * 飞行时间
39.
40.    return
41.end
```

这个程序和原来的程序只有两行的差别,第 20、30 行。在这里把输入的参数都指定成只读的属性。

```
real,intent(in):: angle  ! 指定 angle 是只读的参数
```

8-5-2 函数的使用接口（INTERFACE）

INTERFACE 是一段程序模块，用来清楚说明所要调用函数的参数类型及返回值类型等等的"使用接口"。在一般情况下，使用函数时不需要特别说明它们的"使用接口"，不过在下面这些情况下是必要的：

（1）函数返回值为数组时。
（2）指定参数位置来传递参数时。
（3）所调用的函数参数数目不固定时。
（4）输入指标参数时。
（5）函数返回值为指针时。

这五种情况读者应该还不完全了解它们是什么东西，下面的章节会慢慢解释。不过第 1 点应该不难，目前为止所举例中的函数都只返回一个数值，函数的返回值也可以是一个数组，来看下面的实例。

EX0825.F90

```
1.  program ex0825
2.  implicit none
3.    interface  ! 定义函数 func 的使用接口
4.      function random10(lbound,ubound)
5.      implicit none
6.      real :: lbound,ubound
7.      real :: random10(10) ! 返回值是个数组
8.      end function
9.    end interface
10.   real :: a(10)
11.   CALL RANDOM_SEED( )   ! 库存子程序，使用随机数前调用
12.   a = random10(1.0,10.0) ! 生成 10 个 1.0～1.0 之间的随机数
13.   write(*,"(10F6.2)")a  ! 输出数组 a 的内容
14. end
15.
16. ! random10 会返回 10 个范围在 lbound 到 ubound 之间的随机数
17. function random10(lbound,ubound)
18. implicit none
19.   real :: lbound,ubound
20.   real :: len
21.   real :: random10(10)
22.   real    t
23.   integer i
24.   len = ubound - lbound  ! 计算范围大小
25.   do i=1,10
```

```
26.    call random_number(t) ! t 是 0~1 之间的随机数
27.    random10(i)= lbound + len * t  ! 把 t 转换成 lbound~ubound 间的随机数
28.    end do
29.    return
30.end
```

程序会输出 10 个在 1~10 之间随机生成的随机数,每次执行出来的结果应该都不一样。读者所执行出来的结果也应该与这里输出的结果有所不同。

　　3.90 6.43 1.24 7.41 2.93 6.12 4.28 8.32 9.11 4.48

这里先说明随机数的使用方法,在写程序的时候,常常会需要使用类似丢铜板的情况,以随机的方法来决定下一步要怎么做,这时候就要使用随机数。使用随机数前要先调用 RANDOM_SEED 这个子程序来启动随机数生成器,启动之后就可以经过调用 RANDOM_NUMBER 来得到一个 0~1 之间的随机数。

这个实例中的函数 random10,会通过输入的两个参数来决定随机数的值域范围,生成 10 个随机数,放在一维数组中作为返回值。这里示例了函数返回数组的方法,主程序中要用 INTERFACE 来说明函数的使用接口,使用接口包括参数类型及返回值类型。

```
 3.   interface  ! 定义函数 func 的使用接口
 4.     function random10(lbound,ubound)
 5.     implicit none
 6.     real :: lbound,ubound
 7.     real :: random10(10) ! 返回值是个数组
 8.     end function
 9.   end interface
```

一般情况并不需要使用 interface,只有本小节最前面提到的那些情况才需要使用 interface。声明使用接口,对程序员来说,是一个很麻烦的工作。尤其是在需要调用多个函数时,整个程序代码看起来会很烦杂。以这个例子来说,如果有另一个子程序也要调用函数 random10,那在这个子程序中也需要再写清楚函数 random10 的 interface 才行。使用 module 可以减少这个麻烦,下面的章节会介绍 module 的使用。

INTERFACE 的编写结构很简单,它一次可以放入好几个函数的使用接口声明:

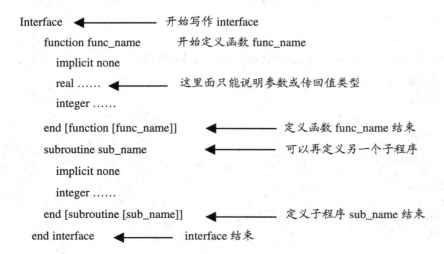

8-5-3 不定个数的参数传递

在 Fortran 77 及很多的程序语言中，函数的参数个数都是有固定数目的。Fortran 90 中，可以用 OPTIONAL 命令来表示某些参数是"可以省略的"。来看一个实例：

EX0826.F90

```
1.program ex0826
2.  implicit none
3.  interface
4.    subroutine sub(a,b) ! 定义子程序 sub 的使用接口
5.    implicit none
6.      integer :: a
7.      integer,optional :: b
8.    end subroutine sub
9.  end interface
10.  ! 开始编写执行命令
11.  call sub(1)  ! 使用 1 个参数
12.  call sub(2,3)! 使用 2 个参数
13.  stop
14.end program ex0817
15.
16.subroutine sub(a,b)
17.  implicit none
18.  integer :: a
19.  integer,optional :: b
20.  if(present(b))then   ! 有输入 b 时
21.    write(*,"('a=',I3,' b=',I3)")a,b !
22.  else                 ! 没有输入 b 时
23.    write(*,"('a=',I3,' b=unknown')")a
24.  end if
25.  return
26.end subroutine sub
```

执行结果如下：

a= 1 b=unknown
a= 2 b= 3

在子程序 sub 以及主程序的 INTERFACE 声明中，声明第二个参数是可以忽略的。

          integer，optional :: b

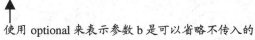

使用 optional 来表示参数 b 是可以省略不传入的

函数 PRESENT 可以检查一个参数是否传递进来，函数 present 的返回值是布尔变量，如果想要检查的参数传递进来，会返回.true.，没有则返回.false.。

这个程序在主程序中调用了两次子程序 sub，第一次只放入第 1 个参数，第二次放入了两个参数。子程序的运行很简单，如果两个参数传递进来，就把两个参数内容显示来。只输入第 1 个就显示 a 的值，b 的内容则为 unknown。

```
20.    if(present(b))then        ! 有输入 b 时
21.      write(*,"('a=',I3,' b=',I3)")a,b   !
22.    else                       ! 没有输入 b 时
23.      write(*,"('a=',I3,' b=unknown')")a
24.    end if
```

有一点要注意："要调用这一类不定数目参数的函数时，一定要先声明出函数的 INTERFACE"，使用 MODULE 时则可以省略。

8-5-4 改变参数传递位置的方法

Fortran 90 中，甚至可以不用按照参数的顺序来传递参数。例如有一个子程序如下：

```
subroutine sub(a,b,c)
    ......
    ......
end subroutine sub
```

调用这个子程序时，可以直接代入子程序中的变量名称来做"变换参数位置"的调用，例如：

```
call sub(b=2,c=3,a=1)! 根据变量名称来传递参数
```

在这个命令下，子程序仍然可以正确地接收到 a=1、b=2、c=3 这 3 个参数。这个方法可以配合应用在不定个数的参数传递上，例如有一个子程序的参数声明情况如下：

```
subroutine sub(a,b,c,d,e,f)
implicit none
integer,optional :: a,b,c,d,e,f
......
end subroutine sub
```

想要指定输入某几个参数时，就可以用这个方法来特别指定：

```
call sub(b=3,f=5)! 只输入 b 和 f 的值，其他 3 个都不输入
```

请注意，使用这个方法来传递参数时，一定要声明 INTERFACE。这个做法可以省略许多不必要的描述，尤其是在子程序可以接收多个参数时。编写程序时，可以让某些参数有默认值，不输入这些参数时就使用默认值。来看下面的例子，这个例子会编写一个函数来计算 $F(X)=A*X^2+B*X+C$ 的值，一定要输入 X 来计算，A、B、C 没有输入的话默认值为 0。

EX0827.F90

```
1.program ex0827
2.  implicit none
```

```
3.  interface
4.     real function func(x,a,b,c) ! 定义子程序 func 的使用接口
5.     implicit none
6.     real x
7.     real,optional :: a,b,c
8.     end function
9.  end interface
10. ! 开始编写执行命令
11. write(*,*)func(2.0,c=1.0)          ! F(2)=0*2^2 + 0*2 + 1 = 1
12. write(*,*)func(2.0,a=2.0,b=1.0)! F(2)=2*2^2 + 1*2 + 0 = 10
13. stop
14. end
15. ! 计算 func(X)=A*X^2+B*X+C
16. ! A,B,C 不输入的话为 0
17. real function func(x,a,b,c)
18.    implicit none
19.    real x   ! x 值一定要输入
20.    real,optional :: a,b,c ! a,b,c 可以不输入
21.    real ra,rb,rc           ! 实际计算的数字
22.
23.    if(present(a))then
24.       ra=a
25.    else
26.       ra=0.0 ! 默认值为 0
27.    end if
28.
29.    if(present(b))then
30.       rb=b
31.    else
32.       rb=0.0 ! 默认值为 0
33.    end if
34.
35.    if(present(c))then
36.       rc=c
37.    else
38.       rc=0.0 ! 默认值为 0
39.    end if
40.    ! func(x)=A*X^2+B*X+C
41.    func = ra*x**2 + rb*x + rc
42.
```

```
43.    return
44. end
```

执行结果如下：

```
 1.000000
10.00000
```

函数 func 的使用接口声明为：

```
interface
   real function func(x,a,b,c) ! 定义子程序 func 的使用接口
   implicit none
   real x
   real,optional :: a,b,c
   end function
end interface
```

函数 func 的 4 个参数中只有第 1 个参数 x 是必要的，其他参数都可省略。函数 func 中另外声明的 ra、rb、rc 这 3 个变量，才是真正用做来计算的数值。如果输入 a 时，ra 的值会设置成参数 a 的内容，不然就会设为 0。

```
23.    if(present(a))then
24.       ra=a
25.    else
26.       ra=0.0  ! 默认值为 0
27.    end if
```

其他两个变量 rb、rc 也是同样的情况。最后再利用这 3 个变量 ra、rb、rc 来计算 F(X)=A*X^2+B*X+C 的值。

```
41.   func = ra*x**2 + rb*x + rc
```

8-6　特殊的函数类型

　　Fortran 90 的函数，除了一般正常使用的类型外，还可以特别指定成 RECURSIVE、PURE、ELEMENTAL 这 3 种类型之一。RECURSIVE 是让函数可以自己调用自己，名词上称为"递归"。PURE 及 ELEMENTAL 是用来做并行处理时及设置数组时使用。

8-6-1　递　归

　　函数除了可以让别人调用，自己也可以调用自己来执行，这叫做"递归"。能够递归执行的函数有一个必要条件，那就是递归函数每次被调用执行时，函数中所声明的局部变量（指那些不是传递进来的参数，及没有 SAVE 的变量）都会使用不同的内存地址。简单地说，函数中的局部变量在每次调用时都是独立存在的。

　　下面的实例程序会使用"递归"的方法来编写计算阶乘的子程序：

EX0828.F90

```fortran
1. program ex0828
2.   implicit none
3.   integer :: n
4.   integer,external :: fact
5.   write(*,*)'N='
6.   read(*,*)n
7.   write(*,"(I2,'! = ',I8)")n,fact(n)
8.   stop
9. end
10.
11. recursive integer function fact(n)result(ans)
12.   implicit none
13.   integer,intent(in):: n
14.
15.   if(n < 0)then      ! 不合理的输入
16.     ans = -1         ! 随便设置一个值
17.     return           ! n 不合理,直接 return
18.   else if(n <= 1)then
19.     ans=1
20.     return           ! 不用再向下递归了,return
21.   end if
22.   ! 会执行到这里,代表 n>1,利用 n*(n-1)!来计算 n!
23.   ans = n * fact(n-1)! 调用自己来计算(n-1)!
24.   return
25. end
```

执行结果如下:

```
N=
5(输入一个正整数)
 5! =      120
```

主程序的部分没有什么功能,只有去调用函数 fact 来计算阶乘而已。函数 fact 的一开头就以 RECURSIVE 来起头,表示这个子程序可以递归地来被自己调用。

recursive integer function fact(n)   result(ans)

最开头加上 recursive 的函数才能　　　result 可以用来在程序代码中使用另外一个名字来设置函
进行递归调用　　　　　　　　　　　　数的传回值,这里用 ans 来代替原来的 fact

每个自定义函数都可以使用 RESULT 来改用另一个名字来设置返回值,Fortran 90 标准中，递归函数一定要使用 RESULT 来改名。不过有些编译器可以接受不改名的递归函数。

使用递归要有很清楚的逻辑概念，先分析一下阶乘的计算过程：

n!=n*(n-1)*(n-2)*(n-3)* … 3*2*1=n*(n-1)!

等号最右边的式子是重点所在，因为 n!=n*(n-1)!，所以调用函数 fact 来计算 n!时，函数 fact 又可以调用一个计算阶乘的子程序（也就是自己）来经过 n*(n-1)! 计算 n!。程序的 23 行就是在做这件事情。

```
23.    ans = n * fact(n-1)!  n! = n*(n-1)!
```

递归调用时，需要确定一个明确的"终点"，用来停止递归。不然会造成函数不断地调用自己来执行，可能会导致程序死机。

```
15.    if(n < 0)then    ! 不合理的输入
16.      ans = -1        ! 随便设置一个值
17.      return          ! n 不合理，直接 return
18.    else if(n <= 1)then
19.      ans=1           ! 0!=1!=1,不用再另外分解下去
20.      return          ! 不用再向下递归了，return
21.    end if
```

第 23 行会把参数 n 的值减去 1 再调用自己，如果不限制一个终点的话，每次执行到这一行，函数 fact 就会无穷尽地调用自己，变成一个无穷循环。所以这个函数在递归调用开始前先加上两个判断：

（1）若 n<0，则 n 值不合理，不做计算。

（2）若 n<=1，根据数学定义 0!=1!=1，这两个数字的阶乘结果都是已知的，也就不用再计算下去了。

第一个条件当用户输入一个负数时会成立，函数 fact 不做计算，直接 return。第二个条件是用来做递归的结束条件，第 23 行中，每次调用 fact(n-1)会把变量 n 值慢慢减少，当 n<=1 时就不再递归下去。

下面详细列出了整个阶乘计算的运行流程，请记住每一次调用函数 fact 时，它的局部变量都是独立存在的。

N=4

主程序中读入 n 值

fact(n)= fact(4)

在主程序中第一次调用函数 fact 来计算 4!，这次调用中 n=4

ans = n*fact(n-1)= 4*fact(3)

第 1 次执行 fact 时 n=4，因为 n>1，所以还要再调用 fact(n-1)。

ans = n*fact(n-1)= 3*fact(2)

第 2 次执行 fact 时 n=3，因为 n>1，所以还要再调用 fact(n-1)。

ans = n*fact(n-1)= 2*fact(1)

第 3 次执行 fact 时 n=2，因为 n>1，所以还要再调用 fact(n-1)。

ans = 1

第 4 次执行 fact 时会到达递归调用的终点，因为 n<=1，所以 ans=1。函数会开始一个接着的一个 return，先返回第 3 次执行 fact 的地方继续执行。

函 数

n*fact(n-1)= 2*fact(1)= 2*1 = 2 = 2!

第 3 次执行 fact 时 n=2。1!=1 的结果已得到，可以由 2*1!再得到 2!的值。再返回第 2 次执行 fact 的地方。

n*fact(n-1)= 3*fact(2)= 3*2 = 6 = 3!

第 2 次执行 fact 时 n=3。2!=2 的结果已得到，可以由 3*2!再得到 3!的值。再返回第 1 次执行 fact 的地方。

n*fact(n-1)= 4*fact(3)= 4*6 = 24 = 4!

第 1 次执行 fact 时 n=4。3!=6 的结果已得到，可以由 4*3!再得到 4!的值。这个时候计算结束，返回主程序。

fact(4)= 24

主程序中会从 fact(4)的返回值中得到 4!的结果。

递归调用的思维就在于把难的问题简化，以这个实例来说，因为计算 n 的阶乘比较难，就把它分解成 n*(n-1)!来计算。在 n 还太大时，都把它再分解成小一点 n-1，让函数去计算 n-1 阶乘。不过并不是每一个数值都需要分解，如果 n=1 或 n=0 时，程序马上可以知道 0!=1!=1。以 4 的阶乘来说，这个程序会把它一步步的分解成下面的算式再来计算。

4! = 4*3! = 4*3*2! = 4*3*2*1! = 4*3*2*1   递归调用会不断地分解算式

4*3*(2*1) = 4*(3*2) = (4*6) = 24   开始 return 时，会真正开始做计算

把这个程序加入一些额外的信息，再重新看一次：

EX0829.F90

```fortran
1. program ex0829
2.   implicit none
3.   integer :: n
4.   integer,external :: fact
5.   write(*,*)'N='
6.   read(*,*)n
7.   write(*,"(I2,'! = ',I8)")n,fact(n)
8.   stop
9. end
10.
11. recursive integer function fact(n) result(ans)
12.   implicit none
13.   integer,intent(in):: n
14.   integer,save :: count = 1
15.   integer :: localcount,temp  ! 局部变量
16.
17.   localcount = count
18.   count = count+1
19.   write(6,"(I2,'th enter,n=',I2)")localcount,n
```

```
20.
21.     if(n < 0)then    ! 不合理的输入
22.        ans = -1       ! 随便设置一个值
23.        write(6,"(I2,'th exit,n=',I2,' ans=',I8)")localcount,n,ans
24.        return         ! n不合理,直接return
25.     else if(n <= 1)then
26.        ans = 1
27.        write(6,"(I2,'th exit,n=',I2,' ans=',I8)")localcount,n,ans
28.        return         ! 不用再向下递归了,return
29.     end if
30.     ! 会执行到这,代表n>1,从n*(n-1)!来计算n!
31.     temp = n-1
32.     ans = n * fact(temp)
33.     write(6,"(I2,'th exit,n=',I2,' ans=',I8)")localcount,n,ans
34.     return
35.end
```

程序执行结果为：

```
N=4(输入4)
 1th enter,n= 4(第1次执行fact)
 2th enter,n= 3   (第2次执行fact)
 3th enter,n= 2   (第3次执行fact)
 4th enter,n= 1   (第4次执行fact)
 4th exit,n= 1 ans=        1(第4次执行fact 结束)
 3th exit,n= 2 ans=        2(第3次执行fact 结束)
 2th exit,n= 3 ans=        6(第2次执行fact 结束)
 1th exit,n= 4 ans=       24(第1次执行fact 结束)
 4! =         24
```

这里多加了一些额外信息来显示出程序进行的流程，可以发现函数 fact 会一层一层地深入，再一层一层慢慢 return 回来。第 n 次调用 fact 执行完，会回到第 n-1 次调用 fact 中。

函数 fact 的局部变量 localcount 及 temp 是独立存在于每一次的调用当中，第 n-1 次调用 fact 时的 localcount 跟第 n 次调用 fact 时的 localcount 会存放在不同的内存中，它们会是两个不同的变量。

这里多使用了变量 temp，是为了解释说实际上计算机在处理 fact(n-1)这种调用时，事实上是先把 n-1 的计算结果放在一个临时保存的内存空间，就等于是放在一个临时保存的变量中，再把这个暂存变量当成参数传送出去。所以第 k-1 次调用中的 temp 值会变成第 k 次调用中的变量 n 值，这就是 n 值会一直减少的原因。

```
ans = n * fact(n-1)
! 上一行程序,编译器实际上会偷偷使用类似下面的方法来实做
temp = n-1
```

```
               ans = n * fact(temp)
```
　　用递归的方法来计算阶乘，并不会比使用循环来得好。事实上在这里使用递归程序执行效率会比较差，这里只是为了要示范递归的使用方法而已。不过，在处理某些问题时，使用递归可以大幅精减程序代码。所以，还是有必要了解递归的原理，在第 16 章会有更多的实例。

　　没有使用 RECURSIVE 时，不能够直接用来递归调用自己，但是可以迂回地来做递归。做法是在函数中先去调用别的函数，再经过那一个函数来调用自己。这个做法叫做"间接递归"。所以 Fortran 77 也可以经过这个方法来偷偷做递归调用。不过这样做并不一定会正确，只能算是编译器没有检查到这个错误。因为有些编译器会让每次调用函数时，局部变量都放在相同的内存位置，这个情况下递归执行的结果会错误。来看个例子：

EX0830.FOR

```
 1.         PROGRAM  ex0830
 2.         IMPLICIT NONE
 3.         INTEGER  N
 4.         INTEGER  fact
 5.
 6.         WRITE(*,*)'N='
 7.         READ(*,*)n
 8.         WRITE(*,"(I2,'! = ',I8)")n,fact(n)
 9.
10.         STOP
11.         END
12.
13.         INTEGER FUNCTION ifact(n)
14.         IMPLICIT NONE
15.         INTEGER fact
16.         INTEGER n
17.
18.         ifact = fact(n)
19.
20.         RETURN
21.         END
22.
23.         INTEGER FUNCTION fact(n)
24.         IMPLICIT NONE
25.         INTEGER  n
26.         INTEGER  count
27.         INTEGER  localcount,temp   ! 局部变量
28.         INTEGER  ifact
```

```
29.         EXTERNAL ifact
30.         SAVE     count
31.         data     count  /1/
32.
33.         localcount = count
34.         count = count+1
35.         WRITE(6,100)localcount,n
36.100      FORMAT(I2,'th enter,n=',I2)
37.         IF(n < 0)THEN   ! 不合理的输入
38.           fact = -1      ! 随便设置一个值
39.           WRITE(6,200)localcount,n,fact
40.           RETURN         ! n不合理，直接return
41.         ELSE IF(n <= 1)THEN
42.           fact = 1
43.           WRITE(6,200)localcount,n,fact
44.           RETURN         ! 不用再向下递归了，return
45.         END IF
46.         ! 会执行到这，代表n>1,从n*(n-1)!来计算n!
47.         temp = n-1
48.         fact = n * ifact(temp)! 调用ifact,ifact会直接再调用fact
49.         WRITE(6,200)localcount,n,fact
50.200      FORMAT(I2,'th exit,n=',I2,' ans=',I8)
51.         RETURN
52.         END
```

程序执行结果可能会随编译器不同而改变：

N=4(输入正整数)
1th enter,n= 4
2th enter,n= 3
3th enter,n= 2
4th enter,n= 1
4th exit,n= 1 ans=   1
4th exit,n= 1 ans=   1
4th exit,n= 1 ans=   2
4th exit,n= 4 ans=   8
4! =   8

  这个实例刚好可以拿来回顾 Fortran 77 的写法，它的答案是错的，请不要用这个写法。没有指明 RECURSIVE 时，局部变量可能会永远使用相同的内存地址，就和使用 SAVE 的变量一样。所以这个时候的局部变量不会在每次函数调用中独立，无法正确做出递归。这个实例只要把函数 fact 前加上 RECURSIVE 就会正确了。

8-6-2 内部函数

Fortran 90 中还可以把函数做一个"归属",定义出某些函数只能在某些特定的函数中被调用,写法如:

```
program main 或 subroutine sub 或 function func
   ......
   ......
   contains        ← contains 后面开始写作局部函数
   subroutine localsub   ← localsub 只能在包含它的函数中被调用
      ......
      ......
   end subroutine localsub

   function localfunc    ← localfunc 只能在包含它的函数中被调用
      ......
      ......
   end function
end program/subroutine/function
```

这个方法,可以用来设计一个函数中的"内部运行",因为内部运行是不希望被别人所使用的。来看一个实例:

EX0831.F90

```
1. program ex0831
2.   implicit none
3.   integer :: n
4.   write(*,*)'N='
5.   read(*,*)n
6.   write(*,"(I2,'! = ',I8)")n,fact(n)
7.   stop
8.
9. contains
10.   recursive integer function fact(n) result(ans)
11.     implicit none
12.     integer,intent(in):: n
13.
14.     if(n < 0)then   ! 不合理的输入
15.       ans = -1       ! 随便设置一个值
16.       return          ! n不合理, 直接return
```

```
17.        else if(n <= 1)then
18.            ans = 1
19.            return              ! 不用再向下递归了, return
20.        end if
21.        ! 会执行到这, 代表 n>1, 从 n*(n-1)!来计算 n!
22.        ans = n * fact(n-1)
23.        return
24.    end function fact
25.end
```

这个程序只是实例 EX0828 改写后的结果,把函数 fact 放在主程序中,这样函数 fact 只能在主程序中被调用,其他函数不能调用它。还有一点就是在这里主程序不需要声明就可以直接调用到函数 fact。

8-6-3　PURE 函数

在 FUNCTION/SUBROUTINE 前面加上 PURE 就可以使用 PURE 函数。一般情况下不需要使用 PURE 函数,它是用来配合并行运算使用。使用 PURE 函数时有很多限制:

(1) PURE 函数的参数必须都是只读 INTENT (IN)。
(2) PURE 子程序的每个参数都要赋值属性。
(3) PURE 函数中不能使用 SAVE。
(4) PURE 函数中所包含的内部函数也都必须是 PURE 类型函数。
(5) PURE 函数中不能使用 STOP、PRINT 及跟输出入相关的命令如 READ、WRITE、OPEN、CLOSE、BACKSPACE、ENDFILE、REWIND、INQUIRE 等等。
(6) PURE 函数中只能够读取,不能改变全局变量的值。

这些限制都是为了配合并行运算。并行运算可以让程序中,不同部分的程序代码在同一时间执行,加快执行速度。如果不对并行运算做限制,会出现一些问题。例如假设现在同时正在执行函数 A 和函数 B,而这两个函数都可以在屏幕上输出一些信息,假设函数 A 正好要输出 a=1,函数 B 正好要输出 b=2,不过由于它们是同时在执行,但是屏幕只有一个,所以有可能会显示 a=b=21、ab==12、a=1b=2、b=a1=2 等等的结果。因为 a=1 跟 b=2 这两段文本都抢着要输出到屏幕上,结果会导致两段文本混在一起显示出来。

上面的 6 项限制,都是为了避免在并行运算时,出现奇怪的执行结果而制定的。来看一个实例:

EX0832.F90

```
1.program  ex0832
2.  implicit none
3.  integer,external :: func
4.  write(*,*)func(2,3)
5.end program
6.
```

```
 7. pure integer function func(a,b)
 8.   implicit none
 9.   integer,intent(in):: a,b
10.   func = a+b
11.   return
12. end function
```

这个实例纯粹是示范 PURE 函数的语法,计算机不具备并行运算能力时不需要使用 PURE 函数。

8-6-4 ELEMENTAL 函数

只要在 FUNCTION/SUBROUTINE 之前加上 ELEMENTAL,就可以使用 ELEMENTAL 类型函数。这个类型的函数也可以用来做并行运算,它同样有上一个小节中的那 6 项限制。不过它多了一个功能,可以用来做数组的设置,不过它也多了一个限制,就是它的参数不能是数组。

```
integer a(10)
a=func(a)
! 如果 func 是 elemental 函数,这段程序代码执行结果跟下面的循环相同
do i=1,10
a(i)=func(a(i))
end do
```

ELEMENTAL 函数主要就是用来配合 Fortran 90 可以对整个数组操作的语法来设置数组内容。下面是一个实例:

EX0833.F90

```
 1. program ex0833
 2.   implicit none
 3.
 4.   interface  ! 说明函数 func 的使用接口
 5.     elemental real function func(num)
 6.       implicit none
 7.       real,intent(in):: num
 8.     end function
 9.   end interface
10.
11.   integer i
12.   real :: a(10)=(/(i,i=1,10)/)
13.   real :: b(10)
14.
15.   write(*,"(10F6.2)")a
```

```
16.    a = func(a)
17.    write(*,"(10F6.2)")a
18.
19. end program
20.
21. elemental real function func(num)
22.    implicit none
23.    real,intent(in):: num
24.    func = sin(num)+ cos(num)
25.    return
26. end function
```

执行结果如下:

```
 1.00  2.00  3.00  4.00  5.00  6.00  7.00  8.00  9.00 10.00
 1.38  0.49 -0.85 -1.41 -0.68  0.68  1.41  0.84 -0.50 -1.38
```

使用 ELEMENTAL 函数时要先说明它的使用接口，主程序才会正确地做出设置数组的调用。程序的第 16 行表面上看起来类型并不对，等号左边是个数组，等号右边返回的却只是一个浮点数。

```
16.    a = func(a)
```

因为函数 func 是 ELEMENTAL 类型，这一行会自动变成类似使用循环来执行 a(i)=func(a(i))的情况，数组中每一个数值都会重新设置。不管几维数组都可以用这个方法来设置数值。

8-7 MODULE

MODULE 可以用来封装程序模块，通常是用来把程序中，具备相关功能的函数及变量封装在一起。

8-7-1 MODULE 中的变量

举例来说，需要使用全局变量时，可以把全局变量都声明在 MODULE 中，需要使用这些变量的函数只要 USE 这个 MODULE 就可以使用它们。

EX0834.F90

```
1. module global
2.    implicit none
3.    integer a,b
4.    common a,b
5. end module
6.
```

```
 7.program  ex0834
 8.  use global
 9.  implicit none
10.  a=1
11.  b=2
12.  call sub( )
13.end program
14.
15.subroutine sub( )
16.  use global
17.  implicit none
18.  write(*,*)a,b
19.  return
20.end subroutine
```

主程序和子程序中都没有声明 a、b 这两个变量，不过主程序和子程序中都有 use global 这一行描述。变量 a、b 都是声明在 module global 当中，所以只要使用了 global 这个程序单元，就可以看到 a 和 b 这两个变量。

MODULE 的语法如下：

```
module module_name
    ......
    ......
end [module [module_name]]
```

在函数中要使用 MODULE 时，要在开始声明之前就使用 use module_name 的描述来使用某一个 MODULE。这个实例中，如果不使用 MODULE 的话，主程序和子程序中都要编写重复的程序代码来声明全局变量。还有一点，MODULE 的程序代码需要编写在前面，这个程序在主程序及子程序中都使用 module global，所以 module global 要编写在最前面。

MODULE 中的变量如果不是声明成全局变量，这些变量被函数使用时，只会是函数中的局部变量。如果想让函数之间通过 MODULE 中的变量来传递数据，要把这些变量声明成全局变量。或者是在声明变量时加上 SAVE，在 MODULE 声明中指定要 SAVE 的变量，功能上也等于全局变量。

EX0835.F90

```
1.module global
2.  implicit none
3.  integer,save :: a
4.end module
5.
6.program ex0835
7.  use global
```

```
8.    implicit none
9.    a = 10
10.   call sub( )
11.   write(*,*)a
12.   stop
13.end
14.
15.subroutine sub( )
16.   use global
17.   implicit none
18.   write(*,*)a
19.   a = 20
20.   return
21.end
```

执行结果如下：

```
    10
    20
```

这个程序示范了另一种使用全局变量的方法。如果读者试着把第4行声明中的 SAVE 拿掉，也许仍然会得到相同的执行结果，但并不保证使用每种编译器都可以得到这个结果。只有确实使用 SAVE 命令时，才能保证 MODULE 中的变量会永远记得它的数值。

8-7-2　MODULE 中的自定义类型 TYPE

第 4 章第一次介绍自定义类型 TYPE 后，就一直没有再使用它。事实上 TYPE 是个很好用的语法，编写大程序时，会把程序分区成很多函数，使用这些函数有时候会需要传递很多参数，使用自定义类型可以减少参数的数目。

就以本章一开始的射标枪程序来举例，因为它是假设在理想的状况下，不用考虑身高、风速、阻力等等因素。如果连这些因素都考虑进去，需要传递的参数就不再只是角度跟速度而已。传递多个参数时会很容易发生错误，程序员不可能永远记得每个参数的意义，写程序时很容易会把参数位置弄反，铸成大错。

如果添加一个自定义类型，把这些数值都封装在这个新的类型中，传递参数时只要传递一个变量过去就行了，来看一个实例。

EX0836.F90

```
1.module constant
2.   implicit none
3.   real,parameter :: PI = 3.14159
4.   real,parameter :: G  = 9.81
5.end module
6.
```

```fortran
7. module typedef
8.    implicit none
9.    type player
10.      real :: angle
11.      real :: speed
12.      real :: distance
13.   end type
14. end module
15.
16. program ex0836
17.    use typedef
18.    implicit none
19.    integer,parameter :: players = 5
20.    type(player):: people(players)=(/ player(30.0,25.0,0.0),&
21.                                      player(45.0,20.0,0.0),&
22.                                      player(35.0,21.0,0.0),&
23.                                      player(50.0,27.0,0.0),&
24.                                      player(40.0,22.0,0.0)&
25.                                    /)
26.    real,external :: Get_Distance  ! 声明 Get_Distance 是个函数
27.    integer :: I
28.
29.    do I=1,players
30.       call Get_Distance(people(I))
31.       write(*,"('Player ',I1,' =',F8.2)")I,people(I)%distance
32.    end do
33.
34.    stop
35. end
36. ! 把 0~360 的角度转换成 0~2PI 的弧度
37. real function Angle_TO_Rad(angle)
38.    use constant
39.    implicit none
40.    real angle
41.    Angle_TO_Rad = angle*pi/180.0
42.    return
43. end
44. ! 由角度、切线速度来计算投射距离
45. subroutine Get_Distance(person)
46.    use constant
```

```
47.    use typedef
48.    implicit none
49.    type(player):: person
50.    real rad,Vx,time
51.    real,external   :: Angle_TO_Rad   ! 声明 Angle_TO_Rad 是个函数
52.
53.    rad  = Angle_TO_Rad(person%angle)      ! 单位转换
54.    Vx   = person%speed * cos(rad)         ! 水平方向速度
55.    time = 2.0 * person%speed * sin(rad)/ G ! 在空中飞行时间
56.    person%distance = Vx * time            ! 距离 = 水平方向速度 * 飞行时间
57.
58.    return
59.end
```

这个程序和 EX0809 基本上一模一样，只不过这里使用自定义类型来传递参数。先注意设置 people 数组的这一段程序代码，因为它是个自定义类型，又是数组，所以设置初值的部分看起来有点复杂。

```
20.    type(player):: people(players)=(/ player(30.0,25.0,0.0),&
21.                                      player(45.0,20.0,0.0),&
22.                                      player(35.0,21.0,0.0),&
23.                                      player(50.0,27.0,0.0),&
24.                                      player(40.0,22.0,0.0)&
25.                                   /)
```

设置初值的结果跟原 EX0809 的题目条件是一模一样的。

原 EX0809 使用 Get_Distance 时需要传递 3 个参数，经过自定义类型封装过后，现在只需要传递 1 个参数就行了。

```
30.    call Get_Distance(people(I))
```

主程序和子程序 Get_Distance 都需要使用 player 类型，如果不使用 MODULE，需要在主程序和子程序中都分别声明一次 player 类型才行，这样会让程序代码看起来很啰嗦。把自定义类型 player 写在 MODULE 中，只要在函数中 USE 这个 MODULE 就可以认得 player 类型。

```
7. module typedef
8.    implicit none
9.    type player
10.     real :: angle
11.     real :: speed
12.     real :: distance
13.    end type
14.end module
```

程序还另外编写了一个专门用来存放常量的 MODULE，函数只要 USE 这个 MODULE 就可以使用它所声明的常量。

```
1. module constant
2.   implicit none
3.   real,parameter :: PI = 3.14159
4.   real,parameter :: G = 9.81
5. end module
```

8-7-3　MODULE 中的函数

MODULE 中还可以容纳函数，编写结构如下。

module module_name

　……　　◀── 先写声明相关程序代码

　……

contains　◀── 从 contains 后开始写作函数

　subroutine sub_name

　　……

　　……

　end subroutine [sub_name]　　◀── subroutine 不能省

　function func_name

　　……

　　……

　end function [func_name]　　◀── function 不能省

end [module]

通常会把功能上相关的函数放在同一个 MODULE 模块中。而程序想要调用 MODULE 中的函数时，也要先通过 use module_name 的命令，才能够调用到它们。这个做法比较符合模块化概念，编写大程序时，可以把程序中属于绘图功能的部分放在 module Graphics 中，把数值计算的部分放在 module Numerical 中。

Visual Fortran 中所提供一些扩充函数库就用这个方法来归类，像是数值函数库 IMSL 就放在 module IMSL，3D 绘图程序库 OpenGL 的函数就放在 module OpenGL 中。使用它们之前都要先 use IMSL、use OpenGL。

在同一个 MODULE 中的变量及函数间还有一个很重要的关系，那就是函数可以直接使用同一个 MODULE 里所声明的变量，说明如下：

module tool
　implicit none
　integer :: a　　（module 中声明了变量 a）
　……
　……
contains
　subroutine add( )
　　implicit none

```
    a=a+1          （module 中的子程序可以使用 module 中所声明的变量）
    ……
```

关于这个功能，会涉及到一些面向对象的概念，在第 11 章会有更详细的介绍，读者只要先知道有这个现象就够了。现在就来看看一个把函数编写在 MODULE 中的实例程序，改写 EX0836 如下：

EX0837.F90

```
1.module constant
2.  implicit none
3.  real,parameter :: PI = 3.14159
4.  real,parameter :: G  = 9.81
5.end module
6.
7.module typedef
8.  implicit none
9.  type player
10.    real :: angle
11.    real :: speed
12.    real :: distance
13.  end type
14.end module
15.
16.module shoot
17.  use constant
18.  use typedef
19.  implicit none
20.contains
21.  ! 把 0～360 的角度转换成 0～2PI 的弧度
22.  real function Angle_TO_Rad(angle)
23.    implicit none
24.    real angle
25.    Angle_TO_Rad = angle*pi/180.0
26.    return
27.  end function
28.  ! 由角度、切线速度来计算投射距离
29.  subroutine Get_Distance(person)
```

```
30.        implicit none
31.        type(player):: person
32.        real rad,Vx,time
33.
34.        rad  = Angle_TO_Rad(person%angle)      ! 单位转换
35.        Vx   = person%speed * cos(rad)         ! 水平方向速度
36.        time = 2.0 * person%speed * sin(rad)/ G ! 在空中飞行时间
37.        person%distance = Vx * time    ! 距离 = 水平方向速度 * 飞行时间
38.
39.        return
40.     end subroutine
41.end module
42.
43.program ex0837
44. use shoot
45. implicit none
46. integer,parameter :: players = 5
47. type(player):: people(players)=(/ player(30.0,25.0,0.0),&
48.                                   player(45.0,20.0,0.0),&
49.                                   player(35.0,21.0,0.0),&
50.                                   player(50.0,27.0,0.0),&
51.                                   player(40.0,22.0,0.0)&
52.                                   /)
53. integer :: I
54.
55. do I=1,players
56.    call Get_Distance(people(I))
57.    write(*,"('Player ',I1,' =',F8.2)")I,people(I)%distance
58. end do
59.
60. stop
61.end
```

这个程序比前一个实例多了 module shoot。而 module shoot 中会使用 constant、typedef 这两个 module，这也是合理的用法。这样在 module shoot 中，也会拥有在 module constant 及 module typdef 中的所有的东西。任何函数只要 use shoot 就等于同时 use 了 constant 及 typedef 这两个 module。

这个程序和前一个实例 EX0836 差不多，只是把函数都封装在 module shoot 中而已，把函数封装到 module shoot 之后，有几点不同：

（1）因为 module shoot 已经包含 constant 和 typedef 这两个 MODULE，所以在 module shoot 里面的函数可以直接看到 constant 和 typedef 这两个 MODULE 里面的内容。

（2）封装在同一个 MODULE 中的函数会自动互相认识，所以在 Get_Distance 函数中不需要经过声明，就可以直接使用 Angle_TO_Rad 这个函数。

本节所介绍的只是 MODULE 的部分功能而已，它的全貌要在第 11 章才会完整地介绍，因为这其中还包括了面向对象的新概念。

8-8 一些少用的功能

这一节要介绍两个通常不常使用的功能。

8-8-1 ENTRY

ENTRY 用来在函数中创建一个新的"入口"，调用这个入口时，会跳过进入点之前的程序代码来执行函数，直接用一个实例来说明：

EX0838.F90

```
 1.program ex0838
 2.  implicit none
 3.
 4.  call sub( )
 5.  call mid( )
 6.
 7.  stop
 8.end
 9.
10.subroutine sub( )
11.  implicit none
12.
13.  write(*,*)"Hello."
14.  entry mid( )! 另一个进入点 mid
15.  write(*,*)"Good morning."
16.
17.  return
18.end
```

执行结果如下：

Hello.

```
    Good morning.
    Good morning.
```
前两行输出是调用子程序 sub 时所得到的,第 3 行输出是调用子程序中的另一个进入点 mid 得到的。entry 在子程序 sub 建立了一个新的调用进入点 mid。主程序调用 mid 时,会从子程序 sub 中,entry mid ( )这一行来执行程序。

```
    Hello.
    Good morning.(前两行是调用子程序 sub 得到的输出)
    Good morning.(这一行是调用 mid 得到的输出)
```

8-8-2 特别的 RETURN

从函数中 RETURN 返回调用处时,通常会直接返回调用处来继续执进程序。关于这一点也是可以改变的,调用函数时可以额外指定其他的折返点,这里有一个实例:

EX0839.F90

```fortran
1.program ex0839
2.  implicit none
3.  integer :: a
4.
5.  read(*,*)a
6.  call sub(a,*100,*200)
7.  ! 特别另外指定两个折返点,分别是行代码 100 及 200 这两个地方
8.  write(*,*)"Default"
9.  stop
10. 100 write(*,*)"Return 1"
11. stop
12. 200 write(*,*)"Return 2"
13. stop
14.
15.end
16.
17.subroutine sub(a,*,*)
18.  implicit none
19.  integer :: a
20.  if(a<=0)then
21.    return      ! 返回默认的折返点
22.  else if(a==1)then
23.    return 1    ! 返回特别指定的第 1 个折返点
24.  else
25.    return 2    ! 返回特别指定的第 2 个折返点
```

```
26.  end if
27. end subroutine
```

程序执行后会要求输入一个整数,输入值小于等于 0 时,调用子程序 sub 会返回默认折返点。输入值为 1 时,会返回特别指定的第 1 个折返点。输入其他值会返回特别指定的第 2 个折返点。

```
Default(输入值<=0 时)
Return 1(输入值==1 时)
Return 2(输入值>1 时)
```

程序第 6 行输入的最后两个参数是程序代码中的行代码,要加上星号来做识别,不然会被当成是普通的整数,它们用来指定折返点的位置。

```
 6.  call sub(a,*100,*200)
```

子程序 sub 接收最后两个参数时只要使用星号就行了,不需要再声明变量去接收。

```
17.subroutine sub(a,*,*)! 最后两个星号表示会输入两个折返点
```

在子程序 sub 中,RETURN 命令后面加上一个整数,可以用来指定要返回哪一个折返点。RETURN 1 会返会特别指定的第 1 个折返点,RETURN 2 则会返回特别指定的第 2 个折返点。直接写 RETURN 不加数字则会返回默认的位置。

8-9 使用多个文件

程序员通常会把一些具有相关功能的函数,独立编写在不同的文件中,编译器可以分别编译这些程序文件,最后再把它们链接到同一个执行文件中。把程序代码分散在不同文件中有几个好处:
(1)独立文件中的函数,可以再拿给其他程序使用。
(2)可以加快编译速度,修改其中一个文件时,编译器只需要重新编译这个文件就行了。

这个小节会教读者如何把程序代码分散到不同文件中。

8-9-1 INCLUDE

INCLUDE 命令用来在程序代码中,插入另一个文件中的内容。这是在 Fortran 中使用多个文件的最简单方法,下面的实例包含两个文件,读者要先确定这两个文件都放在同一个目录下面再来做编译。

EX0840M.f90

```
1.program ex0840m
2.  implicit none
3.  call sub( )          ! 子程序 sub 写在另一个文件中
4.  stop
5.end
```

```
   6.
   7.include 'ex0840s.f90'  ! 在这里插入 ex0840s.f90 这个文件
```

EX0840S.f90

```
   1.subroutine sub( )
   2.  implicit none
   3.  write(*,*)"Hello."
   4.  return
   5.end subroutine
```

ex0840m.f90 这个文件的第 7 行使用 INCLUDE 命令把 ex0840s.f90 这个文件插进来，编译器会把 ex0840s.f90 中的内容从这个地方开始展开，结果就相当于 ex0840s.f90 中的内容编写在 ex0840m.f90 里面一样。

这个实例把主程序跟子程序写在两个不同文件中，ex0840m.f90 中只有主程序的部分，ex0840s.f90 中只有子程序的部分。INCLUDE 命令可以让两个文件的内容，在编译时合并起来。

INCLUDE 命令可以写在任何地方，它只是单纯地用来插入一个文件的内容。有时候也会应用在声明全局变量，先把声明全局变量的程序代码编写在某个文件中，需要使用全局变量的函数再去 INCLUDE 这个文件，这样做可以减少程序代码。

EX0841.INC

```
   1.  integer a,b
   2.  common  a,b
```

EX0841.F90

```
   1.program ex0841
   2.  implicit none
   3.  include 'ex0841.inc'  ! 插入 ex0841.inc 的内容
   4.  a=1
   5.  b=2
   6.  call sub( )
   7.  stop
   8.end
   9.
  10.subroutine sub( )
  11.  implicit none
  12.  include 'ex0841.inc'  ! 插入 ex0841.inc 的内容
  13.  write(*,*)a,b
  14.  return
  15.end
```

不过在 Fortran 90 提供 MODULE 之后，就不太需要使用 INCLUDE 命令来做这种工作。

8-9-2 Visual Fortran 中使用多个文件

使用 INCLUDE 对编译器来说，它并不会觉得程序代码是分散在不同文件里，因为 INCLUDE 命令只是把其他文件的内容，插入某一个文件中。编译器看到的仍然是全部的程序代码，并不会加快编译速度。而把程序完全独立在不同文件中才能加快编译速度。

把程序代码分区成多个文件，牵涉到编译器的使用方法，这个小节先介绍 Visual Fortran 的使用方法。读者先准备好下面这两个文件：

EX0842M.F90

```
1.program ex0842m
2.  implicit none
3.  call sub( )
4.  stop
5.end
```

EX0842S.F90

```
1.subroutine sub( )
2.  implicit none
3.  write(*,*)"This is subroutine"
4.  return
5.end
```

第 2 章介绍过在 Visual Fortran 中打开一个 Project 的方法，读者在这里先试着打开一个新的 Project，把 EX0842M.F90 和 EX0842S.F90 这两个文件都加入这个新的 Project 中。

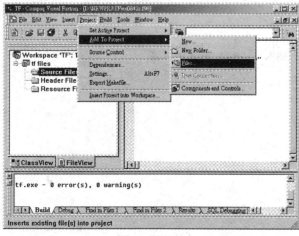

从选项 Project/ Add To Project/ Files 中可以把文件加入到现在的 project 中

图 8.5

函数

把两个文件都加入到 project 中，可以在 FileView 的窗口中看到这两个文件，用鼠标单击这两个文件可把它们的内容放到右边的窗口上做修改

图 8.6

  Project 中可以放入任意数目的文件，Visual Fortran 会把这些文件编译成一个程序。A 文件中，可以调用 B 文件中的函数。不过这些文件中只能有一个主程序存在，因为程序一开始执行时只能有一个进入点，如果有多个主程序会生成多个进入点，这是不合理的情况。

  这个实例中，两个文件可以完全独立来编译。假如只修改 EX0842M.F90 这个文件，编译器可以不需要重新编译 EX0842S.F90 这个文件，这样可以加快编译速度。在编写大程序时可以节省很多时间。

  Visual Fortran 会先把程序代码编译成*.OBJ 的文件，最后再把*.OBJ 的文件链接成*.EXE 的执行文件。一个 Project 只会编译出一个*.EXE 的执行文件，不过却可以编译出好几个 *.OBJ，因为每个*.F90 或*.FOR 文件都会生成一个*.OBJ 的文件。修改一个程序文件时，只有一个 OBJ 文件需要重新生成。

  把程序文件编译成*.OBJ 之后，再把所有的*.OBJ 文件跟库存函数*.LIB 文件链接起来，会生成执行文件。这就是编译器的大致工作流程。

  分成多个文件还有一个好处，可以把旧有的 Fortran 77 程序代码与 Fortran 90 程序代码混用。只要把旧的 Fixed Format（*.for）文件插入 Project 中，再另外插入新的 Free Format （*.f90）文件，就可以在 Fortran 90 中混合使用旧的程序代码。

8-9-3 G77 中使用多个文件

  读者先准备好 EX0842M.FOR 和 EX0842S.FOR 这两个文件，这两个文件内容与前一个实例是一样的，只不过改用 Fortran 77 的 Fixed Format 来编写。使用 G77 只要在编译时一次指定多个文件就可以使用多个文件了：

  `g77 ex0842m.for ex0842s.for -o ex0842`

  最后面的"-o ex0842"用来指定输出的执行文件名字，没指定时会输出 a.out。

  g77 会先把程序文件编译成*.o 的文件，最后再把*.o 的文件链接成执行文件。详细的步骤会分成下面这 3 个程序：

  `g77 -c ex0842m.for`(编译 ex0842m.for,生成 ex0842m.o)

```
g77 -c ex0842s.for(编译 ex0842s.for,生成 ex0842s.o)
g77 ex0842m.o ex0842s.o -o ex0842(链接出执行文件)
```

如果只修改一个文件时，可以这样来分别编译程序。通常会使用 Makefile 来说明编译的流程，编译时则使用 unix 下的 make 命令来编译程序。这里不解释 Makefile 的使用方法，网络上可以找到相关的说明。

8-9-4 程序库

具有特殊功能的一组函数，可以编译成*.LIB 程序库来给其他人使用。*.LIB 的文件内容经过编译，无法从这个文件中读到初始程序代码。如果程序员想保留自己的独门技巧不被外人偷学，可以把程序代码编译成程序库之后，再交给其他人使用。

市面上也有一些公司专门开发程序库，著名的有数值运算的 IMSL 等。使用程序库可以减轻程序员的负担，不需要重新自行编写所有的功能。还可以扩充程序语言的功能，例如使用 OpenGL 程序库可以让程序具备 3D 绘图的能力。第 12 章中会介绍如何去制作及使用一个程序库。

8-10 函数的应用

这一章用了很多版面来介绍函数的编写方法，最后介绍一些使用函数的实例。

绘图程序最适合拿来做教学及练习使用，因为程序执行后会输出图形，用肉眼一看就知道程序是否正确。笔者在这里提供一个在文本格式下绘图的程序库 TextGraphLib，示范如何去封装及使用程序库。在这里先使用文本格式来绘图，第 13 章再真正使用绘图格式来绘图。文本格式可以制作出下图的结果：

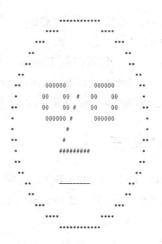

先介绍 TextGraphLib 中有哪些函数可以使用，读者可以在光盘上的 program\chap08\TextGraphLib.F90 中找到这个文件。这里的原点在画面左上角，X 轴向右为正，Y 轴向下为正，所以右下角是坐标值最大的地方。

subroutine SetScreen(width，height)

功能：

在进行绘图之前，一定要先调用这个函数来决定要使用多大的画面。用户可以任意决定长宽范围，在 Windows 命令列窗口下，一般所能使用的最大范围为 80×25

参数：

integer，intent(in):: width　　定义绘图的画面范围宽度
integer，intent(in):: height　　定义绘图的画面范围高度

subroutine PutChar(x,y,char)

功能：

在(x,y)位置画出字符 char。char 没有输入时，则使用默认的填充字符

参数：

Integer，intent(in):: x,y　　坐标位置
character，optional，intent(in):: char　　要画出的字符

subroutine DrawLine(x0,y0,x1,y1)

功能：

在(x0,y0)到(x1,y1)两点间画一条直线

参数：

integer，intent(in):: x0,y0　　第 1 个二维坐标
integer，intent(in):: x1,y1　　第 2 个二维坐标

subroutine DrawCircle(cx,cy,r1,r2)

功能：

以(cx,cy)为圆点，r1 为水平轴上半径长，r2 为垂直轴半径长来画一个椭圆。r2 值不输入时，r2=r1

参数：

integer，intent(in):: cx,cy　　圆心坐标位置
integer，intent(in):: r1　　　　椭圆水平轴半径长
integer，optional，intent(in):: r2　　椭圆垂直轴半径长，没有输入时 r2=r1

subroutine DrawRect(x0,y0,x1,y1)

功能：

以(x0,y0)为左上角，(x1,y1)为右下角来画一个空心的矩形

参数：

integer，intent(in):: x0,y0　　左上角坐标
integer，intent(in):: x1,y1　　右下角坐标

subroutine DrawFilledRect(x0, y0, x1, y1)

功能：

以(x0,y0)为左上角，(x1,y1)为右下角来画一个内部填满的矩形

参数：

integer，intent(in):: x0,y0   左上角坐标
integer，intent(in):: x1,y1   右下角坐标

subroutine ClearScreen(char)
功能：
把整个画面用 char 字符来填满，char 没有输入时，使用默认的消除字符
参数：
character，optional，intent(in):: char   用来消除画面的字符

subroutine SetCurrentChar(char)
功能：
调用这个函数，可以决定要使用哪一个字符来填充画面
参数：
character，intent(in):: char   用来改变预定的填充字符

subroutine SetBackground(char)
功能：
调用这个函数，可以决定要使用哪一个字符来清除画面
参数：
character，intent(in):: char   设置清除昼面时所使用的字符

subroutine UpdateScreen( )
功能：
所有的绘图操作，都是事先画在一块内存中，要调用 UpdateScreen 才会把绘图的结果真正呈现出来

现在来看几个简单的实例，在这里都只列出主程序的部分，读者在编译时要自行把 TextGraphLib.F90 这个文件加进 Project 中。

GDEMO1.F90

```
1. program gdemo1
2.  use TextGraphLib
3.  implicit none
4.
5.  call SetScreen(10,10)        ! 设置分辨率为 10x10
6.  call DrawLine(1,1,10,10)     ! 在(1,1)到(10,10)这两点间画一条线
7.  call UpdateScreen( )         ! 显示绘图的结果
8.
9.  stop
10. end
```

这个程序简单地示范了要如何去画一条线。下图是执行结果：

```
                    *
                   * *
                    *
                    *
                     *
                      *
                       *
                        *
                       *
                      *
                     *
                     *
```

GDEMO2.F90

```
 1. program gdemo2
 2.   use TextGraphLib
 3.   implicit none
 4.
 5.   call SetScreen(20,20)
 6.   call SetCurrentChar('o')        ! 改用o来作为填充字符
 7.   call DrawCircle(8,4,3,4)        ! 画圆
 8.   call SetCurrentChar('#')        ! 改用#来作为填充字符
 9.   call DrawFilledRect (4,8,13,18) ! 画矩形
10.   call UpdateScreen( )            ! 显示绘图结果
11.
12.   stop
13. end
```

这个程序画出一个类似"蜡烛"的东西，如下图：

```
           oo
          o  o
         oo  oo
         o    o
         o    o
         oo  oo
          o  o
         #########
         #########
         #########
         #########
         #########
         #########
         #########
         #########
         #########
         #########
```

GDEMO3.F90

```
1.program gdemo3
2.  use TextGraphLib
3.  implicit none
4.  integer i
5.
6.  call SetScreen(70,24)
7.  call ClearScreen( )
8.  ! 画脸
9.  call DrawCircle(35,12,20,10)
10. ! 画两个眼睛
11. call SetCurrentChar('O')
12. call DrawCircle(42,10,4,2)
13. call DrawCircle(28,10,4,2)
14. ! 画鼻子
15. call SetCurrentChar('#')
16. call DrawLine(35,10,30,15)
17. call DrawLine(30,15,38,15)
18. ! 画嘴巴
19. call SetCurrentChar('-')
20. call DrawLine(30,18,38,18)
21. ! 把画图的结果显示到屏幕上
22. call UpdateScreen( )
23.
24. stop
25.end
```

这个程序会画出本节最前面的那个人头。也许读者会觉得这个文本格式绘图程序库实用价值不高，不过不用着急，在第 13 章会使用图形格式来绘图，这里主要是先示范编写以及使用函数库的方法。

使用程序库的方法很简单，只要看清楚它的参数类型及函数功能，再调用这些函数就行了。像 TextGraphLib 中只要使用 DrawLine 就可以画一条直线。有些函数在使用上会有限制，像 SetScreen 要第一个被调用，因为它用来定义分辨率，分辨率还没定义之前不能绘图。还有 UpdateScreen 要最后才调用，它会输出绘图结果。

现在来看 TextGraphLib 是如何实现出来的，整个初始码有两百多行，是目前出现过最长的实例程序。不过在实际编写应用程序时，它还算是个很短的程序。

TEXTGRAPHLIB.F90

```
1.module TextGraphLib
2.  implicit none
```

```fortran
 3.  integer,save    :: ScreenWidth         ! 定义可以画图的画面宽度
 4.  integer,save    :: ScreenHeight        ! 定义可以画图的画面高度
 5.  character,save :: background = ' '    ! 定义默认用来清除画面的字符
 6.  character,save :: CurrentChar = '*'   ! 定义默认用来画图的字符
 7.  character,save,allocatable :: screen(:,:)! 用来实际画图的内存
 8.  integer,parameter :: segments = 100
 9.  real,parameter    :: PI = 3.14159
10.
11.contains
12.! 定义画面大小
13.subroutine SetScreen(width,height)
14.  implicit none
15.  integer,intent(in):: width,height
16.  if(allocated(screen))deallocate(screen)
17.  ScreenWidth  = width
18.  ScreenHeight = height
19.  allocate(screen(width,height))
20.  if(.not. allocated(screen))then
21.    write(*,*)"Allocate buffer error!"
22.    stop
23.  end if
24.  screen = ' '
25.  return
26.end subroutine
27.! 归还内存使用空间
28.subroutine DestroyScreen( )
29.  implicit none
30.  if(allocated(screen))deallocate(screen)
31.  return
32.end subroutine
33.
34.! 清除画面
35.subroutine ClearScreen(c)
36.  implicit none
37.  character,optional :: c
38.  if(.not. allocated(screen))return
39.  if(present(c))then
40.    screen = c
41.  else
42.    screen = background
```

```
43.    end if
44.    return
45. end subroutine
46. ! 定义默认用来清除画面的字符
47. subroutine SetBackground(c)
48.    implicit none
49.    character :: c
50.    background = c
51.    return
52. end subroutine
53. ! 定义默认用来画图的字符
54. subroutine SetCurrentChar(char)
55.    implicit none
56.    character :: char
57.    CurrentChar = char
58.    return
59. end subroutine
60. ! 把画好的结果显示在屏幕上
61. subroutine UpdateScreen( )
62.    implicit none
63.    integer i
64.    character(len=20):: str
65.    if(.not. allocated(screen))return
66.    write(str,"('(',I3.3,'A1)')")ScreenWidth
67.    do i=1,ScreenHeight
68.      write(*,str)screen(:,i)
69.    end do
70.    return
71. end subroutine
72. ! 在赋值的(x,y)位置画上一个字符
73. subroutine PutChar(x,y,char)
74.    implicit none
75.    integer,intent(in):: x,y
76.    character,optional :: char
77.
78.    if(.not. allocated(screen))return
79.    if(x<1 .or. x>ScreenWidth .or. y<1 .or. y>ScreenHeight)return
80.
81.    if(present(char))then
82.      screen(x,y)= char
```

```
83.     else
84.        screen(x,y)= CurrentChar
85.     end if
86.
87.     return
88.end subroutine PutChar
89.! 在(x0,y0)到(x1,y1)之间画一条直线
90.subroutine DrawLine(x0,y0,x1,y1)
91.     implicit none
92.     integer,intent(in):: x0,y0
93.     integer,intent(in):: x1,y1
94.     integer xdiff,ydiff
95.     integer xinc,yinc
96.     integer xadd,yadd
97.     integer x,y
98.     integer sum
99.
100.    xdiff = x1-x0
101.    ydiff = y1-y0
102.
103.    if(xdiff > 0)then
104.       xinc = 1
105.       xadd = xdiff
106.    else if(xdiff < 0)then
107.       xinc = -1
108.       xadd = -xdiff
109.    else
110.       xinc = 0
111.       xadd = 0
112.    end if
113.
114.    if(ydiff > 0)then
115.       yinc = 1
116.       yadd = ydiff
117.    else if(ydiff < 0)then
118.       yinc = -1
119.       yadd = -ydiff
120.    else
121.       yinc = 0
122.       yadd = 0
```

```
123.    end if
124.
125.    sum = 0
126.    x = x0
127.    y = y0
128.
129.    if(xadd > yadd)then
130.       do while(x/=x1)
131.          call PutChar(x,y)
132.          x = x + xinc
133.          sum = sum + yadd
134.          if(sum >= xadd)then
135.             sum = sum - xadd
136.             y = y + yinc
137.          end if
138.       end do
139.       call PutChar(x,y)
140.    else
141.       do while(y/=y1)
142.          call PutChar(x,y)
143.          y = y + yinc
144.          sum = sum + xadd
145.          if(sum >= yadd)then
146.             sum = sum - yadd
147.             x = x + xinc
148.          end if
149.       end do
150.       call PutChar(x,y)
151.    end if
152.
153.    return
154.end subroutine
155.! 以(cx,cy)为圆心,画水平轴半径为radiusA,垂直轴半径为radiusB的椭圆
156.subroutine DrawCircle(cx,cy,radiusA,radiusB)
157.    implicit none
158.    integer,intent(in):: cx,cy,radiusA
159.    integer,optional :: radiusB
160.    integer ra,rb
161.    integer x,y,nx,ny
162.    integer i
```

```
163.   real     r,rinc
164.   r=0.0
165.   rinc = 2.0*PI/real(segments)
166.
167.   if(present(radiusB))then
168.     ra = radiusA
169.     rb = radiusB
170.   else
171.     ra = radiusA
172.     rb = radiusA
173.   end if
174.
175.
176.   x = cx + int(ra*sin(r)+0.5)
177.   y = cy + int(rb*cos(r)+0.5)
178.   do while(r < 2*PI)
179.     r = r + rinc
180.     nx = cx + int(ra*sin(r)+0.5)
181.     ny = cy + int(rb*cos(r)+0.5)
182.     call DrawLine(x,y,nx,ny)
183.     x = nx
184.     y = ny
185.   end do
186.
187. end subroutine
188. ! 如果 1<=num<=max,返回 num 值.
189. ! num<1 值回 1
190. ! num>max 值回 max
191. integer function Bound(num,max)
192.   implicit none
193.   integer,intent(in):: num,max
194.   bound = num
195.   if(num<1)Bound = 1
196.   if(num>max)Bound = max
197.   return
198. end function
199. ! 以(x0,y0)为左上角,(x1,y1)为右下角画一个空心的矩形
200. subroutine DrawRect(x0,y0,x1,y1)
201.   implicit none
202.   integer,intent(in):: x0,y0,x1,y1
```

```
203.    integer :: rx0,ry0,rx1,ry1
204.
205.    if(.not. allocated(screen))return
206.    if(x0>x1 .or. y0>y1)return
207.
208.    rx0 = Bound(x0,ScreenWidth)
209.    ry0 = Bound(y0,ScreenHeight)
210.    rx1 = Bound(x1,ScreenWidth)
211.    ry1 = Bound(y1,ScreenHeight)
212.
213.    screen(rx0:rx1,ry0)= CurrentChar
214.    screen(rx0:rx1,ry1)= CurrentChar
215.    screen(rx0,ry0:ry1)= CurrentChar
216.    screen(rx1,ry0:ry1)= CurrentChar
217.
218.    return
219.end subroutine
220.! 以(x0,y0)为左上角,(x1,y1)为右下角画一个实心的矩形
221.subroutine DrawFilledRect(x0,y0,x1,y1)
222.    implicit none
223.    integer,intent(in):: x0,y0,x1,y1
224.    integer :: rx0,ry0,rx1,ry1
225.
226.    if(.not. allocated(screen))return
227.    if(x0>x1 .or. y0>y1)return
228.
229.    rx0 = Bound(x0,ScreenWidth)
230.    ry0 = Bound(y0,ScreenHeight)
231.    rx1 = Bound(x1,ScreenWidth)
232.    ry1 = Bound(y1,ScreenHeight)
233.
234.    screen(rx0:rx1,ry0:ry1)= CurrentChar
235.
236.    return
237.end subroutine
238.
239.end module
```

在这里不详细解释每个函数如何实现,读者花一些时间应该都可以了解。绘图操作都先画在一个二维数组中,这个数组的大小与所设置的分辨率相同,它是一个可变大小的数组,SetScreen 函数中会去配置内存空间。

其他函数应该都没什么问题,出现问题的可能会是 DrawLine 和 DrawCircle 这两个函数。

DrawLine 函数中是用整数的加法和减法来摸拟除法计算。在画线前会先计算这一条线的斜率,画线时分成两种情况来画,斜率小于 1 的线跟斜率大于 1 的线。斜率小于 1 的线表示在 X 轴方向所需要画的点会比较多,也就是说要连续沿着 X 轴方向画几个点才有可能向 Y 轴方向做一次转向。

```
121.   if(xadd > yadd)then
122.     do while(x/=x1)
123.       call PutChar(x,y)！画一个点
124.       x = x + xinc            ！每次都沿着 X 轴方向走
125.       sum = sum + yadd
126.       if(sum >= xadd)then  ！判断现在要不要沿 Y 轴方向转向
127.         sum = sum - xadd
128.         y = y + yinc
129.       end if
130.     end do
```

斜率大于 1 的情况大同小异,把 X、Y 两个轴交换过来而已。这个函数可能一下子不容易看懂,在这里使用比较有效率的算法来画线,读者可以试着自己想一个方法来画线。

DrawCircle 使用的并不是很好的算法,它把圆切成很多条小线段来近似圆形。每个小线段上的坐标点是用三角函数计算来的。

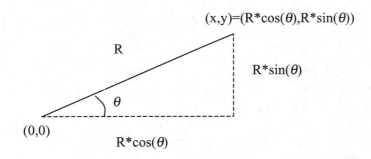

由上面的图可以发现,只要把整个圆所占的 360 度切割成好几个等分点,每一等分点的(x,y)值只要带入不同的角度 θ 值就可以由(R*cos(θ),R*sin(θ))计算出坐标位置。把每个相邻的等分点连起来就可以近似一个圆。

关于这个函数库,还有一点可以介绍的是,它做了很多参数检查。像 PutChar 中会检查所使用的坐标值是否合理,不合理就不做事情。这个检查是必要的,假如用户只设置分辨率为 20×20,却想在(50,50)这个地方画东西,这当然是无法处理的操作。编写函数库时最好都能对,参数值合理性做检查,因为不能保证其他用户会乖乖地放入合理的参数,如果把不合理的参数照常拿来使用,可能会导致死机。

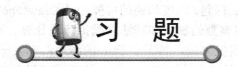

1. 请写一个子程序，它可以计算圆面积。需要输入两个参数，第 1 个参数用来输入圆的半径长，第 2 个参数用来返回圆面积。

2. 把上一题改用函数来编写，这个时候就只需要通过输入参数来输入半径就足够了。

3. 写一个子程序来画长条图，这个子程序可以输入 1 个整数，用来决定所要画的长度，程序的输出类似下面的情况：

参数 = 3 时，输出 3 个星号

***

参数 = 10 时，输出 10 个星号

****

4. 试着用递归函数来计算等差数列 1+2+3+4+...+99+100 的值。

5. 试写一个函数计算所输入的两个整数的最大公因子。

6. 使用 TextGraphLib 中的函数来画出 sin(x) 函数（x 在 0 到 2*PI 之间）的图形，如下图所示。（读者自己选择分辨率，记得要把 sin(x) 的值放大并平移，不然会什么东西都看不到）

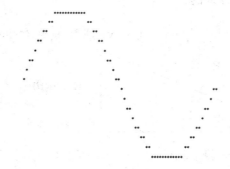

Chapter 9

文 件

文件是很实用的功能，使用文件才能永远记录程序的执行结果。

9-1 文件读取的概念

计算机有两项很重要的功能：一项是计算、处理数据，在前 8 章所介绍的就是这个部分；另一项功能是保存数据，这就是本章所要讨论的重点。

前面使用过 READ 命令从键盘读取数据，不过都没有把这些数据做长期保存。这些数据都只是暂时存放在内存中，程序结束后数据会跟着消失。如果想长期保存数据，就要使用文件功能。程序进行中可以把数据写入文件，这些数据可以长期保存，直到文件被更改或删除为止。

在 Fortran 语言中，读取文件的操作可以有"顺序读取"及"直接读取"两种方法。

所谓的"顺序读取"，是指读写一个文件时，只能从头开始，一步步地向下来读取数据，就像听录音带一样。想要略过数据、或是重新读取时，同样要先"快转"或是"倒带"。这是最简单的文件运行方法，不过已经足以应付许多的状况。

而"直接读取"是指在读写文件时，可以任意跳跃到文件的任何一个位置来读写。就像使用镭射唱盘或是 DVD/VCD，可以直接欣赏某个片段，这是比较具备弹性及威力的方法。

另外在文件的"保存格式"上，也有两种方法：分别是"文本文件"，以及"二进制文件"。

"文本文件"把所有的数据都使用容易阅读的字符符号来保存。例如在文件中写入一个整数 12345，保存结果可以使用文本编辑器来阅读，文件中会很明白地显示出 12345 这几个阿拉伯数字。

而使用"二进制文件"来保存数据时，由于二进制文件是把数据在内存中的保存内容（也就是二进制代码）直接写入文件。如果以二进制格式来保存整数 12345，无法由文本编辑器来看出文件内容，因为二进制文件不会使用字符来表示这个整数，在文本编辑器中只能看到一些奇怪、无意义的符号。

使用"文本文件"保存数据有一个好处，可以很直观地使用文本编辑器来查看或修改文件内容。这些工具包括 Windows 中的记事簿、WORD、UltraEdit，或者是 DOS 下的 type，UNIX 下的 cat、more、less 等等。

如果想要查看"二进制文件"的内容，一定要使用特别的工具程序来阅读，使用文本编辑器无法正确读出它的内容。

使用二进制文件保存数据有两个好处：一是读取速度比较快。因为它的保存格式和数据在内存中的保存方法相同，不像"文本文件"需要经过转换。另一个优点是较省空间，用二进制文件来保存变量数据时所占用的空间，和变量所占用的内存空间相同。保存一个长整型 1234567890 时，这两种方法的保存结果如下：

（1）使用文本格式来保存时要使用 10 个位的空间，因为总共有 10 个数字，每个数字会占用一个字符，保存内容为 "1"、"2"、"3"、"4"、"5"、"6"、"7"、"8"、"9"、"0" 这 10 个字符。

（2）使用二进制格式来保存时，不管数值是多少，固定只要使用 4 个位的空间，因为长整型固定占用 4 个字节。

9-2 文件的操作

在 Fortran 语言中，跟文件有关的操作命令非常丰富，不过有很多命令根本就不常使用，学习时只要记得常用的部分就行了。

本节的内容，可以先大概浏览一番即可，不必"甚解"，等阅读第 3 节之后，再回头把第 2 节的内容当成参考手册来翻阅。

9-2-1 OPEN 的使用

前面使用 READ、WRITE 命令时，括号中的第一栏都是放入一个星号，表示输入/出的位置使用默认值，也就是从键盘输入以及从屏幕输出。使用 OPEN 命令打开文件之后，就可以对文件来做输入/出，来看看下面这个实例：

EX0901.F90

```
1.program ex0901
2.  implicit none
3.  open(unit=10, file='hello.txt')
4.  write(10,*)"Hello"
5.  stop
6.end
```

程序执行后不会在屏幕上看到任何输出，执行后会生成一个名为 HELLO.TXT 的文件，文件中会写着：

Hello

程序第 3 行使用 OPEN 命令来打开文件，OPEN 的第 2 个参数用来指定打开的文件名称，第 1 个参数则用来把文件给定一个代码。文件打开之后，在程序中都会以这个代码来使用 HELLO.TXT 这个文件。

open（unit=10, file='hello.txt'）

　　　　　　　　file='filename.ext'的字段用来指定所要开启的文件名称

　　　　unit=N 的字段用来给后面的文件指定一个代码

文件打开之后，使用 READ、WRITE 命令时，把输入/出的位置指定成某个文件代码，就可以读写文件。程序第 4 行的 WRITE 命令会把字符串 Hello 写到代码为 10 的文件 HELLO.TXT 中。

```
4.  write(10,*)"Hello" ! 把 Hello 字符串写入代码为 10 的文件中
```

严谨一点应该使用下面的写法：

```
4.  write(unit=10,fmt=*)"Hello"
```

其中 UNIT=10 是指要使用代码为 10 的文件，FMT=* 是不指定输出格式。程序代码整

体来说只有两个步骤：

（1）先打开一个文件名为 HELLO.TXT，代码为 10 的文件。

（2）用 WRITE 命令，在代码为 10 的输出位置中（也就是文件 HELLO.TXT），写入字符串"Hello"。

OPEN 中有许多参数可以使用，详细内容如下：

OPEN（*UNIT*=number, *FILE*=filename', *FORM*='...', *STATUS*='...', *ACCESS*='...', *RECL*=length, *ERR*=label, *IOSTAT*=iostat , *BLANK*='...', *POSITION*='...', *ACTION*=action , *PAD*='...', *DELIM*='...' ）

UNIT=*number*

number 必须是一个正整数，它可以使用变量或是常量来赋值。number 值最好避开 1、2、5、6。因为 2、6 是默认的输出位置，也就是屏幕。1、5 则是默认的输入位置，也就是键盘。

FILE=*'filename'*

这个字段用来指定所要打开的文件名称，文件名要符合操作系统规定。像是 Windows 下文件名不区分大小写，UNIX 中则会区分大小写，还有不管使用哪一个操作系统，最好都不要使用中文文件名。

FORM=*'FORMATTED'* OR *'UNFORMATTED'*

FORM 字段只有两个值可以设置：'FORMATTED' 或 'UNFORMATTED'。

| FORM='FORMATTED' | 表示文件使用"文本文件"格式来保存 |
| FORM='UNFORMATTED' | 表示文件使用"二进制文件"格式来保存 |

这一栏不给定时，默认值为 FORM='FORMATTED'。

STATUS=*'NEW'* OR *'OLD'* OR *'SCRATCH'* OR *'UNKNOWN'*

用来说明要打开一个新文件或是已经存在的旧文件。

STATUS='NEW'	表示这个文件原本不存在，是第一次打开
STATUS='OLD'	表示这个文件原本就已经存在
STATUS='REPLACE'	文件若已经存在，会重新创建一次，原本的内容会消失。文件若不存在，会创建新文件
STATUS='SCRATCH'	表示要打开一个暂存盘，这个时候可以不需要指定文件名称，也就是 FILE 这一栏可以忽略。因为程序本身会自动取一个文件名，至于文件名是什么也不重要，因为暂存盘会在程序结束后自动删除
STATUS='UNKNOWN'	由各编译器自定义。通常会同 REPLACE 的效果

这一栏不给定时，默认值为 UNKNOWN。

ACCESS=*'SEQUENTIAL'* OR *'DIRECT'*

这个字段用来设置读写文件的方法。

| ACCESS='SEQUENTIAL' | 读写文件的操作会以"顺序"的方法来做读写，这就是"顺序读取文件" |
| ACCESS='DIRECT' | 读写文件的操作可以任意指定位置，这就是"直接读取文件" |

不赋值时，默认值为 SEQUENTIAL。

RECL=*length*

在顺序读取文件中，RECL 字段值用来设置一次可以读写多大容量的数据。

在打开"直接读取文件"时，RECL=length 的 length 值是用来设置文件中每一个模块单元的分区长度。

Length 的单位在文本格式下为 1 个字符，也就是 1 byte。在二进制格式下则由编译器自行决定，一般可能为 1 byte（G77）或 4 bytes（Visual Fortran）。

ERR=*LABEL*

这个字段用来设置当文件打开发生错误时，程序会跳跃到 LABEL 所指的行代码处来继续执行程序。

IOSTAT=*var*

这个字段会设置一个整数值给后面的整型变量，这是用来说明文件打开的状态，数值会有下面三种情况：

    var>0   表示读取操作发生错误

    var=0   表示读取操作正常

    var<0   表示文件终了

BLANK=*'NULL'* OR *'ZERO'*

这用来设置文件输入数字时，当所设置的格式字段中有空格存在时所代表的意义。BLANK=NULL 时，空格代表没有东西。BLANK=ZERO 时，空格部分会自动以 0 代入。

以下是 Fortran 90 添加功能

POSITION=*'ASIS'* or *'REWIND'* or *'APPEND'*
设置文件打开时的读写位置

  POSITION='ASIS'   表示文件打开时的读取位置，不特别指定，通常就是在文件开头。这是默认值

  POSITION='REWIND'   表示文件打开时的读取位置移到文件的开头

  POSITION='APPEND'   表示文件打开时的读取位置移到文件的结尾

ACTION=*'READ'* or *'WRITE'* or *'READWRITE'*
设置所打开文件的读写权限

  ACTION='READWRITE'   表示所打开的文件可以用来读取及写入，这是默认值

  ACTION='READ'   表示所打开的文件只能用来读取数据

  ACTION='WRITE'   表示所打开的文件只能用来写入数据

PAD=*'YES'* OR *'NO'*

  PAD='YES'   在格式化输入时，最前面的不足字段会自动以空格填满，默认值是 PAD='YES'

  PAD='NO'   在格式化输入时，不足的字段不会自动以空格填满

DELIM=*'APOSTROPHE'* OR *'QUOTE'* OR *'NONE'*

  DELIM='NONE'   纯粹输出字符串内容

  DELIM='QUOTE'   输出字符串会在前后加上双引号

  DELIM='APOSTROPHE'   输出字符串会在前后加上单引号

ex:

    That's right!   （DELIM='NONE'）

        "That's right!"   （DELIM='QUOTE'）

        'That''s right!'（DELIM='APOSTROPHE'）

9-2-2　WRITE，READ 的使用

在本书第四章中，只介绍了 WRITE、READ 命令的最基本用法，现在详细说明它的用法。还是先来看一小段程序来大概了解它们的使用方法：

EX0902.F90

```
 1.program ex0902
 2.  implicit none
 3.  character(len=20):: string
 4.
 5.  open(unit=10, file="test.txt")
 6.  write(10,"(A20)")"Good morning."  ！写到文件中
 7.  rewind(10)
 8.  read(10,"(A20)")string  ！从文件中读出来
 9.  write(*,"(A20)")string  ！写到屏幕上
10.
11.  stop
12.end
```

执行结果如下：

```
    Good morning.
```

这个实例用来示范如何读写文件，运行流程如下：

（1）第 5 行打开一个代码为 10，文件名为 TEST.TXT 的文件。

（2）第 6 行用 WRITE 写入字符串 "Good morning." 到文件中。

（3）目前的文件读写位置位在 "Good morning." 字符串后，因为顺序文件每读写一次就会把读写位置向前进一步，第 7 行中使用命令 REWIND(10)会把文件的读写位置移回文件最前面。

（4）第 8 行使用 READ 来读取文件 TEST.TXT 中的文本到字符串变量 STRING 中。

（5）把字符串变量 STRING 的内容写到屏幕上，发现结果就是 "Good morning."。

现在来详细介绍 READ、WRITE 命令的所有功能，这两个命令的设置字段都很类似，所以可以一起介绍：

WRITE/READ（*UNIT*=number, *FMT*=format, *NML*=namelist, *REC*=record, *IOSTAT*=stat,
　　　　　　ERR=errlabel, *END*=endlabel, *ADVANCE*=advance, *SIZE*=size）

UNIT=*number*

这个字段用来指定 READ/WRITE 所使用的输入/出的位置。

FMT=*format*

指定输入输出格式使用。

NML=*namelist*

指定读写某个 NAMELIST 的内容，NAMELIST 的意义到后面才会介绍。

REC=*record*

在直接读取文件中，设置所要读写的文件模块位置。

IOSTAT=*stat*

会设置一个整数值给在它后面的变量，用来说明文件的读写状态。

 stat>0   表示读取操作发生错误

 stat=0   表示读取操作正常

 stat<0   表示文件终了

ERR=*errlabel*

指定在读写过程中发生错误时，会转移到某个行代码来继续执行程序。

END=*endlabel*

指定在读写到文件末尾时，要转移到某个行代码来继续执行程序。

以下是 Fortran 90 添加功能

ADVANCE=*'YES'* or *'NO'*

设置在文本格式下的顺序文件中，每一次的 READ、WRITE 命令完成后，读写位置会不会自动向下移动一行。

 ADVANCE='YES' 是默认的状态，每读写一次会向下移动一行

 ADVANCE='NO'   会暂停自动换行的操作

使用这个字段时，一定要设置输出入格式。在屏幕输出时可以使用这个设置来控制 WRITE 命令是否会自动换行。

SIZE=*count*

当 ADVANCE='NO'时，才可以用这个字段。它会把这一次输出入的字符数目设置给后面的整型变量。

9-2-3 查询文件的状态 INQUIRE

在使用 OPEN 命令打开文件的前后，都可以通过 INQUIRE 命令来查询文件目前的情况，INQUIRE 命令中的各个字段和第一小节中 OPEN 的字段很类似。先来看一小段程序，编写一个检查某个文件是否存在的程序：

EX0903.F90

```
1.  program ex0903
2.   implicit none
3.   character(len=20):: filename = "ex0903.f90"
4.   logical alive
5.
6.   inquire(file=filename, exist=alive)
7.   if(alive)then
8.     write(*,*)filename," exist."
9.   else
```

```
10.     write(*,*)filename," doesn't exist."
11.   end if
12.
13.   stop
14. end
```

这个程序可以检查某个文件是否存在，程序中声明了两个变量。

```
 3.   character(len=20):: filename = "ex0903.f90" ! 要查询的文件名称
 4.   logical alive    ! 用来查询文件是否存在
```

第 6 行的 INQUIRE 命令可以查询字符串 filename 中记录的文件是否存在。文件存在时 ALIVE 会被设成 .TRUE.，不存在则会被设成 .FALSE.。

```
 6.   inquire(file=filename, exist=alive)
```

第 7 到 11 行的 IF 程序模块，会经过 ALIVE 变量的值，来检查文件是否存在。

详细介绍 INQUIRE 的使用方法：

```
INQUIRE(UNIT=number,        FILE=filename,        IOSTAT=stat,
        ERR=label,          EXIST=exist,          OPENED=opened,
        NUMBER=number,      NAMED=named,          ACCESS=access,
        SEQUENTIAL=sequential,  DIRECT=direct,
        FORM=form,          FORMATTED=formatted,
        UNFORMATTED=unformatted, RECL=recl)
```

UNIT=$number$

赋值所要查询的文件代号。

FILE=$filename$

赋值所要查询的文件名称。

IOSTAT=$stat$

查询文件读取情况，会设置一个整数值给在它后面的变量：

 stat>0   表示读取操作发生错误
 stat=0   表示读取操作正常
 stat<0   表示文件终了

ERR=$errlabel$

INQUIRE 发生错误时会转移到赋值的行代码继续执行程序。

EXIST=$exist$

检查文件是否存在，会返回一个布尔变量给后面的逻辑变量，返回真值表示文件存在，返回假值表示文件不存在。

OPENED=$opened$

检查文件是否已经使用 OPEN 命令来打开，会返回一个布尔变量给后面的逻辑变量，返回真值表示文件已打开，返回假值表示文件尚未打开。

NUMBER=$number$

由文件名来查询这个文件所给定的代码。

NAMED=$named$

查询文件是否取了名字，也就是检查文件是否为临时保存盘，返回值为逻辑数。

ACCESS=*access*
检查文件的读取格式，会返回一个字符串，字符串值可以是：
 'SEQUENTIAL'   代表文件使用顺序读取格式
 'DIRECT'   代表文件使用直接读取格式
 'UNDEFINED'   代表没有定义

SEQUENTIAL=*sequential*
查看文件是否使用顺序格式，会返回一个字符串，字符串值可以是：
 'YES'   代表文件是顺序读取文件
 'NO'   代表文件不是顺序读取文件
 'UNKNOWN'   代表不知道

DIRECT=*direct*
查看文件是否使用直接格式，会返回一个字符串，字符串值可以是：
 'YES'   代表文件是直接读取文件
 'NO'   代表文件非直接读取文件
 'UNKNOWN'   代表不知道

FORM=*form*
查看文件的保存方法，会返回一个字符串，字符串值可以是：
 'FORMATTED'   打开的是文本文件
 'UNFORMATTED'   打开的是二进制文件
 'UNDEFINED'   没有定义

FORMATTED=*fmt*
查看文件是否为文本文件，会返回一个字符串，字符串值可以是：
 'YES'   本文件是文本文件
 'NO'   本文件非文本文件
 'UNKNOWN'   无法判定

UNFORMATTED=*fmt*
查看文件是否为二进制文件，会返回一个字符串，字符串值可以是：
 'YES'   本文件是二进制文件
 'NO'   本文件非二进制文件
 'UNKNOWN'   无法判定

RECL=*length*
返回 OPEN 文件时 RECL 栏的设置值。

NEXTREC=*nr*
返回下一次文件读写的位置

BLANK=*blank*
返回值是字符串，用来查看 OPEN 文件时的 BLANK 参数所给定的字符串值。

以下是 Fortran 90 添加功能

POSITION=*position*
返回打开文件时 POSITION 字段所给定的字符串，字符串值可能为 'REWIND'、

'APPEND'、'ASIS'、'UNDEFINED'

ACTION=*action*

返回打开文件时 ACTION 字段所赋值的字符串,字符串值可能为'READ'、'WRITE'、'READWRITE'。

READ=*read*

返回一个字符串,检查文件是否为只读文件。

 'YES'　　　　表示文件是只读的
 'NO'　　　　 文件不是只读
 'UNKNOWN'　 无法判定

WRITE=*write*

返回一个字符串,检查文件是否可以写入。

 'YES'　　　　表示文件是可以写入的
 'NO'　　　　 文件不可以写入
 'UNKNOWN'　 无法判定

READWRITE=*readwrite*

返回一个字符串,检查文件是否可以同时读及写。

 'YES'　　　　文件可以同时读写
 'NO'　　　　 文件不可以同时读写
 'UNKNOWN'　 无法判定

DELIM=*delim*

返回打开文件时,DELIM 字段所设置的字符串,返回值可以是:'APOSTROPHE'、'QUOTE'、'NONE'、'UNDEFINED'。

PAD=*pad*

返回打开文件时 PAD 字段所设置的字符串,返回值可以是:'YES'、'NO'。

9-2-4　其他文件运行命令

BACKSPACE(*UNIT*=*number*,*ERR*=*errlabel*,*IOSTAT*=*iostat*)

把文件的读写位置退回一步,其他字段参考上一节。

ENDFILE(*UNIT*=*number*,*ERR*=*errlabel*,*IOSTAT*=*iostat*)

使用这个命令会把目前文件的读写位置变成文件的结尾,其他字段参考上一节。

REWIND(*UNIT*=*number*,*ERR*=*errlabel*,*IOSTAT*=*iostat*)

把文件的读写位置倒回文件开头。

CLOSE(*UNIT*=*number*,*STATUS*=*string*,*ERR*=*errlabel*,*IOSTAT*=*iostat*)

把文件关闭,不再进行读写操作。

 STATUS='KEEP'　　　会在文件关闭后,保留住这个文件。这是默认的状态
 STATUS='DELETE'　　会在文件关闭后,消除这个文件

前面已经示例过 REWIND 的用法,这里来举例编写一个删除文件的程序:

EX0904.F90

```
 1.program ex0904
 2.  implicit none
 3.  integer, parameter :: fileid = 10
 4.  logical alive
 5.  character(len=20):: filename;
 6.
 7.  write(*,*)"filename:"
 8.  read(*,"(A20)")filename
 9.
10.  inquire(file=filename, exist=alive)
11.  if(alive)then
12.    open(unit=fileid, file=filename)
13.    close(fileid, status="DELETE")
14.  else
15.    write(*,*)TRIM(filename)," doesn't exist."
16.  end if
17.
18.  stop
19.end
```

程序执行后会要求输入一个文件名称,这个文件如果存在就会把它删除,文件不存在时则会输出错误信息。

删除文件的方法很简单,先用 OPEN 命令打开文件,紧接着就使用 CLOSE 来关闭文件,CLOSE 时赋值不保留这个文件就会把它删除。

```
12.    open(unit=fileid, file=filename)
13.    close(fileid, status="DELETE")! 不保留文件
```

第 15 行调用了 TRIM 函数,这个函数用来删除字符串后面的多余空格。

9-3 顺序文件的操作

再说明一下顺序文件(SEQUENTIAL)的意义:"顺序文件在读写时,不能任意赋值到文件的某个位置读写数据,只能从头开始一步步向下进行。改变文件读写位置时,只能一步步地进退,或是直接移回文件开头"。就好像在使用录音带、录像带时一样,只能慢慢地播放带子。想要略过一些片段时,要使用快进来跳过它们。

在个人计算机的 DOS 操作系统或是 Windows 的命令窗口下,TYPE 命令可以用来在屏幕上快速地浏览一个文本文件内容。下面的实例程序有同样的功能。

EX0905.F90

```fortran
1.  program ex0905
2.    implicit none
3.    character(len=79) :: filename
4.    character(len=79) :: buffer
5.    integer, parameter :: fileid = 10
6.    integer :: status = 0
7.    logical alive
8.
9.    write(*,*)"Filename:"
10.   read(*,"(A79)")filename
11.   inquire(file=filename, exist=alive)
12.
13.   if(alive)then
14.     open(unit=fileid, file=filename, &
15.          access="sequential", status="old")
16.     do while(.true.)
17.       read(unit=fileid, fmt="(A79)", iostat=status)buffer
18.       if(status/=0)exit  ！没有数据就跳出循环
19.       write(*,"(A79)")buffer
20.     end do
21.   else
22.     write(*,*)TRIM(filename)," doesn't exist."
23.   end if
24.
25.   stop
26. end
```

程序执行结果如下：
Filename:
ex0905.f90   (随便输入一个文本文件名)
program ex0905(程序会在屏幕上显示这个文件的内容)
  implicit none
  character(len=79):: filename
  character(len=79):: buffer
  ……
  ……

如果输入一个不存在的文件时，会出现如下的错误信息：
?????? doesn't exist.(问号部分会显示所输入的文件名)

程序会先要求用户输入所要阅读的文件名，输入完毕后，再使用 INQUIRE 命令来检查文件是否存在。

```
11.    inquire(file=filename, exist=alive)
```

INQUIRE 命令的检查结果会返回放在逻辑变量 alive 中。第 13 行程序就由 alive 的布尔变量来判断要执行哪一段程序代码，文件不存在时，就显示文件不存在的错误信息，并结束程序。如果文件存在，就会开始读取文件。

```
14.    open(unit=fileid, file=filename, &
15.         access="sequential", status="old")
```

其实上面这一段 OPEN 命令可以很简短地写成下面这一行程序代码：

```
open(fileid, file=filename)
```

因为 UNIT 可以省略，ACCESS = 'SEQUENTIAL' 是默认值，STATUS = 'UNKNOWN' 是 STATUS 的默认值，不过 UNKNOWN 的意义是没有默认初值，一般编译的做法是若文件已经存在，它会被改写，如果不存在，就会打开一个新的文件。在这里由于已经过 INQUIRE 描述肯定了这个文件的存在事实，所以在 OPEN 时的 STATUS 就设置为'OLD'。

文件打开之后，就使用循环来一行一行地读出文件内容。

```
16.    do while(.true.)
17.        read(unit=fileid, fmt="(A79)", iostat=status)buffer
18.        if(status/=0)exit    ！没有数据就跳出循环
19.        write(*,"(A79)")buffer
20.    end do
```

这个循环的工作就是："每读入一行后，就把这一行的文本写到屏幕上。" READ 命令每读一次，会自动把读取位置移动到下一行。所以在这里每一次 READ 命令都会读入一行新的文本。不过在读取字符串时，限定输入格式，限定它一次读入每一行的前 79 个字符，因为在标准的 DOS 及 Windows 命令列窗口下，一行也只能显示 80 个字符，所以读太多字符没有意义。如果刚好输出 80 个字符，有的编译器所编译出来的程序会发生断行的现象。

因为没有办法事前就知道文件中会有几行文本，也就不会事先知道应该执行几次循环。这时的循环终止条件是当变量 STATUS 不为 0 的时候。读者若有印象的话应该还记得：

STATUS=0   表示文件读取在正常的状态
STATUS>0   表示文件读取发生意外、错误
STATUS<0   表示文件读取到了终点

不记得的话请再翻回第 2 节。所以循环应该会在文件读取到尾巴时跳出，这个时候文件的内容应该也已经显示完毕，程序就到此结束。

上一个程序只是很单纯地读取文件而已，现在来看看一个需要写入文件的程序。下面的实例程序可以用来记录全班同学的中文、英文及数学的考试成绩：

EX0906.F90

```
1.module typedef
2.  type student
```

```
3.    integer Chinese,English,Math
4.    end type
5.end module
6.
7.program ex0906
8.    use typedef
9.    implicit none
10.   integer :: students
11.   type(student), allocatable :: s(:)
12.   character(len=80):: filename = "data.txt"
13.   integer, parameter :: fileid = 10
14.   integer :: i
15.
16.   write(*,*)"班上有多少学生?"
17.   read(*,*)students
18.   allocate(s(students), stat=i)
19.   if(i/=0)then
20.     write(*,*)"Allocate buffer fail."
21.     stop
22.   end if
23.
24.   open(fileid, file=filename)
25.   do i=1,students
26.     write(*,"('请输入'I2'号同学的中文、英文及数学成绩')")i
27.     read(*,*)s(i)%Chinese, s(i)%English, s(i)%Math
28.     write(fileid,"('座号:'I2/'中文:'I3' 英文:'I3' 数学:'I3)")i,s(i)
29.   end do
30.   close(fileid)
31.
32.   stop
33.end
```

程序执行结果如下：

班上有多少学生？
3(输入学生人数)
请输入 1 号同学的中文、英文及数学成绩
80,90,95(输入成绩)
请输入 2 号同学的中文、英文及数学成绩
90,85,88(输入成绩)
请输入 3 号同学的中文、英文及数学成绩
75,90,95(输入成绩)

输入结果会记录在文件 DATA.TXT 中，读者可以自行用文本编译器来查看结果：

DATA.TXT

座号：1
中文：80 英文：90 数学：95
座号：2
中文：90 英文：85 数学：88
座号：3
中文：75 英文：90 数学：95

这个程序并没有限定学生人数，学生人数是由用户输入。每位同学的成绩是使用自定义类型 student 来记录，保存在一个可变大小数组 s 中。数组大小要等用户输入学生人数后才会决定。

用户输入学生人数之后，程序第 18 行会试着去配置内存空间给数组 s 使用。如果配置内存失败，程序会结束。

```
18.  allocate(s(students), stat=i) ! 配置内存给数组 s
```

接着程序会打开文件来作记录，第 24 行的 OPEN 命令把文件的代码放在常量变量 fileid 中，这个方法可以避免在写大程序时，同时打开多个文件却忘记文件代码，毕竟使用变量名称会比硬记数字容易。

打开这个文件时并没有特别赋值 STATUS 字段，没有说明文件是"新的"或是"旧的"。这个方法在第 1 次执行程序时会创造出新文件，第 2 次执行后则会重新覆盖掉文件上一次的记录。

```
24.  open(fileid, file=filename)
```

文件打开后，使用循环来读入学生成绩，并把成绩保存在文件中。

```
25.  do i=1,students
26.    write(*,"('请输入'I2'号同学的中文、英文及数学成绩')")i
27.    read(*,*)s(i)%Chinese, s(i)%English, s(i)%Math
28.    write(fileid,"('座号:'I2/'中文:'I3' 英文:'I3' 数学:'I3)")i,s(i)
29.  end do
```

循环中的第 28 行程序代码会把学生成绩数据写到文件中，因为数组 s 的类型是自定义类型 student，这个类型中包含 3 个变量，输出时直接写 s(i)，会同时输出 s(i)当中的 s(i)%Chinese、s(i)%English、s(i)%Math 这 3 个变量。程序代码的第 27 行也可以简写如下：

```
read(*,*)s(i) ! 会同时读入 s(i)%Chinese、s(i)%English、s(i)%Math
```

循环执行完后，用 close(fileid)把文件关闭，程序结束。如果省略关闭文件的操作，在程序结束时其实也会自动关闭文件。不过最好还是养成自己来关闭文件的习惯比较好。

这个实例程序只范例了如何把成绩写到文件中，如何把成绩从文件中读出来是另外一个问题。读取成绩时要注意格式，要懂得略过一些没有必要的数据。

EX0907.F90

```
1.  module typedef
2.    type student
3.      integer Chinese,English,Math
4.    end type
5.  end module
6.
7.  program ex0907
8.    use typedef
9.    implicit none
10.   type(student):: s
11.   character(len=80):: filename = "data.txt"
12.   integer, parameter :: fileid = 10
13.   logical alive
14.   integer :: error
15.   integer :: no
16.
17.   inquire(file=filename, exist=alive)
18.   if(.not. alive)then
19.     write(*,*)trim(filename)," doesn't exist."
20.     stop
21.   end if
22.
23.   open(fileid, file=filename)
24.   do while(.true.)
25.     read(fileid,"(5XI2,/,5XI3,6XI3,6XI3)",iostat=error)no,s
26.     if(error/=0)exit
27.     write(*,"(I2'号 中文:'I3' 英文:'I3' 数学:'I3)")no,s
28.   end do
29.   close(fileid)
30.
31.   stop
32. end
```

执行这个程序时,请先确定上一个实例程序所生成的 DATA.TXT 存在,而且放在同一个目录中,不然会找不到文件。这个程序会把学生成绩从文件中读出来,使用下面的格式来显示:

```
1号 中文: 80 英文: 90 数学: 95
2号 中文: 90 英文: 85 数学: 88
3号 中文: 75 英文: 90 数学: 95
```

这个实例程序第17～21行会先检查文件DATA.TXT是否存在，不存在的话就结束程序。存在的话就把文件打开，用循环一条一条读出它的数据。从上一个实例程序中可以找到DATA.TXT保存数据的格式：

座号：1
中文：80 英文：90 数学：95

每一位学生的数据都占两行，先保存座号再保存成绩，而且使用的字段是固定的。要读取数据也要用相同的格式及字段来读取数据，下面会把输出跟输入部分的程序代码列出来做比较，读者可以发现输出时的文本部分，在输入时都使用nX来跳过它们。

! 这是文件输出时所使用的格式
write(fileid,"('座号:'I2/'中文:'I3' 英文:'I3' 数学:'I3)")i,s(i)
! 这是文件输入时所使用的格式
read(fileid,"(5XI2,/,5XI3,6XI3,6XI3)",iostat=error)no,s

输入时，文件中的一些文本，例如"座号："、"中文:"等等字符串对程序来说都没有意义，程序只需要读取它们后面的数字就行了，这些文本可以跳过去不管它。输入格式中的nX都是用来跳过这些文本，请注意一个中文字占的宽度正好是两个英文字母的宽度，所以"座号:"会占用5个英文本母的位置，格式中要使用5X才能跳过"座号:"。

上一个实例中，因为学生数据的保存格式是固定的。先保存座号，再根据序保存中文、英文、数学成绩。所以程序可以直接略过说明字符串。如果每一条数据的位置不固定，读取数据时会很麻烦。

现在来尝试读取一个版面格式比较自由的文件，这个文件记录了好几位篮球员的姓名、身高、体重、平均得分等等数据，每位球员的第一条数据都固定是姓名，其他数据就不固定顺序。每位球员的数据之间可以有任意数目的空行，这个文件的内容如下：

EX0908DAT.TXT

```
姓名 王天才
体重 80.5
身高 195.2
得分 15.8

姓名 李天才
身高 190.3
体重 85.1
得分 10.8

姓名 洪天才
体重 90.8
身高 201.3
得分 19.8
```

姓名 彭天才
体重 70.2
得分 22.2
身高 185.0

姓名 黄天才
得分 20.1
体重 85.0
身高 190.3

现在需要一个程序来读入所有选手的数据，并挑选出平均每场可以得 20 分以上的球员来显示他们的数据。

EX0908.F90

```
1.module typedef
2.  type player
3.    character(len=80):: name
4.    real weight, height
5.    real score
6.  end type
7.end module
8.
9.program ex0908
10. use typedef
11. implicit none
12. character(len=20):: filename = "ex0908dat.txt"
13. integer, parameter :: fileid = 20
14. logical :: alive        ! 检查文件是否存在
15. type(player):: p        ! 读取选手数据
16. character(len=10):: title ! 读取数据项
17. real tempnum            ! 读取数据
18. logical, external :: GetNextPlayer ! 找出下一位球员数据的函数
19. integer i               ! 循环记数器
20. integer error           ! 检查文件读取是否正常
21.
22. inquire(file=filename, exist=alive)
23. if(.not. alive)then ! 文件不存在就结束程序
24.   write(*,*)trim(filename)," doesn't exist."
25.   stop
26. end if
27.
```

```
28.    open(unit=fileid, file=filename)
29.    do while(.true.)
30.      if(GetNextPlayer(fileid, p%name))then
31.        do i=1,3
32.          read(fileid, "(A4,1X,F)", iostat=error)title, tempnum
33.          if(error/=0)then
34.            write(*,*)"文件读取错误"
35.            stop
36.          end if
37.          ! 要经过每一行最前面两个中文本来判断读入的是什么数据
38.          select case(title)
39.          case("身高")
40.            p%height = tempnum
41.          case("体重")
42.            p%weight = tempnum
43.          case("得分")
44.            p%score = tempnum
45.          case default
46.            write(*,*)"出现不正确的数据"
47.            stop
48.          end select
49.        end do
50.      else
51.        exit  ! 没有数据了，离开循环
52.      end if
53.
54.      if(p%score > 20.0)then ! 显示得分高于 20 分的选手数据
55.        write(*,"('姓名:'A8/,'身高:'F5.1,' 体重:'F5.1,' 得分:'F4.1)")p
56.      end if
57.    end do
58.
59.    stop
60.  end
61.  ! GetNextPlayer 函数会从文件中找出下一位球员的数据位置
62.  ! 如果文件中还有数据需要读取，返回.true.
63.  ! 如果文件中没有数据需要读取，返回.false.
64.  logical function GetNextPlayer(fileid, name)
65.    implicit none
66.    integer, intent(in):: fileid
67.    character(len=*), intent(out):: name
```

```
68.    character(len=80)title
69.    integer  error
70.
71.    do while(.true.)
72.      read(fileid,"(A80)",iostat=error)title
73.
74.      if(error/=0)then  ! 文件中已经没有数据了
75.        GetNextPlayer = .false.
76.        return
77.      end if
78.
79.      if(title(1:4)=="姓名")then
80.        name = title(6:)
81.        GetNextPlayer = .true.
82.        return
83.      end if
84.    end do
85.
86.    return
87.end function
```

执行结果如下：

姓名:彭天才
身高: 70.2 体重:185.0 得分:22.2
姓名:黄天才
身高: 85.0 体重:190.3 得分:20.1

程序代码长了一点，把它分成几部分来说明。第 28 行之前的程序代码是声明和检查的部分，跟前几个实例差不多，不需要再多做介绍。需要介绍的只有 29~57 行的循环部分跟函数 GetNextPlayer。

循环中第 1 行会调用函数 GetNextPlayer，函数 GetNextPlayer 会去寻找文件中保存"姓名"这个字符串的位置，并且读出球员姓名。读取方法是使用循环一次读入一行字符串，检查字符串最前面是否为"姓名"这两个中文字，如果是就取出字符串后半部的球员姓名，并返回主程序；如果不是就再读入下一行。一个中文字会使用两个 CHARACTER 来保存，所以第 79 行要检查字符串最前面的两个中文字时，等于要检查最前面的 4 个 CHARACTER。下面是函数 GetNExtPlayer 的核心部分：

```
71.    do while(.true.)
72.      read(fileid,"(A80)",iostat=error)title  ! 先读入一行字符串
73.
74.      if(error/=0)then ! 文件中已经没有数据了,return .false.
75.        GetNextPlayer = .false.
76.        return
```

文 件

```
77.     end if
78.
79.     if(title(1:4)=="姓名")then
80.       name = title(6:) ! 球员姓名从第 6 个字段开始
81.       GetNextPlayer = .true. ! 还有数据, return .true.
82.       return
83.     end if
84.   end do
```

文件的代码在整个程序中是共享的，不同的函数可以使用同样的代码来读写同一个文件，函数不会独立拥有自己的文件代码。所以在这边，函数 GetNextPlayer 从参数中得到的文件代码，会和主程序使用相同的文件。

再回到主程序的部分，因为在文件中，每位球员的 4 项数据都是连续 4 行写在一起，而调用 GetNextPlayer 时会读入第 1 行的姓名部分，接下来需要再读入 3 项数据。第 31～49 行是一个固定执行 3 次的循环，它会连续读入 3 行数据。不过这 3 项数据的顺序并不固定，所以要检查每一行最前面的文本才能判断它是什么数据。

```
            ! 先读入最前面的两个中文字及后面的数字
32.     read(fileid, "(A4,1X,F)", iostat=error)title, tempnum
            ……
            ……
37.     ! 要通过每一行最前面两个中文字来判断读入的是什么数据
38.     select case(title)
39.     case("身高")
40.       p%height = tempnum   ! 读入的是身高
41.     case("体重")
42.       p%weight = tempnum   ! 读入的是体重
43.     case("得分")
44.       p%score = tempnum    ! 读入的是得分
45.     case default
46.       write(*,*)"出现不正确的数据"
47.       stop
48.     end select
```

读取一位球员的数据后，检查他的平均得分是否超过 20 分，是就输出这位球员的个人数据。

```
54.     if(p%score > 20.0)then ! 显示得分高于 20 分的选手数据
55.       write(*,"('姓名:'A8/,'身高:'F5.1,' 体重:'F5.1,' 得分:'F4.1)")p
56.     end if
```

从这边可以发现，如果版面格式太过自由，读取数据时会很麻烦。

前面的实例都是单纯的读入文件或是输出文件，现在来示例一个同时读写文件的程序。编写一个程序来把文本文件内容的最前面加上行号后，输出到另一个文件中。例如文件 A 的内容为：

```
program main
  implicit none
  integer a
  … …
```

输出到文件 B 后,每一行最前面会照顺序补上这一行的行号。

```
1.program main
2.implicit none
3.integer a
  … …
```

实例程序实现如下:

EX0909.F90

```
1.  program ex0909
2.   implicit none
3.   integer, parameter :: inputfileid = 10, outputfileid = 11
4.   integer, parameter :: maxbuffer = 200
5.   character(len=80):: inputfile, outputfile
6.   character(len=maxbuffer)buffer
7.   integer count
8.   integer error
9.   logical alive
10.
11.  write(*,*)"Input Filename:"
12.  read(*,"(A80)")inputfile
13.  write(*,*)"Output Filename:"
14.  read(*,"(A80)")outputfile
15.
16.  inquire(file=inputfile, exist=alive)
17.  if(.not. alive)then
18.    write(*,*)trim(inputfile)," doesn't exist."
19.    stop
20.  end if
21.
22.  open(unit=inputfileid, file=inputfile, status="old")
23.  open(unit=outputfileid, file=outputfile, status="replace")
24.  count = 1
25.  do while(.true.)
26.    ! 读入一整行的数据
27.    read(inputfileid,"(A200)",iostat=error)buffer
28.    if(error/=0)exit ! 没有数据了,离开循环
```

```
29.        ! 在最前面加上行号再输出到另一个文件中
30.        write(outputfileid, "(I3,'.',A)")count,trim(buffer)
31.        count=count+1         ! 计算行数
32.     end do
33.     close(inputfileid)
34.     close(outputfileid)
35.
36.     stop
37.end program
```

执行结果如下：

Input Filename:

EX0909.F90(输入要读入的文件名)

Output Filename:

OUTPUT(输入要输出的文件名)

执行完后使用可以阅读文本文件的工具把输出的文件打开来看，读者会发现原文件内容的每一行前面都加上了行号。

这个程序很简单，基本上是利用循环一行一行地把文件内容当成字符串读进来。读入字符串后，在这个字符串前面加上行号，再输出到另一个文件中。下面就是这个程序的核心部分。

```
25.     do while(.true.)
26.        ! 读入一整行的数据
27.        read(inputfileid,"(A200)",iostat=error)buffer
28.        if(error/=0)exit  ! 没有数据了，离开循环
29.        ! 在最前面加上行号再输出到另一个文件中
30.        write(outputfileid, "(I3,'.',A)")count,trim(buffer)
31.        count=count+1         ! 计算行数
32.     end do
```

这个程序示例了一次打开两个文件的方法，程序中只要在 OPEN、READ、WRITE 时使用不同的 UNIT 值，就可以同时使用多个文件。操作系统通常会限制一个程序所能够同时打开的文件数量，每个操作系统所允许的数量不同。最好还是不要一次同时打开很多个文件。

9-4 直接访问文件的操作

直接访问文件的意义是："把文件的空间、内容事先分区成好几个同样大小的小模块，这些模块会自动按顺序编号。读写文件时，要先赋值文件读写位置在第几个模块，再来进行读写的工作"。直接访问文件可以任意到文件的任何一个地方来读写，就像欣赏镭射唱片、影盘片时一样，可以任意跳跃到我们所想要欣赏的片段。

来看一段实例，文件 LIST.TXT 中，按照棒次顺序记录了"熊帝队"选手的打击率：

LIST.TXT

```
3.12
2.98
3.34
3.45
2.86
2.54
2.78
2.23
2.56
```

编写一个可以经过棒次来查询选手打击率的程序。

EX0910.F90

```
 1. program ex0910
 2.   implicit none
 3.   integer, parameter :: fileid = 10
 4.   character(len=20):: filename = "list.txt"
 5.   integer player
 6.   real    hit
 7.   integer error
 8.   logical alive
 9.
10.   inquire(file=filename, exist=alive)
11.   if(.not. alive)then
12.     write(*,*)trim(filename)," doesn't exist."
13.     stop
14.   end if
15.
16.   open(unit=fileid, file=filename, access="direct",&
17.        form="formatted", recl=6, status="old")
18.   do while(.true.)
19.     write(*,"('查询第几棒?')")
20.     read(*,*)player
21.     read(fileid, fmt="(F4.2)", rec=player, IOSTAT=error)hit
22.     if(error/=0)exit
23.     write(*,"('打击率:'F4.2)")hit
24.   end do
25.   close(fileid)
26.
```

```
27.    stop
28. end program
```

程序执行结果如下：

查询第几棒？
3(输入想查询的棒次)
打击率:3.34
查询第几棒？
5(输入想查询的棒次)
打击率:2.86
查询第几棒？
8(输入想查询的棒次)
打击率:2.23
查询第几棒？
0(输入不存在的棒次会结束程序)

程序使用下面的 OPEN 命令打开了一个直接读取文件：

```
16.    open(unit=fileid, file=filename, access="direct",&
17.         form="formatted", recl=6, status="old")
```

打开直接读取文件时，OPEN 命令中的 ACCESS='DIRECT' 及定义模块大小的 RECL 字段不能省略。ACCESS='DIRECT' 时，FORM 的默认值是"UNFORMATTED"，所以要打开直接读取的文本文件时，要记得加上 FORM='FORMATTED' 这一参数描述。

文件打开后，使用循环来读取用户所要查询的棒次号码。当用户输入一个不存在的棒次时，会跳出循环。循环主要的工作就是从键盘读取棒次，并且从文件中读出打击率。

```
18.    do while(.true.)
19.      write(*,"('查询第几棒?')")
20.      read(*,*)player
21.      read(fileid, fmt="(F4.2)", rec=player, IOSTAT=error)hit
22.      if(error/=0)exit
23.      write(*,"('打击率:'F4.2)")hit
24.    end do
```

第 21 行的 READ 命令中，REC 字段填入的 player 值，就是用户所输入的棒次号码，也就是所要去读取的文件位置。这一行命令会从文件中的第 player 笔数据读出打击率给变量 hit。

关于这个程序读者可能还会有一点疑问，就是在 OPEN 文件时，为什么要把 RECL 设为 6？来看看文件 LIST.TXT 的模样为何：

3.12
2.98
3.34
……
……

可以发现 LIST.TXT 文件中每一行刚好都有 4 个字符，而上场打击的棒次有九人，所以文件中有 9 行。而在 MicroSoft 的操作系统中，文本文件每一行的行尾都有两个看不见的符号用来代表一行文本的结束。所以一行文本的长度是"这一行文本的字符数量再加上 2"。

可以由 DOS 下的 DIR 命令来查证这个结果。DIR 命令会显示文件 LIST.TXT 的长度为 54 bytes，而 9*6=54，刚好符合上面的理论。如果 LIST.TXT 文件是在 UNIX 系统下生成的，由于 UNIX 系统每一行的行尾只需要一个结束符号。所以在 UNIX 下编辑出来的 LIST.TXT 文件的长度会是 9*5=45（bytes），读取这个文件时，要把模块大小改成 5。

在文本文件格式中，RECL 字段设置的值代表一个模块会使用几个字符。

由于这个程序是给用户自行输入所要查询的棒次号码，所以读取数据时常常会在文件中任意跳跃。使用直接读取文件才能任意赋值文件的读取位置。

事实上这个程序最好的编写方法是声明数组，并打开一个顺序文件来把数据读入数组中。用户要查询数据时，直接在数组中读取就好了。因为数组的数据是在内存中，查询数据的速度远快于从硬盘中读取。这个程序中使用直接访问文件纯粹是为了范例。

不过如果想把数据全部读入内存里面，也要在数据量不大、或是计算机的内存够大时才可以这么做。在这个实例中，总共只有 9 笔数据，所以可以这么做。如果所要处理的数据成千上万，像是记录一个城市居民的电话簿、或是流体计算时的成千上万的网格数据，就无法把数据全部都读入内存。

来看看一个写入直接访问文件的实例，假如现在需要一个输入选手打击率的程序，这个程序能够自由让用户决定现在要输入哪一位打者的打击率。

EX0911.F90

```
1.  program ex0911
2.    implicit none
3.    integer, parameter :: fileid = 10
4.    character(len=20):: filename = "ex0911dat.txt"
5.    integer player
6.    real    hit
7.    integer error
8.
9.    open(unit=fileid, file=filename, access="direct",&
10.        form="formatted", recl=6, status="replace")
11.   do while(.true.)
12.     write(*,"('第几棒?')")
13.     read(*,*)player
14.     if(player<1 .or. player>9)exit
15.     write(*,"('打击率?')")
16.     read(*,*)hit
17.     write(fileid, fmt="(F5.2)", rec=player, IOSTAT=error)hit
18.     if(error/=0)exit
19.   end do
20.   close(fileid)
```

```
 21.
 22.    stop
 23.end program
```

执行结果如下：

第几棒？

3(输入棒次)

打击率？

3.2(输入打击率)

第几棒？

5(输入棒次)

打击率？

2.8(输入打击率)

第几棒？

9(输入棒次)

打击率？

2.3(输入打击率)

第几棒？

0(输入不存在的棒次会结束程序)

输入的数据会记录在文件 EX0911DAT.TXT 当中。因为只输入了 3 个棒次的数据，所以其他选手的位置都是空格。

     3.20   2.80   2.30

这个实例程序和上一个实例程序差不多，只是在把 READ 改成 WRITE 而已。写入直接访问文件时，同样要先赋值要写入哪一个模块位置。

```
 18.    write(fileid, fmt="(F5.2)", rec=player, IOSTAT=error)hit
```

这个程序只是很简单地做写入文件的范例。通常使用直接格式时，不会使用文本格式而会使用二进制格式来保存数据。

使用直接访问文件时，要小心使用 ENDFILE 命令。使用这个命令时，会把目前所在的文件位置之后的数据都清除掉。假如刚使用过 READ（…，REC=1）或 WRITE（…，REC=1）等等的命令（会把文件的读写位置放在文件头），然后马上接着 ENDFILE 命令，这个文件后面的数据都会被清除掉。

9-5 二进制文件的操作

  文本文件的内容都是用肉眼就可以明白辨认的字母、数字，现在来试试看"二进制文件"。使用二进制文件来做直接读取时，OPEN 命令中的 RECL 字段所设置的整数 n 值所代表的大小会随着编译器不同而改变。有的编译器会视为 n bytes，有的编译器则会视为 n*4 bytes。Visual Fortran 中默认视为 n*4 bytes，G77 会视为 n bytes。每个编译器应该都可以经过设置来改变 RECL 字段的单位大小。

  把输入棒球选手打击率的程序，改成使用二进制文件来记录：

EX0912.F90

```fortran
1.  program ex0912
2.    implicit none
3.    integer, parameter :: fileid = 10
4.    character(len=20):: filename = "list.bin"
5.    integer player
6.    real :: hit(9)=(/ 3.2, 2.8, 3.3, 3.2, 2.9, 2.7, 2.2, 2.3, 1.9 /)
7.
8.    open(unit=fileid, file=filename, form="unformatted",&
9.         access="direct", recl=1, status="replace")
10.
11.   do player=1,9
12.     write(fileid, rec=player)hit(player)
13.   end do
14.
15.   close(fileid)
16.
17.   stop
18. end program
```

程序执行后不会在屏幕上显示任何东西,打击率数据固定编写在程序代码中,因为在这边只是要示例二进制文件的使用,输入数据的程序代码就把它省略。执行后所生成的 LIST.BIN 文件,如果使用文本编辑器去打开,看不出任何意义。二进制文件是给计算机看的,不适合直接阅读。

文件 LIST.BIN 的大小应该是 36 bytes。因为总共输出了 9 个浮点数,而每个浮点数占 4 bytes。如果文件大小不是 36 bytes,读者可能要自己试着去改变一下第 9 行 OPEN 命令中 RECL 栏的值。试着把 1 改成 4 试试看。

文件 LIST.BIN 放到文本编辑器中看起来会很奇怪,读者可以自行尝试看看。必须另外编写程序才能从 LIST.BIN 中查询数据。

EX0913.F90

```fortran
1.  program ex0913
2.    implicit none
3.    integer, parameter :: fileid = 10
4.    character(len=20):: filename = "list.bin"
5.    real    hit
6.    integer player
7.    logical alive
8.    integer error
9.
```

```fortran
10.    inquire(file=filename, exist=alive)
11.    if(.not. alive)then
12.      write(*,*)trim(filename)," doesn't exist."
13.      stop
14.    end if
15.
16.    open(unit=fileid, file=filename, form="unformatted",&
17.         access="direct", recl=4, status="old")
18.
19.    do while(.true.)
20.      write(*,"('第几棒?')")
21.      read(*,*)player
22.      read(fileid, rec=player, iostat=error)hit
23.      if(error/=0)exit
24.      write(*,"('打击率:',F5.2)")hit
25.    end do
26.
27.    close(fileid)
28.
29.    stop
30.end program
```

执行结果如下：

第几棒?

3(输入棒次)

打击率: 3.30

第几棒?

5(输入棒次)

打击率: 2.90

第几棒?

1(输入棒次)

打击率: 3.20

第几棒?

0(输入不存在的棒次会结束程序)

这个程序和 EX0910 差不多，只是差在常量 RECL 字段的值及在 OPEN 中的 FORM 设为 UNFORMATTED，其实可以省略这一栏，因为打开直接访问文件时 FORM 的默认值就是 UNFORMATTED。

在这边把 RECL 字段设为 1（有些编译器必须设为 4），EX0910 中把 RECL 设置成 6 是因为输出数据的格式为 F4.2，占 4 个字段。不过如果两笔数据间没有用空格来区分，在文件中会出现一连串紧密的数字。RECL 设置为 6 之后，每一条数据都会固定输出 6 个字符。但是这个程序使用的是二进制文件，就没有必要在数据之间用区分符号来增加文件的可读性，因为二进制文件本来就没有可读性可言。

这一节的实例程序，对文件读写时都没有使用任何的输入/出格式。二进制文件是直接把在内存中的二进制数据写入文件，就没有所谓的格式化输入/出存在。

二进制文件可以节省空间，不过在这个例子中还不是非常明显。假如要记录 1000 个格式为 F8.3 的浮点数，使用文本文件时，所需要的文件长度理论上最少为 1000*8＝8000 bytes。但事实上一定还要在数据间加入空格符号来区分数据、方便阅读。所以文件最小长度为 1000*9=9000 bytes。

用文本文件保存数字，很可能会造成部分数据流失，因为格式 F8.3 只允许存放 3 位小数，第 3 位以下的小数都会被舍去，解决方法是多保存几位数字，不过这样会使用更多的空间。

使用二进制文件时，所需要的文件最少长度为 1000*4=4000 bytes，而且不会有任何的数据流失。从这里可以知道，要存放"精确"及"大量"的数据时，使用二进制文件是比较好的选择。

在这里只示例二进制的直接访问格式，二进制文件当然也可以使用顺序格式来操作。顺序格式下显示来的二进制文件，每一条数据的前后都会被编译器补上一些额外信息，所生成的文件不太容易被其他程序读取。

9-6　Internal File（内部文件）

在前面介绍过把数据写入文本文件的方法，现在再介绍一个类似的新概念——"内部文件"。

"内部文件"是直接从英文原义译成中文的名词，其实如果把它叫做"字符串变量文件"会比较切合原义。因为它是使用写入文件的方法，把数据写到一个字符串变量中，来看一个实例：

EX0914.F90

```
1.program ex0914
2.  implicit none
3.  integer :: a=2
4.  integer :: b=3
5.  character(len=20):: string
6.
7.  write(unit=string, fmt="(I2,'+',I2,'=',I2)")a,b,a+b
8.  write(*,*)string
9.
10.  stop
11.end program
```

执行结果如下：

```
 2+ 3= 5
```

这个程序的重点在第 7 行，WRITE 命令除了可以赋值一个整数值来作为输出位置之外，还可以赋值一个字符串变量来当做输出的目的。

```
7.   write(unit=string, fmt="(I2,'+',I2,'=',I2)")a,b,a+b
```

字符串 string 的内容，会按照赋值的格式得到"2+ 3=5"的值。除了可以把数据经过 WRITE 写入字符串之外，还可以把数据经过 READ 命令从字符串中读入数据。

EX0915.F90

```
1.program ex0915
2.  implicit none
3.  integer :: a
4.  character(len=20):: string="123"
5.
6.  read(string, *)a
7.  write(*,*)a
8.
9.  stop
10.end program
```

执行后变量 a 的值被设置为 123，设置的操作是发生第 6 行的 READ 命令。READ 命令可以把输入的来源设置到一个字符串变量中，在这里字符串 string 的内容为"123"，所以变量 a 会被赋值成 123。

```
6.  read(string, *)a  ! 从字符串 string 中读出一个数字
```

在某些情况下，需要使用内部文件来设置数据。

使用 READ 命令从键盘输入数据时，如果用户输入错误的数据，会导致程序死机。例如需要输入整数时却输入英文本母，就可能会死机。比较好的处理方法是，程序先暂时把数据当成字符串读入，检查字符串中是否含有不合理的字符，如果字符串中都是 0~9 的数字字符，就把字符串转换成整数，不然就请用户再输入一次。

EX0916.F90

```
1.program ex0916
2.  implicit none
3.  integer i
4.  integer, external :: GetInteger
5.  i = GetInteger()
6.  write(*,*)i
7.  stop
8.end program
9.
```

```
10.integer function GetInteger()
11.  implicit none
12.  character(len=80) :: string
13.  logical :: invalid
14.  integer i, code
15.
16.  invalid = .true.
17.  do while(invalid)
18.    write(*,*)"请输入正整数"
19.    read(*, "(A80)")string
20.    invalid = .false.
21.    do i=1, len_trim(string)
22.      ! 检查输入的字符是否包含'0'~'9'以外的字符
23.      code = ichar(string(i:i))
24.      if(code<ichar('0').or. code>ichar('9'))then
25.        invalid=.true.
26.        exit
27.      end if
28.    end do
29.  end do
30.
31.  read(string, *)GetInteger
32.  return
33.end function
```

这个程序会要求用户输入一个正整数,若输入错误会要求重新输入,一直到输入正确为止。执行结果如下:

请输入正整数
a20(错误的输入)
请输入正整数
3c3(错误的输入)
请输入正整数
100(正确输入正整数时才会结束)
    100

读取数据的程序代码是在函数 GetInteger 中,它会暂时先把数据以字符串方式读入,用循环检查每个字符是否为数字字符,如果发现了不是数字的字符,就会要求重新输入数据。

检查是否为数字字符的方法,是从字符的 ASCII 值来看,数字字符 0~9 在 ASCII 中是连号排列,0 的 ASCII 值最小,9 最大。所以只要字符串中有任何一个字符的 ASCII 值小于 0 的 ASCII 值,或是大于 9 的 ASCII 值,字符串中就包含非数字的字符。

```
20.    do i=1, len_trim(string)
21.      ! 检查输入的字符是否包含'0'~'9'以外的字符
```

```
22.      code = ichar(string(i:i)) ! 取出字符的 ASCII 值
23.      if(code<ichar('0').or. code>ichar('9'))then
24.        invalid=.true.
25.        exit
26.      end if
27.    end do
```

得到合理的输入后，再使用 READ 命令把字符串中的数字读出来。

```
30.   read(string, *)GetInteger  ! 从字符串中读出数字
```

内部文件还可以应用在动态改变输出格式，输出格式可以事先存放在字符串中，程序进行时，动态改变字符串内容就可以改变输出格式，下面是一个实例：

EX0917.F90

```
 1.program ex0917
 2.  implicit none
 3.  integer a,b
 4.  character(len=30):: fmtstring="(I??,'+',I??,'=',I??)"
 5.  integer, external :: GetInteger
 6.
 7.  a = GetInteger()
 8.  b = GetInteger()
 9.
10.  write(fmtstring(3:4),"(I2.2)")int(log10(real(a))+1)
11.  write(fmtstring(11:12),"(I2.2)")int(log10(real(b))+1)
12.  write(fmtstring(19:20),"(I2.2)")int(log10(real(a+b))+1)
13.  write(*,fmtstring)a,b,a+b
14.
15.  stop
16.end program
17.
18.integer function GetInteger()
19.  implicit none
20.  character(len=80):: string
21.  logical :: invalid
22.  integer i, code
23.
24.  invalid = .true.
25.  do while(invalid)
26.    write(*,*)"请输入正整数"
27.    read(*, "(A80)")string
28.    invalid = .false.
```

```
29.    do i=1, len_trim(string)
30.    !检查输入的字符是否包含'0'~'9'以外的字符
31.      code = ichar(string(i:i))
32.      if(code<ichar('0').or. code>ichar('9'))then
33.    invalid=.true.
34.     exit
35. end if
36.   end do
37. end do
38.
39. read(string, *)GetInteger
40. return
41.end function
```

程序执行需要输入两个正整数,最后会输出这两个正整数相加的结果。

请输入正整数

100

请输入正整数

1

100+1=101(最后输出两个数字相加的结果)

这个程序的重点在最后一行的输出,在这里希望能够把数字都很紧密地输出到屏幕上,所以需要知道输入的两个数字占用几个位数,再根据它们的值来决定输出格式。程序 10、11、12 这 3 行会计算出这些数字占用几个位数。

```
10.    write(fmtstring(3:4),"(I2.2)")int(log10(real(a))+1
```

从 log10(a)+1 可以得到变量 a 占用几个位数。因为 0<a<10 时 log10(a)<1,10<a<100 时 log10(a)<2,100<a<1000 时 log10(a)<3……把 log10(a)+1 的值转成整数后就是数字 a 所占用的位数。如果不动态计算数字的位数大小,输出格式一定是固定的,不管数字的大小是多少,都会占用同样的字段宽度来做输出。

这个功能还可以应用在绘图时,大部分绘图链接库都提供了在屏幕上显示字符的功能,不过几乎都不会提供显示数字的功能,而显示数字却是经常需要使用的功能。这时候就要先使用"内部文件"来将数字转换成字符串,再通过这个字符串来显示数字的内容。

9-7 NAMELIST

NAMELIST 是很特殊的输入/出方法,它正式收录在 Fortran 90 标准当中,一般的 Fortran 77 编译器也支持这个语法,不过每家 Fortran 77 编译器使用的格式都不太相同,在 Fortran 90 中有统一 NAMELIST 的格式。

NAMELIST 可以把一组相关变量封装在一起,输入/出这一组变量时,只要在 WRITE/READ 中的 NML 字段赋值要使用哪一个 NAMELIST 就行了,下面是一个实例:

文件

EX0918.F90

```
1.program ex0918
2.  implicit none
3.  integer :: a = 1, b = 2, c = 3
4.  namelist /na/ a,b,c
5.  write(*,nml=na)
6.  stop
7.end program
```

执行后在屏幕上会看到类似下面的结果。

```
&NA
A       =           1,
B       =           2,
C       =           3
/
```

程序的第 4 行，把 a、b、c 这 3 个变量放在名字叫做 na 的 NAMELIST 中。NAMELIST 也算是声明的一部分，必须编写在程序执行命令的前面。NAMELIST 的语法很类似 COMMON，不过使用 NAMELIST 时一定要取名字。

namelist   /nl_name/   var1, var2, …

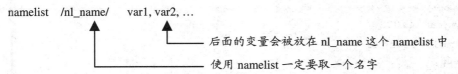

后面的变量会被放在 nl_name 这个 namelist 中
使用 namelist 一定要取一个名字

封装好 NAMELIST 后，在 WRITE 的 NML 字段中指名要输出哪一个 NAMELIST，就可以把在 NAMELIST 中的变量全部输出。

```
5.  write(*,nml=na) ! 输出 na 这个 namelist
```

输出 NAMELIST 时不能赋值输出格式，Fortran 90 标准中规定输出 NAMELIST 时首先会输出符号&，后面紧接着这个 NAMELIST 的名字。接着会根据顺序输出变量的名称、等号及内容，变量之间用空格或逗号来做分隔，最后使用除号来作结束。

```
&NA        (符号&后紧接 NAMELIST 的名字)
A      =          1,   (输出变量名称、等号、内容)
B      =          2,   (输出变量名称、等号、内容)
C      =          3    (输出变量名称、等号、内容)
/      (最后用除号来结束)
```

至于每个数值内容会使用什么格式来输出，就由编译器自行决定。

NAMELIST 也可以用来输入数据。不过通常都会用来读取文件，不会用在键盘输入，先来看一个使用键盘输入的实例：

EX0919.F90

```
1.program ex0919
2.  implicit none
3.  integer :: a, b, c
```

```
  4.  namelist /na/ a,b,c
  5.  read(*,nml=na)
  6.  write(*,nml=na)
  7.  stop
  8.end program
```

程序执行后需要用户输入 na 这个 NAMELIST 中的变量内容。用户不能随便输入 3 个数字了事，必须按照上面介绍的格式来输入。先键入符号&，紧接 NAMELIST 的名字，再输入变量名称、等号及内容，要结束时还要加上除号。

&na a=1 b=2 c=3 /(要输入类似这样的东西)

读取 NAMELIST 时，可以不填入所有变量的值，只要以 &na 开始输入，给一个除号就可以结束输入。变量可以不按照顺序输入，程序会自动按照变量名称来设置数值。变量甚至可以重复输入，不过变量会得到最后一次设置的值。

&na a=1 a=2 /(重复设置 a 两次，变量 a 最后会等于 2)

从这个例子可以发现，使用键盘来输入 NAMELIST 的内容会非常麻烦。NAMELIST 通常使用在文本文件的输入/出中，使用 READ 从文件中读取数据时，会自动从目前的位置向下寻找存放 NAMELIST 的地方。来看一个实例：

EX0920.F90

```
  1.program ex0920
  2.  implicit none
  3.  integer :: a(3)
  4.  namelist /na/ a
  5.
  6.  open(10, file="ex0920.txt")
  7.  read(10,nml=na)
  8.  write(*,"(3I2)")a
  9.
 10.  stop
 11.end program
```

输入文件 EX0920.TXT 的内容如下：

Happy birthday
&na a = 1,2,3 /

程序打开时，读写位置在文件的开头。读者可以发现文件开头的内容是字符串 Happy Birthday，第 7 行的 READ 命令会自动向下寻找 na 这个 NAMELIST 的存放位置来读取数据。这边可以看到 NAMELIST 处理数组的方法，它会在等号后面根据序显示数组内容。

9-8 文件的应用

这一节以实际的应用来示例文件操作。

读者可以从光盘中\program\chap09\grades.txt 的文件找到一张成绩单，它记录了全班 20 位学生的某一次阶段考试成绩。

GRADES.TXT

座号	中文	英文	数学	自然	社会
1	78	90	92	65	78
2	91	77	89	69	77
3	84	77	84	76	68
4	56	55	86	83	81
5	56	53	65	68	97
6	92	68	57	93	76
7	71	75	86	73	82
8	79	65	87	58	59
9	73	89	63	91	72
10	63	53	94	85	65
11	62	73	70	70	94
12	93	64	75	86	78
13	60	65	69	95	94
14	67	78	82	89	66
15	83	53	97	62	74
16	95	55	77	91	56
17	81	98	94	81	92
18	54	62	60	83	76
19	66	83	75	85	93
20	67	50	65	86	56

编写程序来读取成绩单，计算每位同学的总分，及各科的全班平均分数，以下面的程序重新输出成绩单的内容：

座号	中文	英文	数学	自然	社会	总分
1	78	90	92	65	78	403
2	91	77	89	69	77	403
3	84	77	84	76	68	389
4	56	55	86	83	81	361
5	56	53	65	68	97	339
6	92	68	57	93	76	386
7	71	75	86	73	82	387
8	79	65	87	58	59	348
9	73	89	63	91	72	388
10	63	53	94	85	65	360
11	62	73	70	70	94	369
12	93	64	75	86	78	396

13	60	65	69	95	94	383
14	67	78	82	89	66	382
15	83	53	97	62	74	369
16	95	55	77	91	56	374
17	81	98	94	81	92	446
18	54	62	60	83	76	335
19	66	83	75	85	93	402
20	67	50	65	86	56	324
平均	73.6	69.2	78.3	79.4	76.7	377.2

EX0921.F90

```
1.module typedef
2.  type student
3.    integer :: Chinese, English, Math, Natural, Social
4.    integer :: total
5.  end type
6.end module
7.
8.program ex0921
9.  use typedef
10.  implicit none
11.  integer, parameter :: fileid=10
12.  integer, parameter :: students=20
13.  character(len=80):: tempstr
14.  type(student):: s(students) ! 保存学生成绩
15.  type(student):: total        ! 计算平均分数用
16.  integer i, num, error
17.
18.  open(fileid, file="grades.txt",status="old", iostat=error)
19.  if(error/=0)then
20.    write(*,*)"Open grades.txt fail."
21.    stop
22.  end if
23.
24.  read(fileid, "(A80)")tempstr ! 读入第一行文本
25.  total=student(0,0,0,0,0)
26.  ! 用循环读入每位学生的成绩
27.  do i=1,students
28.    read(fileid,*)num, s(i)%Chinese, s(i)%English, &
29.                  s(i)%Math, s(i)%Natural, s(i)%Social
```

```
30.    ! 计算总分
31.    s(i)%Total = s(i)%Chinese + s(i)%English + &
32.                 s(i)%Math + s(i)%Natural + s(i)%Social
33.    ! 累加上各科的分数,计算各科平均时使用
34.    total%Chinese = total%Chinese + s(i)%Chinese
35.    total%English = total%English + s(i)%English
36.    total%Math    = total%Math    + s(i)%Math
37.    total%Natural = total%Natural + s(i)%Natural
38.    total%Social  = total%Social  + s(i)%Social
39.    total%Total   = total%Total   + s(i)%Total
40. end do
41. ! 重新输出每位学生成绩
42. write(*,"(7A7)")"座号","中文","英文","数学","自然","社会","总分"
43. do i=1,students
44.    write(*,"(7I7)")i, s(i)
45. end do
46. ! 计算并输出平均分数
47. write(*,"(A7,6F7.1)")"平均", &
48.    real(total%Chinese)/real(students),&
49.    real(total%English)/real(students),&
50.    real(total%Math)/real(students),&
51.    real(total%Natural)/real(students),&
52.    real(total%Social)/real(students),&
53.    real(total%Total)/real(students)
54.
55.    stop
56. end program
```

这个程序使用另一个方法来判断文件 GRADE.TXT 是否存在,第 18 行的 OPEN 命令中,IOSTAT 字段会把文件打开是否成功的结果放在变量 error 中。Error 的值若不为零代表找不到 GRADE.TXT 这个文件。

```
18.    open(fileid, file="grades.txt",status="old", iostat=error)
```

读入文件时,有几个地方的数据是可以直接跳过去不处理的,像第一行的表头字符串及每一行最前面的学生座号。表头字符串只是用来说明这个位置存放的是哪个科目的成绩,而每一行最前面的学生座号是照顺序排列下来的。这些固定的数据不需要再处理,把它们读进来之后就可以不再理会它们。程序中的变量 tempstr 和 num 从文件中得到数据后就没有再去使用。

第 24 行的 READ 命令需要赋值输入格式,如果不赋值这里要一口气读入 80 个字符长度的字符串,读取数据时,GRADE.TXT 中第一行会被当成 6 个小字符串。使用默认输入格式时,遇见空格符会当成分隔符。

第 28 行的 READ 命令可以不赋值输入格式,在文本文件格式下,两笔数据之间如果只

用空格来做分隔，不特别赋值输入格式就可以正确得到内容。文件 GRADES.TXT 中，从第 2 行开始，每一行都是连续的 6 个整数，数字之间用空格来分隔，所以从第 2 行之后，不需要赋值输入格式，每一行都读入 6 个整数就行了。

```
28.    read(fileid,*)num, s(i)%Chinese, s(i)%English, &
29.                  s(i)%Math, s(i)%Natural, s(i)%Social
```

这个实例没有做成绩排名，这部分留到习题给读者练习。在这里使用自定义类型来记录每位学生的成绩，如果不用自定义类型时，分别需要对每个科目都声明一个数组来记录成绩，在做排序时交换数据会变得很麻烦。

```
! 使用自定义类型时，s(j)及 s(i)中就包含了一位学生的全部数据
temp=s(j)
s(j)=s(i)
s(i)=temp

! 不使用自定义类型时，要对每个科目声明一个数组来记录成绩
! 需要交换两位学生数据时，要交换 5 个数组的数据，非常麻烦
temp=Chinese(j)
Chinese(j)=Chinese(i)
Chinese(i)=temp
temp=English(j)
English(j)=English(i)
English(i)=temp
... ...
```

上面是很典型读入文本文件的应用，下面来做二进制文件的示例。二进制文件可以保存各种类型的数据，图形文件是很常见的应用。读者可以在光盘中找到一张图文件 \program\chap09\lena.raw，这个图文件使用完全没有压缩的初始数据格式来保存。读者可以使用 PhotoShop 来打开它，打开的时候会跳出一个对话窗（如图 9.1 所示）：

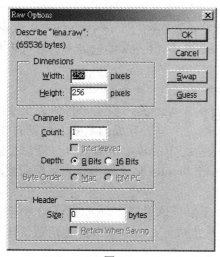

图 9.1

*.RAW 的图形文件，需要用户赋值图形长宽及色彩格式才能打开。PhotoShop 会自己试着去猜测图文件的长宽和色彩格式，上图中是正确的信息。正确地打开文件后，可以看到下面的图片（如图 9.2 所示）。

图 9.2

先解释这个文件所保存的内容。它保存的是一张 256×256 的灰度图片，也就是说整个图片中有 256×256 个像素，使用的色彩格式是 256 色阶的灰度格式。每个像素使用 1 个 byte 来保存，这个文件的大小刚好是 256*256*1 = 65336 bytes。

1 个 byte 中有 8 bits，刚好可以记录 2^8=256 种变化。数值 0 代表最暗（全黑），255 代表最亮（全白），其他数值都是不同色阶的灰色（如图 9.3 所示）。

0   255

图 9.3

编写一个程序来读取图文件，并且把图片的色彩值反相，输出成下面的图片（如图 9.4 所示）：

图 9.4

EX0922.F90

```fortran
1.  program ex0922
2.    use typedef
3.    implicit none
4.    integer, parameter :: recl_unit = 4
5.    integer, parameter :: buffer_size = 256*256
6.    character :: cbuffer(buffer_size)
7.    integer   :: ibuffer(buffer_size)
8.    integer   :: error, i, code
9.
10.   open(10, file="lena.raw", form="unformatted", access="direct",&
11.        recl=256*256/recl_unit, status="old", iostat=error)
12.   if(error/=0)then
13.     write(*,*)"open lena.raw fail."
14.     stop
15.   end if
16.   ! 一个像素占 1 byte，刚好可以用字符数组把整个文件读入
17.   read(10, rec=1)cbuffer
18.   close(10)
19.
20.   do i=1, buffer_size
21.     ! 要取出每个字符的数值
22.     code = ichar(cbuffer(i))
23.     ! code 返回值会是-128～127 之间，要把它转换成 0～255 之间的数字
24.     if(code>=0)then
25.       ibuffer(i)=code
26.     else
27.       ibuffer(i)=256+code
28.     end if
29.   end do
30.   ! 把亮度值反相
31.   do i=1, buffer_size
32.     cbuffer(i)=char(255-ibuffer(i))
33.   end do
34.   ! 文件代码 10 在上面已经 close 了，可以再使用一次
35.   open(10, file="newlena.raw", form="unformatted", access="direct",&
36.        recl=256*256/recl_unit, status="replace")
37.   write(10, rec=1)cbuffer
38.   close(10)
```

```
39.
40.    stop
41.end
```

这个程序用了一些技巧来读取文件。文件打开时 RECL 字段的设置大小刚好是这个图文件的大小，程序希望能够一口气就把整张图片读进内存中。为了区分出每个像素，在这边使用容量为 256*256 的字符数组来读取文件。

```
10.    open(10, file="lena.raw", form="unformatted", access="direct",&
11.         recl=256*256/recl_unit, status="old", iostat=error)
    ……
    ……
16.    ! 一个像素占 1 byte, 刚好可以用容量为 256*256 字符数组把整个文件读入
17.    read(10, rec=1)cbuffer
```

虽然有些编译器支持，但 Fortran 标准中没有定义长度大小为 1 byte 的整数类型，所以只好拿字符类型来暂时代替。Fortran 标准中也没有定义只能保存正整数的类型，所以字符中大于 127 的数值都会被解释成负数，程序第 20~29 行的循环用来把这些数值重新对应成 0~255 之间的数值。

```
20.    do i=1, buffer_size
21.       ! 要取出每个字符的数值
22.       code = ichar(cbuffer(i))
23.       ! code 返回值会是-128~127 之间，要把它转换成 0~255 之间的数字
24.       if(code>=0)then
25.          ibuffer(i)=code
26.       else ! 小于 0 的数值事实上应该是大于 127 的数字
27.          ibuffer(i)=256+code
28.       end if
29.    end do
```

程序进行到这里，才会得到真正需要处理的数据。整数数组 ibuffer 中存放着所有的像素数据，要把图片反相就等于做下面的计算：

```
30.    ! 把亮度值反相
31.    do i=1, buffer_size
32.       cbuffer(i)=char(255-ibuffer(i))
33.    end do
```

反相后的图片数据又会放回数组 cbuffer 中，最后再把 cbuffer 中的数据写到文件 NEWLENA.RAW。这个程序对 LENA.RAW 和 NEWLENA.RAW 这两个文件都使用相同的代码。因为在第 18 行中已经把 LENA.RAW 关闭了，所以同样的文件代码可以再使用一次。

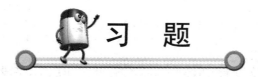
习 题

1. 请改写会显示文本文件内容的实例程序 EX0905，加入一个功能，在输出行数到一定程度时（占满屏幕的一页时），能暂停输出，等用户按 Enter 键后再继续输出。

2. 光盘中\program\chap09\encode1.txt 是一个经过编码的文本文件，编码方法是把每个字符的 ASCII 值加上 3 之后再输出，请编写程序来把这个文件解码。

3. 光盘中\program\chap09\grades.bin 中以二进制方式保存了全班 20 位同学的成绩。文件中紧凑地保存了 20 位同学的中文、英文、数学、自然、社会这 5 个科目的成绩。每个成绩使用长整型方法保存（占 4 bytes），根据顺序先存放 1 号同学的 5 个科目成绩，再存放 2 号同学的 5 个科目成绩……最后存放 20 号同学的 5 个科目成绩。请编写程序读出全班同学的成绩，并计算每位同学的总分及全班的各科平均分。

4. 光盘中\program\chap09\encode2.txt 是一个经过编码的文本文件，编码的方法是根据顺序把每 1 行第 3n-2、3n-1、3n 个字符的 ASCII 值分别加上 1、2、3 之后再输出，请编写程序把这个文件译码。

Ex:Hello
第 1 个字符"H"，编码后 char（ichar（"H"）+1）= "I"
第 2 个字符"e"，编码后 char（ichar（"e"）+2）= "g"
第 3 个字符"l"，编码后 char（ichar（"l"）+3）= "o"
第 4 个字符"l"，编码后 char（ichar（"l"）+1）= "m"
第 5 个字符"o"，编码后 char（ichar（"o"）+2）= "q"
简单地说，编码时会把每个字符照顺序加上 1 或 2 或 3 之后再输出

5. 在实例程序 EX0921.F90 中加入排名次的功能。

Chapter 10

指 针

指针是一个很有趣的东西，它最简单的应用可以用来保存变量，或者是动态使用内存。更进一层则可以应用在特别的"数据结构"上，例如创建"串行结构"、"树状结构"等等。

10-1 指针基本概念

简单来说，指针是一种"间接使用数据"的方法。指针变量用来保存一个"内存地址"。当程序要读写指针变量时，实际上会经过两个步骤：

（1）取出指针中所保存的内存位置。
（2）到这个内存位置读写数据。

指针变量中所保存的内存地址来源可以有两种：

（1）记录其他非指针变量的内存位置。
（2）程序执行中动态配置一块内存。

最基本的指针运行，是把指针变量拿来记录另外一个目标变量的地址，再经过指针来读写数据，来看看这个实例：

EX1001.F90

```
1.program ex1001
2.  implicit none
3.  integer, target :: a=1  ! 声明一个可以当成目标的变量
4.  integer, pointer :: p   ! 声明一个可以指向整数的指针
5.  p=>a  ! 把指针p指到变量a
6.  write(*,*)p
7.  a=2   ! 改变a的值
8.  write(*,*)p
9.  p=3   ! 改变指针p所指向的内存内容
10. write(*,*)a
11. stop
12.end
```

执行结果如下：

    1（第1次显示指针p所指到的变量内容）
    2（第2次显示指针p所指到的变量内容）
    3（显示这个时候变量a的值）

程序的第3行出现新的声明方法，第3行的声明中出现新的形容词TARGET。声明中加上 TARGET 的变量，在使用上并不会有任何不同，只不过这种变量可以把它的内存地址赋值给指针变量。

  3. integer, target :: a=1 ! 声明一个可以当成指针目标的变量

第4行也出现了新的声明方法，声明中使用了POINTER，表示这里要声明的是指针变量。

  4. integer, pointer :: p   ! 声明一个可以指向整数的指针

有了指针之后，程序第5行会把指针p指向变量a。也就是把变量a的内存地址记录在

指针 p 中。请注意在这边使用了类似箭头"=>"的符号来作指针的指向设置,而不是使用等号。

```
5.  p=>a  ! 把变量 a 的地址存放在指针 p 中
```

指针设置好内存指向位置后,就可以把它当成一般变量来使用。程序会自动取出指针中所记录的内存地址,再对这个内存地址来做读写。第 6 行输出指针 p 时,内容为 1,正是变量 a 这个时候的值。

程序第 7 行把变量 a 的值重新设置为 2,第 8 行再试着输出指针 p 的内容,理所当然地可以发现这个时候输出的值为 2。使用指针 p,就等于使用变量 a。

程序第 9 行会把指针 p 所指向的内存中的数值设置为 3,也就等于把变量 a 设置成 3,第 10 行的输出可以证明这个结果。

```
9.  p=3  ! 改变指针 p 指向的内存内容, 等于改变 a 的值
```

这个程序很简单地示例了指针的使用方法,只要把指针赋值到一个目标变量上,使用指针与使用这个变量会变成没有差别,这是第 1 种使用方法。下面来看看第 2 种使用方法,动态配置内存。

EX1002.F90

```
1.program ex1002
2.  implicit none
3.  integer, pointer :: p   ! 声明一个可以指向整数的指针
4.  allocate(p)! 配置一块可以存放 integer 的内存空间给指针 p
5.  p=100       ! 得到内存后指针 p 可以像一般整数一样来使用
6.  write(*,*)p
7.  stop
8.end
```

这个程序示范了第 2 种使用指针的方法。函数 ALLOCATE 在第 7 章中曾经介绍过,那个时候是用来配置内存空间给可变大小的矩阵使用,它也可以用来配置一块内存空间给指针使用。程序第 4 行会把配置到的内存地址存放在指针 p 中。

```
4.  allocate(p)! 配置一块可以存放 integer 的内存空间给指针 p
```

如果指针指向变量,指针可以随时重新设置它的指向。

```
integer, target :: a=1,b=2
integer, pointer :: p
p=>a         ! 把 p 指向 a
write(*,*)p  ! 会输出 1
p=>b         ! 把 p 指向 b
write(*,*)p  ! 会输出 2
```

不过如果指针中所指向的通过 ALLOCATE 所配置的内存,重新改变指向前要对这个内存地址做一些处理,看是要把它交给其他指针,或是把内存空间经过 DEALLOCATE 释放都行,不然会在计算机中形成一块已经配置、却被丢弃的内存。

```
integer, target :: a=1,b=2
integer, pointer :: p
```

```
allocate(p)!  配置内存
p=1
write(*,*)p
deallocate(p)!  释放内存
p=>a            ! 再改变指针 p 的指向
```

上面这段程序代码中，如果指针在指向变量 a 之前，没有先把配置得到的内存释放回去，那这块内存空间会变得无人认领。经过函数 ALLOCATE 得到的内存空间，再经过 DEALLOCATE 释放回去，或是程序结束之前，操作系统仍然会认定这块空间是安排给这个程序使用的。如果不先 DEALLOCATE，就重新设置指针 p 的指向，会导致内存空间白白浪费。

使用指针之前，一定要先设置好指针的目标。不然在程序执行时，会发生意想不到的情况。因为使用指针是使用它所记录的内存地址。还没设置指向的指针，不会知道哪里有内存可以使用。在这个时候使用指针，会出现内存使用错误的信息。在 Windows 系统下可能会显示一堆内存地址，显示内存读写不正常的信息，然后中断程序。在 UNIX 系统下可能会出现 Segmentation fault 的错误信息。

Fortran 提供 ASSOCIATED 函数，用来检查指针是否已经设置指向。

ASSOCIATED(pointer ,[target])

检查指针是否设置指向，返回值为布尔变量。如果只放入第 1 个指针参数，会检查这个指针是否已经赋值好 "方向"。如果放入两个变量，则会检查第 1 个指针变量是否指向第 2 个变量。

一般说来，判断指针有没有赋值好方向，是检查它的指向是否指到了不可能拿来使用的内存地址。函数 null() 会返回一个不能使用的内存地址，它可以用来把指针初值指向一个不能使用的内存地址，确保 associated 函数可以正确判断出这个指针还没有给定指向。

```
integer, pointer :: p=>null()! 把指针初值指向一个不能使用的内存地址
```

NULL()

Fortran 95 添加的函数。会返回一个不能使用的内存地址，在指针还没有指向前设置成这个值，可以让 associated 函数判断不会出错。

除了函数 NULL 之外，还可以使用 NULLIFY 命令来把指针设置成不能使用的内存地址。

NULLIFY(pointer1, [pointer2, ...])

用来把指针设置成还没有指向任何内存地址。Fortran 90 只能使用 NULLIFY 而不能使用 NULL 函数来设置指针。

```
integer, pointer :: p ! 使用 null 函数可以做到的功能，
nullify(p)! 在 Fortran 90 中要分成这两行来实做
```

来看看一个实验性质的程序：

EX1003.F90

```
1. program  ex1003
2.   implicit none
3.   integer, pointer :: a=>null( )
4.   integer, target  :: b=1,c=2
```

```
  5.
  6.    write(*,*)associated(a) ! FALSE，指针 a 尚未赋值
  7.    a=>c
  8.    write(*,*)associated(a) ! TRUE，指针 a 已赋值
  9.    write(*,*)associated(a,c) ! TRUE，指针 a 指向 c
 10.    write(*,*)associated(a,b) ! FALSE，指针 a 不指向 b
 11.    nullify(a) ! 把指针 a 设为没有指向
 12.    write(*,*)associated(a) ! FALSE，指针 a 尚未赋值
 13.
 14.    stop
 15.end
```

程序执行后会输出 5 个 TRUE/FALSE 值，这些数值的由来，在程序代码的批注中写得很清楚。

```
F
T
T
F
F
```

指针可以声明成任何数据类型，甚至是使用 TYPE 来自定义的数据类型。有一个概念很重要，那就是不管指针是用来指向哪一种数据类型，不论是 INTEGER、REAL、CHARACTER、COMPLEX 或是自定义类型，每一种指针变量都占用相同的内存空间。因为指针变量实际上是用来记录内存地址，以现在的 32 位计算机来说，记录一个内存地址，固定需要使用 32 bits = 4 bytes 的空间。

10-2 指针数组

指针也可以声明成数组，声明成数组的指针同样可以有两种使用方法：
（1）把指针指到其他数组。
（2）配置内存空间来使用。
先来看第一种使用方法：

EX1004.F90

```
1.program ex1004
2.    implicit none
3.    integer, pointer :: a(:)
4.    integer, target  :: b(5)=(/ 1,2,3,4,5 /)
5.    ! 把指针数组 a 指向数组 b
6.    a=>b
7.    ! a(1~5)=>b(1~5)
```

```
 8.    write(*,*)a
 9.    a=>b(1:3)
10.    ! a(1)=>b(1), a(2)=>b(2), a(3)=>b(3)
11.    write(*,*)a
12.    a=>b(1:5:2)
13.    ! a(1)=>b(1), a(2)=>b(3), a(3)=>b(5)
14.    write(*,*)a
15.    a=>b(5:1:-1)
16.    ! a(1)=>b(5), a(2)=>b(4), a(3)=>b(3), a(4)=>b(2), a(5)=>b(1)
17.    write(*,*)a
18.    stop
19.end
```

程序执行结果为:

```
1       2       3       4       5
1       2       3
1       3       5
5       4       3       2       1
```

这个程序实例是指针数组的第一种使用方法,指针数组在声明时只需要说明它的维数就行了,不需要说明它的大小。这一点类似可变大小数组。

    3. integer, pointer :: a(:)! 声明一维的指针数组

被当成目标给指针使用的数组,在声明时同样要加上 TARGET 这个形容词。

    4. integer, target :: b(5)=(/ 1,2,3,4,5 /)! 这个数组可以给指针使用

把指针数组指向一个数组可以有很多种设置方法,最简单的方法就是直接指过去,就像程序第 6 行的做法一样。这种做法会让指针 a 成为数组 b 的分身,使用指针 a 就跟使用数组 b 完全一样。输出结果的第 1 行可以证明指针数组 a 所指到的内容与数组 b 是完全相同的。

    6. a=>b ! a(1)=>b(1), a(2)=>b(2), a(3)=>b(3), a(4)=>b(4), a(5)=>b(5)

指针数组可以只选择目标数组当中的一小部分来使用,第 9 行只取出数组 b 中的前 3 个变量来使用。这个时候指针数组 a 的大小为 3,使用 a 等于使用 b 的前 3 个变量。输出结果的第 2 行可以证明这个事实。

    9. a=>b(1:3)! a(1)=>b(1), a(2)=>b(2), a(3)=>b(3)

还可以跳着选择目标数组中的一小部分来使用,第 12 行只取出数组 b 中的第 1、3、5 个元素来使用。输出结果的第 3 行可以证明这个结果。

    12. a=>b(1:5:2)! a(1)=>b(1), a(2)=>b(3), a(3)=>b(5)

倒过来赋值也是可以做到的,第 15 行中会把指针数组 a(1~5)赋值到数组 b(5~1)的身上。所以输出结果的第 4 行为 "5 4 3 2 1",刚好是数组 b 倒过来输出的结果。

    15. a=>b(5:1:-1)
    16. ! a(1)=>b(5), a(2)=>b(4), a(3)=>b(3), a(4)=>b(2), a(5)=>b(1)

除了可以把指针数组拿来指向某个目标数组之外,还可以使用 ALLOCATE 来分配一块内存给它使用,所以指针数组也可以拿来当做可变大小的数组使用。

指 针

EX1005.F90

```
1. program ex1005
2.   implicit none
3.   integer, pointer :: a(:) ! 定义a是一维的指针数组
4.   allocate(a(5)) ! 配置5个整数的空间给指针a
5.   a =(/ 1,2,3,4,5 /)
6.   write(*,*)a
7.   deallocate(a) ! allocate得到的内存要记得归还
8.   stop
9. end
```

在这边还是要提醒一点，ALLOCATE 得到的内存，在不需要使用时，要记得用 DEALLOCATE 释放回去。

看完了一维指针数组的例子，现在来看看多维指针数组的使用方法：

EX1006.F90

```
1. program ex1006
2.   implicit none
3.   integer, pointer :: a(:,:) ! 定义a是二维的指针数组
4.   integer, target :: b(3,3,2)
5.   integer i
6.
7.   forall(i=1:3)
8.     b(:,i,1)=i
9.     b(:,i,2)=2*i
10.  end forall
11.
12.  a=>b(:,:,1)
13.  ! a(i,j)=>b(i,j,1)
14.  write(*,"(9I2)")a
15.  a=>b(1:3:2,1:2,2)
16.  ! a(1,1)=>b(1,1,2), a(2,1)=>b(3,1,2)
17.  ! a(1,2)=>b(1,2,2), a(2,2)=>b(3,2,2)
18.  write(*,"(4I2)")a
19.  stop
20. end
```

程序中把二维指针数组 a 指向三维数组 b 中的其中一小部分。从输出结果可以证明 a 是 b 的其中一小部分，执行结果如下：

```
 1 1 1 2 2 2 3 3 3
 2 2 4 4
```

在程序中需要常常使用数组的一小部分时,声明一个指针来使用这一部分的数组,使用起来会比较方便。

最后要说明一个概念,既然指针也可以拿来作为可变大小的数组,那它和第 7 章中介绍的可变大小数组有什么不同?

声明成 ALLOCATABLE 的数组有它的生存周期,它只存在于声明它的函数中,函数结束后数组会自动 DEALLOCATE 释放内存空间。如果声明成指针,在函数结束时,不会自动去 DEALLOCATE 指针所指到的内存,在程序进行中要程序员自行使用 DEALLOCATE 才会释放内存。不然就要等到程序结束,让操作系统来回收这一块内存。

10-3 指针与函数

指针变量一样可以作为参数在函数之间传递,也可以作为函数的返回值。使用时有下面几点策略:

(1)要把指针传递给函数时,要声明这个函数的参数使用接口 INTERFACE。
(2)指针参数声明时不需要 INTENT 这个形容词。
(3)函数返回值若为指针时,需要定义函数的 INTERFACE。

EX1007.F90

```
1. program ex1007
2.   implicit none
3.   integer, target :: a(8)=(/ 10, 15, 8, 25, 9, 20, 17, 19 /)
4.   integer, pointer :: p(:)
5.   interface
6.     function getmin(p)
7.       integer, pointer :: p(:)
8.       integer, pointer :: getmin
9.     end function
10.  end interface
11.
12.  p=>a(1:8:2)
13.  ! p(1)=>a(1), p(2)=>a(3), p(3)=>a(5), p(4)=>a(7)
14.  write(*,*)getmin(p)
15.
16.  stop
17. end
18.
19. function getmin(p)
20.   implicit none
21.   integer, pointer :: p(:)
```

```
22.    integer, pointer :: getmin
23.    integer i,s
24.    integer min
25.
26.    s=size(p,1)! 查询数组的大小
27.    min = 2**30 ! 先把 min 设置成一个很大的值
28.    do i=1,s
29.      if(min>p(i))then
30.        min=p(i)
31.        getmin=>p(i)
32.      end if
33.    end do
34.    return
35.
36.end function
```

这个程序示例了传递指针给函数，以及从函数中返回指针的方法。函数 getmin 会把输入的数组值中，最小的数值找出来。函数 getmin 的参数类型及返回值都是指针，所以在调用前要说明它的使用接口 INTERFACE。没有编写 INTERFACE 时，编译过程当中并不一定会出现错误信息，不过在程序执行时会不正确，参数不会正确地传递出去。

程序第 12 行先设置指针 p 的指向，它指到数组 a 中的一部分，再把指针 p 当成参数传给函数 getmin 使用。

```
12.    p=>a(1:8:2)
13.    ! p(1)=>a(1), p(2)=>a(3), p(3)=>a(5), p(4)=>a(7)
```

找出最小值的地方，是使用一个循环来一个一个检查数组中的数值。min 变量在进入循环前先设置成一个很大的数值，在数组中发现比它小的数值时，就重新设置 min 的值。循环执行完后，min 值就会是数组中最小的数值。

```
27.    min = 2**30 ! 先把 min 设置成一个很大的值
28.    do i=1,s
29.      if(min>p(i))then
30.        min=p(i)
31.        getmin=>p(i)
32.      end if
33.    end do
```

编写 INTERFACE 是一件很麻烦的工作，不过如果函数是封装在 MODULE 中，就等于已经编写好使用接口。来看看把这个程序写成 MODULE 的版本。

EX1008.F90

```
1.module func
2.
3.contains
```

```
4. function getmin(p)
5.   implicit none
6.   integer, pointer :: p(:)
7.   integer, pointer :: getmin
8.   integer i,s
9.   integer min
10.  s=size(p,1) ! 查询数组的大小
11.  min = 2**30 ! 先把min设置成一个很大的值
12.  do i=1,s
13.    if(min>p(i))then
14.      min=p(i)
15.      getmin=>p(i)
16.    end if
17.  end do
18.  return
19. end function
20.
21. end module
22.
23. program ex1008
24.   use func
25.   implicit none
26.   integer, target :: a(8)=(/ 10, 15, 8, 25, 9, 20, 17, 19 /)
27.   integer, pointer :: p(:)
28.
29.   p=>a(1:8:2)
30.   ! p(1)=>a(1), p(2)=>a(3), p(3)=>a(5), p(4)=>a(7)
31.   write(*,*)getmin(p)
32.
33.   stop
34. end
```

10-4 基本的指针应用

读者看过上一节对指针使用的介绍后，大概还是会对指针存在的必要性感到怀疑。究竟这种"间接读写数据"的数据类型有什么作用？

方便使用高维数组中的某一部分元素。

不管指针是用来指向什么类型，它都占用相同的内存空间（在 PC 上为 4 bytes）。指向自定义类型时，指针可以很快速地交换数据。

```
integer, target :: a(5,5,5)
integer, pointer :: b
b=>a(2,2,2)
```
假如经常要使用 a(2,2,2)的值，就可以通过指针来使用它，程序代码中只要用 b 就可以代替 a(2,2,2)。

```
integer, target :: matrix(100,100)
integer, pointer :: p(:,:)
p=>matrix(10:20,10:20)
```
用这个方法就可以把 100×100 矩阵中里面的一块 10×10 矩阵拿出来使用。

```
type person
    character(len=20) name
    real :: weight, height
end type
! 一个 type(person)类型最少占用 28 bytes，
! 因为它里面有 20 个字符及 2 个浮点数
type(person):: a,b,temp
! 指向 type(person)的指针，在 PC 中每个变量只占 4 bytes。
type(person), pointer :: pa, pb, pt
……
……
! 要交换 type(person)类型时，最少需要移动 28*3=84 bytes 的空间
temp=a
a=b
b=temp

pa=>a
pb=>b
! 如果拿指针来交换，以 PC 来说只需要移动 4*3=12 bytes 的空间
pt=>pa
pa=>pb
pb=>pt
```
来看一个以自定义类型数据来做排序的实例，排序程序常常会需要把两条数据交换，如果不使用指针，交换数据时需要移动很大块的内存空间。

EX1009.F90

```
1.module func
2.! person 类型最少占用 18 bytes
3.! 因为它有 10 个字符及两个浮点数
4.type person
```

```fortran
5.    character(len=10):: name
6.    real :: height, weight
7.end type
8.! pperson 类型通常占用 4 bytes
9.! 因为它里面只有一个指针,指针在 PC 中固定使用 4 bytes
10.type pperson
11.   type(person), pointer :: p
12.end type
13.
14.contains
15.subroutine sort(p)
16.   implicit none
17.   type(pperson):: p(:)
18.   type(pperson):: temp
19.   integer i,j,s
20.
21.   s = size(p,1)
22.   do i=1,s-1
23.      do j=i+1, s
24.         if(p(j)%p%height < p(i)%p%height)then
25.            temp = p(i)
26.            p(i)= p(j)
27.            p(j)= temp
28.         end if
29.      end do
30.   end do
31.
32.   return
33.end subroutine
34.
35.end module
36.
37.program ex1008
38.   use func
39.   implicit none
40.   type(person), target :: p(5)=(/ person("陈同学", 180.0, 75.0), &
41.                       person("黄同学", 170.0, 65.0), &
42.                       person("刘同学", 175.0, 80.0), &
43.                       person("蔡同学", 182.0, 78.0), &
44.                       person("许同学", 178.0, 70.0)&
```

```
45.                                /)
46.   type(pperson):: pt(5)
47.   integer i
48.   ! 把 pt 数组中的指针全部指向数组 p
49.   forall(i=1:5)
50.     pt(i)%p => p(i)
51.   end forall
52.   ! 按照身高从小到大排序
53.   call sort(pt)
54.   ! 输出排序的结果
55.   write(*,"(5(A8,F6.1,F5.1/))")(pt(i)%p, i=1,5)
56.
57.   stop
58.end
```

程序中使用了两个自定义类型 person 及 pperson。Person 类型可以用来记录人名、身高、体重等数据，pperson 类型中只有一个指向 person 类型的指针。数组 p 是 type(person)类型，声明时同时设置了它的初值，数组 pt 则是 type(pperson)类型。数组 p 最少会使用 28*5=140 bytes 的内存空间，而数组 pt 在目前的 PC 中只需要使用 4*5=20 bytes 的内存空间。

程序第 49～51 行用来把数组 pt 中的指针指到数组 p 中。请注意 pt(i)并不是指针，它是 type(pperson)类型的变量，数组中的 pt(i)%p 元素才是指针。设置好指针之后，使用 pt(i)%p 就等于使用 p(i)。

```
48.   ! 把 pt 数组中的指针全部指向数组 p
49.   forall(i=1:5)
50.     pt(i)%p => p(i)
51.   end forall
```

函数 sort 使用的算法是第 7 章介绍过的选择排序法，它会根据每个人的身高信息来排序，最后得到的排序结果为：

```
黄同学    170.0 65.0
刘同学    175.0 80.0
许同学    178.0 70.0
陈同学    180.0 75.0
蔡同学    182.0 78.0
```

这个程序中，排序程序在做数据交换时只需要交换两条数据的内存地址，不需要去移动这两条数据的内存。当自定义类型中的数据量很大时，执行效率可以有明显地提升。

10-5 指针的高级应用

指针除了可以间接地使用变量，以及当成可变大小数组来使用之外，还有一个很重要的用途，它可以创建各种的"串行结构"以及"树状结构"等等。

使用指针来创建"串行结构"可以有很多应用，其中最重要的一项应用是用来动态使用内存。在写程序时常常会遇到无法事先估计数据数目的情况，这个问题最传统的解决方法，是声明一个"超级巨大"的数组来保存数据。而所声明的数组，在使用时大部分的空间都是闲置的。要是空间不够时，那就麻烦大了，所以一开始就尽可能地把数组加大。

使用"串行结构"来解决这一类的问题时，可以配合需要向内存要求刚好的空间。只有一条数据时就要求一条数据的空间，有一千条数据时就要求一千条数据的空间。这个方法可以非常有效率地来使用内存。

10-5-1 单向串行

如何节省内存，在程序设计中一直是非常重要的课题。很早的时候，节省内存是屈就于现实，因为当时计算机的内存容量都很小，所以程序一定要短小精干才行。虽然现在内存越来越便宜，个人计算机上面要安装 128MB、256MB 以上的内存已不是难事，节省内存仍然有其必要的价值。因为不论计算机配备多少的内存，都永远无法满足贪得无厌的人类。

现代的操作系统例如 Windows 95/NT、OS/2、UNIX 等等都号称是"多任务"的操作系统，所谓多任务的操作系统，是指计算机可以同时执行多个程序。而能够执行几个程序就取决在于计算机的内存大小，以及程序所占据的内存空间。所以，如果程序员所显示来的程序所占的内存越少，就可以同时执行更多的程序，或是在执行程序时得到更高的效率。

前面已经介绍过可变大小数组，这个功能已经可以有效率地使用内存。这个做法虽然已经有相当程度的灵活性，但是在某些情况之下仍然不足。读者有没有想过，要是数组声明好大小之后，却发现不够用了，那该怎么办？先 deallocate 再重新 allocate 吗？那原来在数组中已经存放的数据要怎么办？必须另外找地方把它们先保存起来，不然 deallocate 时数据会流失。

还有就是如果想要在数组中"插入"一个数值，必须要把数组中的数据一个个向后移动。这个方法的执行效率很差，需要做很多次的内存移动。

```
do J=I+1, size_of_A-1
    A(j)=A(J-1)
end do
A(I)=n
```
! 要在数组 A(I)插入数值时，必须使用类似上面的方法
! 数组 A(I)后面的元素必须先一个一个向后移动，再把数值插入 A(I)

串行结构可以解决这些问题，来看一个最简单的单向串行结构：

EX1010.F90

```
1.  module typedef
2.    implicit none
3.    type :: datalink
4.      integer :: i
5.      type(datalink), pointer :: next
6.    end type datalink
```

```
 7. end module typedef
 8.
 9. program ex1010
10.   use typedef
11.   implicit none
12.   type(datalink), target  :: node1,node2,node3
13.   integer :: i
14.
15.   node1%i=1
16.   node1%next=>node2
17.   node2%i=2
18.   node2%next=>node3
19.   node3%i=3
20.   nullify(node3%next)
21.
22.   write(*,*)node1%i
23.   write(*,*)node1%next%i
24.   write(*,*)node1%next%next%i
25.
26. stop
27. end program
```

执行结果如下：

```
            1
            2
            3
```

程序在 module typedef 中声明了一个自定义类型 datalink。这个类型最少占用 8 bytes，因为它里面有一个整数及一个指针。指针 next 还没设置指向前，是不能使用的。

```
 3.   type :: datalink
 4.     integer :: i
 5.     type(datalink), pointer :: next
 6.   end type datalink
```

读者可能会觉得第 5 行的声明在逻辑上有点奇怪。在这边只要把握一个策略，指针是用来记录内存地址，所以事实上任何类型指针所记录的内容都一样。声明指针时，它的类型只是用来说明指针所记录的内存地址，存放的是什么东西。

```
type :: datalink
  integer :: i
  type(datalink), pointer :: next
end type datalink
```

在 type datalink 声明中，又出现一个 type(datalink)的类型。在这儿是合理的，因为变量 next 是指针，如果它不是指针，在这儿就不合理如果 type(datalink)可以声明成下面的类型，会出现一个问题，那就是这个类型所声明出来的变量 d，所占用的内存空间会无法计算。

```
type :: datalink
  integer :: i
  type(datalink):: next  ! 错误的声明
end type datalink
type(datalink)d
```

如果上面的程序代码是合理的，那变量 d 中可以使用的元素有无限多个，因为按照语法，下面这些变量应该都可以使用。这会导致不管多少内存都不够给变量 d 使用。

d%I

d%next%I

d%next%next%I

d%next%next%next...%next%i

把 next 声明成指针就没有这个问题。因为 next 指针本身并不会记录 type(datalink)类型的内容，它只记录在内存中哪里有 type(datalink)类型的数据可以使用。在 next 还没设置方向之前，d%next%i 是不存在的。

程序的 15～20 行在从事串行的创建。

```
15. node1%i=1
16. node1%next=>node2
17. node2%i=2
18. node2%next=>node3
19. node3%i=3
20. nullify(node3%next)
```

串行创建好了之后，可以出现很有趣的使用方法，来看看程序第 22～24 行的内容：

```
22. write(*,*)node1%i
23. write(*,*)node1%next%i
24. write(*,*)node1%next%next%i
```

程序第 16 行做了 node1%next=>node2 的设置，所以现在可以使用 node1%next，使用它就等于使用 node2。第 23 行使用 node1%next%i，就等于在使用 node2%i。

程序第 18 行做了 node2%next=>node3 的设置，所以现在可以开始使用 node2%next，也就是可以使用 node1%next%next。因为 node1%next=>node2，而 node2%next=>node3，所以使用 node1%next%next 就等于使用 node3。使用 node1%next%next%I 等于 node3%i。

程序第 20 行做了 nullify(node3%next)，这个命令会确保 node3%next 不能使用。也就是说 node1%next%next%next 是不能使用的。

用循环来改写这个程序，看起来会更有趣。

EX1011.F90

```
1. module typedef
2.   implicit none
```

```
3.   type :: datalink
4.     integer :: i
5.     type(datalink), pointer :: next
6.   end type datalink
7. end module typedef
8.
9. program ex1011
10.  use typedef
11.  implicit none
12.  type(datalink), target  :: node1,node2,node3
13.  type(datalink), pointer :: p
14.  integer :: i
15.
16.  p=>node1
17.  node1%i=1
18.  node1%next=>node2
19.  node2%i=2
20.  node2%next=>node3
21.  node3%i=3
22.  nullify(node3%next)
23.
24.  do while(.true.)
25.    write(*,*)p%i
26.    if(.not. associated(p%next))exit
27.    p=>p%next ! 把p向后移动，从node(n)移到node(n+1)
28.  end do
29.
30. stop
31. end program
```

这个程序和改写前的 EX1010.F90 大同小异，只多使用了一个指针 p。另外在输出串行时，改用循环来输出。

```
24.  do while(.true.)
25.    write(*,*)p%i
26.    if(.not. associated(p%next))exit
27.    p=>p%next ! 把p向后移动，从node(n)移到node(n+1)
28.  end do
```

来看看这一段程序为什么可以这样做。因为 p 在一开始做了 p=>node1 的设置，所以刚进入循环时，使用 p 等于使用 node1。

循环中会输出 p%i 的内容，再检查 p%next 有没有设置。如果有设置，就重新设置指针 p 的指向，把它指向 p%next。如果没设置，就离开循环。来看看循环的详细执行情况：

第 1 次

使用 p 等于使用 node1，输出 p%i 等于输出 node1%i。最后的 p=>p%next 设置会把 p 指向 node2。

第 2 次

使用 p 等于使用 node2，输出 p%i 等于输出 node2%i。最后的 p=>p%next 设置会把 p 指向 node3。

第 3 次

使用 p 等于使用 node3，输出 p%i 等于输出 node2%i。因为 p%next 没设置方向，所以会离开循环。

事实上，真正的串行是不会使用本程序的方法来创建的，本程序只是用来给读者一个基础的概念。下面的实例程序才是典型的创建串行方法：

EX1012.F90

```
1. module typedef
2.   implicit none
3.   type :: datalink
4.     integer :: i
5.     type(datalink), pointer :: next
6.   end type datalink
7. end module typedef
8.
9. program ex1012
10.  use typedef
11.  implicit none
12.  type(datalink), pointer :: p, head
13.  integer :: i,n,err
14.
15.  write(*,*)'Input N:'
16.  read(*,*)n
17.
18.  allocate(head)
19.  head%i=1
20.  nullify(head%next)
21.
22.  p=>head
23.  do i=2,n
24.    allocate(p%next, stat=err)
25.    if(err /= 0)then
26.      write(*,*)'Out of memory!'
27.      stop
```

```
28.    end if
29.    p=>p%next
30.    p%i=i
31. end do
32. nullify(p%next)
33.
34. p=>head
35. do while(.true.)
36.    write(*, "(i5)")p%i
37.    if(.not. associated(p%next))exit
38.    p=>p%next
39. end do
40.
41. stop
42.end program
```

执行结果如下：
```
Input N:
5(输入想要创建的串行长度)
    1
    2
    3
    4
    5
```

这个程序把实例 EX1011.F90 中创建串行的过程，由手动一个一个衔接起来，改成使用循环自动生成。用户可以输入任意长度，由循环来生成串行。

第 12 行中声明的指针 head 会用来作为串行的"头"，也就是串行的第一条数据。指针 p 则用来当临时保存变量，在串行中移动。

第 18 行会配置串行中第一条数据的内存空间，第 19、20 两行则会设置第一条数据的内容。

```
18. allocate(head)
19. head%i=1
20. nullify(head%next)
```

第 22～31 行是创建串行的程序代码，进入循环之前，先把指针 p 指到串行的头。在循环中会一节一节添加出每个串行，再把它接上去。

```
22. p=>head    ! p先指向串行的头
23. do i=2,n
24.    allocate(p%next, stat=err) ! 添加一条数据
25.    if(err /= 0)then
26.       write(*,*)'Out of memory!'
27.       stop
```

```
28.     end if
29.     p=>p%next      ! 把 p 指到新的这一环节上
30.     p%i=I          ! 设置新数据的内容
31.   end do
32.   nullify(p%next)! 出了循环, p 就是串行的最后, 要设置它后面没东西
```

循环会使用 allocate 函数在 p%next 中添加出下一条数据, 再把 p 指向到 p%next 所赋值的位置来设置数据。循环结束后, 记得把串行最后一条数据的 next 指针设置成没有指向。

这个程序的输出部分和上一个实例程序相同, 不再介绍。

10-5-2 双向串行、环状串行

上一个小节所创建的串行结构, 都只能沿着一个方向走。程序只能按照顺序, 一条接着一条数据向下读取, 没有办法往回走。需要回头时, 要使用双向串行。

EX1013.F90

```
 1.module typedef
 2. implicit none
 3. type :: datalink
 4.   integer :: i
 5.   type(datalink), pointer :: prev ! 指向上一条数据
 6.   type(datalink), pointer :: next ! 指向下一条数据
 7. end type datalink
 8.end module typedef
 9.
10.program ex1013
11. use typedef
12. implicit none
13. type(datalink), target  :: node1,node2,node3
14. type(datalink), pointer :: p
15. integer :: i
16.
17. node1 = datalink(1, null( ), node2)
18. node2 = datalink(2, node1 , node3)
19. node3 = datalink(3, node2 , null( ))
20.
21. write(*,*)"照顺序输出"
22. p=>node1
23. do while(.true.)
24.   write(*,*)p%i
25.   if(.not. associated(p%next))exit
```

```
26.     p=>p%next
27.   end do
28.
29.   write(*,*)"反过来输出"
30.   p=>node3
31.   do while(.true.)
32.     write(*,*)p%i
33.     if(.not. associated(p%prev))exit
34.     p=>p%prev
35.   end do
36.
37. stop
38.end program
```

执行结果如下：

照顺序输出
```
          1
          2
          3
```
反过来输出
```
          3
          2
          1
```

这个程序把前面使用过的自定义类型 datalink 做了一点修改，增加了 prev 这个指针用来指向上一条数据。

```
 3.   type :: datalink
 4.     integer :: i
 5.     type(datalink), pointer :: prev  !指向上一条数据
 6.     type(datalink), pointer :: next  !指向下一条数据
 7.   end type datalink
```

创建双向串行的时候，要赋值清楚上一条数据和下一条数据的位置。程序的第 17～19 行会创建下面的信息。

```
17.   node1 = datalink(1, null( ), node2)
18.   node2 = datalink(2, node1 , node3)
19.   node3 = datalink(3, node2 , null( ))
```

在这里使用另一种语法来设置数据，程序第 17 行命令的效果，和下面 3 行程序代码相同：

```
node1%i=1
node1%prev=>null( )
node1%next=>node2
```

这个程序会使用两种方法来输出串行数据，第 1 种方法跟上一个小节的方法一样，从前

面往后面输出串行。第 2 种方法是从后面往前面输出串行，这必须使用双向串行才能做到，因为双向串行记录了上一条数据及下一条数据的位置。

下面是反过来输出串行的程序代码，指针 p 要先指向串行的最尾端，再一步一步向前移动。

```
30.    p=>node3
31.    do while(.true.)
32.        write(*,*)p%i
33.        if(.not. associated(p%prev))exit
34.        p=>p%prev
35.    end do
```

这个实例程序使用手动方法来创建串行，实际应用时，应该都是使用类似 EX1012.F90 的方法，自动创建串行。

目前为止所介绍的串行结构都是有头有尾的结构，串行结构还有另外一种类型，叫做环状串行。环状串行简单地说，就是把串行的头跟尾接起来，变成一个圈圈。上一个实例程序中，只要把 node1%prev 指向 node3，node3%next 指向 node1 就变成了环状串行。

EX1014.F90

```
1. module typedef
2.    implicit none
3.    type :: datalink
4.        integer :: i
5.        type(datalink), pointer :: prev !指向上一条数据
6.        type(datalink), pointer :: next !指向下一条数据
7.    end type datalink
8. end module typedef
9.
10. program ex1014
11.    use typedef
12.    implicit none
13.    type(datalink), target :: node1,node2,node3
14.    type(datalink), pointer :: p
15.    integer, parameter :: s=6
16.    integer :: i
17.
18.    node1 = datalink(1, node3, node2)
19.    node2 = datalink(2, node1, node3)
20.    node3 = datalink(3, node2, node1)
21.
22.    write(*,*)"从前向后输出"
23.    p=>node1
```

```
24.   do i=1,s
25.     write(*,*)p%i
26.     if(.not. associated(p%next))exit
27.     p=>p%next
28.   end do
29.
30.   write(*,*)"从后向前输出"
31.   p=>node3
32.   do i=1,s
33.     write(*,*)p%i
34.     if(.not. associated(p%prev))exit
35.     p=>p%prev
36.   end do
37.
38. stop
39. end program
```

程序输出结果如下：

从前向后输出

    1
    2
    3
    1
    2
    3

从后向前输出

    3
    2
    1
    3
    2
    1

  读者可以发现，在环状串行中，可以一直向后或是向前抓取数据，数据永远不会有结束的时候。下面的程序代码中，整数 s 的值不论设置成多少都没有问题，指针 p%next 永远都能指到可以使用的内存。因为环状结构是把串行接成一个圆圈。

```
23.   p=>node1
24.   do i=1,s
25.     write(*,*)p%i
26.     if(.not. associated(p%next))exit
27.     p=>p%next
28.   end do
```

10-5-3 插入及删除

前面两个小节中介绍了创建串行的方法，不过关于串行的操作还有许多内容要学习。学会创建串行之后，还要学习在串行中插入数据及删除数据的方法。

使用串行的好处是，串行可以很快速地插入或删除一条数据。先来看看在数组中如果想在 A(n) 中插入数据，要怎么做。

```
! 先把 a(n) 之后的数据都向后移一个位置
do I=size_ofA, n, -1
  A(I+1)=A(I)
end do
! 再把需要插入的数值放入 A(n) 中
A(n)=value
```

当数组 A 的大小很大时，循环会执行很久。再来看看如果想把 A(n) 删除，要怎么做。

```
! 把 a(n) 之后的数据都向前移一个位置
do I=n, size_of_A
  A(i)=A(I+1)
end do
```

想要在数组中插入或删除数据，都非常麻烦，而且数组越大时会越没有效率。在串行中插入或删除数据就没有这个问题，不管这个串行总共有多长，都可以迅速地插入或删除数据。下面是插入数据的方法：

```
! 添加一条数据来插入
allocate(item)
! 把 item 插入到目前串行位置 p 的后面
item%next =>p%next
item%prev=>p
p%next%prev=>item
p%next=>item
```

下面是删除数据的方法：

```
! 把串行目前位置指针 p 删除
p%prev%next=>p%next
p%next%prev=>p%prev
deallocate(p)
```

下面是一个实际的实例程序，插入数据跟删除数据的程序代码，都独立写成两个函数。

EX1015.F90

```
1.module linklist
2.  implicit none
3.  type :: datalink
4.    integer :: i
```

```
5.     type(datalink), pointer :: prev  !指向上一条数据
6.     type(datalink), pointer :: next  !指向下一条数据
7.  end type datalink
8.
9. contains
10.
11.subroutine outputlist(list)
12.   implicit none
13.   type(datalink), pointer :: list, p
14.   p=>list
15.   do while(associated(p))
16.     write(*,*)p%i
17.     p=>p%next
18.   end do
19.   return
20.end subroutine
21.! 把指针所指到的串行位置释放
22.subroutine delitem(item)
23.   implicit none
24.   type(datalink), pointer :: item
25.   type(datalink), pointer :: prev, next
26.
27.   prev=>item%prev  !记录item上一条数据的位置
28.   next=>item%next  !记录item下一条数据的位置
29.   deallocate(item)!释放item所占用内存
30.   ! 重新设置prev%next,原本prev%next=>item,不过item已经删除了
31.   if(associated(prev))prev%next=>next
32.   ! 重新设置next%prev,原本next%prev=>item,不过item已经删除了
33.   if(associated(next))next%prev=>prev !
34.   item=>next
35.
36.   return
37.end subroutine
38.! 在pos指针所指到的串行位置中插入item
39.! after=.true.时,item插在pos之后
40.! after=.false.时,item插在pos之前
41.subroutine insitem(pos, item, after)
42.   implicit none
43.   type(datalink), pointer :: pos, item
```

```
44.     logical :: after
45.     if(after)then
46.     ! item 插在 pos 的后面
47.       item%next=>pos%next
48.       item%prev=>pos
49.       if(associated(pos%next))then
50.         pos%next%prev=>item
51.       end if
52.       pos%next=>item
53.     else
54.     ! item 插在 pos 的前面
55.       item%next=>pos
56.       item%prev=>pos%prev
57.       if(associated(pos%prev))then
58.         pos%prev%next=>item
59.       end if
60.       pos%prev=>item
61.     end if
62.     return
63. end subroutine
64.
65. end module
66.
67. program ex1015
68.   use linklist
69.   implicit none
70.   type(datalink), pointer :: head
71.   type(datalink), pointer :: item, p
72.   integer, parameter :: s=5
73.   integer :: i,n,error
74.
75.   allocate(head)
76.   head = datalink(1, null( ), null( ))
77.   ! 创建串行
78.   p=>head
79.   do i=2,s
80.     allocate(p%next, stat=error)
81.     if(error/=0)then
82.       write(*,*)"Out of memory!"
```

```
83.     stop
84.    end if
85.    p%next=datalink(i, p, null( ))
86.    p=>p%next
87. end do
88.
89. write(*,*)"拿掉第3条数据"
90. call delitem(head%next%next)
91. call outputlist(head)
92.
93. write(*,*)"插入新的第3条数据"
94. allocate(item)
95. item%i=30
96. call insitem(head%next,item,.true.)
97. call outputlist(head)
98.
99. stop
100. end program
```

程序执行结果如下：

拿掉第3条数据
  1
  2
  4
  5

插入新的第3条数据
  1
  2
  30
  4
  5

这个程序的重点在 delitem 和 insitem 这两个子程序。Delitem 用来删除串行中的一条数据，insitem 用来插入一条数据。先来看看如何删除数据：

```
22. subroutine delitem(item)
23.   implicit none
24.   type(datalink), pointer :: item
25.   type(datalink), pointer :: prev, next
26.
27.   prev=>item%prev   ! 记录下item上一条数据的位置
28.   next=>item%next   ! 记录下item下一条数据的位置
```

```
29.    deallocate(item)! 释放 item 所占用内存
30.    ! 重新设置 prev%next, 原本 prev%next=>item, 不过 item 已经删除了
31.    if(associated(prev))prev%next=>next
32.    ! 重新设置 next%prev, 原本 next%prev=>item, 不过 item 已经删除了
33.    if(associated(next))next%prev=>prev !
34.    item=>next
35.
36.    return
37.end subroutine
```

删除数据时，要先记录一些必要的信息。子程序 delitem 会把串行中指针 item 所指的那一条数据给删除。除了要释放 item 指针所使用的内存之外，还要把 item 前后两条数据重新接起来，不能让串行因为删除数据而从中间断掉。

释放 item 所使用的内存空间之前，要先记下 item%prev 及 item%next 的值（程序第 27、28 两行），这样才会知道 item 的上一条数据及下一条数据放在哪里。因为在第 29 行释放 item 指针后，就不能再经过 item 指针来使用数据。

数据删除后，还要重新衔接串行。把原本 item 指针的上一条数据中的 next 指向原本在 item 中的下一条数据（第 31 行），还要把原来 item 的下一条数据中的 prev 指向原来在 item 中的上一条数据（第 33 行）。

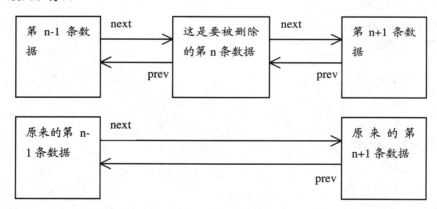

删除第 n 条数据时，要重新指定第 n-1 条数据中的 next 指针，还要重新指定第 n+1 条数据中的 prev 指针

在重新衔接时，要注意两点：

（1）如果要删除的 item 是串行中的第 1 条数据，那它就不会有上一条数据，prev%next 不存在，不需要重接。

（2）如果要删除的 item 是串行中的最后 1 条数据，那它就不会有下一条数据，next%prev 不存在，不需要重接。

程序第 27、28 这两行中的 IF 判断，就是用来处理这两个特例。

再来看看插入数据的子程序 insitem。它需要输入 3 个参数，pos 用来赋值数据要插入串行中的哪一个位置，item 是用来插入的数据，after 用来赋值 item 是要拿来插在指针 pos 的前面还是后面。

```fortran
38.!  在 pos 指针所指到的串行位置中插入 item
39.!  after=.true.时，item 插在 pos 之后
40.!  after=.false.时，item 插在 pos 之前
41. subroutine insitem(pos, item, after)
42.   implicit none
43.   type(datalink), pointer :: pos, item
44.   logical :: after
45.   if(after)then
46.   ! item 插在 pos 的后面
47.     item%next=>pos%next
48.     item%prev=>pos
49.     if(associated(pos%next))then
50.       pos%next%prev=>item
51.     end if
52.     pos%next=>item
53.   else
54.   ! item 插在 pos 的前面
55.     item%next=>pos
56.     item%prev=>pos%prev
57.     if(associated(pos%prev))then
58.       pos%prev%next=>item
59.     end if
60.     pos%prev=>item
61.   end if
62.   return
63. end subroutine
```

这个子程序允许用户把数据插入在赋值位置前面或是后面，所以插入数据的程序会分成两种情况来处理。第 47～52 行是插在赋值位置后面的情况，第 55～60 行是插在赋值位置前面的情况。先来看把数据插在后面的部分：

```fortran
47.     item%next=>pos%next
48.     item%prev=>pos
49.     if(associated(pos%next))then
50.       pos%next%prev=>item
51.     end if
52.     pos%next=>item
```

先把新插入的 item 中的 next 及 prev 指针指好位置，再重新设置 pos 中 next 指针及原来在 pos 后面数据中 prev 指针的位置。这两个指针都要重新指向新插入的 item。

第 55～60 行也是差不多的情况，只要把 47～52 行中的 prev 跟 next 这两个指针调过来使用就行了。

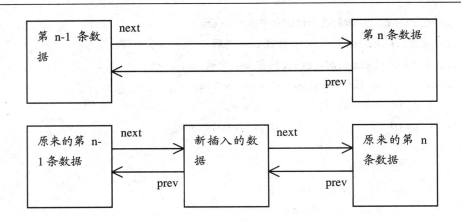

插入数据时，总共有 4 个指针需要重新设定

读者可以从这两个子程序中发现，在串行中插入或删除数据，跟串行的长度完全没有关系，只要得到串行中所要操作的指针位置，就可以很有效率地完成插入或删除的工作。

这一节的实例程序示例了使用串行的方法，不过到目前为止，经过 allocate 所得到的串行数据，在程序代码中都没有使用 deallocate 来释放。实际编写程序时最好不要省略这一步。下面列出一段可以释放整个串行的程序代码，只要把串行开头的指针输入，就可以释放整个串行所使用的内存。

```
subroutine deletelist(list)
  implicit none
  type(datalink), pointer :: list, next

  do while(associated(list))
    next=>list%next
    deallocate(list)
list=>next
  end do

  return
end subroutine
```

请记住只有通过 ALLOCATE 函数所配置到的内存才要使用 DEALLOCATE 来释放。所以像 EX1014.F90 用变量所创建出来的串行，就不需要，也不可以使用 DEALLOCATE 来释放内存。

10-5-4 串行的应用

串行比数组好用的地方，在于串行可以比较灵活地来使用内存。使用串行时可以不用考虑这个串行需要记录多少条数据，反正串行可以很快速地增减数据。

来看一个读取文件的例子。假如我们事先不确定文件中会有多少条数据，就不能使用数组来读取数据，因为不知道数组该声明成多大？一定要使用数组的话，就必须把数组设置成很大、一定够用的数量。这个方法会造成内存的浪费，因为很可能这个数组中，实际只使用了很小的一部分。

光盘中 program\chap10\data1.txt 及 data2.txt 是两个班级的段考成绩单，两班的人数不同，请编写一个可以读取成绩的程序，让用户输入文件名来决定要读取哪一个文件，还要提供给用户通过座号来查询成绩的功能。

EX1016.F90

```fortran
1.module linklist
2.  type student
3.    integer :: num
4.    integer :: Chinese, English, Math, Science, Social
5.  end type
6.
7.  type datalink
8.    type(student):: item
9.    type(datalink), pointer :: next
10. end type
11.
12.contains
13.
14. function SearchList(num, head)
15.   implicit none
16.   integer :: num
17.   type(datalink), pointer :: head, p
18.   type(datalink), pointer :: SearchList
19.
20.   p=>head
21.   nullify(SearchList)
22.   do while(associated(p))
23.     if(p%item%num==num)then
24.       SearchList => p
25.       return
26.     end if
27.     p=>p%next
28.   end do
29.   return
30. end function
31.
32.end module linklist
33.
```

```
34. program ex1016
35.   use linklist
36.   implicit none
37.   character(len=20):: filename
38.   character(len=80):: tempstr
39.   type(datalink), pointer :: head
40.   type(datalink), pointer :: p
41.   integer i,error,size
42.
43.   write(*,*)"filename:"
44.   read(*,*)filename
45.   open(10, file=filename, status="old", iostat=error)
46.   if(error/=0)then
47.     write(*,*)"Open file fail!"
48.     stop
49.   end if
50.
51.   allocate(head)
52.   nullify(head%next)
53.   p=>head
54.   size=0
55.   read(10, "(A80)")tempstr ! 读入第一行字符串,不需要处理它
56.   ! 读入每一位学生的成绩
57.   do while(.true.)
58.     read(10,fmt=*, iostat=error)p%item
59.     if(error/=0)exit
60.     size=size+1
61.     allocate(p%next, stat=error)! 添加下一条数据
62.     if(error/=0)then
63.       write(*,*)"Out of memory!"
64.       stop
65.     end if
66.     p=>p%next ! 移动到串行的下一条数据
67.     nullify(p%next)
68.   end do
69.   write(*,"('总共有',I3,'位学生')")size
70.
71.   do while(.true.)
72.     write(*,*)"要查询几号同学的成绩?"
73.     read(*,*)i
```

```
74.     if(i<1 .or. i>size)exit   ! 输入不合理的座号
75.     p=>SearchList(i,head)
76.     if(associated(p))then
77.       write(*,"(5(A6,I3))")"中文",p%item%Chinese,&
78.                           "英文",p%item%English,&
79.                           "数学",p%item%Math,&
80.                           "自然",p%item%Science,&
81.                           "社会",p%item%Social
82.     else
83.       exit ! 找不到数据，离开循环
84.     end if
85.   end do
86.   write(*,"('座号',I3,'不存在，程序结束.')")i
87.
88.   stop
89. end program
```

程序执行结果如下：

filename:
data1.txt(输入成绩文件的名称)
总共有 25 位学生
 要查询几号同学的成绩？
21(输入座号)
   中文 89   英文 54   数学 95   自然 65   社会 84
 要查询几号同学的成绩？
3(输入座号)
   中文 53   英文 75   数学 88   自然 93   社会 52
 要查询几号同学的成绩？
0(输入座号)
座号 0 不存在，程序结束

这个程序使用单向串行来记录学生数据。使用串行的缺点是，不能够很快速地随机使用串行中的第 n 条数据。串行只适合用来顺序读取数据，不适合做随机读取。函数 SearchList 会根据输入的学生座号，在串行中找出数据的所在位置。

```
14.   function SearchList(num, head)
15.     implicit none
16.     integer :: num
17.     type(datalink), pointer :: head, p
18.     type(datalink), pointer :: SearchList
19.
20.     p=>head
21.     nullify(SearchList)
```

```
22.    do while(associated(p))
23.      if(p%item%num==num)then
24.        SearchList => p
25.        return
26.      end if
27.      p=>p%next
28.    end do
29.    return
30. end function
```

事实上函数 SearchList 可以不需要写得如此麻烦。因为在这里是根据座号来查询成绩，创建串行时，是按照座号一条一条数据接起来的。所以第 n 号学生，也就是串行的第 n 条数据，在这里可以使用循环来定位出第 n 条数据的位置。在这个程序中，用下面的 GetN 函数可以做到与 SearchList 相同的效果。

```
function GetN(num, head)
  implicit none
integer :: num
type(datalink), pointer :: head, p
type(datalink), pointer :: GetN
  integer i
p=>head
do i=2,num
      p=>head%next
end do
GetN=>p
return
end function
```

比较好的编写方法，应该是先使用串行来读取文件。读完文件之后，就会知道学生数目，这时候就可以使用另一个可变大小数组来复制串行中的学生成绩。接着再把串行全部删除，查询成绩时直接使用数组来查询就行了。

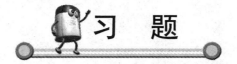

1. 请问下面的变量，在目前的 PC 中分别会占用多少内存空间？
   ```
   integer(kind=4):: a
   real(kind=4):: b
   real(kind=8):: c
   character(len=10):: str
   integer(kind=4), pointer :: pa
   real(kind=4), pointer :: pb
   real(kind=8), pointer :: pc
   character(len=10), pointer :: pstr
   type student
      integer Chinese, English, Math
   end type
   type(student):: s
   type(student), pointer :: ps
   ```

2. 请说明下面程序段的执行结果。
   ```
   integer, target :: a = 1
   integer, target :: b = 2
   integer, target :: c = 3
   integer, pointer :: p
   p=>a
   write(*,*)p
   p=>b
   write(*,*)p
   p=>c
   p=5
   write(*,*)c
   ```

3. 想办法把实例程序 EX1016 改成使用可变大小数组来记录学生数据。
4. 在实例程序 EX1012 中，加入 DEALLOCATE 函数来释放整个串行的内存。

Chapter 11

MODULE 及面向对象

第 8 章并没有完全说明 MODULE 的作用，在这一章会详细解释它的功能。关于 Fortran 语法，到这一章算是告一个段落。从下一章开始，会进入 Fortran 的应用部分。

11-1 结构化与面向对象

结构化与面向对象，是目前设计程序时最常使用的两种编写概念，这一节会先简介这两个基本概念。

11-1-1 结构化程序设计概论

现在的程序语言，都可以算是"结构化"程序语言。结构化程序的特色在于"层次分明"，检查程序代码时，可以把它们分成不同的程序模块。

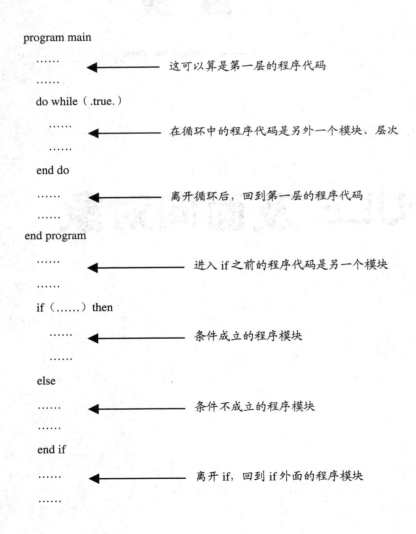

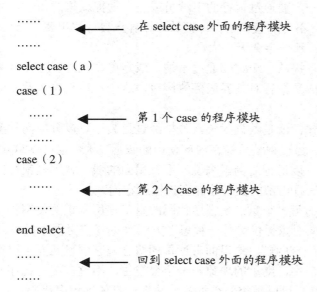

结构化的程序代码，可以做出"层次的分析"。在没有遇到循环、流程控制时，程序代码都属于同一个层次；进入循环、流程控制时，程序代码则会归类成下一个层次。相同层次的程序代码，可以把它们视为相同的程序模块。

同一个模块的程序代码，执行顺序都是由上而下，一行行地来进行。遇到循环时，也是以模块为单位来重复执行程序代码。编写程序时，最好把不同层次的程序模块做不同的画面处理，例如每多一个层次，就多使用两个空格来向后错位，这个习惯可以提高程序代码的可读性。结构化的意义，就在于程序代码是由井然有序的模块结构所创建起来的。

读者应该记得在第 5 章第 4 节，已经介绍过一个很有威力的 GOTO 命令，但是并不建议读者使用它。因为使用 GOTO 命令的程序，执行时常常会在程序代码中忽前忽后地跳转，这样会很容易破坏程序结构。

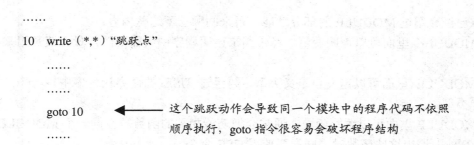

11-1-2　面向对象程序设计概论

新一代的程序语言，除了具有原来的结构化程序设计方法外，还加入了"面向对象"概念。简单地说，面向对象是在做程序代码封装的操作。封装过后的程序代码，在使用上会比较安全。

举个例子，上银行领钱时，一定要通过银行的出纳员或是自动提款机的帮忙，才能领出户头里的钱。为了安全理由，银行不可能直接把金库开放，让客户自行取出属于自己的金钱。要是让每个人都自己去金库领钱，那一定会天下大乱。

为了安全起见，每个人到银行提款，一定要通过出纳员或是提款机的服务才能拿到钱。读者可以把出纳员和提款机想像成是银行对外界服务的接口，这个接口隐含了背后的实际工作情况。

面向对象中很重要的一项工作，就是数据封装。数据经过封装后可以分成两种数据，一种是可以直接让大家使用的数据，另一种是只能在内部使用的数据。函数也可以拿来做封装，分成公开使用和内部使用的函数。以银行的例子来说，银行里面的钱，就算是银行的内部数据，不能直接让外人使用，只有银行内部的员工才能直接接触它们。

除了数据封装外，面向对象的另一个重点是程序代码的重复使用。重复使用程序代码最简单的方法，就是使用函数。面向对象提供另外一种思考方法来重复使用程序代码。

有句俗话说："老鼠生的儿子会打洞"，这里面有遗传的概念，它假设儿女可以继承父母亲所拥有的能力。虽然在现实生活中，继承的现象不一定会发生，不过在编写程序时，程序员可以强迫它发生，使用 MODULE 可以用类似继承的方法来重复使用程序代码。

简单地说，面向对象给程序员两个新的思考方向：
（1）为了安全起见，有些数据不应该让外界使用。
（2）经过继承来重复使用程序代码。

11-2 再论 MODULE

MODULE 是 Fortran 90 中很重要的一项添加功能，它不单纯只是一个添加的语法，它还带来了很多新的概念，这一节会把 MODULE 的用法做一个总结。

11-2-1 MODULE 的结构及功能

第 8 章已经介绍过 MODULE 的部分功能，再来回顾一下这些内容：

（1）MODULE 里面可以声明变量，经常用来声明程序中所需要的常量、或是用来存放全局变量。

（2）MODULE 里面可以定义自定义类型，再经过 USE 的命令让程序中每一个函数都能使用这个类型。

（3）MODULE 里面可以编写函数，通常会把功能相关的函数放在同一个 MODULE 中。在 MODULE 外面调用这些函数时，同样要使用 USE 命令。

（4）MODULE 里面的函数，可以直接使用同一个 MODULE 中所声明的变量。所以 MODULE 里面的函数，可以经过 MODULE 里面的变量来互相传递数据。

第 8 章的实例程序 TextGraphLib.F90，是一个很典型的 MODULE 使用实例。在 module TextGraphLib 中所声明的变量，同时被 module TextGraphLib 中的好几个函数使用。把这些数据和函数封装在同一个 MODULE 里面，可以减少调用函数时所需要使用的参数数目。

11-2-2　PUBLIC, PRIVATE

　　MODULE 里面的数据和函数，可以通过 PUBLIC 或 PRIVATE 命令，来区分成公开使用及私下使用，这里用一个实例程序来模拟到银行领钱的例子。

EX1101.F90

```
1.module bank
2.  implicit none
3.  private money
4.  public LoadMoney, SaveMoney, Report
5.  integer :: money = 1000000
6.contains
7.  subroutine LoadMoney(num)
8.    implicit none
9.    integer :: num
10.   money=money-num
11.   return
12. end subroutine
13.
14. subroutine SaveMoney(num)
15.   implicit none
16.   integer :: num
17.   money=money+num
18.   return
19. end subroutine
20.
21. subroutine Report()
22.   implicit none
23.   write(*,"('银行目前库存',I,'元')")money
24. end subroutine
25.end module
26.
27.program ex1102
28. use bank
29. implicit none
30. call LoadMoney(100)
31. call SaveMoney(1000)
32. call Report()
33. stop
```

```
34.end
```

程序执行结果并不重要,这个程序的重点是在于 module bank 中把 money 变量限制为私下使用,程序的第 3 行做了私有化的声明:

```
3.  private money
```

经过这个声明,变量 money 只能在 module bank 中使用,所以主程序中不能使用 money 变量。除了变量外,函数也可以经过 PRIVATE 或 PUBLIC 来定义它是否能外公开。程序第 4 行定义了几个可以对外界公开使用的接口:

```
4.  public LoadMoney, SaveMoney, Report
```

LoadMoney、SaveMoney、Report 是 module bank 里面的函数名称。经过 PUBLIC 来把它们定义成可以对外界公开使用的函数。没有特别经过 PRIVATE 或 PUBLIC 来赋值时,默认的状态为 PUBLIC。

变量 money 代表银行中目前的库存现金数量。只有银行的出纳员才能直接动用这些现金,所以变量 money 定义为 PRIVATE 的状态。读者如果试着在主程序中去使用变量 money,编译时会发生错误。如果外界可以直接使用变量 money,很可能会发生"抢银行"的事件。

上一个实例不太实用,函数 LoadMoney 和 SaveMoney 只是很单纯地重新计算银行的库存现金。实际上在提款和存款时,银行一定都会留下记录,下面是比较完整的实例程序。

EX1102.F90

```
1.module bank
2.  implicit none
3.  integer :: money = 1000000
4.  integer :: fileid = 10
5.  private money, fileid    !这两个变量不对外公开
6.  private TimeLog          !这个函数不对外公开
7.contains
8.  subroutine TimeLog()! 在 log 文件中写入现在的时间
9.    implicit none
10.    integer :: num
11.    character(len=20):: date, time
12.    call date_and_time(date, time)
13.    write(fileid, "('Date:',A8,' Time:',A2,':',A2,':',A2)")&
14.        date, time(1:2), time(3:4), time(5:6)
15.    return
16.  end subroutine
17.
18.  subroutine LoadMoney(name,num)
19.    implicit none
20.    character(len=*):: name
21.    integer :: num
22.
```

MODULE 及面向对象

```
23.     if(num<=0)then
24.       write(*,*)"不合理的金额"
25.       return
26.     end if
27.
28.     open(fileid, file="log.txt", position="append")
29.     if(money>=num)then
30.       call TimeLog()! 写下时间
31.       write(fileid,"(A10,' 领取',I5,'元')")name,num  ! 提款记录
32.       money=money-num
33.     else
34.       write(fileid,*)"银行目前现金不足"
35.       write(*,*)"银行目前现金不足"
36.     end if
37.     close(fileid)
38.     return
39. end subroutine
40.
41. subroutine SaveMoney(name,num)
42.     implicit none
43.     character(len=*):: name
44.     integer :: num
45.     if(num<=0)then
46.       write(*,*)"不合理的金额"
47.       return
48.     end if
49.     open(fileid, file="log.txt", position="append")
50.     call TimeLog()! 写下时间
51.     write(fileid,"(A10,' 存入',I5,'元')")name,num  ! 存款记录
52.     close(fileid)
53.     money=money+num
54.     return
55. end subroutine
56.end module
57.
58.program ex1102
59.   use bank
60.   implicit none
61.
62.   call LoadMoney("彭先生",100)
```

```
63.     call SaveMoney("陈先生",1000)
64.
65.     stop
66.end
```

这个程序把原本很不实用的 module bank 做了很多修改,像调用 LoadMoney 来进行提款之前,会判断提款金额是否合理,还会判断银行是否有足够的库存现金来支付。调用 SaveMoney 来进行存款前,会先判断存款金额是否合理。最重要的是在调用 LoadMoney 及 SaveMoney 来提款或存款时,都会在文件 LOG.TXT 中留下记录。程序执行后,文件 LOG.TXT 会记录类似下面的内容:

```
Date:20010828 Time:13:45:44
    彭先生 领取  100 元
Date:20010828 Time:13:45:44
    陈先生 存入 1000 元
```

程序中已经调用 Fortran 90 的库存函数 date_and_time,这个函数会用字符串来返回目前的日期和时间。

这个实例程序的 LoadMoney 函数比上一个版本合理,因为它不再只是单纯地重新设置变量 money 的值,它会先检查变量 money 的数值,不让 money 变成负值。面向对象中,经过使用接口来操作内部数据,主要是为了避免不正常使用数据,并减少错误发生的机会。

第 8 章最后所介绍的文本格式绘图函数库 TextGraphLib.F90 中,有几个变量不应该直接让外界使用,例如 screen 数组。要是在 MODULE 外的某个函数把 screen 数组 DEALLOCATE 释放掉,会造成整个绘图函数库无法使用。为了安全起见,应该把它声明成 PRIVATE 格式。

PRIVATE 和 PUBLIC 命令也可以通过下面的方法来使用:

```
module A
  implicit none
  private      ! 定义这个module中,没有特别赋值的东西都不对外公开
  public c     ! 定义变量c可以对外公开
  integer a,b,c
  ......
end module

module B
  implicit none
  public       ! 定义这个module中,没有特别赋值的东西都对外公开
  private c    ! 定义变量c不对外公开
  integer a,b,c
  ......
end module
```

11-2-3 USE

第 8 章已经介绍过 USE 命令的使用，编写好 MODULE 之后，要使用 USE 命令才能让 MODULE 外的函数使用 MODULE 里面的东西。在 MODULE 中也可以使用另外一个 MODULE。

```
module A
  implicit none
  integer :: a, b
end module

module B
  use A    ! module 中可以使用另外一个 module
end module

subroutine sub()
  use B    ! 函数中要经过 use 才能使用编写好的 module
  ……
```

使用 MODULE 的数量并没有限制，可以同时使用好几个 MODULE，只要多写几个 USE 就行了。同时使用多个 MODULE 时，可能会遇到变量名称或是函数名称重复的问题。USE 命令后面，可以临时把 MODULE 里面的变量或函数名称改名。

```
module A
  implicit none
  integer va
end module

module B
  implicit none
  integer va
end module

program main
  use A, aa=>va  ! 把 module A 中的变量 va 改名为 aa 来使用
  use B
  implicit none
  ……
```

上面的例子中，module A 和 module B 都同时拥有名称为 va 的变量。在主程序中同时使用这两个 MODULE 时，会出现变量名称重复的问题。所以在主程序中必须临时把 module A 中的变量 va 改成另外一个名字。

　　use A, aa=>va ! 把 module A 中的变量 va 改名为 aa 来使用

改名是解决名称重复的方法，而如果两个 MODULE 中重复的名称太多时，把每个名字都改掉也很麻烦。如果不需要用到两个 MODULE 中的所有东西，可以只选择 MODULE 里面的一些东西出来使用。

```
module A
  implicit none
  integer va, vb, vc
end module

module B
  implicit none
  integer va, vb
end module

program main
  use A, only : vc  ! 只用 module A 中的变量 vc
  use B
  implicit none
  ……
```

上面的例子中，module A 与 module B 中同时都有变量 va 和 vb。在这里使用 module A 时，只使用变量 vc，其他东西都不使用，这样可以避免 va 和 vb 这两个变量名称重复的问题。

使用 ONLY 时，同时也可以做临时改名的操作。与前面一样，只要再加上符号"=>"就行了。

```
program main
  use A, only : c=>vc  ! 只用 module A 中的变量 vc，不过把 vc 改名成 c 来使用
  use B
  implicit none
  ……
```

在 module A 中使用 module B，可以想像是 module A 继承了 module B 的数据和函数。不过继承的东西只限制在 module B 中对外公开的变量及函数，module B 所私下使用的东西不会被继承。module A 继承 module B 的原有功能之后，可以再添加一些函数来扩充功能。

EX1103.F90

```
1.module MA
2.  implicit none
3.  real a,b
4.contains
5.  subroutine getx()
6.    write(*,"('x=',F5.2)")-b/a
7.    return
8.  end subroutine
```

```
9. end module
10.
11. module MB
12.   use MA
13.   implicit none
14.   real c
15. contains
16.   subroutine getx2()
17.     real a2, d, sqrt_d
18.     a2=2*a
19.     d=b*b-4*a*c
20.     if(d>=0)then
21.       sqrt_d = sqrt(d)
22.       write(*,"('x=',F5.2,',',F5.2)")(-b+sqrt_d)/a2,(-b-sqrt_d)/a2
23.     else
24.       write(*,*)"无实数解"
25.     end if
26.   end subroutine
27. end module
28.
29. subroutine sub1()
30.   use MA
31.   implicit none
32.   a=2.0
33.   b=3.0
34.   call getx()
35.   return
36. end subroutine
37.
38. subroutine sub2()
39.   use MB
40.   implicit none
41.   a=1.0
42.   b=4.0
43.   c=4.0
44.   call getx2()
45.   return
46. end subroutine
47.
48. program main
```

```
49.    implicit none
50.    call sub1()
51.    call sub2()
52.end program
```

程序输出结果如下：

```
x=-1.50
x=-2.00,-2.00
```

这个程序中的 module MA 可以用来解 ax+b=0 的 x 值，module MB 则可以用来解 ax+b=0 的 x 值及 $ax^2+bx+c=0$ 的 x 值。module MB 中只实现了第 2 部分的功能，第 1 部分的功能是从 module MA 中继承来的。

使用 module MA 时，只要设置好 a 和 b 的值，就可以调用 getx 来计算 ax+b=0 的 x 值。使用 module MB 时，只要设置好 a、b、c 的值，就可以计算出 $ax^2+bx+c=0$ 的 x 值。不过有一个地方需要特别介绍一下，程序的第 22 行使用下面的公式来计算 $ax^2+bx+c=0$ 的两个 x 值：

$$x = \frac{-b \pm \sqrt{b^2 - 4ac}}{2a}$$

为了避免重复不必要的计算，程序先把 2*a 及 sqrt(b²-4ac)的计算结果保存在变量 a2 和 sqrt_d 中，计算 x 值则用下面两个式子来做计算：

```
X0 =(-b+sqrt_d)/a2
X1 =(-b-sqrt_d)/a2
```

如果不事先计算 2*a 跟 sqrt(b²-4ac)的结果，计算 x 值时需要用下面这两个算式来计算：

```
X0 =(-b+sqrt(b*b-4*a*c)/(2*a)
X1 =(-b-sqrt(b*b-4*a*c)/(2*a)
```

第 2 个方法效率比较差，因为这两个算式会重复计算 2*a 跟 sqrt(b*b-4*a*c)的值。在大程序中，这种多余的计算会明显地影响执行效率。

这个实例程序中，module MB 里面使用 getx2 来计算 $ax^2+bx+c=0$ 的 x 值。封装成链接库时，用户要记得 getx 和 getx2 的差别。如果能把所有的名称都统一成 getx 也许会是一个好方法。

```
module MB
  use MA, getx1=>getx
  implicit none
  real c
contains
  subroutine getx()
    real a2, d, sqrt_d
a2=2*a
d=b*b-4*a*c
if(d>=0)then
sqrt_d = sqrt(d)
write(*,"('x=',F5.2,',',F5.2)")(-b+sqrt_d)/a2,(-b-sqrt_d)/a2
else
```

```
write(*,*)"无实数解"
end if
  end subroutine
end module
```

把 module MB 经过上面的方法来改写后，使用 module MB 时，可以经过 getx 函数来计算 $ax^2+bx+c=0$ 的 x 值，因为在 module MB 中，继承来的 getx 函数被改名成 getx1，所以可以在 module MB 中显示新的 getx。不过要计算 ax+b=0 时，变成要调用 getx1，所以这个方法并不能算是很好的方法，下一节会介绍一个更好的解决方法。

11-3 再论 INTERFACE

在第 8 章中，INTERFACE 是用来说明函数的参数及返回值类型。不过当函数封装在 MODULE 里面时，就不需要再使用 INTERFACE 来做这些说明。事实上 INTERFACE 的功能不只是这些，它还有其他很强大的功能可以使用。

11-3-1 同名函数的重载（OVERLOAD）

读者一定会觉得重载（OVERLOAD）这个名词听起来很奇怪，因为 OVERLOAD 这个英文单词在这里很难翻译。在 C++中也有这个功能，而目前市面上的 C++中文本大多都把 Overload 翻译成 "重载"。

OVERLOAD 的意义是："在程序代码中可以同时拥有多个名称相同，但是参数类型、数目不同的函数，程序会自动根据输入的参数，来决定要调用哪一个函数"。

Fortran 90 编写函数重载的方法和 C++不太一样，在 MODULE 中使用 INTERFACE，可以用来定义一个虚拟的函数名称，来看下面的实例：

EX1104.F90

```
 1.  module MA
 2.    implicit none
 3.
 4.    interface show     ! 虚拟的函数名称 show
 5.      module procedure show_int         ! 等待选择的函数 show_int
 6.      module procedure show_character   ! 等待选择的函数 show_character
 7.    end interface
 8.
 9.  contains
10.    subroutine show_int(n)
11.      implicit none
12.      integer, intent(in):: n
13.      write(*,"('n=',I3)")n
```

```
14.    return
15.  end subroutine show_int
16.
17.  subroutine show_character(str)
18.    implicit none
19.    character(len=*), intent(in):: str
20.    write(*,"('str=',A)")str
21.    return
22.  end subroutine show_character
23.end module
24.
25.program main
26.  use MA
27.  implicit none
28.  call show_int(1)
29.  ! 输入的参数是整数，会自动选择调用 show_int
30.  call show(1)
31.  call show_character("Fortran 95")
32.  ! 输入的参数是字符串，会自动选择调用 show_character
33.  call show("Fortran 95")
34.  stop
35.end program
```

程序执行结果如下：

n= 1
n= 1
str=Fortran 95
str=Fortran 95

这个实例程序的第 4～7 行，在 module MA 中使用 INTERFACE 定义出虚拟的函数 show。

```
4.  interface show   ! 虚拟的函数 show
5.    module procedure show_int      ! 等待被选择的函数 show_int
6.    module procedure show_character ! 等待被选择的函数 show_character
7.  end interface
```

在 interface show 中，定义的两个函数可以被冒名顶替。在程序进行中调用 show 时，实际上会从这两个函数中挑一个出来执行，挑选的根据在于调用 show 时所输入的参数。输入一个整数时，会调用 show_int。输入一个字符串时，会调用 show_character。

在编译过程中，会根据调用 show 时所输入的参数类型和数目，从 interface show 里面，MODULE PROCEDURE 后所列出的函数中，挑选出参数类型相符的函数来执行。因为实际上并没有一个函数的名称叫做 show，所以才把它称为虚拟的函数。

主程序部分很简单，首先声明要使用 module MA，执行描述只有 4 行而已。

```
28.  call show_int(1)
```

```
29.     ! 输入的参数是整数,会自动选择调用 show_int
30.     call show(1)
31.     call show_character("Fortran 95")
32.     ! 输入的参数是字符串,会自动选择调用 show_character
33.     call show("Fortran 95")
```

眼尖的读者可能会发现,同样地调用 show,可是两次所输入的参数类型却不一样!第 1 次输入的是整数,第 2 次输入的却是字符串。所以第 1 次调用 show 时,就等于在调用 show_int。第 2 次调用 show 时,等于在调用 show_character。编译器会自动做这个转换。

编写函数时,有时候会编写出一些功能相同,只差在参数类型或是个数不同的函数。就以计算 ax+b=0 跟 $ax^2+bx+c=0$ 这两个式子来说,可以分别显示两个函数来计算它们。计算 ax+b=0 的函数需要输入 a、b 的值,计算 $ax^2+bx+c=0$ 的函数需要输入 a、b、c 的值。简单地说,第 1 个函数需要两个参数,第 2 个函数需要 3 个参数。

EX1105.F90

```
1.  module MA
2.    implicit none
3.    interface getx
4.      module procedure getx1
5.      module procedure getx2
6.    end interface
7.  contains
8.    subroutine getx1(a,b)
9.      real a,b
10.     write(*,"('x=',F5.2)")-b/a
11.     return
12.   end subroutine
13.
14.   subroutine getx2(a,b,c)
15.     real a,b,c
16.     real a2, d, sqrt_d
17.     a2=2*a
18.     d=b*b-4*a*c
19.     if(d>=0)then
20.       sqrt_d = sqrt(d)
21.       write(*,"('x=',F5.2,',',F5.2)")(-b+sqrt_d)/a2,(-b-sqrt_d)/a2
22.     else
23.       write(*,*)"无实数解"
24.     end if
25.   end subroutine
26. end module
```

```
27.
28. program main
29.   use MA
30.   implicit none
31.   call getx(1.0,2.0)! 实际上会调用getx1
32.   call getx(1.0,3.0,2.0)! 实际上会调用getx2
33. end program
```

程序执行后，会计算出 x+2=0 及 x^2+3x+2=0 的 x 值。

x=-2.00

x=-1.00,-2.00

这个程序和实例 EX1103 很类似，不过在这里 ax+b=0 及 ax^2+bx+c=0 中的 a、b、c 值都使用参数来输入。这个程序中仍然可以经过调用 getx1 来计算 ax+b=0，或是调用 getx2 来计算 ax^2+bx+c=0。不过统一调用 getx 会比较方便。

11-3-2 自定义操作符

Fortran 基本数值的数据类型，主要有 INTEGER、REAL 这两种。使用这两种类型所声明出来的变量，除了可以用来保存数值外，还可以拿来做+、-、*、/ 数学运算及<、<=、>、>=、==、/= 等等的逻辑判断。而使用 TYPE 所声明的自定义类型，默认时不能拿来做这些运算。不过通过 INTERFACE 的帮忙，可以虚拟出上述的运算符号。

```
interface operator(+)
 ! 在程序代码中，使用a+b时，若a和b的参数符合下面任何函数中的
 ! 两个参数类型，会调用其中一个函数来执行
  module procedure add1
module procedure add2
end interface
```

先来看一个简单的例子：

EX1106.F90

```
 1. module MA
 2.   implicit none
 3.   type ta
 4.     integer a
 5.   end type
 6.   interface operator(+)! 这个interface让type(ta)类型变量也能相加
 7.     module procedure add
 8.   end interface
 9. contains
10.   integer function add(a,b)
11.     type(ta), intent(in):: a,b
```

```
12.     add=a%a+b%a
13.   end function
14. end module
15.
16. program main
17.   use MA
18.   implicit none
19.   type(ta) :: a,b
20.   integer :: c
21.   a%a=1
22.   b%a=2
23.   c=a+b  ! 会调用 add(a,b) 来执行
24.   write(*,*)c
25. end program
```

程序执行后会输出 3，正是 a%a+b%a 的结果。这个程序主要是用来示例自定义操作符的方法，程序第 23 行把变量 a、b 拿来相加，这两个变量是自定义类型，照理说没有办法拿来相加。不过在 module MA 中定义了一个特别的 INTERFACE，它把加法 "+" 符号也拿来当成虚拟函数的名称。所以主程序中出现加法时，如果相加的两个变量都是 type（ta）类型，会自动转换成调用函数 add 来执行。

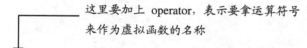
这里要加上 operator，表示要拿运算符号来作为虚拟函数的名称

```
interface operator（+）! 这个 interface 让 type(ta)类型变量也能相加
    module procedure add
end interface
```

请注意，要把运算符号拿来当成虚拟函数名称时，INTERFACE 后面要先接上 OPERATOR 这个字，再用括号（）把运算符号包起来。另外在 INTERFACE 中等待候选的函数，必须明确显示每一个参数属性 INTENT。

来看一个比较实用的实例：黄先生在这个月的 5 日及 20 日分别和许律师约谈了 1 小时 45 分、2 小时 18 分。请问黄先生这个月花了多少时间和他的律师讨论有关他的遗产分配问题？

EX1107.F90

```
1. module time_util
2.   implicit none
3.   type :: time
4.     integer :: hour,minute
5.   end type time
6.   interface operator(+)! 让 type(time)类型变量能够相加
7.     module procedure add
```

```
8.   end interface
9.
10.  contains
11.    function add(a, b)
12.      implicit none
13.      type(time), intent(in) :: a,b
14.      type(time) :: add
15.      integer :: minutes,carry
16.      minutes=a%minute+b%minute
17.      carry=minutes/60
18.      add%minute=mod(minutes,60) ! 取余数
19.      add%hour=a%hour+b%hour+carry
20.      return
21.    end function add
22.
23.    subroutine output(t)
24.      type(time), intent(in) :: t
25.      write(*,"(I2,':',I2.2)")t%hour, t%minute
26.      return
27.    end subroutine
28.
29.  end module
30.
31.  program ex1107
32.    use time_util
33.    implicit none
34.    type(time) :: a,b,c
35.
36.    a=time(1,45)
37.    b=time(2,18)
38.    c=a+b ! 实际上会调用函数 add(a,b)
39.    call output(c)
40.
41.    stop
42.  end program
```

程序执行后会计算出 1 小时 45 分加上 2 小时 18 分的时间长度。

4:03

主程序中声明了 3 个类型为 type(time) 的变量 a、b 和 c，变量 a 设置成 1 小时 45 分，变量 b 设置成 2 小时 18 分。

```
36.   a=time(1,45)
```

```
37.    b=time(2,18)
```

变量 a、b 的时间设置好之后，可以使用 a+b 来计算两段时间加起来的总长度。在 module time_util 中已经定义加法的虚拟函数，所以程序第 38 行的加法计算会被编译器偷偷转换成调用函数 add。

```
38.    c=a+b  ! 实际上会调用函数 add(a,b)
```

这个程序的重点是在 module time_util 中，它声明了一个自定义类型，可以用来计算时间的长短。

```
3.    type :: time
4.      integer :: hour,minute
5.    end type time
```

module time_util 中，已经定义加法的 INTERFACE，有了它才能使用加法符号来操作 type(time)类型的变量，编译器会自动把 type(time)类型变量的加法，转换成调用函数 add。

```
6.    interface operator(+)! 让 type(time)类型变量能够相加
7.      module procedure add  ! 实际执行加法的函数
8.    end interface
```

第 6～8 行的 INTERFACE 后面接的是 OPERATOR(+)，它把加号拿来当成虚拟函数的名称。程序代码中要调用这个虚拟函数时，不再使用 CALL 来调用，直接用数学表达式 a + b 就行了，而 a 和 b 就等于是输入这个虚拟函数的第 1、2 个参数。

在 6～8 行的 INTERFACE 里面，只有一个"候选"的函数。在这里的候选函数只能是函数，不能是子程序。因为数学运算 a + b 一定要返回一个结果。在主程序中执行 c=a+b 时，实际上执行的是 c=add(a,b)。经过 INTERFACE 的封装，可以让程序代码中使用直观的运算符号来调用这个函数，来看这个加法函数是如何实现的：

```
11.    function add(a, b)
12.      implicit none
13.      type(time), intent(in) :: a,b
14.      type(time) :: add
15.      integer :: minutes,carry
16.      minutes=a%minute+b%minute
17.      carry=minutes/60
18.      add%minute=mod(minutes,60)! 取余数
19.      add%hour=a%hour+b%hour+carry
20.      return
21.    end function add
```

函数 add 的返回类型是自定义的 time 类型，所接收的第 1 个参数 a，就是参与加法的第 1 个数字；第 2 个参数 b，就是参与加法的第 2 个数字。它自己又声明了两个变量：

```
integer :: minutes   !累加两段时间的分钟部分
integer :: carry     !每 60 分钟要进制到 1 个小时，它就是用来记录进制的数量。
```

计算时，会先把两段时间的"分钟"部分都累加起来。

```
16.    minutes=a%minute+b%minute
```

接着再计算进制的部分，超过 60 分钟的部分要进制成为小时。

```
17.     carry=minutes/60
```
把累加出来的分钟数除以 60 取余数，就可以求得两段时间相加的"分钟"部分。
```
18.     add%minute=mod(minutes,60)! 取余数
```
最后把两段时间中的小时数累加，再加上进制的数目，就可得到小时数的总和。
```
19.     add%hour=a%hour+b%hour+carry
```
module time_util 中的 output 函数，只是用来输出一个 type(time)类型的数值，不需要做特别介绍。这个程序只示例了自定义类型的加法操作，读者应该可以自行领悟出减法的做法。而两段时间的乘、除法并没有意义。一个完整的自定义类型通常需要把加、减、乘、除、大小于、甚至于连等号都要自己用程序代码来实现出来。

制作加减乘除的 INTERFACE 方法如下：
```
interface operator(+)or(-)or(*)or(/)
  module procedure function_name
  module procedure ......
    ......
    ......
end interface
```
这些列入候选的函数，它们的参数类型并不一定要是自定义类型，就以时间 type(time) 这个类型来说，可以定义 a+1.5 等于 a 的时间再加上 1.5 个小时，这时候就要另外编写一个可以接受时间类型与浮点数来相加的函数。

制作逻辑判断的 INTERFACE 方法如下：
```
interface operator(>)or(<)or(<=)or(>=)or(==)or(/=)
  module procedure logical_functiona_name
  module procedure ......
    ......
end interface
```
请注意，在逻辑判断的 INTERFACE 中，所有的候选函数，返回值类型都是布尔变量 LOGICAL。

制作等号"="的 INTERFACE 比较不同：
```
interface operator（.new_operator.）
    module procedure func1
    module procedure func2
      ......
    end interface
```
.new_operator.可以是一个原本不存在的运算符号

定义等号"="的 INTERFACE 中，MODULE PROCEDURE 所列出的候选函数都必须是"子程序"，而不是函数。每个子程序都会接收两个参数，第 1 个参数是等号左边的变量，第 2 个参数是等号右边的变量。当程序代码执行 a=b，就等于执行 call sub(a,b)，子程序 sub 中要重新设置第 1 个参数 a 的数值。

跟运算符号不同的是，自定义类型并不一定需要自行定义等号的虚拟函数，在程序代码中原本就可以使用等号。默认的等号操作会把等号右边的变量内容完全复制一份给等号左边

MODULE 及面向对象

的变量。

在一般情况下,没有必要定义等号的虚拟函数,不过在一些特殊情况下是必要的操作,例如等号两边数值类型不同时。以 type(time)类型来说,程序代码中也许想做到下面的结果:

```
a = 1.5 ! a 是 type(time)类型, a=1.5 是把 a 设置成一个半小时的意思
```

把浮点数经过等号来转换成 type(time)类型,就需要自行定义等号的运行。默认情况下,上面的程序代码是不合理的,因为编译器不知道要如何把浮点数转换成 type(time)类型。

自定义类型中有指针时,也可能需要重新定义等号。因为默认的等号操作是把自定义类型中的每个元素一一复制,如果类型中有指针时,照默认的方法会造成两个变量中的指针指向同一个内存地址。正常的复制操作,通常应该是会先配置内存空间给等号左边的指针,再把等号右边的指针所指向的内存数据复制一份到新配置的内存中。

使用 INTERFACE OPERATOR(……)来自定义操作符时,还有一点很有趣,程序员可以任意制作出 Fortran 标准中不存在的操作符。

```
interface operator ( .new_operator. )
    module procedure func1
    module procedure func2              .new_operator.可以是一个原本不存在的运算符号
    ……
end interface
```

例如在制作"向量类型"时,可能会需要用到 dot,不过 Fortran 中并没有 dot 这个操作符,但是可以使用 interface operator(.dot.)来创造出这个操作符。

```
a = b .dot. c  ! 新定义的操作符 dot
```

最后再来看一个比较完整的实例程序,上一个实例程序只定义了 type(time)类型变量的加法。下面的实例程序会定义出 type(time)+real、real+type(time)、小于的判断及两种等号type(time)=real、real=type(time)操作。

EX1108.F90

```fortran
1.module time_util
2.  implicit none
3.  type :: time
4.      integer :: hour,minute
5.  end type time
6.
7.  interface operator(+)! 让 type(time)类型变量能够相加
8.      module procedure add_time_time ! time+time
9.      module procedure add_time_real ! time+real
10.     module procedure add_real_time ! real+time
11. end interface
12.
13. interface operator(<)! 让 type(time)类型变量能够比大小
```

```fortran
14.    module procedure time_lt_time  ! 判断 time<time
15.  end interface
16.
17.  interface assignment(=) ! 让 type(time) 类型跟浮点数能够转换
18.    module procedure time_assign_real ! time = real
19.    module procedure real_assign_time ! real = time
20.  end interface
21.
22. contains
23.    ! type(time) + type(time)
24.   function add_time_time(a,b) result(add)
25.     implicit none
26.     type(time), intent(in) :: a,b
27.     type(time) :: add
28.     integer :: minutes,carry
29.     minutes=a%minute+b%minute
30.     carry=minutes/60
31.     add%minute=mod(minutes,60) ! 取余数
32.     add%hour=a%hour+b%hour+carry
33.     return
34.   end function
35.    ! type(time) + real
36.   function add_time_real(a,b)
37.     implicit none
38.     type(time), intent(in) :: a
39.     real, intent(in) :: b
40.     type(time) :: add_time_real
41.     type(time) :: tb
42.     tb%hour=int(b)
43.     tb%minute=int((b-tb%hour)*60)
44.     add_time_real = add_time_time(a,tb)
45.     return
46.   end function
47.    ! real + type(time)
48.   function add_real_time(a,b)
49.     implicit none
50.     real, intent(in) :: a
51.     type(time), intent(in) :: b
52.     type(time) :: add_real_time
53.     add_real_time = add_time_real(b,a)
```

```fortran
54.     return
55.   end function
56.   ! type(time)< type(time)
57.   logical function time_lt_time(a, b)
58.     implicit none
59.     type(time), intent(in):: a,b
60.     if(a%hour < b%hour)then
61.       time_lt_time = .true.
62.       return
63.     end if
64.     if(a%minute < b%minute)then
65.       time_lt_time = .true.
66.       return
67.     end if
68.     time_lt_time = .false.
69.     return
70.   end function
71.   ! type(time)= real
72.   subroutine time_assign_real(a, b)
73.     implicit none
74.     type(time), intent(out):: a
75.     real, intent(in):: b
76.     a%hour = int(b)
77.     a%minute = int((b-a%hour)*60)
78.     return
79.   end subroutine
80.   ! real = type(time)
81.   subroutine real_assign_time(a, b)
82.     implicit none
83.     real, intent(out):: a
84.     type(time), intent(in):: b
85.     a=b%hour+real(b%minute)/60.0
86.     return
87.   end subroutine
88.
89.   subroutine output(t)
90.     type(time), intent(in):: t
91.     write(*,"(I2,':',I2.2)")t%hour, t%minute
92.     return
93.   end subroutine
```

```
94.
95.end module
96.
97.program ex1108
98.   use time_util
99.   implicit none
100.  type(time):: a,b,c
101.  real :: rt
102.
103.  a = 0.5    ! a = time(0,30)
104.  b = 0.1+a  ! b = time(0,36)
105.  c = a+0.6  ! c = 1.1 hour = time(1,06)
106.  rt = time(1,30)+ time(2,30)! rt = 1.5 + 2.5 = 4
107.  call output(c)
108.  write(*,*)rt
109.  write(*,*)a<b ! true, 0:30 < 0:36
110.
111.  stop
112.end program
```

程序执行结果如下：

```
1:06
  4.000000
T
```

程序代码稍微长了一点，但它只是比较繁杂，难度并不大。程序中定义了加法、小于的判断、等号的操作等等。其中加法又根据参数类型不同分成三种加法，等号也根据参数类型不同分成两种等号。

主程序的部分只是用来显示新定义的操作符。

```
103.  a = 0.5    ! a = time_assign_real(0.5)= time(0,30)
104.  b = 0.1+a  ! b = add_real_time(0.1, a)= time(0,36)
105.  c = a+0.6  ! c = add_time_real(a, 0.6)= 1.1 hour = time(1,06)
106.  rt = time(1,30)+ time(2,30)! rt = 1.5 + 2.5 = 4
```

这几行程序代码在编译后，实际上会被转换成下面的样子：

```
103.  a = time_assign_real(0.5)
104.  b = add_real_time(0.1, a)
105.  c = add_time_real(a, 0.6)
106.  rt = real_assign_time(add_time_time(time(1,30)+ time(2,30)))
```

先来看函数 time_assign_real 的实现内容，它可以把浮点数转换成时间类型。

```
72.  subroutine time_assign_real(a, b)
73.    implicit none
74.    type(time), intent(out):: a
```

```
75.    real, intent(in):: b
76.    a%hour = int(b)
77.    a%minute = int((b-a%hour)*60)
78.    return
79.  end subroutine
```

把浮点数转换成时间，在这里的时间单位是小时，所以浮点数 1.5 代表 1.5 个小时，等于 1 小时 30 分。换算时先取出浮点数的整数部分，再把剩下的小数部分换算成分钟。取出小数部分用了一个技巧，b-int(b)可以得到变量 b 的小数部分。

函数 real_assign_time 可以把时间类型转换成浮点数类型，这个操作刚好跟 time_assign_real 是相反的。

```
81.  subroutine real_assign_time(a, b)
82.    implicit none
83.    real, intent(out):: a
84.    type(time), intent(in):: b
85.    a=b%hour+real(b%minute)/60.0
86.    return
87.  end subroutine
```

再来看看加法的操作符是如何实现的，type(time)+ type(time)的做法前面已经介绍过了，现在来看看要如何实现时间类型跟浮点数相加 type(time)+real：

```
36.  function add_time_real(a, b)
37.    implicit none
38.    type(time), intent(in):: a
39.    real, intent(in):: b
40.    type(time):: add_time_real
41.    type(time):: tb
42.    tb%hour=int(b)
43.    tb%minute=int((b-tb%hour)*60)
44.    add_time_real = add_time_time(a,tb)
45.    return
46.  end function
```

读者可以发现，这个函数会先把浮点数转换成 type(time)类型，最后再调用 add_time_time 来计算。函数 add_real_time 与这个函数很类似，差别只在于参数顺序不同。add_real_time 会处理浮点数在加号左边的计算，add_time_real 则会处理浮点数在加号右边的计算。必须在 INTERFACE 中列出这两个函数，才能处理这两种算式。对编译器来说，浮点数在加号的哪一边是不同的。

还有一个需要介绍的是判断是否小于的函数，函数 time_lt_time 是实际用来做时间长短比较的程序。

```
57.  logical function time_lt_time(a, b)
58.    implicit none
59.    type(time), intent(in):: a,b
```

```
60.    if(a%hour < b%hour)then
61.      time_lt_time = .true.
62.      return
63.    end if
64.    if(a%minute < b%minute)then
65.      time_lt_time = .true.
66.      return
67.    end if
68.    time_lt_time = .false.
69.    return
70. end function
```

比较时间长短的方法很简单，先比较两个时间的小时部分，再比较分钟部分。如果 a%hour < b%hour，那 a 一定小于 b，判断结束。如果第 1 个式子不成立，再判断 a%minute < b%minute 是否成立。如果这两个式子都不成立，代表 a >= b，所以 a < b 不成立。

这个程序并没有把所有的运算符号都完整地实现出来，像减法，还有其他逻辑判断等等。不过读者只要把实例程序当成模板，就应该可以自行领会。

11-4 实际应用

这一节会实际示范继承 MODULE 来增强功能的方法，以及比较完整的自定义类型运算。

11-4-1 继承 MODULE

第 8 章最后所范例的 TextGraphLib.F90 会把绘图结果输出在屏幕上。试着编写一个新的 MODULE 来继承 module TextGraphLib，增加把绘图结果输出到文件中的功能。编译这个实例程序时，请记得也要把第 8 章中的实例程序 TextGraphLib.F90 也加入 project 中，不然在编译时会找不到 module TextGraphLib。

EX1109.F90

```
1. module NewGraphLib
2.  use TextGraphLib
3.  implicit none
4. contains
5.  subroutine OutputToFile(filename)
6.    implicit none
7.    character(len=*), intent(in):: filename
8.    character(len=10):: fmt="(xxxA)"
9.    integer :: i
10.
```

```
11. if(.not. allocated(screen))return
12. open(10,file=filename,status="replace")
13.     write(fmt(2:4), "(I3.3)")ScreenWidth ! 设置输出格式
14.     do i=1, ScreenHeight
15.       write(10, fmt)screen(i,:)
16.     end do
17. close(10)
18.
19. return
20.   end subroutine
21. end module
22.
23. program main
24.   use NewGraphLib
25.   implicit none
26.
27.   call SetScreen(20,20)
28.   call ClearScreen()
29.   call DrawCircle(10,10,8)
30.   call DrawLine(14,6, 6,14)
31.   call UpdateScreen()
32.   call OutputToFile("test.txt")
33.
34.   stop
35. end program
```

程序执行后会在屏幕及文件 TEST.TXT 中输出下面的图形：

```
         ****
        **  **
       *      *
      *        *
     *      *
    *      *
   *      *
  *      *
  *     *
  *    *
  *   *
   * *
   **
   **
    * *
     *  *
      *   *
       **  **
        ****
```

这个程序中 module NewGraphLib 大部分的功能，都是从 module TextGraphLib 继承来的，它只额外编写了一个函数 OutputToFile，用来把数组 screen 中的绘图结果输出到赋值的文件中。

直接改写 module TextGraphLib 的内容当然也是一个方法，不过那只有在可以拿到初始码的情况下才能做到。如果拿不到初始码，就只能使用继承的方法来添加功能。使用链接库时不一定能够拿到初始码，商业链接库通常只能拿到*.LIB 的文件。

11-4-2　自定义操作符的应用

　　Fortran 中并没有提供"分数"类型，不过在现实世界中，常常会使用这个类型。分数可以保存更为精确的数值，例如 2/3。因为 2/3 转换成实数后，会变成循环小数，小数的位数高达无限多个。使用浮点数来记录 2/3 时，因为有效位数的限制，没有办法正确保存循环小数的值。这个程序长了一点，有一百多行，不过难度并不高。

EX1110.F90

```
 1.module rational_util
 2.implicit none
 3.
 4.  private
 5.  public :: rational, &
 6.            operator(+), operator(-), operator(*),&
 7.            operator(/), assignment(=),&
 8.            output
 9.
10.  type :: rational
11.    integer :: num    ! 分子
12.    integer :: denom  ! 分母
13.  end type rational
14.  ! 加法
15.  interface operator(+)
16.    module procedure rat_plus_rat
17.  end interface
18.  ! 减法
19.  interface operator(-)
20.    module procedure rat_minus_rat
21.  end interface
22.  ! 乘法
23.  interface operator(*)
24.    module procedure rat_times_rat
25.  end interface
26.  ! 除法
27.  interface operator(/)
28.    module procedure rat_div_rat
```

```
29.   end interface
30.   ! 等号
31.   interface assignment(=)
32.     module procedure int_eq_rat
33.     module procedure real_eq_rat
34.   end interface
35.
36. contains
37.   ! 整数=分数
38.   subroutine int_eq_rat(int, rat)
39.     implicit none
40.     integer, intent(out):: int
41.     type(rational), intent(in):: rat
42.     ! 分子除以分母来转换成整数
43.     int = rat%num / rat%denom
44.     return
45.   end subroutine int_eq_rat
46.   ! 浮点数=分数
47.   subroutine real_eq_rat(float, rat)
48.     implicit none
49.     real, intent(out):: float
50.     type(rational), intent(in):: rat
51.     ! 分子除以分母
52.     float = real(rat%num)/ real(rat%denom)
53.     return
54.   end subroutine real_eq_rat
55.   ! 化简分数
56.   function reduse(a)
57.     implicit none
58.     type(rational), intent(in):: a
59.     type(rational):: temp
60.     integer :: b
61.     integer :: sign
62.     type(rational):: reduse
63.
64.     if(a%num*a%denom > 0)then
65.       sign=1
66.     else
67.       sign=-1
68.     end if
```

```
69.     temp%num=abs(a%num)
70.     temp%denom=abs(a%denom)
71.     b=gcv(temp%num,temp%denom) ! 找分子与分母的最大公因子
72.     ! 把分子，分母同除以最大公因子
73.     reduse%num = temp%num/b*sign
74.     reduse%denom = temp%denom/b
75.     return
76.  end function reduse
77.  ! 用辗转相除法找最大公因子
78.  function gcv(a,b)
79.     implicit none
80.     integer, intent(in):: a,b
81.     integer :: big,small
82.     integer :: temp
83.     integer :: gcv
84.
85.     big=max(a,b)
86.     small=min(a,b)
87.     do while(small>1)
88.        temp=mod(big,small)
89.        if(temp == 0)exit
90.        big=small
91.        small=temp
92.     end do
93.     gcv=small
94.     return
95.  end function gcv
96.  ! 分数相加
97.  function rat_plus_rat(rat1, rat2)
98.     implicit none
99.     type(rational):: rat_plus_rat
100.    type(rational), intent(in):: rat1,rat2
101.    type(rational):: act
102.    ! b/a+d/c =(b*c+d*a)/(a*c)
103.    act%denom= rat1%denom * rat2%denom   ! a*c
104.    act%num  = rat1%num*rat2%denom + rat2%num*rat1%denom !(b*c+d*a)
105.    rat_plus_rat = reduse(act)! 约分
106.
107.    return
108. end function rat_plus_rat
```

```fortran
109.    ! 分数相减
110.    function rat_minus_rat(rat1, rat2)
111.      implicit none
112.      type(rational):: rat_minus_rat
113.      type(rational), intent(in):: rat1, rat2
114.      type(rational):: temp
115.      ! b/a-d/c=(b*c-d*a)/(a*c)
116.      temp%denom = rat1%denom*rat2%denom ! a*c
117.      temp%num = rat1%num*rat2%denom - rat2%num*rat1%denom !(b*c-d*a)
118.      rat_minus_rat = reduse(temp)! 约分
119.      return
120.    end function rat_minus_rat
121.    ! 分数相乘
122.    function rat_times_rat(rat1, rat2)
123.      implicit none
124.      type(rational):: rat_times_rat
125.      type(rational), intent(in):: rat1, rat2
126.      type(rational):: temp
127.      !(b/a)*(d/c)=(b*d)/(a*c)
128.      temp%denom = rat1%denom* rat2%denom !(a*c)
129.      temp%num   = rat1%num  * rat2%num   !(b*d)
130.      rat_times_rat = reduse(temp)! 约分
131.      return
132.    end function rat_times_rat
133.    ! 分数相除
134.    function rat_div_rat(rat1, rat2)
135.      implicit none
136.      type(rational):: rat_div_rat
137.      type(rational), intent(in):: rat1, rat2
138.      type(rational):: temp
139.      !(b/a)/(d/c)=(b*c)/(a*d)
140.      temp%denom = rat1%denom* rat2%num    !(a*d)
141.      temp%num   = rat1%num  * rat2%denom !(b*c)
142.      rat_div_rat = reduse(temp)! 约分
143.      return
144.    end function rat_div_rat
145.    ! 输出
146.    subroutine output(a)
147.      implicit none
148.      type(rational), intent(in):: a
```

```
149.
150.    if(a%denom/=1)then
151.      write(*, "(1x,'(',I3,'/',I3,')')")a%num,a%denom
152.    else
153.      write(*, "(1x,I3)")a%num
154.    end if
155.    return
156.  end subroutine output
157.end module
158.! 主程序
159.program main
160.  use rational_util
161.  implicit none
162.  type(rational):: a,b,c
163.  real :: f
164.
165.  a=rational(1.0,3.0)
166.  b=rational(2.0,3.0)
167.  write(*,"(1x,A4)",advance="no")"a="
168.  call output(a)
169.  write(*,"(1x,A4)",advance="no")"b="
170.  call output(b)
171.  c=a+b
172.  write(*,"(1x,A4)",advance="no")"a+b="
173.  call output(c)
174.  c=a-b
175.  write(*,"(1x,A4)",advance="no")"a-b="
176.  call output(c)
177.  c=a*b
178.  write(*,"(1x,A4)",advance="no")"a*b="
179.  call output(c)
180.  c=a/b
181.  write(*,"(1x,A4)",advance="no")"a/b="
182.  call output(c)
183.  f=c
184.  write(*, "(f6.2)")f
185.  stop
186.end program
```

执行结果如下：

a=(1/ 3)

MODULE 及面向对象

```
    b=(2/  3)
  a+b=   1
  a-b=(-1/  3)
  a*b=(2/  9)
  a/b=(1/  2)
  0.50
```

　　这个程序并没有实现出所有的操作符,只显示了分数与分数间的加减乘除。没有实现出分数与整数、整数与分数间的运算,也没有实现出逻辑运算。这几个部分的难度并不高,留到习题中让读者练习。

　　程序的重点在于实现出"分数"类型的加减乘除计算,主程序只是用来示例要如何使用这些操作符。这个程序并不难,程序代码中的批注作说明已经足够,在此就不再详细介绍。

　　关于 Fortran 语法的介绍,到这一章算是完全结束。下一章会开始进入 Fortran 应用的部分。从第 12 章开始的内容,每一章是各自独立的不同应用,读者可以视需要直接跳转到有兴趣的部分来阅读。

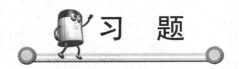
习 题

1. 用 INTERFACE 定义出一个新的虚拟函数 area，当调用 area 只输入一个浮点数时，把它当成是圆的半径值，计算并返回圆面积。当输入两个浮点数时，把它们当成是矩形的两个边长，计算并返回矩形面积。

2. EX1107 示例了自定义的时间相加方法，这个程序所能接受的时间单位只有小时及分钟而已。请把它改写成还能够接受"秒"这个单位。

3. EX1110 中所定义分数类型运算，只定义了加、减、乘、除而已，请试着加入逻辑操作符<、>、<=、>=、==、/=等等。

4. 添加一个二维向量类型（x,y），请实现出两个向量的加减法、和实数之间的乘法、以及内积的计算。

```
type vector
   real x,y
end type
```

Chapter 12

编译器的高级使用

接下来的 4 个章节，会介绍 Fortran 的应用。每一章的内容都是独立的，读者可以任意选择要阅读哪个章节。

这一章要再次说明编译器的使用。第 2 章示例过编译程序的方法，整套编译器所提供的功能不只是单纯的编译程序而已，善用编译器所提供的工具，对于开发程序有很大帮助。

除了介绍编译器的使用，这一章还会示例 Fortran 与其他语言的互相链接。还有很重要的一个课题：如何对程序进行优化。

12-1 编译器的完整功能

现在不论是哪一套程序语言编译器，一定都使用光盘的形式来销售，而且动辄就会需要几百 MB，甚至上 GB 的硬盘使用空间。第 2 章所介绍的编译方法，只使用了编译器一小部分的功能。一般说来，编译器所提供的工具，大概有下面这几大类。

1. 编译器（Compiler）

用来把程序代码转换成目的文件（*.OBJ）或执行文件（*.EXE）的工具，是编译工具的主角。可以没有其他工具，但是不能没有这个工具。Compiler 在编译时有很多选项可以设置，要如何使用这些设置也是一门学科。不同的设置会编译出不同的机器码。

最常见的选项格式有两种，Release 格式和 Debug 格式。Release 格式所编译出来的执行文件执行效率比较好，Debug 格式所编译出来的文件执行效率比较差，不过 Debug 格式编译的执行文件可以配合 Debug 工具来进行调试。

Visual Fortran 虽然有 Windows 下的使用接口，但是真正的 Compiler 部分仍然是使用命令列格式来操作。读者可以打开一个命令列窗口，键入 FL32 或 DF 就可以执行 Compiler。

2. 链接器（Link）

用来把 Compiler 所生成的目的文件（*.OBJ）链接成最后的可执行文件（*.EXE）、或是链接库（*.LIB、*.DLL）。有的编译器执行后会自动调用 Link 来生成执行文件，所以有很多用户不会发现 Link 的存在。经过目的文件来生成执行文件有几项好处：

可以把大程序拆解成许多小文件来编写。

可以把不同语言程序代码所生成的 OBJ 文件链接成一个执行文件。

3. 链接库（Library）

编写 Fortran 程序所使用的库存函数，都是事先写好存放在*.LIB 的链接库中。读者可以在 Visual Fortran 安装目录下的 DF98\LIB 目录中找到很多*.LIB 文件，库存函数都是事先写好，放在这些文件中，Link 会自动从这些标准链接库中找到所需要的函数。

通常各家编译器会自行额外提供扩充函数，像 Visual Fortran 专业版中已经提供 IMSL。程序员也可以使用编译器来生成自己所要使用的链接库。

4. 说明文件（Help）

这个部分最占硬盘空间。Fortran 库存函数的详细用法，包括参数类型及返回值类型，这个世界上应该没有几个人能全部记忆在脑海里，笔者也只记得常用的那几个而已。有 Help 的帮忙可以很快速地找到这些信息。

5. 调试工具（Debug）

调试工具是很重要的一项功能，它的重要性仅次于 Compiler。好的调试工具可以让程序员快速找到程序代码的错误。调试格式下，可以对程序代码设置断点，程序执行到断点会暂停执行。这个时候程序员可以查看变量内容，看看它们是否和预期相同。还可以一行一行来执行程序，检查程序执行流程是否正确。熟悉硬件的用户还可以通过查看 CPU 的缓存器或是内存中的数据来调试。

6. 分析工具（Profile）

用来分析程序代码中各个函数所花费的执行时间，可以用来找出程序代码中执行效率最差的部分，程序员可以针对这部分程序代码来作修正。

这一章以 MS Developer Studio 的使用环境做模板，使用其他编译器的读者应该也都可以找到类似的工具。

12-2 编 译

最基本的编译方法早在第 2 章就介绍过了，这里不再重复。这一节会介绍如何改变编译器的选项，以及如何编译出*.LIB 及*.DLL 的链接库。

12-2-1 Debug 格式与 Release 格式

使用 Visual Fortran 打开一个新的 Project 来编写程序时，它的默认编译选项并不会生成经过优化处理、执行效率较高的执行文件，而只会生成执行效率较低，内含调试信息的执行文件。

读者可以试着在打开 Project 之后，选择 Build/Set Active Configuration 选项，会跳出一个对话框来选择编译格式（如图 12.1 和 12.2 所示）。

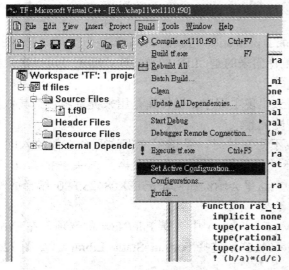

选择 Build/Set Active Configuration 选项

图 12.1

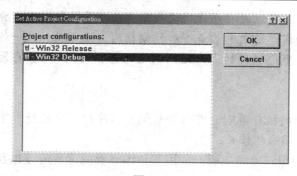

出现一个对话框

图 12.2

在对话框中，屏幕上有 Win32 Release 和 Win32 Debug 这两个选项可供选择。选择 Win32 Release 格式时，编译出来的机器码已经经过优化处理；选择 Win32 Debug 格式时，编译出来的程序可以拿来进行调试。

前面已经提过，调试工具可以一步一步地来执行程序。要做到这个功能，需要在编译程序时加入一些额外信息，所生成出来的执行文件执行效率会比较差。通常在程序还没有完全开发好的时候，会使用 Win32 Debug 格式来编译程序。程序开发成熟后就应该使用 Win32 Release 格式来编译程序。Release 和 Debug 格式下所编译的程序，在执行效率上有的时候会有好几倍的差距。

使用不同的编译格式，编译器所生成出来的文件会放在不同的位置。假如 Project 的目录放在 c:\projects\for 下面，Debug 格式所生成的文件会放在 c:\projects\for\debug；Release 格式所生成的文件会放在 c:\projects\for\release。当然这些位置都只是默认的输出位置，它们都是可以改变的。

12-2-2 静态链接库

到目前为止，只使用过 Fortran Console Application 格式的 Project。在这里介绍另外一种 Fortran Static Library 格式。这种格式下编译出来的是 *.LIB 的链接库，而不是可以拿来执行的 *.EXE 执行文件。

编译链接库时，程序代码中通常不应该出现主程序。链接库是用来提供函数给其他程序员调用，程序进入点应该掌握在其他程序员手上。

第 8 章第一次介绍把程序代码分成不同文件时，是请用户把这两个文件放入同一个 Project 中来一起编译，这里要示例另外一种使用方法。请读者再回过头去把第 8 章的 EX0842M.F90 和 EX0842S.F90 找出来，在这里会示例如何先把 EX0842S.F90 编译成 *.LIB 链接库，再经过编译器来使用链接库中的函数。

首先要打开一个新的 Project，请在 Visual Fortran 中选择 File/New 的选项，在 Projects 标签打开一个新的 Project，这一次的 Project 格式请选择 Fortran Static Library（如图 12.3 所示）。

编译器的高级使用

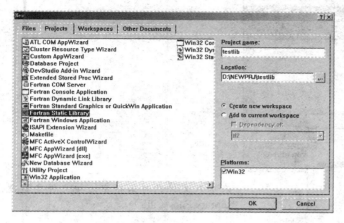

选择 Fortran Static Library 格式

图 12.3

为了方便说明，Project name 就统一取名为 testlib。选择好格式后，请单击"OK"按钮。

打开 Project 后，再把文件加入 Project 中。请把准备好的 EX0842S.F90 加入 Project 中，读者应该还记得怎么把文件加入 Project 中吧，有两个方法：

（1）选择 Project/Add to Project/Files，接着会出现对话框来选择文件。

（2）从 Workspace 选项卡对话框中用鼠标选择 Source Files，再右击就会出现 Add Files to Folder 的选项。

把文件加入后，选择 Build/Build testlib.lib 选项就会进行编译。如果一切过程正常，会编译出 TESTLIB.LIB。读者可以在 Project 的目录下找到它，以笔者的例子来说，Project 放在 d:\newprj\testlib 下，使用 Debug 格式来编译程序时，编译结果会放在 d:\newprj\testlib\debug。

接着再来编译主程序，读者先使用第 2 章介绍的方法，选择 Fortran Console Application 格式来打开新的 Project，并且把 EX0842M.F90 加入 Project 中。请注意只要加入一个文件就好了，不要连 EX0842S.F90 一起加入，在这里要试着从 TESTLIB.LIB 中链接函数。在还没有使用 TESTLIB.LIB 之前，读者可以先试着去编译程序，应该会出现下面的错误信息：

`ex0842m.obj : error LNK2001: unresolved external symbol _SUB@0`

函数 SUB 在 TESTLIB.LIB 里面，有两种方法可以使用 TESTLIB.LIB。第一种方法最简单，只要把 TESTLIB.LIB 文件找出来，把它加入 Project 中就行了。Project 并没有限定只能加入*.F90 的程序代码，*.LIB 的链接库同样可以加入 Project 里面。只是添加文件时，在对话框中把文件类型改成*.LIB 的文件就行了（如图 12.4 所示）。

把 TESTLIB.LIB 加入 Project 之后，再试着编译程序，这一次就不会再出现错误信息。编译器可以在 TESTLIB.LIB 中找到需要使用的函数。

第 2 种方法比较适合用在经常使用这个链接库时。读者可以再重新打开一个新的 Fortran Console Application 格式的 Project，加入 EX0842M.F90。或是把上面所使用的 Project 中的 TESTLIB.LIB 文件从 Project 中删除，再接着做下面的操作。

打开 Project 后，请选择 tool/options 选项，会出现一个对话框。请在这个对话框中选择 Directories 标签（如图 12.5 所示）。

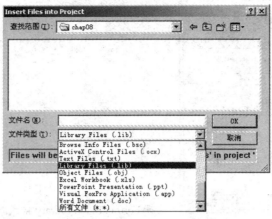

在加入文件的对话框中，把文件类型改成 Library Files（.lib）

图 12.4

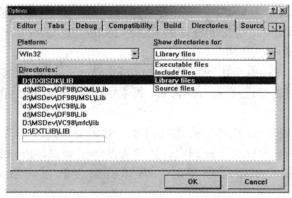

使用 Directories 选项卡，并且把 Show directories for:的目标选择成"Library files"

图 12.5

这个对话框所显示的目录，是 Visual Fortran 会自动寻找*.LIB 文件的目录位置。只要*.LIB 放在任何一个已经列出来的目录下，编译器就有办法使用它。用户也可以添加一个目录来存放*.LIB 文件。读者可以把 TESTLIB.LIB 拷贝一份到其中一个目录中。

把 TESTLIB.LIB 放到编译器可以找到的位置后，还需要跟编译器说明在链接时要使用这个文件。请选择 Project/Settings 选项，按下后会跳出一个对话框。请选择在 Link 标签（如图 12.6 所示）。

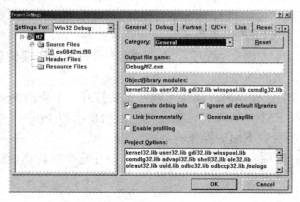

选择 Project/Setting 选项，在出现的对话框中打开 Link 选项卡

图 12.6

接着在 Object/Library modules:文本框中，加入 TESTLIB.LIB 这个文件。这个文本框是用来说明在编译程序时，还需要跟哪些链接库链接。请不要删除掉原来所列出的*.LIB 文件，只要添加 TESTLIB.LIB 这个文件就行了（如图 12.7 所示）。

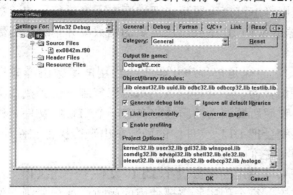

在 Object/Library modules 中手动填入 TESTLIB.LIB 这个文件

图 12.7

赋值好额外的链接库后，再试着编译程序。这个方法同样可以从 TESTLIB.LIB 中链接到函数。

如果链接库中已经编写 MODULE，使用链接库时除了*.LIB 之外，还需要*.MOD 的文件才够。程序代码中每一个 MODULE 都会编译出相对应的*.MOD 文件，例如 module A 会生成 A.MOD。*.MOD 的文件没有办法直接把它加入 Project 中，必须把它放在 Include files 的搜索目录下。在 Visual Fortran 中选择 Tool/Options 选项，会出现一个对话框，这个对话框在前面已经看过，同样请选择 Directories 标签来使用。不过这一次，在 Show directories for 的选项中请选择 "Include files"（如图 12.8 所示）。

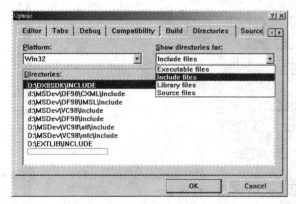

打开 Directories 选项卡，在 Show directories for:中选择 "Include files"

图 12.8

窗口所列出的目录，是编译器会自动寻找*.MOD 文件的目录，用户可以自由添加目录。链接库如果已经编写 MODULE，必须把编译时所生成的*.MOD 文件存放在这些目录中。读者可以自己试着把第 8 章的 TextGraphLib.F90 编译成链接库，再试着去使用它。编译后的*.LIB 文件可以用上面介绍的两个方法的其中一种来使用，*.MOD 文件则必须复制到 Include file 的搜索目录下。

编译*.LIB 文件时，同样可以选择 Debug 格式或是 Release 格式。把链接库拿给别人使用前，记得要使用 Release 格式来编译。

12-2-3 动态链接库 DLL

上一小节所介绍的是静态链接库，使用静态链接库要事先把程序中所需要使用的函数编译成机器码，保存在*.LIB 文件中。编译器会去*.LIB 中找出所需要的函数，并把这些函数的机器码复制一份，放在执行文件中。

动态链接库使用的是另外一种技术，它同样是把程序代码中会使用的函数编译成机器码，不过是保存在*.DLL 文件中。另外在编译时，不会把函数的机器码复制一份到执行文件中。编译器只会在*.EXE 的执行文件里，说明所要调用的函数放在哪一个*.DLL 文件。程序执行使用到这些函数时，Windows 操作系统会把 DLL 文件中的函数拿出来给执行文件使用。在 UNIX/LINUX 下也可以使用动态链接库，它们是放在*.a 的文件中。

这个作法的好处是，可以把很多程序共同使用的函数放在 DLL 文件中，让执行文件变小，减少硬盘使用空间。如果使用静态链接，每个程序所需要使用的函数，都会复制一份在执行文件中，执行文件会因此变大。

DLL 文件的第一个好处是容易更新，因为链接库跟执行文件分散在不同文件中，只要更新 DLL 文件，不需要重新编译执行文件就可以使用新版的链接库。如果使用静态链接，链接库更新时执行文件必须重新编译。

DLL 文件的另外一个好处是，它可以很方便地让 Fortran 程序给其他语言使用，例如 VC、Visual Basic、Delphi、C++ Builder…等等。

制作 DLL 文件，要使用 Fortran Dynamic Library 格式的 Project。读者请自行打开一个格式为 Fortran Dynamic Library 的 Project，为了方便说明，Project 的名称就定为 TestDLL（如图 12.9 所示）。

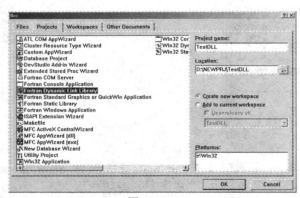

打开 Fortran Dynamic Link Library 格式的 Project

图 12.9

使用 Fortran 来编写 DLL 文件，和编写一般的 Fortran 程序只有一个差别。那就是在程序代码中，要说清楚有哪些函数可以被外界调用。下面是一个实例程序，读者请把这个文件加入 Project 中：

EX1201.F90

```
1.subroutine SUB()
2.!DEC$ ATTRIBUTES DLLEXPORT :: SUB
```

```
     3.  implicit none
     4.  write(*,*)"Subroutine in DLL"
     5.  return
     6.end
```

子程序 SUB 是 DLL 文件中可以被其他程序调用的函数。DLL 文件要告诉操作系统它里面有哪些函数可以被调用，程序第 2 行描述就是用来说明函数 SUB 可以被其他程序调用。

```
     2.!DEC$ ATTRIBUTES DLLEXPORT :: SUB
```

这是隐含在批注中的命令，它是写给 Visual Fortran 看的编译功能选项。每个想被外界调用的 DLL 函数，都需要使用这个命令才能对外公开使用。没有使用这个命令的函数只能被 DLL 文件中的函数调用，不能对外公开使用。

选择 Build 菜单中的 Build 选项，会编译出 TestDLL.DLL 和 TestDLL.LIB 这两个文件。新打开的 Project 默认时使用 Debug 格式来编译，所以生成的文件会放在 Project 目录下的 Debug 目录。

接着再打开一个新的 Fortran Console Application 格式的 Project，这个 Project 的名称统一命名为 UseDLL。读者可以同时打开两个 Visual Fortran，一个用来保留刚刚打开的 TestDLL Project，另一个用来编译主程序。主程序仍然可以使用文件 EX0842M.F90 来做编译，请把 EX0842M.F90 加入 UseDLL 这个 Project 中。

在编译 EX0842M.F90 时，仍然要使用 TestDLL.LIB。读者可以用上面讲过的两种方法来使用 TestDLL.LIB，在这里建议用第 1 种方法会比较快，把 TestDLL.LIB 找出来加入 Project UseDLL。TestDLL.LIB 是动态链接库的辅助文件，它里面并没有函数的机器码，只有说明这些函数是位在哪个 DLL 文件中的信息。

把 TestDLL.LIB 加入 Project UseDLL 后，就可以编译出执行文件。不过这个时候还不能执行程序，如果试着执行程序，会出现找不到 TestDLL.DLL 的错误信息。TestDLL.DLL 必须与 UseDLL.EXE 放在相同的目录下，或是把 TestDLL 放在 Windows 操作系统目录下才能执行 UseDLL.EXE。

把 TestDLL.DLL 放到适当的位置后，就可以正确执行 UseDLL.EXE。读者可以试着去改变 TestDLL.DLL 中子程序 SUB 所打印的字符串，再重新编译一次 TestDLL.DLL。使用新的 TestDLL.DLL 会显示出新的字符串内容，不需要重新编译 UseDLL.EXE 就可以发现这个改变。

一般的 Fortran 程序，大多只是自行使用，没有必要编译成 DLL 文件。只有与其他程序语言链接时，才会建议使用 DLL。例如跟 Visual Basic、Delphi 链接时，用 DLL 文件是最简单的方法。如果要跟 Visual C++链接，则有比较多种方法可以选择。

12-3　调试 Debug

调试工具相当重要，程序员一定要使用这个工具。Fortran 程序大致上可以编译成两种程序，执行文件跟链接库，这两种程序的调试方法不太相同。

12-3-1　执行文件的调试

首先介绍 Fortran Console Application 格式的调试方法，这是一般最常使用的 Project 格式。调试时需要用到 Visual Fortran 工具栏上的下面这些图标。这几个图标的位置不一定会放在哪边，请读者自己在 Visual Fortran 工具栏上找出它们（如图 12.10 所示）。

调试工具

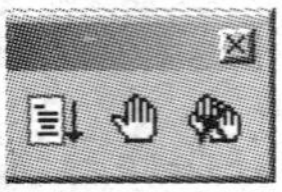

图 12.10

如果真的找不到它们，那也有可能是被隐藏起来了。要显示它们请选择 Tool/Customize，会跳出一个对话框，选择 Commands 选项卡来使用（如图 12.11 所示）。

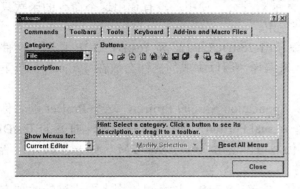

图 12.11

接着在 Category 中选择 Debug，这个时候在 Buttons 区域中显示的图标会改变（如图 12.12 所示）。

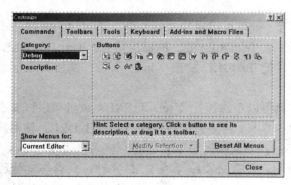

图 12.12

这些图标都是调试时会使用的工具。读者可以在需要用的图标上，直接单击，把它拖到 Visual Fortran 的工具栏上。一般只需要有最前面提到的那 3 个图标功能就足够了。

ICON A：选择这个图标会用调试格式来执行程序

ICON B：这个图标可以在程序代码中添加或是删除断点

ICON C：这个图标可以删除程序中的所有断点

使用调试工具前，请先确认程序是经过 Debug 格式来编译。调试工具可以用来让程序代

编译器的高级使用

码一行一行地逐步执行，检查程序进行的流程是否正确，还可以检查变量的数值是否合理。

现在开始来实际操作调试工具，请读者随便打开一个 Fortran Console Application 格式的 Project 来编译程序，在这里笔者使用第 11 章的最后一个实例 EX1110.F90 来作示例。请使用 Debug 格式来编译程序，还记得如何改变编译格式吗？忘记的读者请再回到 11-2-1 小节复习。

接着用鼠标或键盘把光标移动到想要中断的程序代码位置上，再单击 ICON B 的图标来设置断点。程序代码左边会出现一个红点，代表这一行已经被设置成可以中断的位置（如图 12.13 所示）。

一个程序中可以设置好几个断点，在已经设置断点的程序代码上，再单击同样的图标，会把断点取消。如果程序代码中已经设置了很多个断点，单击 ICON C 的图标就可以把全部的断点取消。

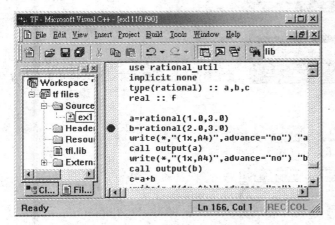

出现红色圆点的程序代码，是程序的断点

图 12.13

设置好断点后，要用特别的方法来执行程序。请单击 ICON A 的图标来执行程序。

这个图标除了在工具栏上，还可以在菜单 Build/Start Debug/GO 中找到它。用这个图标来执行程序，执行到断点就会暂停，并且回到 Visual Fortran 的使用接口中（如图 12.14 所示）。

在调试格式下执行程序，遇到断点会让程序暂停，回到 Visual Fortran 使用接口

图 12.14

程序暂停时，在中断的位置有一个黄色箭头符号。用户可以在这个时候，利用右下角的 Watch 窗口来观察变量内容，只要把想查看的变量名称输入到 Watch 窗口里面就行了（如图

12.15 所示）。

除了检查变量内容之外，甚至还可以更改变量的内容。用户可以在 Value 文本框中输入新的数值，变量会马上被改变成新的数值（如图 12.16 所示）。

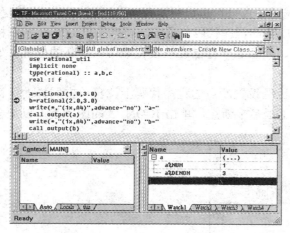

右下角的 Watch 窗口可以用来检查变量内容

图 12.15

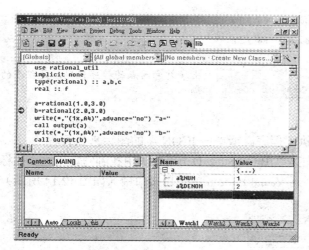

a%DENOM 的值应该是 3，在这里经过调试工具把它改成 2

图 12.16

如果没有打算查看变量，程序暂停时还有几种选择：

（1）单击 GO 的图标，让程序继续执行到下一个断点。

（2）一行一行地执行程序，程序执行一行后就马上暂停。

STEP INTO 图标，它可以一行一行执行程序，遇到函数调用时会深入到函数中

STEP OVER 图标，它可以一行一行执行程序，遇到函数调用时不会深入到函数中，直接把函数执行完

（3）单击 STOP 图标来结束调试。

STOP 图标，单击它可以终止调试

编译器的高级使用

这几个图标，在进入调试格式后应该都会自行出现。进入调试格式后会出现下面这些图标来使用（如图 12.17 所示）。

调试格式的工具

图 12.17

本节所介绍的功能，在一般使用上应该就足够了。其他图标的功能，读者只要自行试用一下就会了解。有一些功能在编写 Fortran 程序时应该是用不到的，例如观察程序代码的汇编语言、观察 CPU 缓存器内容、观察内存内容等等的功能。Debug 工具中，只有两个图标的功能需要再做介绍：

STEP OUT 图标，当程序的中断位置停留在某个函数中，它会直接执行完这个函数，让程序返回并且在调用处暂停

GOTO CURSOR 图标，它可以视为暂时的断点。当程序中断时，把光标移到程序代码另一个地方，使用 GOTO CURSOR 可以让程序继续执行到光标位置，并在这个地方暂停

12-3-2 链接库的调试

链接库中的程序代码只能被动地让别人调用，不能自己主动执行。不过链接库仍然可以拿来调试，只要赋值好是哪一个执行文件会使用链接库就行了。静态链接库跟动态链接库的调试方法是一样的。

进行调试前，请先确定执行文件和链接库都是使用 Debug 格式来编译。在这里以 UseDLL 和 TestDLL 这两个 Project 来做说明。读者请先打开 UseDLL 这个 Project，在函数 SUB 里面设置断点。

同样要单击 GO 图标来进行调试，不过单击 GO 图标后，会出现一个对话框来要求赋值执行文件的位置（如图 12.18 和 12.19 所示）。

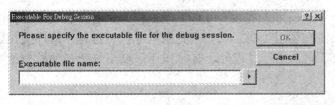

必须在这个对话框中赋值执行文件的位置

图 12.18

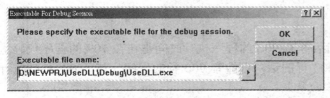

请把文件设置成 UseDLL.EXE，读者使用的路径应该会不太相同，请找出读者计算机中 UseDLL.EXE 的文件位置

图 12.19

赋值好执行文件位置后，当程序调用函数 SUB 时，就会停留在断点。接着同样可以使用上一个小节中所介绍的方法来进行调试。

对链接库调试时，在修改过程序代码后有两点要注意。如果是使用静态链接，那调试用的执行文件要重新编译一次，不然执行文件中还是会使用没有修改过的机器码来执行程序。如果是使用动态链接，那要确认执行文件会使用新的 DLL 文件，而不会使用到旧的版本。

12-3-3 手工调试

手工调试是指不使用编译器所提供的调试功能，直接在程序代码中输出一些额外信息来进行调试。例如加入一些程序代码来显示变量内容，在进入循环或是调用函数前输出一些字符串，说明程序要进入另一个模块。

手工调试也是经常会使用的方法，因为有的时候很可能会出现 Debug 格式跟 Release 格式所编译的程序，执行起来会有不同的结果。这个时候请先不要怀疑是编译器的问题，通常在使用 Release 格式时，才会浮现出程序代码中隐含的错误。

遇到这种问题时，因为没有办法使用 Debug 格式来调试，那就只好加入一些额外的程序代码，在文件中或是屏幕上输出一些调试信息。例如有可能程序在使用 Release 格式后，执行到一半就会死机。这时候可以试着在程序代码中输出下面的信息。

```
……
open(10,file="log.txt",status="replace")
……
write(10,*)"call sub1"
call sub1()
write(10,*)"call sub2"
call sub2()
write(10,*)"call sub3"
call sub3()
……
```

如果程序执行到调用 sub2 时死机，死机后把文件 LOG.TXT 打开来看，会发现文件中的最后一行字符串是 call sub2。如果没有使用 LOG.TXT 来记录程序执行过程，程序员可能永远都不会知道问题是出在哪里。除了记录执行过程外，有时候还需要记录变量的数值改变情况才能调试。

12-4 优 化

在信息界广泛流传这样的一句话："有 90%的程序执行时间是花在 10%的程序代码里"。换句话说，假如程序代码总共有 1000 行的话，可能有 900 行的程序只花了 0.1 秒就执行完，但是却有 100 行程序会花掉 0.9 秒来执行。

编译器中已经提供工具可以分析程序代码执行时所消耗的时间，程序员可以根据分析数据来针对某些程序代码做加速处理。

同样功能的程序代码，通常都有好几种不同编写方法，程序员有责任找出执行效率最好的方法来编写程序。

12-4-1 执行时间分析——Profile

Profile 工具可以用来分析程序执行时的程序代码使用情况。在这里使用第 8 章的实例程序 GDEMO3.F90 来做范例。

要进行 Profile 分析之前，必须打开编译器的 Profile 功能。请选择 Project/Setting 选项，在出现的对话框中使用 Link 选项卡，选择 Enable profiling 选项（如图 12.20 所示）。

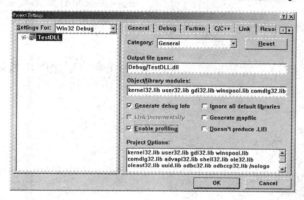

选择 Enable profiling 选项

图 12.20

改变设置后，要重新编译程序。重新编译的程序可以在 Profile 格式下执行，选择 Build/Profile 会出现一个对话框（如图 12.21 和 12.22 所示）。

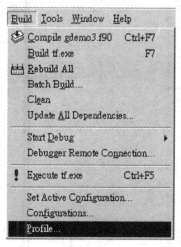

选择 Build/Profile

图 12.21

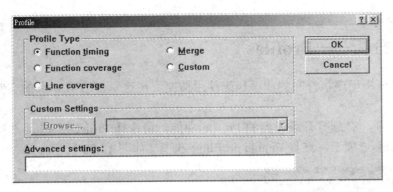

选择要使用什么格式来对
程序做 Profile

图 12.22

请选择 Function timing 格式，单击"OK"按钮后会用 Profile 格式来执行程序，最后会输出分析的结果，下面是部分节录：

```
Profile: Function timing, sorted by time
Date:     Thu Aug 30 14:24:01 2001


Program Statistics
------------------
    Command line at 2001 Aug 30 14:24: "D:\NEWPRJ\TF\Debug\tf"
    Total time: 33.904 millisecond
    Time outside of functions: 16.281 millisecond
    ......
    ......

Module Statistics for tf.exe
----------------------------
    Time in module: 17.623 millisecond
    Percent of time in module: 100.0%
    Functions in module: 379
    Hits in module: 5110
    Module function coverage: 17.4%

        Func          Func+Child       Hit
        Time    %     Time      %      Count  Function
---------------------------------------------------------------
        4.588  26.0   4.588    26.0     24   _for__write_output
(for_put.obj)
        2.890  16.4   8.189    46.5     24   _for_write_seq_fmt_xmit
(for_wseq_fmt.obj)
```

2.116	12.0	4.764	27.0	2	_for_rtl_init_(for_init.obj)
1.545	8.8	1.545	8.8	26	_for__desc_ret_item (for_desc_item.obj)
1.250	7.1	1.250	7.1	37	_for__get_vm(for_vm.obj)
1.186	6.7	1.198	6.8	1	_for__close_proc (for_close_proc.obj)
1.147	6.5	1.147	6.5	1	_for_check_env_name (for_io_util.obj)
0.521	3.0	0.528	3.0	1681	_for__format_value (for_fmt_val.obj)
0.301	1.7	0.625	3.5	3	_TEXTGRAPHLIB_mp_DRAWCIRCLE@16 (textgraphlib.obj)
0.289	1.6	0.289	1.6	1042	_kill_resource (for_reentrancy.obj)
0.246	1.4	0.246	1.4	1042	_init_resource (for_reentrancy.obj)
……					
……					

分析结果会说明程序执行时，每个函数所使用的时间。读者也许会觉得很奇怪，表格中大部分的函数都不在程序代码中，而且名字都很奇怪。这些函数是编译器实现一些 Fortran 命令时会实际执行的函数，例如在程序代码中使用 WRITE 时，实际上会调用_for_write_output 等等的函数。

做 Profile 分析时，只要留意自己编写的函数就行了。这个表格中主要有 3 个信息：

（1）Func time

只计算每个函数程序代码的执行时间，不包含另外调用其他函数所花的时间。

（2）Func+Child time

计算这个函数的全部执行时间，包含在这个函数中另外调用其他函数所执行的时间。

（3）Hit Count

计算函数被调用的次数。

从分析的结果，可以找出一些常常会被调用的函数、或是比较花时间的函数，针对这几个函数来修改、加速，整个程序的执行效率就会提高。

再介绍一下另外两种 Profile 格式。

（1）Function Coverage

分析有哪些函数在执行时会被调用。分析结果会显示程序中的所有函数，已经被调用到的函数名称最前面会加上星号。

（2）Line Coverage

分析有哪几行程序会真正被执行。分析结果会显示所有的程序代码，已经执行到的程序代码最前面会加上星号。

12-4-2　程序代码优化

要如何写程序来解决问题，一向没有标准答案。解决同样的问题，可以编写出好几种不同的程序。程序的好坏通常取决在两个方面：

（1）执行速度。

（2）内存使用量。

这个小节会强调执行速度的问题，介绍如何让程序代码拥有更好的执行效率，也就是所谓的程序优化。程序代码优化处理，大致上有下面几个方向。

（1）使用好的算法。

算法是指用来解决某个问题的特定程序方法。以数据排序为例子，前面已经介绍过选择排序法（Selection Sort），一般说来它并不算是个好方法，在排序问题中有一个称为快速排序法（Quick Sort）的算法，在一般情况下执行效率最高。

再以计算等差数列的和来说，要计算 1+2+3+...+n 的值，用循环来累加跟使用梯形公式比较起来，当然是使用梯形公式比较快。用梯形公式（n+1)*n/2 来计算时，不管 n 值是多少，固定只需要使用 1 个加法、1 个乘法跟 1 个除法就可以得到答案。用循环来累加时则要做 n-1 次加法才会得到结果。

（2）避免重复的计算。

做计算时经常会重复使用某一个计算结果。这个时候就应该把这个计算结果事先保存起来，再让其他算式使用。例如要计算 $Ax^2+Bx+C=0$ 的 x 值，如果直接根据下面的公式来计算：

$$X_1 = \frac{-B+\sqrt{B^2-4AC}}{2A} \quad X_2 = \frac{-B-\sqrt{B^2-4AC}}{2A}$$

写成程序代码是下面的形式：

```
x1=(-B+SQRT(B*B-4*A*C))/(2.0*A)
x2=(-B-SQRT(B*B-4*A*C))/(2.0*A)
```

用这个写法，2*A 跟 SQRT(B**2-4*A*C) 会重复计算两次。比较好的方法应该是先把 2*A 跟 SQRT(B**2-4*A*C) 的值先计算出来，再计算 x1、x2 的值。

```
SQRT_D=SQRT(B*B-4*A*C)
A_2=2.0*A
x1=(-B+SQRT_D)/A_2
x2=(-B-SQRT_D)/A_2
```

在循环中很容易会不自觉地出现重复计算，循环里的计算式，如果没有必要写在循环中，就应该把它移到循环外面。

```
do I=1,10
  a(I)=real(I)/(b+c)
end do
```

上面的循环中，b+c 的值没有必要在循环里面计算，因为不管 I 值是多少，b+c 的值都不会改变，没有必要在循环中算 10 次，应该把它移到循环外面来做。

```
d=b+c ! 把 b+c 的结果记录在变量 d 中
```

```
   do I=1,10
     a(I)=real(I)/d  ! 使用 d 来代替 b+c
   end do
```

(3) 表达式的选择。

数学算式中，使用不同的式子可以得到同样的结果，下面是几个例子。

```
2*A=A+A
A**2=A*A
X**2+2*X+3 = ((X+2)*X)+3
```

这 3 个例子中，等号右边的写法都会比等号左边的写法来得快速。计算机运算时，做加减法会比做乘除法快，乘法又会比乘幂快。所以计算 2A 时，用 A+A 会比用 2*A 来得快；同理计算 A*A 会比计算 A**2 快。至于第 3 个式子，左边的方法会使用 1 个乘幂、1 个乘法、2 个加法；右边的方法则会使用 1 个乘法跟 2 个加法，很明显的是右边的方法会比较快。

(4) 整数与浮点数的选择。

计算机的整数运算比浮点数运算快，能够使用整数时，就应该尽量多使用整数。

```
I=1+1
F=1.0+1.0
```

第 1 个式子会比较快，因为第 2 个式子是使用浮点数来做计算。在混合使用整数和浮点数的算式中，应该要尽量把整数集合在一起。

```
INTEGER A,B
REAL C,D,E
……
……
E=(REAL(A)/C)*(REAL(B)/D)
E=REAL(A*B)/(C*D)
```

上面的程序代码中，第 2 种方法会比较快，它会用整数方法来计算 A*B、C*D。第 1 种方法会做 2 个浮点数除法和 1 个浮点数乘法；第 2 种方法会做 2 个整数乘法和 1 个浮点数除法。

使用浮点数时，如果需要较高的精度，可以放心使用双精度浮点数。在 PC 上双精度浮点数跟单精度浮点数的计算速度是相同的，差别的地方是在它们的内存使用量。

(5) 访问速度。

不同的变量类型，在使用时会有不同的访问速度。例如声明成 PARAMETER 的常量变量，使用时会比一般变量快。因为使用常量时不需要再到内存中取出数据，数字可以直接写在程序代码中。使用常量来做计算时，在编译过程中就会计算完毕，不需要在执行过程中计算。

```
A=B/2.0
A=B/C
```

假设 C=2.0，上面这两行程序代码执行结果相同。第 1 个做法比较快，因为它的被除数是常量，程序执行时读取常量的速度比读取变量的速度快。声明成 PARAMETER 的变量也算是常量。

```
A=2+3*4
```

```
        A=b+c*d ! 假设 b=2, c=3, d=4
```

第 1 种做法比较快，编译成机器码后，它会直接执行 A=14。因为第 1 行算式中的数字都是常量，在编译时就可以算出结果，不需要等到执行时再做计算。第 2 种做法必须等到执行时才能计算，因为算式中的数字都保存在变量中。

除了常量和变量之间的差别之外，使用数组也会有差别。一般说来，数组的访问速度比变量慢，而且越高维的数组访问速度越慢。因为使用数组时，要先计算出坐标在数组中的内存位置，越高维的数组需要计算的式子会越长。

```
        B=A(i)+A(j)
        B=E+F ! 假设 E=A(i), F=A(j)
```

上面这两种方法，第 2 种写法比较快，因为第 1 种写法需要读取数组。

```
        B=A(i)
        B=AA(i,j)
```

第 1 个写法比较快，因为使用一维数组比使用二维数组快。

使用指针也会比使用变量慢上一点点，因为使用指针要经过两个步骤，先取出指针所保存的内存地址，再去使用这个内存。直接使用变量时不需要第 1 个操作，使用变量时马上就可以知道它使用哪一块内存。

（6）利用 cache。

程序执行时，如果能尽量避免跳转式使用内存，会得到比较好的执行效率。原因在第 7 章已经解释过，是由于 cache 的缘故。程序进行时，在相邻的程序代码中，如果能使用内存地址相邻的变量，比较可能会在 cache 中找到所需要的数据，不需要去比较慢的主存储器读取数据。使用数组时最需要注意这一点。

```
        DO I=1,N1
          DO J=1,N2
            DO K=1,N3
              S=S+A(I,J,K)! 不好的写法
            END DO
          END DO
        END DO

        DO I=1,N1
          DO J=1,N2
            DO K=1,N3
              S=S+A(K,J,I)! 比较好的写法
            END DO
          END DO
        END DO
```

上面这两段循环，第 2 种写法会比较好，因为它会依照内存的排列顺序来使用数组；第 1 种方法则会跳转式地在内存中访问。

（7）减少程序代码的跳转、转向。

使用流程控制命令 IF、SELECT CASE、及 DO 循环、调用函数时，都会导致程序执行

编译器的高级使用

做出跳转和转向的操作。执行程序跟开车一样，在笔直的路上开车是最快的，遇到转弯甚至要回转时就需要减速。执行程序时也是相同的，照顺序直线执行的程序会比较快。

```fortran
if(a > 20)then  ! 比较好的写法
  ......
else if(a > 10)
  ......
else
  ......
end if


! 比较不好的写法
if(a>20)then
  ......
end if
if(a>10 .and. a<=20)then
  ......
end if
if(a<=10)then
  ......
end if
```

这两段程序代码效果相同，不过第 1 种写法比较好。第 2 种写法固定要做 3 次 if 判断。第 1 种写法则不一定会做几次 if 判断，不过最多只会做 2 次。

```fortran
do I=1,N
  read(10, *)A(I)
end do
do I=1,N
  S = S*A(I)
end do


do I=1,N  ! 把上面两个循环合并起来
  read(10, *)A(I)
  S = S*A(I)
end do
```

上面这两个循环，第 2 种写法比较好。第 1 种写法会执行两个 N 次循环，程序代码会跳转 2N 次。不过这两个循环其实可以合并在一起，第 2 种写法只会跳转 N 次。

```fortran
do I=2,N
  a(I)= a(I-1)*2
end do


do I=2,N,2
```

```
        a(I)=a(I-1)*2
        a(I+1)=a(I)*2
    end do
```

上面这两段程序,第 1 段程序的循环会跑 N 次,第 2 段程序的循环会跑 N/2 次。第 2 种方法执行效率会比较好,因为它的程序代码跳转次数较少。

上面介绍了几个程序优化的策略,使用这些策略时不需要矫枉过正。例如虽然计算加法比计算乘法快,但也没有必要把 A*5 改用 A+A+A+A+A 来做。计算 4 个加法跟计算 1 个乘法比较起来,应该是计算 4 个加法会比较慢。也不要因为常量的访问比较快速,就不使用变量,甚至不使用数组。更不需要为了避免跳转就不使用流程控制。

程序代码中不可避免地一定会需要使用数组或是流程控制,该用的时候还是要去用。只要在使用数组时能尽量配合内存的排列顺序,使用流程控制时能够使用比较有效率的方法来编写就行了。

编写程序时,不需要把每个部分都做优化处理。如果某个函数只会调用一次,那就可以不太在意它的执行效率。前面已经提过,通常最花时间的程序代码大概都只会集中在少部分程序中。一般说来,只要把循环中的程序代码,跟经常会被调用使用的函数做优化处理,整个程序就可以有不错的执行效率。

12-5 与其他语言链接

所有的程序语言最后都会转换成汇编语言,也就是说到头来,它们都使用相同的语言。基于这一点,要混合使用不同的高级语言是可以做到的,因为事实上经过编译后,它们都是使用汇编语言来互相通信。

在 Windows 操作系统下,有很多种方法可以让 Fortran 跟其他程序语言混合使用,在这里只介绍最单纯的方法。

12-5-1 Fortran 调用 C

这一节中 Fortran 与 C 语言链接的实例,需要同时安装 Visual Fortran 及 Visual C++才能使用。使用相同版本的 Visual Fortran 跟 Visual C++会比较方便,不同版本的 VF 跟 VC 应该也是可以互相链接,不过需要使用命令行命令来操作,在这里就不做介绍。VF 6.X 跟 VC 6.X 可以视为同一个版本,它们可以在 MS Developer Studio 窗口环境下面互相链接,只要版本号码的第 1 个数字相同就可以视为同样的版本。

有两种方法可以在 Fortran 程序中调用 C 语言程序代码。第 1 种方法是在 Fortran 中动手脚,让 Fortran 有办法认得 C 语言的函数。第 2 种方法是在 C 语言中动手脚,让 C 语言的函数可以直接被 Fortran 使用。先介绍第 1 种方法。

EX1202F.F90

```
1. module cprog
2.  interface
```

```
3.    subroutine SUBA(a)
4.    !DEC$ ATTRIBUTES C, ALIAS:'_sub1' :: SUBA
5.    integer :: a
6.    !DEC$ ATTRIBUTES REFERENCE :: a
7.    end subroutine
8.    subroutine SUBB(a)
9.    !DEC$ ATTRIBUTES C, ALIAS:'_sub2' :: SUBB
10.   integer :: a
11.   !DEC$ ATTRIBUTES VALUE :: a
12.   end subroutine
13.  end interface
14.end module cprog
15.
16.program main
17.  use cprog
18.  implicit none
19.  integer :: a=10
20.
21.  call SUBA(a)
22.  call SUBB(a)
23.
24.  stop
25.end program
```

EX1202C.CPP

```
1.#include <stdio.h>
2.
3.#ifdef __cplusplus
4.extern "C" {
5.#endif
6.
7.void sub1(int *num)
8.{
9.    printf("%d\n",*num);
10.}
11.
12.void sub2(int num)
13.{
14.    printf("%d\n",num);
15.}
```

```
16.
17.#ifdef __cplusplus
18.}
19.#endif
```

这个程序用两个文件来编写，编译时要把这两个文件都加入 Project 中。Fortran 文件会自动使用 Visual Fortran 来编译，C 语言文件会自动使用 Visual C++来编译。

在实例程序中，虽然 C 语言的部分是编写在*.CPP 文件，不过程序代码的两个函数都是使用 C 语言的方法来编写，而不是使用 C++的方法。extern "C"是用来赋值在 C++程序代码中编写 C 语言程序。使用 C++跟 C 的差别在于函数名称的处理方法，C++的函数名称经过编译后，在函数名称后面会加上一些额外字符串，用来说明参数的类型。C 语言中的函数名称经过编译之后，只会在函数前面加上底线。下面的 C 语言函数在编译之后，会变成_sub。

```
void sub(int a)！编译过后名称会成变成_sub
{
  ......
}
```

Fortran 中要调用 C 的函数会比较简单，调用 C++的函数会很麻烦，在这里不做介绍。

Fortran 函数经过编译后，函数名称会固定是大写，前面加上底线，后面还会补上传递参数时的内存使用量。下面的 Fortran 函数，编译后的名字会变成_SUB@8，因为 Fortran 传递参数是传递地址，传递两个内存地址在目前的 32 位计算机要使用 8 bytes。

```
subroutine sub(a,b)！编译后变成_SUB@8
  integer :: a,b
  ......
end subroutine
```

要让 Fortran 看见 C 语言的函数，第一种方法是在 Fortran 中编写 INTERFACE，说明这些函数是 C 语言的函数，第 2～13 行的 INTERFACE 就是用来作这个说明。程序中第 4、6、9、11 行并不是注释，它是用来给 Visual Fortran 编译器读取的特别信息。

```
2.   interface
3.     subroutine SUBA(a)
4.     !DEC$ ATTRIBUTES C, ALIAS:'_sub1' :: SUBA
5.     integer :: a
6.     !DEC$ ATTRIBUTES REFERENCE :: a
7.     end subroutine
8.     subroutine SUBB(a)
9.     !DEC$ ATTRIBUTES C, ALIAS:'_sub2' :: SUBB
10.    integer :: a
11.    !DEC$ ATTRIBUTES VALUE :: a
12.    end subroutine
13.  end interface
```

使用 Visual Fortran 时，批注中最前面 3 个字符为 DEC$的字符串，会用来跟编译器通信。第 4 行的 ATTRIBUTES C 用来说明这个函数是用 C 语言编写的函数，"ALIAS：'_sub1'"是用来赋值要使用的是编译过的哪一个 C 函数。最后的 SUBA 是指在 Fortran 中用来调用这个 C 语言函数所使用的名字，这个名字可以重取，不一定要跟原来 C 语言的函数名称相同。

   4. !DEC$ ATTRIBUTES C, ALIAS:'_sub1' :: SUBA

     !说明它是 C 的函数，编译后名称为_sub1，在 Fortran 中用 SUBA 来称呼

  第 6 行是用来说明传递参数的方法，ATTRIBUTES REFERENCE 代表传递参数时传递的是参数的地址，因为 C 语言的函数 sub1 接收的参数是指针。第 11 行的 ATTRIBUTES VALUE 则会赋值参数 a 传递的是它的数值，读者可以发现 sub2 接收的参数类型是 int 整数，而不是指针。函数经过 ATTRIBUTES C 的设置之后，默认的参数传递方法为传递数值，所以程序第 11 行的 ATTRIBUTES VALUE 设置是可以省略的。

  调用函数时，从 Fortran 中传递一个整数或浮点数变量到 C 语言中很容易，只要两边类型一致就可以，传递字符串、复数、自定义类型时就需要特别注意。Fortran 处理字符串的方法和 C 语言有点不同，C 语言的字符串必须用 0 来做结束符号，所以字符串的实际使用内存数量是字符串长度再加上 1。Fortran 则没有这个规定，它的字符串不会使用结束符号。另外在 C 语言中没有复数，所以传递复数时，C 语言会接收到两个浮点数。Fortran 的 TYPE 跟 C 语言的 struct 很类似，使用自定义类型传递的参数，在 C 语言中要使用 struct 来接收。

EX1203F.F90

```
1.module typedef
2.  implicit none
3.  type person
4.    sequence ! 强迫自定义类型中的变量会依顺序在内存中排列
5.    integer age
6.    real    weight, height
7.  end type
8.end module
9.
10.module cprog
11.  interface
12.    subroutine SUBA(str)
13.    !DEC$ ATTRIBUTES C, ALIAS:'_sub1' :: SUBA
14.      character(len=*):: str
15.    !DEC$ ATTRIBUTES REFERENCE :: str
16.    end subroutine
17.    subroutine SUBB(c)
18.    !DEC$ ATTRIBUTES C, ALIAS:'_sub2' :: SUBB
19.      complex :: c
20.    !DEC$ ATTRIBUTES VALUE :: c
21.    end subroutine
22.    subroutine SUBC(p)
23.      use typedef
```

```fortran
24.      !DEC$ ATTRIBUTES C, ALIAS:'_sub3' :: SUBC
25.      type(person):: p
26.    end subroutine
27.  end interface
28.end module cprog
29.
30.program main
31.  use typedef
32.  use cprog
33.  implicit none
34.  character(len=20):: str="Fortran 95"C  ! 在字符串最后补上 0
35.  complex :: c=(1.0,2.0)
36.  type(person):: p=person(20, 70, 180)
37.
38.  call SUBA(str)
39.  call SUBB(c)
40.  call SUBC(p)
41.
42.  stop
43.end program
```

EX1203C.CPP

```cpp
1.#include <stdio.h>
2.
3.#ifdef __cplusplus
4.extern "C" {
5.#endif
6.
7.void sub1(char *num)
8.{
9.    printf("%s\n",num);
10.}
11.
12.void sub2(float r, float i)
13.{
14.    printf("%5.2f, %5.2f\n",r, i);
15.}
16.
17.typedef struct _person
18.{
```

```
19.    int     age;
20.    float weight, height;
21. } person;
22.
23. void sub3(person p)
24. {
25.     printf("age:%d weight:%5.2f height:%5.2f\n",
26.             p.age, p.weight, p.height);
27. }
28.
29. #ifdef __cplusplus
30. }
31. #endif
```

请特别注意 Fortran 程序的第 34 行，它在设置字符串时，字符串后面还补上了 0。这是 Visual Fortran 的扩充语法，指这个字符串要跟 C 语言的字符串一样，在字符串最后补上 0 来作为结束符号。

```
34.   character(len=20):: str="Fortran 95"C  ! 在字符串最后补上 0
```

如果不使用 Visual Fortran 的扩充语法，用标准 Fortran 语法来做的话，会变成下面的样子：

```
str="Fortran 95"
len=len_trim(str) ! 获得字符串实际内容长度
str(len+1:len+1)= char(0) ! 在字符串最后再补上 0
```

传递字符串给 C 语言时，参数的传递方法必须赋值使用 ATTRIBUTES REFERENCE，不然 Fortran 中只会把字符串的第一个字符传递出去。所以程序第 15 行的设置不能省略。

```
14.    character(len=*):: str
15.    !DEC$ ATTRIBUTES REFERENCE :: str
```

C 语言的函数区分子程序跟函数，在 C 语言中只有函数，不过它的函数可以选择是否要返回数值。不返回数值的函数，对 Fortran 来说就等于是子程序。

C 语言的数组在内存中的排列方法正好跟 Fortran 相反，而且 C 语言的数组坐标是固定从 0 开始使用。不像 Fortran 默认从 1 开始使用，而且还可以更改。

EX1204F.F90

```
1. module cprog
2.   interface
3.     integer function FUNC(a)
4.     !DEC$ ATTRIBUTES C, ALIAS:'_func' :: FUNC
5.     integer a(2,2)
6.     end function
7.   end interface
8. end module cprog
```

```
 9.
10.program main
11.  use cprog
12.  implicit none
13.  integer :: a(2,2)=(/ 1,2,3,4 /)
14.  integer sum
15.
16.  sum = FUNC(a)
17.  write(*,*)sum
18.
19.  stop
20.end program
```

EX1204C.CPP

```
 1.#include <stdio.h>
 2.
 3.#ifdef __cplusplus
 4.extern "C" {
 5.#endif
 6.
 7.int func(int num[2][2])
 8.{
 9.  int i,j;
10.  int s=0;
11.  for(i=0; i<2; i++)
12.  {
13.    for(j=0; j<2; j++)
14.    {
15.      s+=num[i][j];
16.    }
17.  }
18.  return s;
19.}
20.
21.#ifdef __cplusplus
22.}
23.#endif
```

这个程序示例了传递数组和使用函数的方法，在 Fortran 和 C 语言中，传递数组都是传递数组的使用地址，所以在这里可以不必加上 ATTRIBUTES REFERENCE 的设置。

编译器的高级使用

Fortran 跟 C 语言混合用时,在编译过程中有时候会出现类似下面的问题:

```
dfor.lib(matherr.obj):  error LNK2005: __matherr already defined in
LIBCD.lib(matherr.obj)
LINK : warning LNK4098: defaultlib "libc.lib" conflicts with use of other libs;
use /NODEFAULTLIB:library
Debug/tf.exe : fatal error LNK1169: one or more multiply defined symbols found
Error executing link.exe.
```

这是在编译过程进行链接时,在 Fortran 和 C 的库存函数库中发现相同的函数名称,导致编译器不知道要如何做链接。

有一个生硬的解决方法可以忽略这个信息,选择 Project/Settings 选项,在对话框的 Link 标签下的 Project Options 文本框中加入"/force"的设置(如图 12.23 所示)。

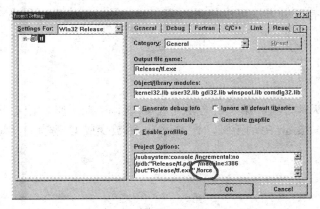

加入 /force 设置后,编译器不会去理会在库存链接库中发现两个相同函数

图 12.23

不过最好先确认 Visual Fortran 和 Visual C++ 是使用相同格式的 run time library,才使用这个方法来解决。通常 VF 跟 VC 的默认 run time library 格式是相同的。选择 Project/Settings 选项,在下面的对话框可以选择 run time library(如图 12.24 和 12.25 所示)。

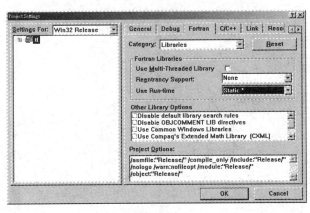

在这个对话框可以选择 Visual Fortran 的 run time library

图 12.24

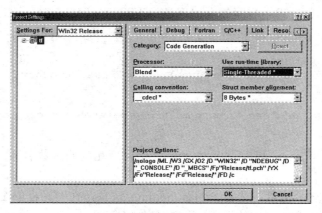
在这个对话框，可以选择 Visual C++的 run time library

图 12.25

前面介绍过用 Fortran 来调用 C 有两种方法可以使用。第 2 种方法等看完下一个小节的说明后再来介绍会比较简单。

12-5-2　C 调用 Fortran

从 C 语言中调用 Fortran 程序有两种方法，第 1 种方法是在 C 语言中动手脚，让 C 语言认得 Fortran 函数。第 2 种方法是在 Fortran 中动手脚，让 Fortran 函数变成 C 语言直接就可以使用的函数。先示例第一种方法。

EX1205C.CPP

```
1.#include <stdio.h>
2.
3.#ifdef __cplusplus
4.extern "C" {
5.#endif
6.
7.void _stdcall SUB(int *a);
8.
9.#ifdef __cplusplus
10.}
11.#endif
12.
13.void main(void)
14.{
15.    int a=10;
16.    SUB(&a);
17.}
```

EX1205F.F90

```
1.subroutine sub(a)
2.  implicit none
3.  integer :: a
4.  write(*,*)a
5.  return
6.end  subroutine
```

Fortran 的函数名称，在编译后都会变成大写字母。C 语言会区分大小写，所以在这里调用 Fortran 函数时，都要使用大写名称。C 语言中的第 7 行声明是用来让 C 语言可以认识 Fortran 函数。

```
7.void _stdcall SUB(int *a);
```

这一行的"_stdcall"是用来赋值调用函数时，函数之间要使用"_stdcall"的方法来通信。在 Visual C++中，C 语言的默认通信方法是使用"_cdecl"。为了要调用 Fortran 函数，必须使用 Fortran 的方法来做通信，在 Visual Fortran 中是使用"_stdcall"的方法来做通信。

第 4 行的 extern "C" 是用来说明这个函数不是用 C++编写出来的，这个函数名称在编译过后，不会加上参数信息。

Fortran 语言在传递参数时，默认是传递变量的内存地址，所以在 C 语言中第 16 行调用函数 SUB 时，要输入变量地址。

```
16.    SUB(&a);     //输入变量 a 的地址
```

从 C 语言中传递参数到 Fortran 中，要注意不能直接传递变量，要传递变量的地址。传递字符串是比较特别的情况，Fortran 在传递字符串时，实际上会传递字符串的内容和长度。在 C 语言中传递字符串给 Fortran 时，要把字符串内容和长度分成两条数据传递过去。

EX1206C.CPP

```
1.#include <stdio.h>
2.#include <string.h>
3.
4.typedef struct _person
5.{
6.   int   age;
7.   float weight, height;
8.} person;
9.
10.#ifdef __cplusplus
11.extern "C" {
12.#endif
13.
14.void _stdcall GETSTRING(char *a, int len);
```

```
15.void _stdcall GETPERSON(person *p);
16.
17.#ifdef __cplusplus
18.}
19.#endif
20.
21.void main(void)
22.{
23.    char str[] = "Hello";
24.    person p = { 20, 70.0f, 170.0f };
25.
26.    GETSTRING(str, strlen(str));
27.    GETPERSON(&p);
28.}
```

EX1206F.F90

```
 1.subroutine getstring(a)
 2.  implicit none
 3.  character(len=*):: a
 4.  write(*,*)a
 5.  return
 6.end subroutine
 7.
 8.module typedef
 9.  implicit none
10.  type person
11.    sequence
12.     integer age
13.     real    weight, height
14.  end type
15.end module
16.
17.subroutine getperson(p)
18.  use typedef
19.  implicit none
20.  type(person):: p
21.  write(*,"('age:',I3,' weight:',F5.1,' height:',F5.1)")p
22.  return
23.end subroutine
```

编译器的高级使用

这个程序示例了传递字符串及自定义类型变量的方法，请注意在传递字符串时，C 语言中要送出字符串内容跟字符串长度这两条数据，虽然在 Fortran 中看到的只是一个 CHARACTER 类型的参数。传递字符串长度的整数不需要取出它的地址，在这里 Fortran 可以直接读取数值内容。

前两个实例中，都没有在 Fortran 程序中动手脚，原封不动地把 Fortran 程序代码拿来使用。接下来要介绍第 2 种方法，需要在 Fortran 程序中动一些手脚。

EX1207C.CPP

```
1. #include <stdio.h>
2. #include <string.h>
3.
4. typedef struct _person
5. {
6.     int   age;
7.     float weight, height;
8. } person;
9.
10. #ifdef __cplusplus
11. extern "C" {
12. #endif
13.
14. void getinteger(int num);
15. void getstring(char *a, int len);
16. void getperson(person p);
17.
18. #ifdef __cplusplus
19. }
20. #endif
21.
22. void main(void)
23. {
24.     char str[] = "Hello";
25.     person p = { 20, 70.0f, 170.0f };
26.
27.     getinteger(3);
28.     getstring(str, strlen(str));
29.     getperson(p);
30. }
```

EX1207F.F90

```
1.subroutine getinteger(num)
 2.!DEC$ ATTRIBUTES C, ALIAS:'_getinteger':: getinteger
 3.  implicit none
 4.  integer num
 5.  write(*,*)num
 6.  return
 7.end subroutine
 8.
 9.subroutine getstring(string, len)
10.!DEC$ ATTRIBUTES C, ALIAS:'_getstring':: getstring
11.  implicit none
12.  integer :: len
13.  character*(len):: string
14.!DEC$ ATTRIBUTES REFERENCE :: string
15.  write(*,*)string
16.  return
17.end subroutine
18.
19.module typedef
20.  implicit none
21.  type person
22.  sequence
23.     integer age
24.     real   weight, height
25.  end type
26.end module
27.
28.subroutine getperson(p)
29.!DEC$ ATTRIBUTES C, ALIAS:'_getperson':: getperson
30.  use typedef
31.  implicit none
32.  type(person):: p
33.  write(*,"('age:',I3,' weight:',F5.1,'height:',F5.1)")p
34.  return
35.end subroutine
```

这个程序跟上一个实例很类似,不过这个程序在 C 语言里看起来比较正常一点,不需要再把 Fortran 函数名称用大写英文本母来做声明,也不需要在 Fortran 函数前面再加上

编译器的高级使用

"_stdcall"。这个实例程序中,会让 Visual Fortran 把 Fortran 函数使用 Visual C++的规则来处理。

  2.!DEC$ ATTRIBUTES C, ALIAS:'_getinteger' :: getinteger

Fortran 程序第 2 行的 ATTRIBUTES C,会设置 Visual Fortran 在编译 getinteger 函数时,使用 C 语法的规则来处理。所以函数 getinteger 的通信方法会和 C 语言一样使用"_cdecl",不使用 Visual Fortran 默认的"_stdcall"。传递参数时传递的是数值,而不是地址。

第 2 行的 ALIAS:'_getinteger',会赋值 Fortran 函数编译后的名称,取名为"_getinteger"会比较接近 C 语言的命名方法。

这个实例程序中,C 语言调用 Fortran 函数时,不需要传递变量地址,不过函数 getstring 是特殊的情况。在 C 语言中并没有字符串类型,C 语言的字符串是使用字符数组来代替,所以传递字符串事实上是传递数组。C 语言中传递数组时是传递数组的地址,所以 getstring 函数中要特别赋值 string 参数是使用 call by reference 的方法。在这里一定要输入字符串长度,C 语言的字符串中没有长度的信息,而 Fortran 的字符串类型必须要知道这个信息。

  14.!DEC$ ATTRIBUTES REFERENCE :: string

如果选择在 Fortran 中动手脚,C 语言这里看起来会比较正常。不过有一个缺点,那就是 Fortran 程序可能会执行出错误的结果。因为原来 Fortran 函数中的参数默认是使用 call by reference 的方法来传递,所以在函数中可以改变输入参数的值。如果把函数变成使用 call by value 的方法来传递参数,变量在函数中就没有办法返回新的数值。

Fortran 函数可以经过设置把它变成 C 语言能够直接使用的函数。反过来,C 语言可也可经过设置让它变成 Fortran 能够直接使用的函数。

EX1208F.F90

```
 1.module typedef
 2.  implicit none
 3.  type person
 4.    integer age
 5.    real    weight, height
 6.  end type
 7.end module
 8.
 9.program main
10.  use typedef
11.  implicit none
12.  integer :: a=3
13.  character(len=20):: str="Fortran 95"
14.  type(person):: p=person(20,70,180)
15.
16.  call sub1(a)
17.  call sub2(str)
18.  call sub3(p)
```

19.
20.　stop
21.end

EX1208C.CPP

```c
1.#include <stdio.h>
2.#include <string.h>
3.
4.typedef struct _person
5.{
6.    int   age;
7.    float weight, height;
8.} person;
9.
10.#ifdef __cplusplus
11.extern "C" {
12.#endif
13.
14.void _stdcall SUB1(int *num)
15.{
16.    printf("%d\n",*num);
17.}
18.
19.void _stdcall SUB2(char *a, int len)
20.{
21.    a[len]='\0';
22.    printf("%s\n",a);
23.}
24.
25.void _stdcall SUB3(person *p)
26.{
27.    printf("age:%d weight:%5.1f height:%5.1f\n",
28.           p->age, p->weight, p->height);
29.}
30.
31.#ifdef __cplusplus
32.}
33.#endif
```

这个程序中，Fortran 程序不需要特别编写 INTERFACE 就可以调用 C 语言函数。因为这里的 C 语言函数名称都是大写，而且都使用"_stdcall"的方法来通信。请注意 C 语言中几乎所有的参数都使用指针来接收，只有字符串长度不是指针。

12-5-3　Visual Basic 调用 Fortran

前面两个小节让 Visual Fortran 编译出来的 OBJ 文件直接和 Visual C++编译出来的 OBJ 文件互相链接。因为它们编译出来的 OBJ 文件格式相同，所以可以用这个方法来链接。使用这个方法的好处是调试方便，Fortran 程序和 C 程序都放在同一个 Project 中。

除了 C 语言之外，Fortran 还可以和其他程序语言混合使用。把 Fortran 程序代码编译成 DLL 文件后，可以给所有程序语言调用，缺点是调试会比较麻烦。

接下来的 3 个小节，会示例在其他程序语言中，调用 DLL 文件中的 Fortran 函数。读者请先用2.3 小节介绍的方法，打开一个名叫 FORLIB 的 Project，把下面的程序代码 FORLIB.F90 编译成 FORLIB.DLL。这个文件会在接下来的 3 个小节中被使用，它刚好用来示例 Fortran 在不同语言之间，传递变量、数组、字符串的方法。

FORLIB.F90

```fortran
 1.real function circle_area(radius)
 2.!DEC$ ATTRIBUTES DLLEXPORT :: CIRCLE_AREA
 3.!DEC$ ATTRIBUTES ALIAS : "Circle_Area" :: CIRCLE_AREA
 4.  implicit none
 5.  real radius
 6.  real, parameter :: PI = 3.14159
 7.  circle_area = radius*radius*PI
 8.  return
 9.end function
10.
11.integer function sum(a)
12.!DEC$ ATTRIBUTES DLLEXPORT :: SUM
13.  implicit none
14.  integer :: a(10)
15.  integer i
16.  sum=0
17.  do i=1,10
18.    sum=sum+a(i)
19.  end do
20.
21.  return
22.end function
23.
24.subroutine MakeLower(string)
```

```
25.!DEC$ ATTRIBUTES DLLEXPORT :: MAKELOWER
26.   implicit none
27.   character(len=*):: string
28.   integer :: len, i, code
29.   len = len_trim(string)
30.   do i=1,len
31.     code = ichar(string(i:i))
32.     if(code >= ichar('a').and. code <= ichar('z'))then
33.       string(i:i)= char(code-32)
34.     end if
35.   end do
36.   return
37.end subroutine
```

程序代码中编写了 3 个函数，Circle_Area 用来计算圆面积，SUM 会计算输入的数组中前 10 个元素的和，MAKELOWER 会把输入的字符串中小写字母转换成大写字母。Fortran 函数编译后的名称默认会全部转换成大写，如果使用程序第 3 行的 ALIAS 设置，可以特别赋值编译后的名称。在这里把原本默认的名称 CIRCLE_AREA 改成 Circle_Area。其他两个函数没有特别给定名称，所以它们在 DLL 中的名称全部是大写。

```
 3.!DEC$ ATTRIBUTES ALIAS : "Circle_Area" :: CIRCLE_AREA
```

Visual Basic 中，只要在声明函数时，写清楚这个函数是放在哪个 DLL 文件中，并且把参数类型正确编写出来，就可以使用 DLL 文件中的函数。光盘中\program\chap12\VBApp 目录下面可以找到下面的程序。

```
 1.Private Declare Function Circle_Area Lib "forlib.dll"(r As Single)As Single
 2.Private Declare Sub MAKELOWER Lib "forlib.dll"(ByVal s As String, ByVal i As Long)
 3.Private Declare Function SUM Lib "forlib.dll"(r As Long)As Long
 4.
 5.Private Sub Command1_Click()
 6.  Dim r As Single
 7.  Dim a As Single
 8.  r = Val(Text1.Text)
 9.  a = Circle_Area(r)
10.  Label3 = Str(a)
11.End Sub
12.
13.Private Sub Command2_Click()
14.  Dim s As String
15.  s = Text2.Text
16.  Call MAKELOWER(s, Len(s))
17.  Text2.Text = s
```

```
18. End Sub
19.
20. Private Sub Command3_Click()
21.   Dim a(10) As Long
22.   Dim i As Long
23.   Dim total As Long
24.
25.   For i = 0 To 9
26.     a(i) = Rnd() * 9 + 1
27.   Next i
28.
29.   Labe14.Caption = Str(a(0))
30.   For i = 1 To 9
31.     Labe14.Caption = Labe14.Caption + "+" + Str(a(i))
32.   Next i
33.   total = SUM(a(0))
34.   Labe14.Caption = Labe14.Caption + "=" + Str(total)
35. End Sub
```

前 3 行用来声明这些函数是放在 FORLIB.DLL 中，如果 VB 程序不是编译成执行文件来执行时，FORLIB.DLL 文件前面请加上详细目录位置，不然 VB 会找不到这个文件。

Visual Basic 中，默认也是使用 Call By Reference 来传递参数，所以传递参数的问题不大。只是在传递字符串时需要注意，Fortran 字符串实际上是由字符串内容再加上字符串长度组成的，所以在 Visual Basic 中要传出两条数据。这跟使用 C 语言的情况是相同的。

在这里不会解释 VB 的程序代码，毕竟本书教的是 Fortran 程序。这个程序执行后会出现一个窗口，用户可以输入一个半径长来计算圆面积，或是输入一个英文字符串，让计算机把字符串转换成大写字母。单击最下面的按钮则会自动生成一组数列，并计算数列的和。光盘中\program\chap12\VBApp\VBApp.exe 是编译后的 VB 程序（如图 12.26 所示）。

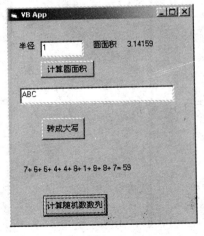

VB 程序的执行结果，每个功能实际上都是调用 Fortran 函数来完成的

图 12.26

12-5-4　Delphi 调用 Fortran

使用 Delphi 来调用 Fortran，与使用 Visual Basic 调用 Fortran 的方法差不多，只要把函数从 DLL 文件中抓出来使用就行了。在这里同样使用上一个小节的 FORLIB.DLL 来做示例。光盘中\program\chap12\DelphiApp 目录下可以找到下面的 Delhpi 程序代码。在这里没有完全列出文件内容，只列出 implementation 之后的部分。

UNIF1.PAS

```
 1.implementation
 2.
 3.function Circle_Area(r: PSingle): Single; stdcall; external 'forlib.dll';
 4.function SUM(r: array of Longint): Longint; stdcall; external 'forlib.dll';
 5.procedure MAKELOWER(r: String; i:Longint); stdcall; external 'forlib.dll';
 6.{$R *.dfm}
 7.
 8.procedure TForm1.Button2Click(Sender: TObject);
 9. var s,a:Single;
10.begin
11.   s := StrToFloat(Edit1.text);
12.   a := Circle_Area(Addr(s));
13.   Label3.Caption := FloatToStr(a);
14.end;
15.
16.procedure TForm1.Button1Click(Sender: TObject);
17.  var s:String;
18.begin
19.   s := Edit2.Text;
20.   MAKELOWER(s, Length(s));
21.   Edit2.Text := s;
22.end;
23.
24.procedure TForm1.Button3Click(Sender: TObject);
25.   var s: array [1...10] of Longint;
26.   var i,total: Longint;
27.begin
28.   for i:=1 to 10 do
29.   begin
30.     s[i]:=Random(9)+1;
31.   end;
```

编译器的高级使用

```
32.    label4.Caption := IntToStr(s[1]);
33.    for i:=2 to 10 do
34.    begin
35.      label4.Caption := Label4.Caption + '+' + IntToStr(s[i]);
36.    end;
37.    total := SUM(s);
38.    Label4.Caption:=Label4.Caption+'='+IntToStr(total);
39.end;
40.
41.end.
```

Delhpi 传递参数的默认方法是 Call By Value,在调用 Fortran 函数时,要传递的是变量地址,程序中要使用 Addr 函数来取出变量地址。传递字符串时,同样需要传送字符串内容跟长度。

光盘中 DelphiApp.exe 是编译后的执行文件。它的功能跟上面的 VB 程序完全相同（如图 12.27 所示）。

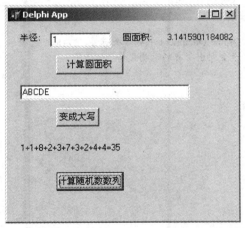

图 12.27

12-6 其他功能

Visual Fortran 的使用环境 MS Developer Studio 中有很多功能可以使用。文本编译功能就不做介绍,这一部分很容易上手。本节会介绍一些开发程序时会使用到的功能。

12-6-1 说明文件 Help

编写程序的过程中,临时忘记语法并不是一件很可耻的事情。而且本来就不太可能,也没有必要把所有 Fortran 库存函数都背下来。Visual Fortran 中内含很方便的说明文件,可以用来查询 Fortran 的所有语法及函数库。如果安装时已经放入说明文件,Visual Fortrran 的程序组中会出现 Online Documentation（如图 12.28、12.29 和 12.30 所示）。

选择 Online Documentation 来启动说明文件

图 12.28

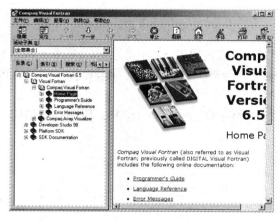

Online Document 中有 4 个标签，"内容"选项卡会列出所有的说明文件

图 12.29

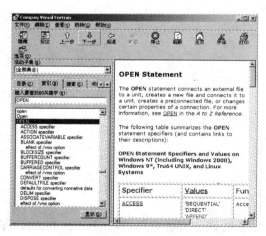

"索引"选项卡中，可以输入 Fortran 命令来做查询，这应该是最常使用的功能

图 12.30

说明文件中，最常使用的应该是经过索引来查询数据的功能。索引中可以找到所有 Fortran 语法跟库存函数的详细说明。说明文件中除了 Fortran 外，还包含一些跟 Windows 系统相关的信息，查询索引时可能会找到额外的信息，用户要自行筛选。在笔者计算机中查询 OPEN 时，另外还找到了 open 及 Open 这两条数据，只有大写的 OPEN 才是 Fortran 命令，另外两个都不是。

12-6-2 编译选项

第 12.2.1 小节中已经示范如何选择使用 Debug 或 Release 格式来做编译。这个小节中会更深入地来介绍编译选项。首先请读者自行随便打开一个 Fortran Console Application 格式的 Project。再选择 Project/Setting 选项，会出现下面的窗口。

请先使用最右边的 General 标签，这个选项卡中可以设置 Visual Fortran 编译出来的文件，会放在硬盘中的哪个目录下（如图 12.31 所示）。

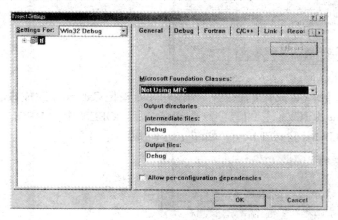

图 12.31

Intermediate file 跟 Output files 的目录是编译时生成的*.OBJ 文件跟*.EXE 文件所存放的位置。没有特别赋值时，目录位置是相对于 Project 所使用的位置，用户可以重新设置这两个目录的位置，也可以把它改成绝对路径（如图 12.32 所示）。

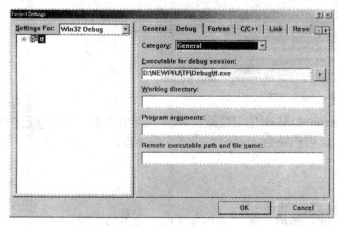

图 12.32

Debug 选项卡用来设置 Debug 格式会对哪一个执行文件来进行调试。在 Fortran Console Application 的 Project 中，这个执行文件当然就是 Project 所编译出来的文件。对链接库进行调试时，才需要在这里特别赋值执行文件的位置。

Working directory 会影响在程序中打开文件时，文件的默认存放位置。没有特别赋值时，Working directory 就等于 Project 的所在目录（如图 12.33 所示）。

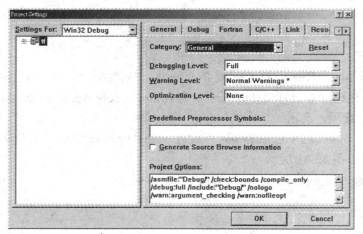

图 12.33

Fortran 选项卡是用来做 Visual Fortran 的内部设置，举例来说，如果把 Category 改成 Fortran DATA 后，可以找到 "Use Bytes as RECL…" 的选项。选择它之后，OPEN 中的 RECL 文本框所使用的单位大小会从原本的 4 bytes 变成 1 byte（如图 12.34 所示）。

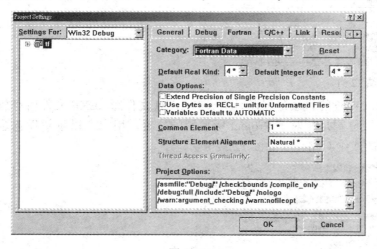

图 12.34

其他的选项卡还可以改变 Fortran 默认所使用整数及浮点数类型、编译器所使用的优化方法等等。在这里不做详细介绍，读者应该自行试着去探索这些功能。

12-6-3　其他功能

在单一文件中寻找字符串的功能，相信大家一定都会使用，在编写大程序时，有时会需要在很多个文件中寻找数据。例如想对 Project 内的 10 个文件中，寻找有哪些地方会调用 sub1 函数，这就要使用 Find in Files 的功能。请选择 Edit/Find in Files 选项（如图 12.35 和 12.36 所示）。

Visual Fortran 使用环境中，有时候会不小心关闭一些需要使用的工具栏，这时候只要把它重新再显示出来就行了。选择 Tool/Customize 选项，会出现一个对话框，请使用 Toolbars 这个标签，只要选择需要显示的工具栏就会再次出现（如图 12.37 和 12.38 所示）。

编译器的高级使用

选择 Edit/Find in Files

图 12.35

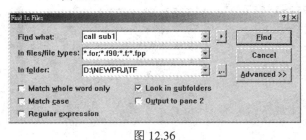

在对话框中输入想寻找的字符串、文件类型及寻找的目录。在赋值目录下合乎条件的所有文件都会被检查

图 12.36

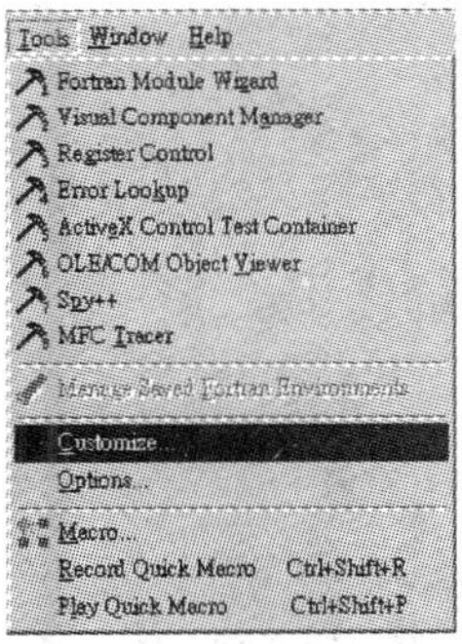

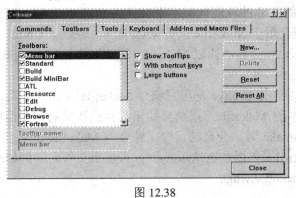

选择 Tool/Customize

图 12.37

在 Toolbars 中选择需要使用的工具栏

图 12.38

12-6-4 命令行指令

接下来要介绍一些命令列命令。Visual Fortran 的编译器事实上是在命令列下使用的，读

者可以试着打开一个命令列窗口，键入下面的命令。在这里用 EX1110.F90 来示例：

　　FL32 EX1110.F90　或　DF EX1110.F90

　　如果操作系统出现找不到命令的信息，那一定是 PATH 设置错误，在命令列中使用 Visual Fortran 时，搜索路径 PATH 中一定要包含 Visual Fortran 的安装目录。正确执行时，会出现下面的画面：

```
Compaq Visual Fortran Optimizing Compiler Version 6.5
Copyright 2000 Compaq Computer Corp. All rights reserved.

ex1110.f90
Microsoft(R)Incremental Linker Version 6.00.8447
Copyright(C)Microsoft Corp 1992-1998. All rights reserved.

/subsystem:console
/entry:mainCRTStartup
/ignore:505
/debugtype:cv
/debug:minimal
/pdb:none
C:\DOCUME~1\ADMINI~1\LOCALS~1\Temp\obj58.tmp
dfor.lib
libc.lib
dfconsol.lib
dfport.lib
kernel32.lib
/out:ex1110.exe
```

　　窗口接口事实上只是帮用户调用命令列下的工具来编译程序，并不一定要经过窗口接口才能使用 Visual Fortran。例如有些从网络下载的程序代码，不会使用 Project 的类型把程序文件都包装在一个 Project 中。但是应该会附上 Makefile 文件来做编译，这是从 UNIX 系统流传下来的方法。在 UNIX 下使用 make 命令，会自动读取 Makefile 来编译程序。Visual Fortran 中已经附 nmake 来读取 Makefile。

　　Makefile 中会说明要如何编译程序，make/nmake 是用来编译 Makefile 文件的工具。通常一套程序中会同时附上好几个不同版本的 Makefile，用户要找出与自己计算机及编译器相符合的版本来使用。直接键入 make 或 nmake 时，会自动读取文件名为 Makefile/makefile 的文件。想使用其他文件时，要在 make/nmake 后面加上选项"-f"，再接上文件名。例如想读取 makefile.win32 时，就输入 nmake -f makefile.win32。

Chapter 13

计算机绘图

图形是最好的表达方法，千言万语难以交代清楚的事情，可以轻易地用图片来说明。编写绘图程序是最好的学习程序方法之一，绘图程序中可以应用很多程序技巧，而且能够很明显地看到执行结果。

编写绘图程序有一个难处，这种程序不容易跨平台。高级语言标准中，都没有在绘图功能上订下标准。要从事绘图时，都要通过扩充的绘图链接库。为了方便教学，笔者提供一套自行开发的绘图链接库，名字叫做 SGL，是 Simple Graphics Language 的缩写。

Visual Fortran 提供 Standard Graphics 和 QuickWin 这两种格式专门来绘图，这两种格式所提供的绘图方法比较高级，某些情况下会比 SGL 方便，不过不适合拿来做动画。第 17 章会介绍这两种绘图方法。

13-1 绘图基本概念

实际进行绘图之前，最好先了解一些显示硬件及 Windows 系统的概念。

13-1-1 显示格式

计算机刚开机时，通常都是处在文本格式（Text Mode）下。文本格式只适合显示文本，没有办法直接在屏幕上绘图。第 8 章已经示范过在文本格式下仿真绘图的方法，它的效果并不好。想做高分辨率的绘图，一定要先把计算机转换到绘图格式下。

个人计算机上有很多种绘图格式可以选择，绘图格式通常用下面的方法来表达，例如 1024×768×256，这是指屏幕的水平轴区分成 1024 个点，垂直轴区分成 768 个点，整个屏幕上面总共有 1024*768=786432 个像素，每个像素可以显示 256 种颜色。至于有哪些格式可以选择，则跟计算机的显卡能力，以及显卡上安装的内存容量大小有关。

计算机显示颜色的方法有两种，介绍它们之前，要先讲解有关色彩的一些概念。肉眼所看到的花花世界，都是因为不同颜色的光线进入眼球的结果。大家一定都听说过光有三原色，世界上的所有颜色，都可以分解出三个最基本的成份：红光（R）、蓝光（B）、绿光（G）。把这三种光用不同强度混合，就可以创造出所有颜色。

现在就来介绍计算机的两种显示颜色方法：

（1）Index Color（索引值选色法）。

这个方法最主要是应用在 256 色格式，它把真正的 R、G、B 三原色强度数据存放在特别的内存中，这块内存被称为调色板。要显示 256 色时，要准备 256 组数据给调色板。使用颜色时只需要一个索引值，说明要使用调色板的哪一条颜色数据，这就是索引值（INDEX）的意义。

（2）Hi Color（高彩）。

显卡中 15 或 16 bits 的格式被通称为 Hi Color。15 bits 的 Hi Color 可以显示的颜色数目有 2^{15}=32768 色，16 bits 的 HiColor 可以显示 2^{16}=65536 色。Hi Color 格式下不再使用调色板，每个像素直接内含颜色信息。

15 bits 的 HiColor 格式下，每一个像素要使用 2 bytes 来记录，多余的 1 bit 则浪费掉不使用。红（R）、绿（G）、蓝（B）这 3 种颜色的光各使用 5 个 bits 来表示，所以每种光线的

强度有 $2^5=32$ 种层次的变化。

16 bits 的 HiColor 格式下，每一个像素使用 2 bytes 来记录，刚好使用 16 bits，没有浪费。红（R）、绿（G）、蓝（B）这 3 种颜色的光各使用 5、6、5 个 bits 来表示，所以红光跟蓝光有 $2^5=32$ 种层次的变化，绿光则有 $2^6=64$ 种变化。因为人眼对绿色比较敏感，所以让绿光占用较多内存。

（3）True Color（真彩）。

目前显卡上面有两种 True Color 格式，分别是 24 bits 跟 32 bits 格式。24 bits 格式下可以显示的颜色数目为 $2^{24}=16777216$，每个像素的 R、G、B 各使用 8 bits = 1 byte，所以每个基本色光有 $2^8=256$ 种层次变化。

32 bits 格式下可以显示的颜色数目同样为 $2^{24}=16777216$，每个基本色光同样拥有 $2^8=256$ 种层次变化。32 bits 格式下，虽然每一个像素占用 32 bits，但只使用了其中的 24 bits，其他 8 bits 是浪费掉不使用的。使用 32 bits 的原因是某些显卡一次处理 32 bits 会比一次处理 24 bits 来得快速。

再介绍一个常识，屏幕上的图像数据，都是放在显卡内存中。显卡会自动不断地把显示内存中的数字图像数据转换成屏幕可以接受的电器信号来显示。所以只要把图像数据填入显卡内存，图像就会自动显示在屏幕上。

经过上面的介绍，读者应该都会计算各种分辨率所需要使用的内存容量。在 1024×768×16 bits 格式下，每个像素要使用 16 bits = 2 bytes 来保存，所以这个格式需要 1024×768×2=1572864 bytes=1.5MB 的显卡内存。如果要做动画时，使用 Double Buffer 则要使用两块内存空间，也就是 1.5MB*2 = 3MB。

具备动画能力的程序都会使用 Double Buffer 的方法来绘图。Double Buffer 会把画面分成前景和背景两个部分，程序在进行绘图的过程中，先把图像画在背景画面。完成绘图后，再把背景画面整个复制到前景画面上。这个做法是为了隐含绘图过程，如果绘图过程在前景进行，用户会感觉到画面在闪烁。因为动画程序常常会先清除整个画面再重新画出下一个图像，用户如果看到清除画面的过程，就会感觉到屏幕在闪烁。

在以前内存很昂贵的时代，显卡上不太容易有超过 2MB 的内存，所以玩游戏时都不能使用太高的分辨率。现在的显卡通常最少都会有 32MB 的内存，已经不需要担心显卡内存不足。

早期的 DOS 操作系统，操作接口是文本格式。绘图程序的第一个步骤，是把计算机由文本格式切换到绘图格式中，程序结束时还要再切换回文本格式。

现在的 Windows 操作系统，开机完成后会使用绘图模式。绘图程序的第一个步骤是打开一个新的窗口，接着再使用这个窗口来绘图。SGL 就是设计用来在窗口系统下使用的绘图程序库。

13-1-2 图形加速卡

图形加速卡在进入 21 世纪后，已经成为个人计算机的标准配备。早期没有图形加速卡的时代，大部分的绘图工作都是以一个像素为单位，用软件慢慢完成的。程序要计算出每个屏幕坐标点所对应到的显卡内存地址，再到这个地址上填入像素数据。例如要画一条直线时，要计算出这一条直线所有像素点的坐标位置，再把每个点画出来。在窗口系统流行之后，硬件才开始提供基本的画线、模块复制等等的 2D 加速功能。

20 世纪 90 年代末期,开始出现 3D 加速卡。3D 加速卡提供了 3D 立体绘图时会使用的消除隐含面、表面贴图、绘制三角形等等的硬件加速功能。具备 T&L 功能的加速卡则可以把计算坐标转换跟光影效果的矩阵运算直接在显示芯片上计算,减少 CPU 的工作量。

早期刚出现图形加速卡时,每张显卡都有各自的特别方法来使用硬件加速功能,程序员必须针对每一张显卡来编写程序,这是很沉重的负担。所以才会有微软公司定义出 DirectX 接口来提供硬件加速功能。只要显卡的驱动程序能够符合 DirectX 的标准,程序员就能够使用 DirectX 的函数来使用显卡的硬件加速功能。DirectX 分成好几个部分,与显示相关的部分有 2D 的 DirectDraw 和 3D 的 Direct3D。

另一个在业界经常使用的绘图接口是 OpenGL,它是专门应用在 3D 的绘图链接库,现在的加速卡也都会支持 OpenGL 硬件加速功能。

13-1-3 窗口操作环境

Windows 是多任务的操作系统,在多任务环境下同时可以执行多个程序。编写 Fortran Console Application 纯文本接口程序时,只能使用键盘来输入数据,输出数据也只是很单纯的文本。它不像典型的 Windows 程序还有菜单和工具栏可以使用。

典型的 Windows 程序会接收一些 Windows 操作系统传送给它的信息。操作系统会在鼠标单击菜单、键盘上某个按键被按下、窗口被遮住又重新出现、窗口大小改变等等的事件发生时,发出信息来告知应用程序。Windows 下的应用程序可能有大半的时间是处于休息状态,在等待信息。

简单来说,纯文本接口的程序,通常是在做完该做的事情之后,就会自动结束程序。典型的窗口程序就不太一样,它大部分的时间是在等待用户下命令,直到用户关闭窗口为止。以 WORD 来说,如果执行 WORD 只是用来观看文件,那 WORD 大部分的时间都只是在等待用户卷动画面。

13-2 SGL 基本使用

SGL 是一套 2D 平面的绘图链接库,具备 Double Buffer 实时动画功能。主要目的是要简化 Windows 环境下的绘图工作,让用户很快就能够学习并使用绘图功能。使用 SGL 可以做出基本的数学函数绘图功能,也可以编写出简单的游戏程序。

正规的 Windows 程序需要经过很繁杂的过程,才能打开窗口来进行绘图,使用 DirectX 前还要先进行烦人的初始化工作。实际写过 Windows 和 DirectX 程序的人一定都有过一段很不好的回忆。SGL 可以很容易地在 Fortran 或 C 语言的 Console Application 程序中加上绘图功能。

13-2-1 准备工作

由于 SGL 中使用 DirectX,要使用 SGL 之前,请先确认计算机中已经安装 DirectX 7.0

以上的版本，光盘中\DirectX\目录下有DirectX 8.0可供安装。

光盘中\SGL目录下是整个SGL链接库，\SGL\LIB中是使用SGL时所需要使用的*.LIB链接库，\SGL\INCLUDE目录下有编译好的*.MOD文件，\SGL\SRC目录下是SGL的初始程序代码，它主要是使用C和一部分的FORTAN编写的。

第12章的2.2节中，已经介绍两种方法来使用*.LIB和*.MOD文件。在这里建议使用第2种方法来使用SGL.LIB及SGL.MOD，因为本章的每个实例程序都会调用SGL.LIB里的函数。读者请把光盘中\SGL\LIB目录下所有的文件都复制一份到编译器的Library Files文件搜索目录下，还要把光盘中\SGL\INCLUDE目录下所有的文件都复制一份到编译器的Include Files文件搜索目录下。

还记得这些文件搜索目录的设置在哪吗？请选择Tools/Options选项，在对话框中使用Directories这个选项卡（如图13.1和13.2所示）。

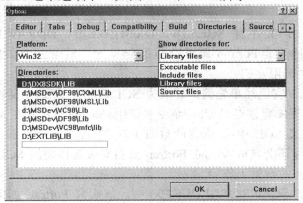

在Show directories for中选择Library files 就可以看到 Library files 的搜索目录，这些目录从上而下的排列顺序也正是搜索顺序

图 13.1

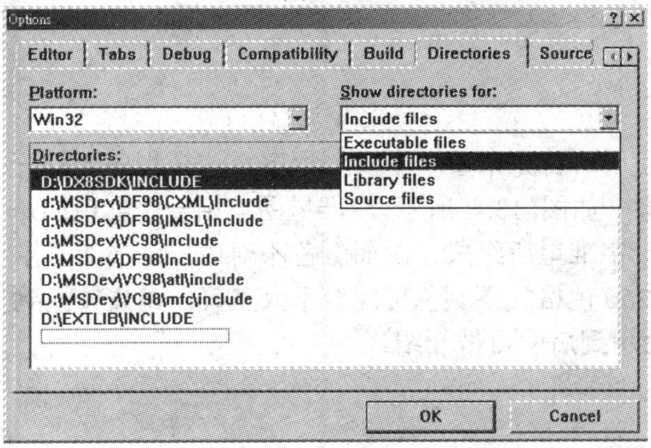

在Show directories for中选择Include files 就可以看到 Include files 的搜索目录，这些目录从上而下的排列顺序也正是搜索顺序

图 13.2

读者请把\SGL\LIB下所有文件复制到Library files的其中一个搜索目录下，把\SGL\INCLUDE下的所有文件复制到Include files的其中一个搜索目录下。建议最好是都把它们复制到第一个搜索目录下。若不想使用现有的目录，可以自行添加一个目录；在最后一个搜索目录下面双击，就可以添加目录。

假如在两个搜索目录中存在相同名称的*.LIB文件，较前面目录下的*.LIB文件会先被搜索到，链接时会使用先被找到的文件。使用鼠标对这些目录拖动可以改变目录的顺序。这也是建议读者把文件都复制到第一个搜索目录下的原因，安装Visual Fortran时所内附的

DirectX 链接库是比较旧的版本，不能给 SGL 使用（如图 13.3 所示）。

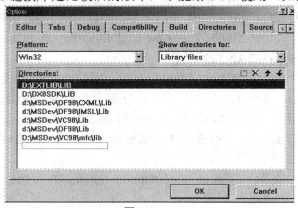

上一页的图可以看见笔者计算机中原本的第一个搜索目录是 D:\DX8SDK\LIB，可以用鼠标把原本的最后一个目录拉到最上面，变成第一个目录。第一个目录下的 LIB 文件会优先使用

图 13.3

使用 SGL 时，需要使用的*.LIB 文件有 SGL.LIB、DXGUID.LIB、DDRAW.LIB、DINPUT.LIB 这 4 个文件。第 1 个文件是给 Fortran 调用的 SGL 链接库，后面 3 个文件则是 DirectX 的链接库，SGL 链接库中会去调用它们。

使用 SGL 时还需要 module SGL，它已经事先编译好成为 SGL.MOD，把这个文件放在 Include files 搜索路径下，可以让其他程序直接经过 USE 命令来使用 module SGL。在 module SGL 中并没有执行命令，它是用来定义 SGL 中 C 语言函数的 INTERFACE，还声明了一些读取键盘时会使用到的常量。这个文件还会告诉 Visual Fortran 要自动去链接使用 SGL 时所需要的*.LIB 文件，让用户免除 Project 的设置工作。

SGL.MOD 文件的初始码在光盘的\SGL\SRC\SGLDEF.F90 中。想研究 Fortran 如何跟 C 语言链接的读者可以看看这个文件。

13-2-2 开始绘图

这个小节开始正试进入 SGL 的使用，首先来看一个实例程序，这个程序会打开一个窗口，并在窗口上面画出类似准星的图案（如图 13.4 所示）。准星图案由一个红色的矩形，一个绿色的圆形，跟两条蓝线所形成的十字准星所组成。画面颜色不对时，请检查显卡目前的设置是否为 256 色。在 SGL 窗口中，256 色格式下颜色可能会不太正确，请先转换到 15 bits 以上的格式来试试看，256 色格式的使用到后面再做介绍。

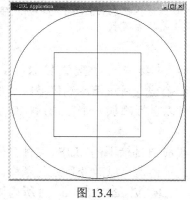

图 13.4

SGLDRAW1.F90

```
1. module sgl_util
2.   use sgl
3.   implicit none
4. contains
5.   subroutine Display()
6.     write(*,*)"Update"
7.     call sglClearBuffer()        ! 清除画面
8.     call sglColor3f(1.0,0,0)     ! 使用红色
9.     call sglRect(100,100,300,300)! 以(100,100)和(300,300)为端点画矩形
10.    call sglColor3i(0,255,0)     ! 使用绿色
11.    call sglCircle(200,200,200)  ! 以(200,200)为圆心,画半径为 200 的圆
12.    call sglColor3i(0,0,255)     ! 使用蓝色
13.    call sglLine(200,0, 200,400) ! 在(200,0)到(200,400)两点间画线
14.    call sglLine(0,200, 400,200) ! 在(0,200)到(400,200)两点间画线
15.  end subroutine
16. end module
17.
18. program main
19.   use sgl_util
20.   implicit none
21.   call sglDisplaySub(Display)    ! 设置窗口更新时调用 Display
22.   ! 打开绘图窗口,左上角为(100,100),宽高同为 400
23.   call sglCreateWindow(100,100,400,400,0)
24.   ! 进入等待信息的循环
25.   call sglMainLoop()
26.   stop
27. end program
```

这个程序很短,只有一个主程序和一个子程序。在程序代码中看不到有哪个地方会调用子程序 Display,不过它还是会被执行。子程序 Display 可以想像成是被操作系统调用的,这个程序打开了一个窗口来绘图,当操作系统发现窗口画面需要更新时,会发出更新窗口的信息,这个时候就会去调用 Display。

当窗口第一次出现、窗口大小改变或是被其他窗口遮住又重新出现时,都需要更新画面。第 21 行就是用来设置当窗口需要更新时,所会被调用的函数。

```
21.   call sglDisplaySub(Display)    ! 设置窗口更新时调用 Display
```

程序第 23 行的作用是打开一个窗口,函数 sglCreateWindow 的前两个参数决定窗口位置,第 3、4 个参数决定窗口大小。最后一个参数用来决定是否要使用 Double Buffer 格式,输入 0 时代表不使用,输入 0 以外的数字则会使用 Double Buffer。

```
23.   call sglCreateWindow(100,100,400,400,0)
```

窗口打开后，主程序中需要调用 sglMainLoop 来等待操作系统的信息。任何时候窗口需要重画时，就会自动调用子程序 Display。使用 SGL 时，原本的文本窗口还是可以使用 WRITE/READ 来输出入文本。函数 Display 被调用时，会在文本窗口中显示字符串"Update"，读者可以试着把其他窗口移到 SGL 窗口前面再移开、或是用鼠标改变窗口大小，这个时候函数 Display 就会被调用，文本窗口也会再显示"Update"。

函数 Display 在开始画图前，会先调用 sglClearBuffer 来清除画面，这是为了防止画面中有不干净的"杂质"。接者它会画出一个红色的矩形，一个绿色的圆形，跟两条蓝线所形成的十字准星。

```
7.    call sglClearBuffer()!  清除画面
8.    call sglColor3f(1.0,0,0)!  使用红色
9.    call sglRect(100,100,300,300)!  以(100,100)和(300,300)为端点画矩形
10.   call sglColor3i(0,255,0)!  使用绿色
11.   call sglCircle(200,200,200)!  以(200,200)为圆心，画半径为200的圆
12.   call sglColor3i(0,0,255)!  使用蓝色
13.   call sglLine(200,0, 200,400)!  在(200,0)到(200,400)两点间画线
14.   call sglLine(0,200, 400,200)!  在(0,200)到(400,200)两点间画线
```

所有绘图命令都只有上面这 8 行程序代码，调用 sglColor3f、sglColor3i 可以设置绘图所要使用的颜色。调用 sglRect 可以画一个矩形，sglCircle 可以画圆形，sglLine 则可以画直线。窗口坐标系的原点（0,0）在窗口左上角，X 轴向右递增，Y 轴向下递增。请注意 Y 轴跟一般数学上所使用的定义是相反的。

最后来详细介绍这个程序中所使用到的 SGL 函数。

subroutine sglDisplaySub(sub)

功能：

每一个使用 SGL 链接库的函数，应该都要调用 sglDisplaySub 来设置更新窗口时所使用的函数

参数：

external sub   参数 sub 用来输入一个子程序，子程序 sub 在窗口需要更新时会被调用，sub 是不需要任何参数的子程序

subroutine sglCreateWindow(x,y,width,height,db)

功能：

SGL 链接库可以打开窗口来绘图，或是直接使用全屏幕格式来绘图。调用 sglCreateWindow 可以打开一个窗口来绘图

参数：

integer x,y   打开窗口时，窗口左上角在屏幕上的位置
integer width, height   所要打开窗口的宽高
integer db   设置是否要使用 Double Buffer 来绘图，输入 0 时不使用，输入其他值则会使用

subroutine sglColor3f(R,G,B)

功能：

这个函数使用 RGB 三个色光的强度来设置绘图的颜色，数值范围限定在 0~1 之间，0 代表最暗，1 代表最亮。所以（1.0, 0.0, 0.0）代表纯红色，（0.0, 1.0, 0.0）代表纯绿色

参数：

real R,G,B　　设置绘图时所要使用的颜色，R、G、B 分别用来赋值红蓝绿三种基本色光的强度
subroutine sglColor3i(R,G,B)
功能：
这个函数使用 RGB 三个色光的强度来设置绘图的颜色，数值范围限定在 0~255 之间，0 代表最暗，255 代表最亮。所以（255,0,0）代表纯红色，（0,255,0）代表纯绿色
参数：
integer R,G,B　　设置绘图时所要使用的颜色，R、G、B 分别用来赋值红蓝绿三种基本色光的强度
subroutine sglClearBuffer()
功能：
清除屏幕，调用 sglClearColor3f 或 sglClearColor3i 可以设置清除屏幕时所使用的颜色，默认值为黑色
subroutine sglLine(x0,y0,x1,y1)
功能：
在第 1 个点（x0,y0）到第 2 个点（x1,y1）之间画一条直线
参数：
integer x0, y0　　第 1 个点的坐标
integer x1, y1　　第 2 个点的坐标
subroutine sglRect(x0,y0,x1,y1)
功能：
以（x0,y0）、（x1,y1）为两个端点画出矩形
参数：
integer x0, y0　　第 1 个点的坐标
integer x1, y1　　第 2 个点的坐标
subroutine sglCircle(cx,cy,r)
功能：
以（cx,cy）为圆心，r 为半径画圆
参数：
integer cx, cy　　圆心坐标
integer r　　半径长
另外还有几个绘图函数在实例程序中并没有使用，不过可以顺便做个介绍。
subroutine sglFilledRect(x0,y0,x1,y1)
功能：
同样是画矩形，不过是画实心的矩形
subroutine sglFilledCircle（cx,cy, r）
功能：
同样是画圆，不过是画实心的圆
SGL 函数名称中有 Filled 字符串的函数会画出实心、填满颜色的图形。例如 sglRect 会画出空心的矩形，sglFilledRect 则会画出实心的矩形。

13-2-3 虚拟坐标

SGLDRAW1.F90 所画出来的是固定位置及大小的准星，窗口大小改变时，准星大小和

位置并不会随着改变（如图 13.5 所示），使用绝对坐标来绘图都会有这个现象。SGL 提供虚拟坐标的功能，使用虚拟坐标绘图可以不受窗口大小，改变的影响，画出同样比例的图形。

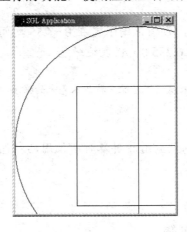

SGLDRAW1.F90 中，把窗口缩小后，准星图案会被截掉

图 13.5

SGLDRAW2.F90

```
1.  module sgl_util
2.    use sgl
3.    implicit none
4.  contains
5.    subroutine Display()
6.      call sglClearBuffer()            ! 清除画面
7.      call sglColor3f(1.0,0,0)         ! 使用红色
8.      call sglRectV(0.2,0.2,0.8,0.8)   ! 以(0.2,0.2),(0.8,0.8)为端点画矩形
9.      call sglColor3i(0,255,0)         ! 使用绿色
10.     call sglCircleV(0.5,0.5,0.5)     ! 以(0.5,0.5)为圆心,画半径为 0.5 的圆
11.     call sglColor3i(0,0,255)         ! 使用蓝色
12.     call sglLineV(0.5,0, 0.5, 1.0)   ! 在(0.5,0)到(0.5,1)两点间画线
13.     call sglLineV(0.0,0.5, 1.0,0.5)  ! 在(0,0.5)到(1.0,0.5)两点间画线
14.     call sglUpdateBuffer();          ! 把背景画面复制到前景
15.   end subroutine
16. end module
17.
18. program main
19.   use sgl_util
20.   implicit none
21.   call sglDisplaySub(Display)
22.   ! 设置窗口左上角的虚拟坐标为(0,0)右下角为(1.0,1.0)
23.   call sglSetVirtual(0.0, 0.0, 1.0, 1.0)
24.   call sglCreateWindow(100,100,400,400,1)
```

```
25.    call sglMainLoop()
26.    stop
27.end program
```

这个程序同样会画出准星，不过它可以随着窗口大小的改变而改变，因为这个程序使用虚拟坐标来绘图。第 23 行调用 sglSetVirtual 把窗口左上角的虚拟坐标设置为(0,0)，右下角设置为(1.0,1.0)。读者可以试着用鼠标改变窗口大小，所画出来的准星会跟随着窗口一起放大或缩小。

子程序 Display 中调用的 SGL 绘图函数名称最后都有一个字母 V，例如 glLineV，SGL 函数中最后一个字母为 V 的函数都是使用虚拟坐标。使用虚拟坐标时，要使用浮点数来传递坐标。SGL 的几何绘图函数都有两个版本，名称最后有 V 的使用虚拟坐标。例如 sglLine 使用窗口的实际坐标来画线，glLineV 则使用虚拟坐标来画线。

虚拟坐标的默认值为(-1.0,-1.0)及(1.0,1.0)，调用 SetVirtual 可以改变默认值。

虽然这个程序中并没有动画，但还是可以使用 Double Buffer 来绘图。读者可能已经发现 SGLDRAW1.F90 执行后，当其他窗口移动到 SGL 绘图窗口前时，SGL 绘图窗口中的图案会画到其他窗口上，使用 Double Buffer 就不会有这个现象。使用 Double Buffer 时，当绘图工作完成后，要调用 sglUpdateBuffer 把背景画面复制到窗口画面。

SGL 函数除了用最后一个字母来决定坐标系之外，函数名称中有没有 Filled 字符串会决定所画出的是实心，或是只有外框的图形，所以每种几何图案最多有 4 种版本可以使用。例如画矩形时有 sglRect、sglRectV、sglFilledRect、sglFilledRectV 这 4 个函数可以选择。

13-2-4 比例修正

使用虚拟坐标，可以让窗口大小改变时自动缩放窗口中的图形。不过也会出现另一个问题，如用户把窗口形状由原来的正方形改变成长方形，原来的圆形在这个时候会变成椭圆（如图 13.6 所示）。

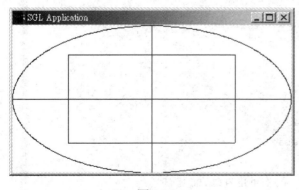

把窗口拉成长方形，本来的圆形会变成椭圆

图 13.6

解决方法是让程序在窗口大小改变时，同时跟着改变虚拟坐标的定义。使用 sglReshapeSub 可以设置当窗口大小改变时，会自动得到窗口大小改变的信息。

SGLDRAW3.F90

```
1.module sgl_util
```

```
2.  use sgl
3.  implicit none
4.contains
5.  subroutine Display()
6.    call sglClearBuffer()
7.    call sglColor3f(1.0,0,0)
8.    call sglRectV(-0.6, -0.6, 0.6, 0.6)
9.    call sglColor3i(0,255,0)
10.   call sglCircleV(0.0,0.0,1.0)
11.   call sglColor3i(0,0,255)
12.   call sglLineV(-1.0, 0, 1.0, 0)
13.   call sglLineV(0, -1.0, 0.0, 1.0)
14.   call sglUpdateBuffer();
15.  end subroutine
16.  subroutine resize(width, height)
17.    integer width, height
18.    real r
19.    write(*,"('size:'I4' x'I4")")width, height
20.    r = real(height)/real(width)
21.    if(r>1.0)then
22.      call sglSetVirtual(-1.0, -r, 1.0, +r)
23.    else
24.      call sglSetVirtual(-1.0/r, -1.0, 1.0/r, 1.0)
25.    end if
26.  end subroutine
27.end module
28.
29.program main
30.  use sgl_util
31.  implicit none
32.  call sglDisplaySub(Display)
33.  ! 设置当窗口大小改变时会调用 resize
34.  call sglReshapeSub(resize)
35.  ! 设置窗口左上角的虚拟坐标为(0,0)右下角为(1.0,1.0)
36.  call sglSetVirtual(-1.0, -1.0, 1.0, 1.0)
37.  call sglCreateWindow(100,100,500,500,1)
38.  call sglMainLoop()
39.  stop
40.end program
```

程序第 34 行调用 sglReshapeSub 时把子程序 resize 输入，所以当 SGL 窗口大小改变时，会自动调用子程序 resize。函数 resize 被调用时会得到两个整型参数，分别代表窗口的宽度及高度。

子程序 resize 会根据窗口大小的比例来重新调整虚拟坐标值。经过调整后，不论窗口被拉成什么形状，所画出来的圆形永远不会变成椭圆（如图 13.7 和 13.8 所示）。

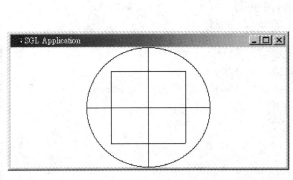
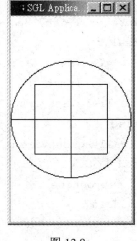

图 13.7　　　　　　　　　　图 13.8

subroutine sglReshapeSub(sub)

功能：

设置在窗口大小改变时，会调用子程序 sub

参数：

external sub　　输入的子程序 sub 在窗口大小改变时会被调用，子程序 sub 会得到两个整型参数，分别代表窗口的宽和高

虚拟坐标可以和窗口坐标混合使用，下面的实例程序画出两支"蜡烛"，一支是用窗口坐标画出来的，另一支则使用虚拟坐标（如图 13.9）。读者可以试着去改变窗口大小，看看这两个不同方法所画出来的结果会有什么不同（如图 13.10）。

SGLDRAW4.F90

```
1.  module sgl_util
2.   use sgl
3.   implicit none
4.  contains
5.   subroutine Display()
6.     call sglClearBuffer()
7.     call sglColor3f(1.0,0,0)
8.     call sglFilledRect(100,100, 120,200)! 蜡烛
9.     call sglFilledRectV(0.5, 0.5, 0.58, 0.9)
10.    call sglColor3f(1.0,1.0,0.0)
11.    call sglFilledEllipse(110, 70, 5,30)! 火焰
12.    call sglArc(110, 70, 50, 0.0, 3.14159)! 光环
```

```
13.     call sglFilledEllipseV(0.54,0.4, 0.03, 0.1)
14.     call sglArcV(0.54,0.4,0.4, 0.0, 3.14159)
15.     call sglUpdateBuffer();
16.   end subroutine
17.   subroutine resize(width, height)
18.     integer width, height
19.     real r
20.     r = real(height)/real(width)
21.     if(r>1.0)then
22.       call sglSetVirtual(-1.0, -r, 1.0, +r)
23.     else
24.       call sglSetVirtual(-1.0/r, -1.0, 1.0/r, 1.0)
25.     end if
26.   end subroutine
27.end module
28.
29.program main
30.   use sgl_util
31.   implicit none
32.   call sglDisplaySub(Display)
33.   call sglReshapeSub(resize)
34.   call sglSetVirtual(-1.0, -1.0, 1.0, 1.0)
35.   call sglCreateWindow(100,100,400,400,1)
36.   call sglMainLoop()
37.   stop
38.end program
```

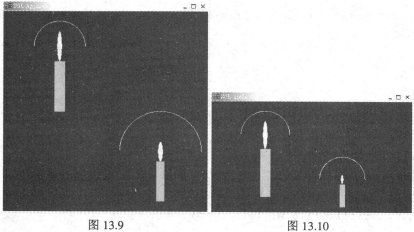

图 13.9   图 13.10

把窗口变小后，使用虚拟坐标画出来的图形会跟着变小

这个程序中使用了两个新的函数，详细介绍它们如下：

subroutine sglFilledEllipse(cx,cy,rx,ry)

功能：

以(cx,cy)为圆心，rx 为 X 轴半径，ry 为 Y 轴半径画一个椭圆

参数：

integer cx, cy   椭圆圆心
integer rx, ry   椭圆在 X 轴及 Y 轴上的半径

subroutine sglArc(cx,cy,r,ang1,ang2)

功能：

以(cx,cy)为圆心，r 为半径长，从弧度 ang1 到 ang2 间画一个弧形。例如 sglArc(100,100,10,0,3.14159)会以(100,100)为圆心、10 为半径，画出一个半圆

参数：

integer cx, cy   圆心
integer r   半径长
real ang1, ang2 弧形的起始及结束坐标

根据 SGL 链接库的命名策略，跟椭圆相关共有 **sglEllipse**、**sglFilledEllipse**、**sglEllipseV**、**sglFilledEllipseV** 这 4 个函数。不过跟画弧形相关的函数只有 **sglArcV**，画弧形没有实心的版本。

13-2-5 使用字体

除了画出几何图形之外，SGL 还有提供输出文本的功能，下面的实例程序会在画面上显示 HELLO 字符串。

SGLFONT1.F90

```
1.module SGL_UTIL
  2.  use SGL
  3.  implicit none
  4.contains
  5.  subroutine display()
  6.    call sglClearBuffer()
  7.    call sglColor3i(255,255,255)
  8.    call sglTextOut(100, 100, "HELLO")
  9.    call sglUpdateBuffer()
 10.  end subroutine
 11.end module SGL_UTIL
 12.
 13.program main
 14.  use SGL_UTIL
 15.  implicit none
 16.
 17.  call sglDisplaySub(display)
```

```
18.    call sglCreateWindow(100,100,400,400,1)
19.    call sglMainLoop()
20.
21.    stop
22.end program
```

函数 sglTextOut 可以在画面上输出文本，使用方法如下：
subroutine sglTextOut(x,y,string)
功能：
在窗口坐标(x,y)位置输出 string 字符串
参数：
integer x, y   输出字符串的位置
character（len=*）string   所要输出的字符串

使用 sglTextOut 之前，可以调用 sglUseFont 来选择字体。
subroutine sglUseFont(font,w,h)
功能：
可以选择 Windows 系统中所安装的字体来使用，在这里的字体宽高是对英文字母而言，使用中文时，实际的宽度会是 w*2
参数：
character（len=*）font   字体名称
integer w, h   字体的宽、高

下一个实例程序会在画面上输出一个很大的"大家好"字符串（如图 13.11）。

SGLFONT2.F90

```
1.module SGL_UTIL
2.  use SGL
3.  implicit none
4.contains
5.  subroutine display()
6.    call sglClearBuffer()
7.    call sglColor3i(255,255,255)
8.    call sglTextOut(50,50,"大家好")
9.    call sglUpdateBuffer()
10.  end subroutine
11.end module SGL_UTIL
12.
13.program main
14.  use SGL_UTIL
15.  implicit none
16.
17.  call sglDisplaySub(display)
18.  call sglCreateWindow(100,100,400,200,1)
```

计算机绘图

```
19.    call sglUseFont("标阶体",50,100)
20.    call sglMainLoop()
21.
22.    stop
23.end program
```

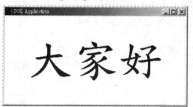

图 13.11

sglTextOut 只能输出字符串，不能直接输出数字。想要输出数字前，要先把数字转换成字符串再来输出。

13-2-6 绘制数学函数

这个小节会示例绘制 SIN 函数图形（如图 13.12）的方法。在这里要先介绍一个概念，在计算机绘图中并没有真正的曲线存在，屏幕上所看到的曲线都是由很多的像素或是小直线所近似出来的结果。要画函数图形时，同样要使用近似的方法来做。先决定绘制函数图的数值范围，再决定要使用多少条小线段来做近似。

SGLDRAW5.F90

```
1.module sgl_util
2.   use sgl
3.   implicit none
4.   real, parameter :: PI = 3.14159
5.   real, parameter :: range = PI*3
6.   real, save :: left, right, top, bottom
7.   integer, save :: width, height
8.contains
9.   subroutine Display()
10.    integer, parameter :: segments = 100
11.    real x0,x1,y0,y1,xinc
12.    xinc =(right-left)/segments
13.    call sglClearBuffer()
14.    call sglColor3i(255,0,0)
15.    call sglLine(0,height/2,width,height/2)
16.    call sglLine(width/2,0, width/2,height)
17.    call sglColor3i(255,255,255)
18.    x0 = left
```

```
19.     y0 = sin(x0)
20.     do while(x0 <= right)
21.       x1 = x0+xinc
22.       y1 = sin(x1)
23.       call sglLineV(x0,y0, x1,y1)
24.       x0 = x1
25.       y0 = y1
26.     end do
27.     call sglUpdateBuffer()
28.   end subroutine
29.   subroutine resize(w, h)
30.     integer w, h
31.     real r
32.     width = w
33.     height = h
34.     r = real(height)/real(width)
35.     if(r>1.0)then
36.       left = -range
37.       right = range
38.       top = r*range
39.       bottom = -r*range
40.     else
41.       left = -range/r
42.       right = range/r
43.       top = range
44.       bottom = -range
45.     end if
46.     call sglSetVirtual(left, top, right, bottom)
47.   end subroutine
48. end module
49.
50. program main
51.   use sgl_util
52.   implicit none
53.   call sglDisplaySub(Display)
54.   call sglReshapeSub(resize)
55.   call sglCreateWindow(100,100,400,400,1)
56.   call sglMainLoop()
57.   stop
58. end program
```

计算机绘图

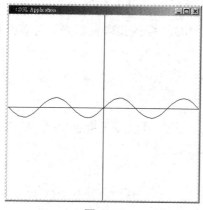

图 13.12

这个程序在设置虚拟坐标时，把 Y 轴定义成一般在数学中常用的情况，也就是 Y 轴向上递增。只要使用 SetVirtual 把窗口左上角的 Y 轴设置成比较大的值，窗口右下角的 Y 轴设置成比较小的值，就可以有这个效果。

子程序 Display 中的常量 segments 用来决定 SIN 函数要切割成几条线段，在这里设置成 100，数值越大会越精细，读者可以试着改变 segments 的值。变量 xinc 是指整个绘图区间中，X 轴方向被平均切成 segments 份之后，每一个等分的长度值。

```
12.    xinc =(right-left)/segments
```

程序核心在第 18～26 行的地方，程序会由左到右，逐步地把 SIN 函数画出来。X0 在进入循环前，先设置成虚拟坐标中 X 轴最小的值，Y0 也先设置成 SIN(X0)。进入循环后会开始用一条一条线段慢慢地把 SIN 函数图形画出来。

```
18.    x0 = left
19.    y0 = sin(x0)
20.    do while(x0 <= right)
21.      x1 = x0+xinc
22.      y1 = sin(x1)
23.      call sglLineV(x0,y0, x1,y1)
24.      x0 = x1
25.      y0 = y1
26.    end do
```

在循环中会不断地调用 sglLineV(x0,y0, x1,y1) 来画出(x0,y0)到(x1,y1)间的直线。X 轴方向被切割成 segments 个等分点，x1 会设置成在 x0 右边的下一个等分点位置，x0 则会从最左边的等分点一步一步向右移动。

读者可以用同样的方法，试着画出其他函数图形。只要把程序代码中的 SIN 函数换成其他函数就行了。

13-3 SGL 的交互功能

READ 命令只适合用来读取数字或是文本，不适合在实时交互的环境中使用。因为 READ

命令要等用户按下 Enter 键后才会读取数据。SGL 提供直接读取键盘按键的方法。另外还有很多功能是 READ 命令做不到的，例如读取鼠标。SGL 提供读取鼠标光标位置及按钮的功能。

13-3-1　使用键盘

这个程序是第一个动画程序，它有交互的能力，用户可以按下键盘上的 A 键把方块向左移，按 D 键来向右移，按 W 键来向上移，按 S 键来向下移。

SGLUI1.F90

```fortran
1. module sgl_util
2.   use sgl
3.   implicit none
4.   integer, save :: x=100
5.   integer, save :: y=100
6. contains
7. subroutine display()
8.   integer, parameter :: size = 20
9.   call sglClearBuffer()
10.  call sglColor3i(255,0,0) ! 使用红色
11.  call sglDrawFilledRect(x-size,y-size, x+size,y+size)
12.  call sglUpdateBuffer() ! 实际更新屏幕
13.  return
14. end subroutine
15. subroutine getchar(key)
16.  integer key
17.  character ckey
18.  integer, parameter :: inc = 3
19.  ckey = char(key)
20.  write(*,"('input:'A1)")ckey
21.  select case(ckey)
22.  case('a','A')
23.    x = x-inc
24.  case('d','D')
25.    x = x+inc
26.  case('w','W')
27.    y = y-inc
28.  case('s','S')
29.    y = y+inc
30.  end select
```

```
31.    if(x<0)x=0
32.    if(x>400)x=400
33.    if(y<0)y=0
34.    if(y>400)y=400
35.    call display()！调用 display 可以强迫更新画面
36.end subroutine
37.end module
38.
39.program main
40.   use sgl_util
41.   implicit none
42.   call sglDisplaySub(display)
43.   call sglGetCharSub(getchar)！设置输入一个字符时会调用的函数
44.   call sglEnableReshape(0)！不准许窗口大小改变
45.   call sglCreateWindow(100,100,400,400,1)
46.   call sglMainLoop()
47.   stop
48.end
```

为了要读取键盘，在主程序第 43 行调用 **sglGetCharSub** 用来设置当按下键盘时，会自动去调用子程序 getchar。子程序 getchar 会得到一个整型参数，参数值会等于用户按下字符的 ASCII 值。

在这个程序中，用户按下键盘后，程序会自动调用 getchar 并把所按下字符的 ASCII 值输入。子程序 getchar 中会检查按下的是哪个字符，如果是用来移动方块的功能键，就重新设置方块的位置。getchar 和 display 这两个函数之间使用全局变量来互相通信，在 display 中用来画出方块位置的(x,y)值，会在 getchar 中被改变。

子程序 display 并没有限定只有在收到更新的信息时才能调用。某些情况只有程序员才知道画面需要更新，这个时候就应该主动调用 display。例如在这个例子中，只有程序员才知道什么时候方块位置做了改变，方块位置改变时要更新画面。程序第 35 行调用 display 会主动更新画面。

```
35.    call display()！调用 display 可以强迫更新画面
```

主程序第 44 行在打开窗口前调用了函数 sglEnableReshape，这个函数可以用来设置是否允许窗口改变大小。输入值为 0 时，不能改变窗口大小。

最后来介绍这个程序中新使用的 SGL 函数：

subroutine sglGetCharSub(sub)

参数：

 external sub 输入一个子程序，按下键盘时会调用这个子程序。子程序 sub 会得到一个整数参数，代表按键的 ASCII 值。

subroutine sglEnableReshape(resize)

功能：

这个函数要在 sglCreateWindow 之前使用才有效，输入值为 0 时窗口将不能改变大小。

输入值不为 0 时，窗口可以改变大小。默认情况是可以改变大小

参数：
integer resize 　　输入一个整数，用来设置窗口是否能够改变大小。

13-3-2 使用鼠标

鼠标在绘图窗口中移动或是按下按钮时，同样可以使用 SGL 来设置使用某个函数来接收这些信息。下面的实例程序，会在鼠标光标位置显示一个大 X。按下鼠标按键时，则会在文本窗口中显示所按下的按键。

SGLUI2.F90

```fortran
1.module sgl_util
2.  use sgl
3.  implicit none
4.  integer, save :: x=0
5.  integer, save :: y=0
6.contains
7.subroutine display()
8.  integer, parameter :: size = 10
9.  call sglClearBuffer()
10. call sglColor3i(255,255,255)
11. call sglDrawLine(x-size, y-size, x+size, y+size)
12. call sglDrawLine(x+size, y-size, x-size, y+size)
13. call sglUpdateBuffer()
14. return
15.end subroutine
16.subroutine MouseMove(mx,my)
17.  integer mx,my
18.  x = mx
19.  y = my
20. call display()
21. return
22.end subroutine
23.subroutine MouseDown(key)
24.  integer key
25.  write(*,"('Push mouse button ',I1)")key
26.end subroutine
27.subroutine MouseUp(key)
28.  integer key
29.  write(*,"('Release mouse button ',I1)")key
```

```
30.end subroutine
31.end module
32.
33.program main
34.    use sgl_util
35.    implicit none
36.    ! 设置鼠标在窗口中移动时，会调用 MouseMove
37.    call sglMouseMoveSub(MouseMove)
38.    ! 设置鼠标在窗口按下按键时，会调用 MouseDown
39.    call sglMouseDownSub(MouseDown)!
40.    ! 设置鼠标在窗口松开按键时，会调用 MouseUp
41.    call sglMouseUpSub(MouseUp)
42.    call sglDisplaySub(display)
43.    call sglCreateWindow(100,100,400,400,1)
44.    call sglShowCursor(0)! 隐含操作系统的鼠标光标
45.    call sglMainLoop()
46.    stop
47.end program
```

程序执行后，请试着在绘图窗口中移动鼠标，可以看到一个白色的大 X 跟着鼠标一起移动。这个程序处理了两个新的信息，鼠标移动跟鼠标按键的信息。鼠标按键的信息又分成两种，分别是按下按键和松开按键的信息，一般只要处理按下按键的信息就行了。

程序第 37 行会调用 sglMouseMoveSub 来设置当鼠标在窗口中移动时，会调用 MouseMove 函数。MouseMove 函数会自动输入两个整型参数来代表鼠标坐标位置。

程序第 37 及 39 行分别会调用 sglMouseDownSub 及 sglMouseUp，设置按下鼠标按键时，会调用 MouseDown，松开鼠标按键时，会调用 MouseUp。这两个函数都会自动输入 3 个整型参数，第 1 个参数用来代表按下鼠标哪一个按键，最后两个参数则是这个时候的鼠标位置。

MouseMove 函数中把全局变量 x,y 的值，设置成目前的鼠标坐标位置，还会调用 display 来强制更新画面。函数 display 中会在（x,y）位置画出一个大 X，它刚好是鼠标的位置。

MouseDown 和 MouseUp 函数只会显示所按下或放开的是哪个按键。实际使用时，不一定需要处理放开按钮的信息。如果只要用鼠标来选择东西，只需要处理按下按键的信息就行了。要做拖动时才需要同时处理按下及放开的信息，在收到按下按键信息，到收到放开按键信息的这段时间内，这个按钮都是被压住的。

程序第 44 行调用了新的函数 sglShowCursor，它可以用来隐含鼠标光标。输入 0 会把光标隐含起来，输入非 0 的数值时则会显示光标。在窗口格式下默认会显示鼠标光标，在全屏幕格式下默认不会显示鼠标光标。

13-3-3 主动更新画面

到目前为止的 SGL 实例程序有一个共同点，它们都没有办法自动更新画面，一定要等用户按下按键或是移动鼠标，画面才会更新。如果程序想要自动生成动画效果，例如想播放一段影片时，必须还要有自动更新画面的机制。

使用一个无穷循环不断地调用 SGL 函数，确实是可以达到自动更新画面的效果，不过它并不是一个好方法。这个做法在循环进行时，无法收到操作系统的信息，结果会导致无法读取键盘，也没有办法使用鼠标来移动或关闭窗口。

SGLBAD.F90

```fortran
1. module sgl_util
2.   use sgl
3.   implicit none
4. contains
5. subroutine display()
6.   integer, parameter :: size = 200
7.   real, parameter :: rinc = 0.002
8.   real, save :: radian = 0.0
9.   integer :: x,y
10.  x = int(sin(radian)*size)
11.  y = int(cos(radian)*size)
12.  radian = radian + rinc
13.  call sglClearBuffer()
14.  call sglDrawLine(200-x, 200-y, 200+x, 200+y)
15.  call sglUpdateBuffer()
16.  return
17. end subroutine
18. end module
19. ! 这是错误示例
20. program main
21.   use sgl_util
22.   implicit none
23.   integer i
24.   call sglCreateWindow(100,100,400,400,1)
25.   call sglColor3i(255,255,255)
26.   do i=1,5000
27.     call display()
28.   end do
29.   stop
30. end
```

这个程序执行后，会出现一条自动旋转的直线。在它还没转完之前，用户没有办法关闭窗口，只能耐心地等它转完。这个程序没有调用 sglMainLoop 来等待信息，打开窗口后会进入循环中调用 5000 次 display，每调用一次 display，就会让直线做一个小角度旋转，并且更新画面。

这个程序虽然可以自动更新画面，但是并不合乎一般窗口程序的要求。程序执行时，用户没有办法用鼠标去移动或是关闭窗口，所以这并不是一个好方法。在 SGL 中自动更新画面，有另外两种比较好的方法供选择，先来看第一种方法。

SGLTIMER.F90

```fortran
1. module sgl_util
2.   use sgl
3.   implicit none
4. contains
5.   subroutine display()
6.     integer, parameter :: size = 200
7.     real, parameter :: rinc = 0.002
8.     real, save :: radian = 0.0
9.     integer :: x,y
10.    x = int(sin(radian)*size)
11.    y = int(cos(radian)*size)
12.    radian = radian + rinc
13.    call sglClearBuffer()
14.    call sglDrawLine(200-x, 200-y, 200+x, 200+y)
15.    call sglUpdateBuffer()
16.    return
17.  end subroutine
18. end module
19.
20. program main
21.   use sgl_util
22.   implicit none
23.   call sglDisplaySub(display)
24.   call sglCreateWindow(100,100,400,400,1)
25.   ! 设置每10ms就会调用display函数一次
26.   call sglTimerSub(10, display)
27.   call sglMainLoop()
28.   stop
29. end
```

这个程序同样会画出一条会旋转的直线，不同的是在执行时，用户可以自由移动或关闭窗口。这个程序的旋转速度会比较慢一点，上一个实例是使用循环来做全速旋转，这个程序则是设置每 10 毫秒转动一个小角度。第 26 行调用 **sglTimerSub** 会设置每 10 毫秒自动调用函数 display 一次。

subroutine sglTimerSub(time,sub)

功能：

这个函数有点类似定时器的功能，当设置的间隔时间到达时，会自动调用子程序 sub。所设置的时间 time 并不保证会准确地定时，精度随不同计算机而异。Win98 下的精度就会比 Win2000 下差

参数：

  integer time   设置自动调用 sub 函数的时间间隔，单位为毫秒
  external sub   每隔 time 毫秒，子程序 sub 会自动被调用。子程序 sub 不会有任何参数

除了使用定时器之外，还有第二个方法可以用来自行更新画面。在操作系统没有传送信息给 SGL 绘图窗口的等待时间，可以不断地去执行某一个函数。前面已经介绍过，窗口程序大部分的时间都是在等待用户的输入信息，程序可以截取这个等待的时间来使用。

SGLIDLE.F90

```fortran
1. module sgl_util
2.   use sgl
3.   implicit none
4. contains
5. subroutine display()
6.   integer, parameter :: size = 200
7.   real, parameter :: rinc = 0.002
8.   real, save :: radian = 0.0
9.   integer :: x,y
10.  x = int(sin(radian)*size)
11.  y = int(cos(radian)*size)
12.  radian = radian + rinc
13.  call sglClearBuffer()
14.  call sglDrawLine(200-x, 200-y, 200+x, 200+y)
15.  call sglUpdateBuffer()
16.  return
17. end subroutine
18. end module
19.
20. program main
21.  use sgl_util
22.  implicit none
23.  call sglDisplaySub(display)
24.  call sglIdleSub(display)
25.  call sglCreateWindow(100,100,400,400,1)
26.  call sglMainLoop()
27.  stop
```

```
28.end
```

这个程序跟上一个使用定时器的程序只差了一行,程序第 24 行调用 sglIdleSub 会设置当绘图窗口在没有收到信息时,不断地去调用 display 函数。这个程序的直线旋转速度应该会比上一个程序快,因为 display 函数几乎等于是不间断地一直被调用。

使用这个方法,在比较慢的机器上执行时,用鼠标移动窗口的反应会变得很慢。因为在执行 display 函数的时间中,没有办法处理其他信息。如果执行 display 函数的时间太长,用户会感觉到整个程序的交互能力变差。在慢的计算机上最好使用 sglTimerSub 来代替 sglIdleSub,而且不要把定时器的时间设置的太短。

13-3-4 主动读取键盘

3-1 节中介绍了用第 1 种方法来读取键盘,这个方法不能判断某个键是否一直被按着,也没有办法读取一些特殊键,例如 Alt、Ctrl。第 2 种读取键盘的方法比较直接,它不是被动地让操作系统来告知是否有按键被按下,而是直接读取键盘状态。这个方法还可以做到同时读取多个按键,比较适合应用在实时交互的环境中。

SGLUI3.F90

```
1.module sgl_util
2.  use sgl
3.  implicit none
4.  integer, save :: x=200
5.  integer, save :: y=200
6.contains
7.subroutine display()
8.  integer, parameter :: size = 20
9.  call sglClearBuffer()
10. call sglColor3i(0,255,0)
11. call sglFilledRect(x-size,y-size, x+size,y+size)
12. call sglUpdateBuffer()
13. return
14.end subroutine
15.subroutine idle()
16. integer, parameter :: inc = 1
17. call sglReadKeyboard()! 读取目前键盘状态
18. if(sglKeyPressed(KEY_RIGHT))x = x+inc
19. if(sglKeyPressed(KEY_LEFT))x = x-inc
20. if(sglKeyPressed(KEY_UP))y = y-inc
21. if(sglKeyPressed(KEY_DOWN))y = y+inc
22. if(x<0  )x=0
23. if(x>400)x=400
```

```
24.    if(y<0   )y=0
25.    if(y>400)y=400
26.    call display()
27.end subroutine
28.end module
29.
30.program main
31.    use sgl_util
32.    implicit none
33.    call sglIdleSub(idle)
34.    call sglDisplaySub(display)
35.    call sglEnableReshape(0)
36.    call sglCreateWindow(100,100,400,400,1)
37.    call sglMainLoop()
38.    stop
39.end
```

程序执行结果类似 SGLUI1.F90，不过方块移动速度快多了。主程序中设置当绘图窗口在等待信息的休息时间中，会不断调用 idle。子程序 idle 被调用时，会主动读取键盘状态。

函数 sglReadKeyboard 会读取键盘状态，再经过 sglKeyPressed 函数可以查询某个按键是否正被按下。sglKeyPressed 要输入一个按键的代码，这些代码事先声明成常量，定义在 SGL 初始码 SGLDEF.F90 中，下面列出几个常用的键盘代码。

KEY_A ~ KEY_Z   26 个字母
KEY_0 ~ KEY_9   数字键
KEY_LEFT、KEY_RIGHT、   方向键
KEY_UP、KEY_DOWN

再说明一次这个实例程序的流程。函数 idle 会不断地被自动调用，在 idle 执行时会调用 sglReadKeyboard 来读取目前整个键盘状况，键盘状态会记录在事先配置好的一块内存中。接着再调用 sglKeyPressed（KEY_xxx）函数，就可以检查某个按键是否被按下。

下面会详细介绍这个程序所新使用的 SGL 函数：

subroutine sglReadKeyboard()

功能：

主动读取键盘状态

logical function sglKeyPressed(key)

功能：

调用 sglReadKeyboard 后，还要使用 sglKeyPress 才能检查某个按键是否被按下。sglKeyPress 返回的是在上一次调用 sglReadKeyboard 时，某个按键是否被按下的信息，返回 .true. 时代表所查询的键被按下

参数：

integer key   输入所要查询的键盘代码

使用主动格式可以用来检查某个按键是否正被按下，用这个格式可以读取特殊键及多个

按键。在一般比较不强调交互能力的程序中，使用 sglGetCharSub 所提供的被动格式功能就足够了。在 SGL 中可以同时使用这两种格式，函数 sglGetCharSub 和 sglReadKeyboard 可以混用。

主动读取格式的缺点是比较占用 CPU 时间，因为主动格式下要不断地检查键盘状态，不像被动格式只要等待信息就行了。使用主动格式时，检查键盘的频率如果不够快，会错过一些按键。

13-4　图像与色彩

在程序代码中使用 sglLine、sglRect、sglCircle 等等的函数，适合用来画规则的物体，例如数学函数、建筑结构等。不规则图形就不适合用这些函数，程序代码中不太可能用这些函数画出具备照片品质的风景图，使用图文件记录这些图像是比较好的方法。

13-4-1　读取图文件

目前常用的图形文件有很多种格式，例如*.JPG、*.GIF 等等。不同格式的图文件主要差别在它们所使用的压缩方法。没有经过压缩的图文件，数据量非常大，以一张 1024×768×24 bits 的真彩图片来说，初始数据量的大小为 1024*768*3 = 2359296 bytes = 2.25MB。经过 JPG 图文件压缩后，可以把数据量变成原来的十分之一。

在这里不会研究如何读取 JPG 图文件，这一节中会试着去读取最简单的图文件，没有经过压缩过的*.RAW 图像初始数据。应该每一种图像软件都可以生成*.RAW 图文件，在本书中只示例如何用 PhotoShop 来生成*.RAW 图文件。

用 PhotoShop 打开想要转换的*.JPG、*.GIF 等等图文件，再检查 IMAGE/MODE 菜单中的色彩格式，请先确认图文件所使用的色彩格式为 RGB。接着选择 File/Save as 来另存新文件，另存新文件时选择*.RAW 格式来保存。最后会出现下面的对话框，请确认 Header 文本框中是 0，还有 Interleaved Order 选项是被选择的（如图 13.13 所示）。

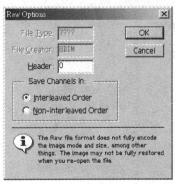

图 13.13

使用这个方法保存的*.RAW 图文件，只会存放图片中每个像素的未压缩数据，每个像素占 3 bytes，刚好 R、G、B 色光各使用 1 byte。这些像素在文件中是紧密地排在一起，所以文件第 1～3 个 byte 是第一个像素数据，第 4～6 个 byte 是第二像素的数据……。

假设图文件大小为 800×600、左上角坐标为(0,0)、右下角坐标为(799,599)，像素的排列方法跟 Fortran 的二维数组相同。(0,0)为第 1 个点，(1,0)为第 2 个点……(799,0)为第 800 个点，(0,1)为第 801 个点……(799,599)为最后一个点。

光盘中\program\chap13\512×512.raw 是用 PhotoShop 转换好的图文件，下面的实例程序 SGLIMG1.F90 可以读取这个图文件、并使用 SGL 来画出图形（如图 13.14 所示）。

图 13.14

SGLIMG1.F90

```
1. module sgl_util
2.   use sgl
3.   implicit none
4.   integer(1), save :: buffer(3*512*512)
5.   integer(4), save :: buffer4(3*512*512/4)
6.   equivalence(buffer,buffer4)
7. contains
8.   subroutine display()
9.     integer x,y
10.    integer base
11.    integer r,g,b
12.    base = 0
13.    do y=1,512
14.      do x=1,512
15.        r = buffer(base+1)
16.        g = buffer(base+2)
17.        b = buffer(base+3)
18.        if(r<0)r = r+256
19.        if(g<0)g = g+256
20.        if(b<0)b = b+256
21.        call sglColor3i(r,g,b)
22.        call sglPixel(x,y)
23.        base = base+3
24.      end do
```

```
25.    end do
26.   end subroutine
27.end module
28.
29.program main
30.   use sgl_util
31.   implicit none
32.   integer i
33.
34.   open(10, file="512×512.raw",&
35.        form="unformatted",access="direct",&
36.        recl=1,status="old")
37.   do i=1,512*512*3/4
38.     read(10,rec=i)buffer4(i)
39.   end do
40.   close(10)
41.   call sglDisplaySub(display)
42.   call sglEnableReshape(0)
43.   call sglCreateWindow(50,50,512,512,0)
44.   call sglMainLoop()
45.   stop
46.end program
```

这个程序用了一个技巧来读取图文件，因为 Visual Fortran 的 OPEN 命令，默认的 RECL 文本框单位是 4 bytes，所以每次读取数据的最小单位是 4 bytes。不过因为每个像素占用 3 bytes，所以 4 bytes 的单位使用起来不太方便。程序声明了两个数组：一个是每个元素占 4 bytes 的长整型数组 buffer4；另一个则是每个元素占 1 byte 的短整型数组 buffer，不过使用 EQUIVALENCE 命令把它们放在相同的内存位置。

第 37～39 行的循环中，把图文件暂时当成长整型读入数组 buffer4 中。不过由于 buffer 和 buffer4 使用相同的内存位置，所以当读入长整型数据到 buffer4(1)时，相当于一次读入 4 个占用 1 byte 的短整型到 buffer(1～4)中。

要使用数组 buffer 中的数字时，要先经过转换。因为占用 1 byte 的短整型，保存的数值范围在-128～127 之间。不过在 SGL 中使用整数来设置颜色时，RGB 色光是使用 0～255 之间的整数来设置强度。8 bits 的短整型，可以使用两种方法来解读数值。以正整数的方法来解读，它的值域范围在 0～255 间。容许负值存在时，值域范围就变成-128～127。Fortran 中的短整型使用第 2 种方法来解读数据，所以超过 127 的数值，会被解译成负数。

程序 18～20 行间的程序代码在做数值转换，把短整型中的负数转换成它原本所应该代表的正数值。转换方法很简单，把负数的值加上 256 就行了。

```
18.        if(r<0)r = r+256
19.        if(g<0)g = g+256
20.        if(b<0)b = b+256
```

画图的程序代码只有第 21、22 这两行，第 21 行用 sglColor3i 来设置转换好的颜色，第 22 行再调用 sglPixel 画出一个点。使用循环把所有像素画出来，就会显示出图文件。

subroutine sglPixel(x,y)

功能：

在（x,y）坐标上画出一个点

参数：

integer x,y　　所要画点的坐标位置

这个程序执行速度有点慢，因为要用循环慢慢地把每个点画出来。SGL 中提供另一个函数 sglPutRGBBuffer，它可以自动把数组中的像素数据一口气贴到画面上。

SGLIMG2.F90

```fortran
1.  module sgl_util
2.  use sgl
3.  implicit none
4.  integer(1), save :: buffer(3*512*512)
5.  integer(4), save :: buffer4(3*512*512/4)
6.  equivalence(buffer,buffer4)
7.  contains
8.  subroutine display()
9.    call sglPutRGBBuffer(buffer,0,0,512,512)
10. end subroutine
11. end module
12.
13. program main
14. use sgl_util
15. implicit none
16. integer i
17.
18. open(10, file="512x512.raw",&
19.      form="unformatted",access="direct",&
20.      recl=1,status="old")
21. do i=1,512*512*3/4
22.   read(10,rec=i)buffer4(i)
23. end do
24. close(10)
25. call sglDisplaySub(display)
26. call sglEnableReshape(0)
27. call sglCreateWindow(50,50,512,512,0)
28. call sglMainLoop()
29. stop
```

```
30.end program
```

这个程序只有画图的函数 display 做了改变，函数 display 中很简单地只要调用 sglPutRGBBuffer 就把图片画出来了，除了程序代码比较精简之外，执行速度也快了许多。sglPutRGBBuffer 可以想像成在粘贴纸，它会把事先准备好的图像数据贴到赋值的地方。

subroutine sglPutRGBBuffer(buffer,x,y,width,height)

功能：

把 buffer 中所记录的 RGB 图像数据，以窗口坐标的(x,y)为原点，把图像贴上去。图像宽度为 width，高度为 height

参数：
integer（1）buffer（*）　图像数据
integer x,y　　　　　　　所要贴图的坐标位置
integer width, height　　图像数据的宽度及高度

除了 sglPixel 和 sglPutRGBBuffer，还有 sglGetPixel 及 sglGetRGBBuffer 函数可以使用。这一组函数的功能正好与前一组函数的功能相反。SglGetPixel 可以读取画面上某个点的颜色值，sglGetRGBBuffer 可以抓取画面上某个区域的图像数据。

subroutine sglGetPixel(x,y,r,g,b)

功能：

查询画面上(x,y)坐标位置的颜色值

参数：
integer x,y　　　坐标位置
integer r,g,b　　会返回(x,y)坐标上的颜色值

subroutine sglGetRGBBuffer(buffer, x,y, width, height)

功能：

以窗口坐标(x,y)为原点，抓取一块宽度为 width、高度为 height 的图像。RGB 数据会存放在数组 buffer 中

参数：
integer(1)buffer(*)　　buffer 数组中会返回抓取得到的图像
integer x,y　　　　　　所要抓取图像的左上角坐标值
integer width, height　所要抓取的图像宽度及高度

RAW 图像文件是最容易读取的图文件，不过它有一个缺点，图文件中只有图像数据，连图像的宽高信息都没有。把图文件转换成 RAW 文件时，要事先记得它的图像大小，不然会无法打开。实例程序 SGLIMG1.F90 和 SGLIMG2.F90 中，所打开的图文件大小为 512×512。

13-4-2　透明贴图 ColorKey

函数 sglPutRGBBuffer 可以把一张图片快速地贴到画面上，不过图片固定都是矩形。用透明贴图的技巧，可以做出不规则形状图片的效果。下面的实例程序会画出一只 UFO 在山上乱飞，UFO 的图片是使用透明贴图。

SGLIMG3.F90

```
1.module sgl_util
2. use sgl
```

```fortran
 3.  implicit none
 4.  integer(1), save :: mountain(3*512*512)
 5.  integer(4), save :: mountain4(3*512*512/4)
 6.  integer(1), save :: ufo(3*512*512)
 7.  integer(4), save :: ufo4(3*512*512/4)
 8.  integer, save :: x=0, y=0
 9.  integer, save :: xinc = 3, yinc = 3
10.  equivalence(mountain, mountain4)
11.  equivalence(ufo,ufo4)
12. contains
13.  subroutine display()
14.    call sglDisableColorKey()
15.    call sglPutRGBBuffer(mountain,0,0,512,512)
16.    call sglEnableColorKey()
17.    call sglColorKey3i(0,0,0)
18.    call sglPutRGBBuffer(ufo, x, y, 60, 60)
19.    call sglUpdateBuffer()
20.  end subroutine
21.  subroutine idle()
22.    x = x+xinc
23.    y = y+yinc
24.    if(x<0 .or. x>=512-60)xinc = -xinc
25.    if(y<0 .or. y>=512-60)yinc = -yinc
26.    call display()
27.  end subroutine
28.  subroutine readbuffer(filename, buffer, size)
29.    character(*):: filename
30.    integer :: size, buffer(size)
31.    integer i, err
32.    open(10, file=filename,&
33.         form="unformatted",access="direct",&
34.         recl=1,status="old",iostat=err)
35.    if(err/=0)then
36.      write(*,*)"Open file fail."
37.      stop
38.    end if
39.    do i=1,size
40.      read(10,rec=i)buffer(i)
41.    end do
42.    close(10)
```

```
43.    end subroutine
44. end module
45.
46. program main
47.    use sgl_util
48.    implicit none
49.    call readbuffer("512x512.raw",mountain4,512*512*3/4)
50.    call readbuffer("ufo.raw",ufo4,60*60*3/4)
51.    call sglIdleSub(idle)
52.    call sglDisplaySub(display)
53.    call sglEnableReshape(0)
54.    call sglCreateWindow(50,50,512,512,1)
55.    call sglMainLoop()
56.    stop
57. end program
```

这个程序使用了两张贴图图像，第 1 张用风景图来做背景。第 2 张 UFO 图像用来当会移动的前景。读者可以试着用 PhotoShop 来观看 UFO.RAW 的内容，会发现 UFO 的四周是黑色背景，不过这些黑色部分在实际贴图时不会出现（如图 13.15 和图 13.16 所示）。

实际的 UFO 照片，在 UFO 四周环绕着黑色背景

图 13.15

贴图时，原本在 UFO 四周的黑色背景没有出现

图 13.16

绘图函数 display 中，在贴上 UFO 图片前调用了 sglEnableColorKey 来启动透明贴图功能。调用 sglColorKey3i（0,0,0）则设置在贴图时，黑色像素不会贴到画面上，最后调用 sglPutRGBBuffer 来贴上 UFO 照片时，只有不是黑色的像素会实际贴上去。

```
16.    call sglEnableColorKey()! 打开透明贴图功能
17.    call sglColorKey3i(0,0,0)! 设置黑色像素不会被贴上去
18.    call sglPutRGBBuffer(ufo, x, y, 60, 60)
```

这个程序执行速度还不够快，因为每次更新画面时，背景部分需要填上 512*512 个像素点，前景部分需要填上 60*60 个像素点。每个像素点的 RGB 数据还要先转换成显卡所使用的颜色格式。

sglGetBuffer 和 sglPutBuffer 是用来直接访问显卡的内存数据，调用 sglGetBuffer 可以从显卡内存抓下画面数据，调用 sglPutBuffer 可以直接把数据写入显卡内存。使用这两个函数，不需要做色彩格式转换，执行速度会比较快。

SGLIMG4.F90

```fortran
1.  module sgl_util
2.    use sgl
3.    implicit none
4.    integer(1), save :: mountain(4*512*512)
5.    integer(4), save :: mountain4(4*512*512/4)
6.    integer(1), save :: ufo(4*512*512)
7.    integer(4), save :: ufo4(4*512*512/4)
8.    integer, save :: x=0, y=0
9.    integer, save :: xinc = 3, yinc = 3
10.   equivalence(mountain, mountain4)
11.   equivalence(ufo,ufo4)
12. contains
13.   subroutine display()
14.     call sglDisableColorKey()
15.     call sglPutBuffer(mountain,0,0,512,512)
16.     call sglEnableColorKey()
17.     call sglColorKey3i(0,0,0)
18.     call sglPutBuffer(ufo, x, y, 60, 60)
19.     call sglUpdateBuffer()
20.   end subroutine
21.   subroutine idle()
22.     x = x+xinc
23.     y = y+yinc
24.     if(x<0 .or. x>=512-60)xinc = -xinc
25.     if(y<0 .or. y>=512-60)yinc = -yinc
26.     call display()
```

```fortran
27.   end subroutine
28.   subroutine readbuffer(filename, buffer, size)
29.     character(*):: filename
30.     integer :: size, buffer(size)
31.     integer i, err
32.     open(10, file=filename,&
33.          form="unformatted",access="direct",&
34.          recl=1,status="old",iostat=err)
35.     if(err/=0)then
36.       write(*,*)"Open file fail."
37.       stop
38.     end if
39.     do i=1,size
40.       read(10,rec=i)buffer(i)
41.     end do
42.     close(10)
43.   end subroutine
44. end module
45.
46. program main
47.   use sgl_util
48.   implicit none
49.   call readbuffer("512x512.raw",mountain4,512*512*3/4)
50.   call readbuffer("ufo.raw",ufo4,60*60*3/4)
51.   call sglIdleSub(idle)
52.   call sglDisplaySub(display)
53.   call sglEnableReshape(0)
54.   call sglCreateWindow(50,50,512,512,1)
55.   ! 先获得所需要的显卡内存数据
56.   call sglDisableColorKey()
57.   call sglPutRGBBuffer(mountain,0,0,512,512)
58.   call sglGetBuffer(mountain,0,0,512,512)
59.   call sglPutRGBBuffer(ufo,0,0,60,60)
60.   call sglGetBuffer(ufo,0,0,60,60)
61.
62.   call sglMainLoop()
63.   stop
64. end program
```

这个程序所生成的画面和 SGLIMG3.F90 相同，不过执行速度会比较快。因为绘图函数使用 sglPutBuffer，而不是 sglPutRGBBuffer 来绘图，sglPutBuffer 中所使用的颜色数据不需要再经过转换。主程序会先把从文件读取的 RGB 图像数据转换成显卡所使用的格式，第 57～60 行就是用来做转换的操作。第 57 行先把图片使用 sglPutRGBBuffer 把数组 mountain 画到画面上，再使用 sglGetBuffer 把显卡实际保存的数据放回数组 mountain 内。数组 mountain 从此之后就可以使用 sglPutBuffer 来贴图。

数组 mountain 所声明的大小和它在 SGLIMG3.F90 中不同。在 SGLIMG3.F90 中声明的大小为 512*512*3，在这里则为 512*512*4。因为在 SGLIMG3.F90 中，数组 mountain 所保存的是从文件中读出的 RGB 数据，每个像素固定使用 3 bytes。在这里则会保存两种数据，程序一开始时，同样是保存图文件的 RGB 数据，不过到第 58 行则会调用 sglGetBuffer 来抓取画面数据。画面数据中，每个像素所使用的空间和显示格式有关，考虑最大的 32 bits 格式，需要 4 bytes。声明成 512*512*4 可以确保在任何显示格式下都可以使用。

13-4-3　256 色格式

256 色格式与 15、16 bits 或 24、32 bits 比较起来有很大的不同。在 256 色格式下，实际使用的颜色数据保存在一块被称为调色板的记录体中。着色时所使用的颜色，要引用调色板的信息后，才能显示出它的颜色。使用 256 色格式时，要先把需要使用的颜色存放在调色板中。

256 色格式不太适合在窗口格式下使用，因为窗口格式下不能设置所有的 256 个调色板值，有一些是操作系统保留的颜色，像光标颜色、桌面颜色等，不能改变它们的调色板设置。在全屏幕下使用 256 色格式，才能完全控制调色板内容。

第 9 章曾经读取过 Lena 小姐的照片，现在来试着显示这张照片。LENA.RAW 图文件中每个像素占 1 byte，像素中记录灰度的色彩信息，数值为 0 时代表全黑，数值为 255 时代表全白。只要事先设置好调色板，就可以使用 256 色格式来显示图片。

SGLIMG5.F90

```
1. module sgl_util
2.   use sgl
3.   implicit none
4.   integer(1), save :: buffer(512*512)
5.   integer(4), save :: buffer4(512*512/4)
6.   equivalence(buffer,buffer4)
7. contains
8.   subroutine display()
9.     call sglPutBuffer(buffer,0,0,256,256)
10.  end subroutine
11.  subroutine readbuffer(filename, buffer, size)
12.    character(*):: filename
13.    integer :: size, buffer(size)
14.    integer i, err
15.    open(10, file=filename,&
```

```fortran
16.         form="unformatted",access="direct",&
17.         recl=1,status="old",iostat=err)
18.    if(err/=0)then
19.      write(*,*)"Open file fail."
20.      stop
21.    end if
22.    do i=1,size
23.      read(10,rec=i)buffer(i)
24.    end do
25.    close(10)
26.  end subroutine
27.  subroutine getkey(key)
28.    integer key
29.    if(key==27)call sglEnd()
30.    call display()
31.  end subroutine
32.  subroutine setpalette()
33.    integer i
34.    do i=0,255
35.      call sglSetPalette(i,i,i,i)  ! 设置灰度颜色
36.    end do
37.    call sglUpdatePalette()
38.  end subroutine
39.end module
40.
41.program main
42.  use sgl_util
43.  implicit none
44.  call readbuffer("lena.raw",buffer4,256*256/4)
45.  call sglDisplaySub(display)
46.  call sglGetCharSub(getkey)
47.  call sglFullScreen(640,480,8,0)
48.  call setpalette()
49.  call sglMainLoop()
50.  stop
51.end program
```

程序执行后会转换成全屏幕格式来显示 Lena 小姐的照片，按下 Esc 键会结束程序。调用 **sglFullScreen** 就可以使用全屏幕格式来绘图，在全屏幕格式下，不能再使用鼠标来关闭窗口，必须设置使用某个按键来结束程序。

subroutine sglFullScreen(width,height,bits,doublebuffer)

功能：

调用 sglFullScreen 会把屏幕转换成所设置的显示格式来绘图。例如 call sglFullScreen（640,480,8,0）会使用 640×480×256 色格式，call sglFullScreen（640,480,32,0）会转换成 640×480×32 bits 格式。请先确定显卡支持所设置的显示格式才调用这个函数

参数：

integer width, height	全屏幕格式的画面宽度及高度
integer bits	全屏幕格式的色彩值
integer doublebuffer	是否使用 doublebuffer

subroutine sglEnd()

功能：

主动关闭绘图窗口，结束 sglMainLoop 的执行

这个程序读取图文件后，在绘图函数 display 中很简单地调用 sglPutBuffer 就可以画出图片。256 色格式下，显卡的内存数据就是每个像素的调色板索引值，所以在这里不需要经过转换就可以使用 buffer 数组。为了正确显示颜色，需要设置调色板内容，调用 sglSetPalette 可以设置调色板内容。

```
32.    subroutine setpalette()
33.      integer i
34.      do i=0,255
35.        call sglSetPalette(i, i,i,i)！设置灰度颜色
36.      end do
37.      call sglUpdatePalette()！要调用 sglUpdatePalette 才会实际应用
38.    end subroutine
```

请注意调色板的颜色编号是从 0 开始，第 34～36 行循环中会调用 sglSetPalette 把调色板第 0 个颜色设置为全黑，第 255 个颜色设置为全白。设置好调色板内容后，还要调用 sglUpdatePalette 才会真正应用设置值。

subroutine sglSetPalette(index, r,g,b)

功能：

设置 256 色格式所使用的调色板内容

参数：

integer index	所要设置的颜色编号
integer r,g,b	调色板的颜色内容，r、g、b 数值范围在 0～255 间

subroutine sglUpdatePalette()

功能： 实际应用 sglSetPalette 所设置的调色板内容

在 256 色格式下调用 sglLine 等函数来绘图时，要调用 sglColor 和 sglClearColor 来选择前景及背景的颜色，使用 sglColor3i、sglColor3f 来选择颜色并不一定会得到正确的颜色。SGL 在 256 色格式下有默认的调色板，进入 256 色格式后，若没有自行改变调色板，就会使用默认调色板。使用默认调色板时，调用 sglColor3i 或 sglColor3f 仍然会得到近似的颜色。

subroutine sglColor(color)

功能：

这个函数通常只在 256 色格式中使用，color 值会选择绘图所要使用的调色板颜色

参数:
integer color   所要使用的色彩值

subroutine sglClearColor(color)

功能:
这个函数通常只在 256 色格式中使用，color 值会选择清除画面所要使用的调色板颜色

参数:
integer color   所要使用的色彩值

调用 sglFullScreen 时，会自动应用一个默认的调色板，所以如果想使用新的调色板设置，要在执行过 sglFullScreen 更改调色板才有用。程序执行时可以任意改变调色板内容，画面上会马上反应出新的颜色设置。有一个技巧称为："调色板动画"，它指的是不改变图像信息，只改变调色板内容所得到的效果。

SGLIMG6.F90

```
1. module sgl_util
2.    use sgl
3.    implicit none
4.    type palette
5.       integer r,g,b
6.    end type
7.    type(palette), save :: table(0:255)
8. contains
9.    subroutine display()
10.      integer i,l
11.      do i=0, 255
12.         call sglColor(i)
13.         call sglRect(400-i,300-i,400+i,300+i)
14.      end do
15.   end subroutine
16.   subroutine getkey(key)
17.      integer key
18.      if(key==27)call sglEnd()
19.      call display()
20.   end subroutine
21.   subroutine initpalette()! 把调色板设置成不同程度的红色
22.      integer i
23.      do i=0,255
24.         table(i)= palette(i,0,0)
25.      end do
26.   end subroutine
27.   subroutine setpalette()
```

```
28.    integer i
29.    do i=0,255
30.      call sglSetPalette(i, table(i)%r, table(i)%g, table(i)%b)
31.    end do
32.    call sglUpdatePalette
33.  end subroutine
34.  subroutine changepalette()
35.    integer i
36.    type(palette)c1
37.    c1 = table(1)
38.    do i=1,254
39.      table(i)= table(i+1)
40.    end do
41.    table(255)=c1
42.    call setpalette()
43.  end subroutine
44.end module
45.
46.program main
47.  use sgl_util
48.  implicit none
49.  call sglDisplaySub(display)
50.  call sglTimerSub(10, changepalette)
51.  call sglGetCharSub(getkey)
52.  call sglFullScreen(800,600,8,0)
53.  call initpalette()
54.  call setpalette()
55.  call sglMainLoop()
56.  stop
57.end program
```

这个程序的绘图函数 display 只会在窗口需要更新时被调用，并不会主动去调用它。函数 changepalette 则会一直被调用，它会改变调色板内容。调色板内容改变后，画面颜色会自动更新，不需要再调用 display 来更新画面。这个程序执行后会有类似穿越隧道的感觉。

13-5 高级应用

只要善用程序技巧，使用 SGL 可以编写出很有趣的程序。笔者用 Fortran 调用 SGL 函数，编写了一个打"气垫球"的游戏，这个程序在光盘的\program\chap13\play 目录下面。读者可以用鼠标来移动拍子，和计算机对打。

除了"气垫球"游戏外，还用 Fortran 编写了一个俄罗斯方块游戏，程序在光盘的 \program\chap13\tetris 目录下。这两个游戏都不会太复杂，只是几百行的程序，在这里不详细列出它们的初始程序代码。程序代码中有批注，让读者自行去研究（如图 13.17 和图 13.18 所示）。

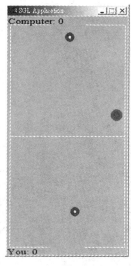 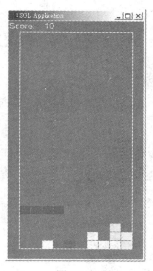

图 13.17　　　　　　图 13.18

左图是类似游乐场可以看到的"气垫球"游戏，用鼠标来移动拍子。右图是经典的俄罗斯方块游戏，使用方向键来移动方块，用空格键来翻转。

Chapter 14

数值方法

数值计算是 Fortran 语言最主要的应用领域，现在就来进入这个课题。本书把数值方法分成两个章节来介绍，这一章会示例如何自行编写程序来求解最基本的几个数值方法问题，第 16 章会示例如何使用 IMSL 链接库来做数值计算。

14-1 求解非线性函数

这一节是要示例如何计算函数 f(x)=0 的解，也就是计算函数 f(x) 的图形和 X 轴的交点。

14-1-1 二分法 Bisection

二分法是最简单的解法，这个算法只有很简单的几个步骤。

（1）先猜两个值 a、b，使得 f(a)*f(b) 小于 0，也就是 f(a)、f(b) 必须异号。这样才能保证在 a～b 间存在一个 c 值，使得 f(c)=0。

（2）令 c=（a+b）/2，如果 f(c)=0 就找到了一个解，工作完成。

（3）f(c) 不为 0 时，如果 f(a)、f(c) 异号，则以 a、c 为新的两个猜测值来重复步骤 2；如果 f(b)、f(c) 异号，则以 b、c 为新的猜值来重复步骤 2。

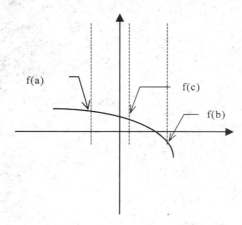

上图中 f(a)>0、f(b)<0、f(c)>0，所以在 b～c 之间存在 f(x)=0 的解。下一步会以 b、c 为两个新的猜值，继续使用二分法来求解。程序实现如下：

BISECT0.F90

```
1.!   二分法求解
2.!   By Pon 1997/9/2
3.module NUMERICAL
4.  implicit none
5.  real, parameter :: zero = 0.00001
6.contains
7.  real function bisect(A, B)
8.    implicit none
```

```
9.      real A,B        ! 输入的猜值
10.     real C          ! 用来算(A+B)/2
11.     real FA         ! 记录F(A)
12.     real FB         ! 记录F(B)
13.     real FC         ! 记录F(C)
14.
15.!    先求出C, F(C)的值
16.     C =(A+B)/2.0
17.     FC = func(C)
18.
19.!    F(C)小于 ZERO 时，就视 F(C)=0，结束循环
20.     do while(abs(fc)> zero)
21.        FA = func(A)
22.        FB = func(B)
23.        if(FA*FC < 0)then
24.        ! f(a)*f(c)<0 ,以 a,c 值为新的区间
25.           B=C
26.           C=(A+B)/2.0
27.        else
28.        ! 不然就是以 b,c 为新的区间
29.           A=C
30.           C=(A+B)/2.0
31.        end if
32.        ! 求出新的 f(c)值
33.        FC=FUNC(C)
34.     end do
35.     bisect = C
36.     return
37.     end function
38.!    求解用的函数
39.     real function func(X)
40.     implicit none
41.     real X
42.     FUNC=(X+3)*(X-3)
43.     return
44.     end function
45.end module
46.
47.program main
48.   use NUMERICAL
```

```
49.   implicit none
50.   real A,B      ! 两个猜值
51.   real ANS      ! 算出的值
52.   do while(.true.)
53.     write(*,*)'输入两个猜测值'
54.     read(*,*)A,B
55.     ! f(a)*f(b)< 0 的猜值才是有效的猜值
56.     if(func(A)*func(B)< 0)exit
57.     write(*,*)"不正确的猜值"
58.   end do
59.   ! 调用二分法求根的函数
60.   ANS=bisect(A, B)
61.   ! 显示结果
62.   write(*,"('x=',F6.3)")ans
63.   stop
64. end
```

上面的实例程序有一个最大的缺点,那就是想要求解的函数已经被固定。在实例程序中,函数 bisect 已被固定成只能求解 f(x)=(x+3)*(x-3)。如果程序代码中还要计算其他函数时,最好使用下面的方法。

BISECT.F90

```
1.!    二分法求解
2.!    By Pon 1997/9/2
3. module NUMERICAL
4.   implicit none
5.   real, parameter :: zero = 0.00001
6. contains
7.   real function bisect(A, B, func)
8.     implicit none
9.     real A,B      ! 输入的猜值
10.    real C        ! 用来算(A+B)/2
11.    real FA       ! 记录F(A)
12.    real FB       ! 记录F(B)
13.    real FC       ! 记录F(C)
14.    real, external :: func ! 所要求解的函数
15.
16.!   先求出C, F(C)的值
17.    C =(A+B)/2.0
18.    FC = func(C)
19.
```

```
20.!     F(C)小于 ZERO 时，就视 F(C)=0，结束循环
21.    do while(abs(fc)> zero)
22.        FA = func(A)
23.        FB = func(B)
24.        if(FA*FC < 0)then
25.        ! f(a)*f(c)<0,以 a,c 值为新的区间
26.          B=C
27.          C=(A+B)/2.0
28.        else
29.        ! 不然就是以 b,c 为新的区间
30.          A=C
31.          C=(A+B)/2.0
32.        end if
33.        ! 求出新的 f(c)值
34.        FC=FUNC(C)
35.    end do
36.    bisect = C
37.    return
38.  end function
39.! 求解用的函数1
40.  real function f1(X)
41.    implicit none
42.    real X
43.    f1=(X+3)*(X-3)
44.    return
45.  end function
46.! 求解用的函数
47.  real function f2(X)
48.    implicit none
49.    real X
50.    f2=(X+4)*(X-5)
51.    return
52.  end function
53.
54.end module
55.
56.program main
57.  use NUMERICAL
58.  implicit none
59.  real A,B    ! 两个猜值
```

```
60.    real ANS      ! 算出的值
61.    do while(.true.)
62.       write(*,*)'输入两个猜测值'
63.       read(*,*)A,B
64.       ! f(a)*f(b)< 0 的猜值才是有效的猜值
65.       if(f1(A)*f1(B)< 0)exit
66.       write(*,*)"不正确的猜值"
67.    end do
68.    ! 调用二分法求根的函数
69.    ANS=bisect(A, B, f1)
70.    ! 显示结果
71.    write(*,"('x=',F6.3)")ans
72.
73.    do while(.true.)
74.       write(*,*)'输入两个猜测值'
75.       read(*,*)A,B
76.       ! f(a)*f(b)< 0 的猜值才是有效的猜值
77.       if(f2(A)*f2(B)< 0)exit
78.       write(*,*)"不正确的猜值"
79.    end do
80.    ! 调用二分法求根的函数
81.    ANS=bisect(A, B, f2)
82.    ! 显示结果
83.    write(*,"('x=',F6.3)")ans
84.
85.    stop
86.end
```

这个程序的做法，是把函数当成参数传到 bisect 函数中，函数 bisect 可以用来求解任何输入的函数。ANS = bisect(a,b,f1)时会求解 f1 函数，ANS = bisect(a,b,f2)时则会求解 f2 函数。

14-1-2 割线法 Secant

现在介绍如何使用割线法，这个方法很适合使用图形来解释，它主要是利用线段来逼近结果，过程如下：

（1）先选出两个猜测值 a、b。

（2）画一条通过(a, f(a))、(b, f(b))这两点的直线，令这条直线与 X 轴的交点为 c。检查 f(c)是否等于 0，如果是就找到了一个解。

（3）f(c)不为 0 时，令 b、c 值为新的两个猜测值 a、b，再回到上一个步骤来继续。

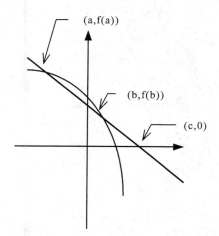

所得到新的猜值 b、c 会比原本的 a、b 更接近答案，一步一步做下去就可以得到 f(c)=0 的结果，这个时候 c 值就是解，程序实现如下。

SECANT.F90

```
1.module NUMERICAL
2.  implicit none
3.  real, parameter :: zero=0.00001  ! 小于 zero 的值会被当成 0
4.contains
5.! 割线法的函数
6.  real function secant(a,b,f)
7.  implicit none
8.  real :: a,b  ! 起始的两个猜值
9.  real :: c    ! 新的解
10. real, external :: f  ! 输入的求解函数
11. real :: fa,fb,fc  ! 记录 f(a),f(b),f(c)
12.
13. fa=f(a)
14. fb=f(b)
15. c=a-fa*(b-a)/(fb-fa)
16. fc=f(c)
17.! 在驱近于 0 之前要一直做逼近的工作
18. do while(abs(fc)> zero)
19.     a=b
20.     b=c
21.     fa=f(a)
22.     fb=f(b)
23.     c=a-fa*(b-a)/(fb-fa)
24.     fc=f(c)
```

```
25.    end do
26.    secant=c
27.    return
28.  end function secant
29.  real function func(x)
30.    implicit none
31.    real :: x
32.    func=sin(x)
33.    return
34.  end function func
35.end module numerical
36.
37.program main
38.  use NUMERICAL
39.  implicit none
40.  real :: a,b    ! 起始猜值
41.  real :: ans    ! 算得的解
42.  write(*,*)"输入两个猜值"
43.  read(*,*)a,b
44.  ! 输入起始猜值及求值的函数
45.  ans=secant(a,b,func)
46.  write(*,"('x=',f8.4)")ans
47.  stop
48.end program
```

请注意，割线法并不一定保证会找到解。也有可能 c 值会越来越偏离答案。实际使用时，应该要随时检查 f(c)的值，如果发现 f(c)没有向 0 逼近，表示初始的猜值不能使用，这个时候没有办法求出正确答案。

14-1-3　牛顿法

牛顿法也是利用线段来逼近结果，计算过程如下：

（1）先做一个猜值 a。

（2）以 f'(a)为斜率，经过(a,f(a))作一条直线，令这条直线与 X 轴的交点为 b。检查 f(b)是否为 0，如果是就找到一个解。

（3）f(b)不为 0 时，重新令 b 为新的猜值 a，回到步骤（2）来重复。

数值方法

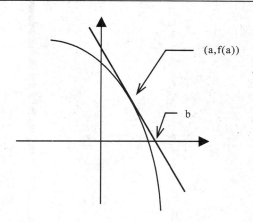

若初始猜值 a 取的好，f(b) 应该会越来越接近 0，程序实做如下：

NEWTON.F90

```
1. module NUMERICAL
2.   implicit none
3.   real, parameter :: zero=0.00001  ! 小于 zero 的值会被当成 0
4. contains
5. ! 割线法的函数
6.   real function newton(a,f,df)
7.   implicit none
8.   real :: a         ! 起始的猜值
9.   real, external :: f    ! 输入的求值函数
10.  real, external :: df   ! f'(x)的函数
11.  real :: b         ! 逼近得到解
12.  real :: fb        ! 记录 f(a),f(b),f(c)
13.
14.  b = a-f(a)/df(a)
15.  fb= f(b)
16. ! 在驱近于 0 之前要一直做逼近的工作
17.  do while(abs(fb)> zero)
18.     a=b
19.     b=a-f(a)/df(a)
20.     fb=f(b)
21.  end do
22.  newton=b
23.  return
24.  end function newton
25. ! 求值的函数
26.  real function func(x)
```

```
27.    implicit none
28.    real :: x
29.    func=sin(x)
30.    return
31.  end function func
32.  ! func'(x)
33.  real function dfunc(x)
34.    implicit none
35.    real :: x
36.    dfunc=cos(x)
37.    return
38.  end function dfunc
39.end module NUMERICAL
40.
41.program main
42.  use numerical
43.  implicit none
44.  real :: a    ! 起始猜值
45.  real :: ans  ! 解
46.  write(*,*)"输入起始猜值"
47.  read(*,*)a
48.  ! 输入起始猜值及求值的函数
49.  ans=newton(a,func,dfunc)
50.  write(*,"('x=',F8.4)")ans
51.  stop
52.end program
```

使用牛顿法时，如果猜值给的不好，会永远无法逼近出结果。实际使用时，应该要检查 f(b)是否向 0 逼近。

14-2 线性代数

学习线性代数的数值方法，就是在学习矩阵的应用。二维数组经常被当成矩阵来使用。

14-2-1 矩阵的加、减、乘法

矩阵的加、减法其实不需要做介绍，因为它只是很单纯地把矩阵中相同坐标位置的数字相加、减而已。Fortran 90 可以直接对整个数组来做计算，所以可以用一个命令就完成矩阵的加、减法。

```
real a(m,n), b(m,n), c(m,n)
```

数值方法

......
```
c = a+b ! 矩阵加法完成
c = a-b ! 矩阵减法完成
```
在 Fortran 77 中,必须使用循环来对每个元素做加、减。
```
do r=1,m
  do c=1,n
    c(r,c)= a(r,c)+b(r,c)
  end do
end do
```
矩阵的乘法,在 Fortran 90 中不能直接用乘号来做,必须调用库存函数。
```
c = a*b ! 这个命令是做 c(i,j)=a(i,j)*b(i,j),并不等于矩阵相乘
c = matmul(a,b)! 库存函数 matmul 可以做矩阵相乘
```
Fortran 77 中则要自己写程序代码来做计算。来看下面的实例:

MATMUL.FOR

```
1.  C
2.  C       矩阵乘法范例
3.  C              By Perng 1997/9/17
4.        PROGRAM MATMUL_DEMO
5.        IMPLICIT NONE
6.        INTEGER N
7.        PARAMETER(N=3)
8.        INTEGER A(N,N)! MATRIX A
9.        INTEGER B(N,N)! MATRIX B
10.       INTEGER C(N,N)! MATRIX C
11.       DATA B /1,2,3,4,5,6,7,8,9/
12.       DATA C /9,8,7,6,5,4,3,2,1/
13.
14.       CALL MATMUL(A,B,N,N,C,N,N)
15.       WRITE(*,*)'Matrix A:'
16.       CALL OUTPUT(A,N)
17.
18.       STOP
19.       END
20. C
21. C     输出矩阵的子程序
22. C
23.       SUBROUTINE OUTPUT(A,N)
24.       IMPLICIT NONE
25.       INTEGER N,A(N,N)
```

```
26.      INTEGER I,J
27.      CHARACTER FOR*20
28.      DATA FOR /'(??(1X,I3))'/
29.
30.C     用字符串来设置输出格式
31.      WRITE(FOR(2:3), '(I2)')N
32.      DO I=1,N
33.         WRITE(*, FMT=FOR)(A(I,J),J=1,N)
34.      END DO
35.
36.      RETURN
37.      END
38.C
39.C     矩阵乘法的子程序
40.C
41.      SUBROUTINE MATMUL(A,B,BR,BC,C,CR,CC)
42.      IMPLICIT NONE
43.      INTEGER BR       ! Row of Matrix B
44.      INTEGER BC       ! Column of Matrix B
45.      INTEGER B(BR,BC) ! Matrix B
46.      INTEGER CR       ! Row of Matrix C
47.      INTEGER CC       ! Column of Matrix C
48.      INTEGER C(CR,CC) ! Matrix C
49.      INTEGER A(BR,CC) ! Matrix A
50.      INTEGER I,J,K    ! 循环的计数器
51.
52.      ! BC 若不等于 CR，这两个矩阵无法相乘
53.      IF(BC .NE. CR)THEN
54.         WRITE(*,*)'Matrix size error!'
55.         STOP
56.      END IF
57.
58.      DO I=1,BR
59.        DO J=1,CC
60.          A(I,J)=0
61.          DO K=1,BC
62.            A(I,J)=A(I,J)+B(I,K)*C(K,J)
63.          END DO
64.        END DO
65.      END DO
```

```
66.
67.          RETURN
68.          END
```

在此，有一点要提醒大家，假如矩阵一开始声明了 10×10 的大小，而所要使用的矩阵大小只有 2×2，那一定要避免下面的情况。使用下面的方法，在子程序中会读到错误的矩阵内容。

```
PROGRAM MAIN
IMPLICIT NONE
INTEGER A(10,10)
A(1,1)=1.0
A(2,1)=2.0
A(1,2)=1.0
A(2,2)=2.0
CALL SUB(A, 2, 2)
......
......
END PROGRAM MAIN

SUBROUTINE SUB(MATRIX, ROW, COL)
IMPLICIT NONE
INTEGER ROW,COL
INTEGER MATRIX(ROW,COL)
......
......
END SUBROUTINE SUB
```

实际声明数组的大小为 10×10，传递到子程序中却把它声明成 2×2，会有下面的对应情况发生：

```
matrix(1,1)=a(1,1)=1.0
matrix(2,1)=a(2,1)=2.0
matrix(1,2)=a(3,1)=0.0/=a(1,2)
matrix(2,2)=a(4,1)=0.0/=a(2,2)
```

这应该不是计划中的结果。第 7 章介绍过数组在内存中的排列方法，不熟悉的读者请再翻回去复习。

14-2-2 三角矩阵

这一节跟大家介绍如何经过矩阵中的两行数字相减，把矩阵换算成上三角矩阵和下三角矩阵。所谓的上三角矩阵就是矩阵中对角线以下的数值全部为 0，下三角矩阵就是矩阵当中对角线以上的数值全为 0。还有一种叫做对角线矩阵的东西，是指除了矩阵对角线之外，其他元素都为 0。

$$\begin{bmatrix} 1 & 2 & 3 & 4 \\ 0 & 1 & 2 & 3 \\ 0 & 0 & 1 & 2 \\ 0 & 0 & 0 & 1 \end{bmatrix} \text{上三角矩阵} \qquad \begin{bmatrix} 1 & 0 & 0 & 0 \\ 1 & 2 & 0 & 0 \\ 1 & 2 & 3 & 0 \\ 1 & 2 & 3 & 4 \end{bmatrix} \text{下三角矩阵}$$

$$\begin{bmatrix} 1 & 0 & 0 & 0 \\ 0 & 2 & 0 & 0 \\ 0 & 0 & 3 & 0 \\ 0 & 0 & 0 & 4 \end{bmatrix} \text{对角线矩阵}$$

使用程序来解决这个问题的方法,和用手计算的过程是一样的,同样是把某一行乘上一个系数之后和另外一行相减。做上三角矩阵时,就先把第 1 行的第 1 列以下的元素数值都清为 0。再把第 2 行第 2 列以下的数值都清为 0,......如此一直做到第 N-1 行为止。

$$\begin{bmatrix} 1 & 1 & 1 \\ 2 & 3 & 4 \\ 3 & 4 & 6 \end{bmatrix} \Rightarrow \begin{bmatrix} 1 & 1 & 1 \\ 0 & 1 & 2 \\ 0 & 1 & 3 \end{bmatrix} \Rightarrow \begin{bmatrix} 1 & 1 & 1 \\ 0 & 1 & 2 \\ 0 & 0 & 1 \end{bmatrix}$$

下面是实做的程序:

UPPERLOWER.F90

```
1.module LinearAlgebra
2.  implicit none
3.contains
4.! 输出矩阵的子程序
5.subroutine output(matrix)
6.  implicit none
7.  integer :: m,n
8.  real    :: matrix(:,:)
9.  integer :: i
10. character(len=20):: for='(??(1x,f6.3))'
11. m = size(matrix,1)
12. n = size(matrix,2)
13. ! 用字符串来设置输出格式
14. write(FOR(2:3), '(I2)')N
15. do i=1,N
16.   write(*, FMT=FOR)matrix(i,:)
17. end do
18. return
```

```fortran
19.end subroutine output
20.! 求上三角矩阵的子程序
21.subroutine Upper(matrix)
22.    implicit none
23.    real    :: matrix(:,:)
24.    integer :: M,N
25.    integer :: I,J
26.    real :: E
27.    M=size(matrix,1)
28.    N=size(matrix,2)
29.    do I=1,N-1
30.       do J=I+1,M
31.          E=matrix(J,I)/matrix(I,I)
32.          ! 用90的功能可以少一层循环
33.          matrix(J,I:M)=matrix(J,I:M)-matrix(I,I:M)*E
34.       end do
35.    end do
36.    return
37.end subroutine Upper
38.! 求下三角矩阵的子程序
39.subroutine Lower(matrix)
40.    implicit none
41.    real    :: matrix(:,:)
42.    integer :: M,N
43.    real :: I,J,E
44.    M = size(matrix,1)
45.    N = size(matrix,2)
46.    do I=N,2,-1
47.       do J=I-1,1,-1
48.          E=matrix(J,I)/matrix(I,I)
49.          ! 用90的功能可以少一层循环
50.          matrix(J,1:I)=matrix(J,1:I)-matrix(I,1:I)*E
51.       end do
52.    end do
53.    return
54.end subroutine Lower
55.end module
56.
57.program main
58.   use LinearAlgebra
```

```
59.    implicit none
60.    integer, parameter :: N = 3   ! Size of Matrix
61.    real :: A(N,N)= reshape((/1,2,1,3,2,3,2,3,4/),(/N,N/))
62.    real :: B(N,N)
63.
64.    write(*,*)"Matrix A:"
65.    call output(A)
66.    B=A
67.    write(*,*)"Upper:"
68.    call Upper(B)
69.    call output(B)
70.    B=A
71.    write(*,*)"Lower:"
72.    call Lower(B)
73.    call output(B)
74.    stop
75.end program
```

执行结果如下：

```
Matrix A:
  1.000  3.000  2.000
  2.000  2.000  3.000
  1.000  3.000  4.000
 Upper:
  1.000  3.000  2.000
  0.000 -4.000 -1.000
  0.000  0.000  2.000
 Lower:
  8.000  0.000  0.000
  1.250 -0.250  0.000
  1.000  3.000  4.000
```

　　为什么要先学习做上、下三角矩阵的方法呢？因为这个方法可以应用在很多地方，例如应用在用 Determinant、Gauss-Jordan 法求解联立式、求逆矩阵等等。

　　在这个程序中，传递数组时用了特殊方法。以函数 output 为例，第 8 行声明数组时没有赋值它的大小，只是说明它是二维数组。

```
 8.    real    :: matrix(:,:)
```

　　使用这个方法来传递数组时，可以免去传递数组大小。库存函数 SIZE 可以查询出数组的实际大小。

14-2-3　Determinant 矩阵的值

求矩阵行列式值的方法很简单，把矩阵用上一个小节中的方法转换成上三角或下三角矩阵后，把对角在线的数字全部乘起来就是答案了。上一个实例程序中，可以得到矩阵的行列式值为 1*（-4）*2 = 8*（-0.25）*4 = -8

下面的实例程序会先把矩阵转换成上三角矩阵，再来求行列式值。

DETERMINANT.F90

```fortran
1.module LinearAlgebra
2.  implicit none
3.contains
4.! 求矩阵的 Determinant 值
5.real function Determinant(matrix)
6.  real     :: matrix(:,:)
7.  real, allocatable :: ma(:,:)
8.  integer :: i,N
9.  N = size(matrix,1)
10.  allocate(ma(N,N))
11.  ma = matrix
12.  call Upper(ma)
13.  Determinant = 1.0
14.  do i=1,N
15.    Determinant = Determinant*ma(i,i)
16.  end do
17.end function
18.! 求上三角矩阵的子程序
19.subroutine Upper(matrix)
20.  real     :: matrix(:,:)
21.  integer :: M,N
22.  integer :: I,J
23.  real :: E
24.  M=size(matrix,1)
25.  N=size(matrix,2)
26.  do I=1,N-1
27.    do J=I+1,M
28.      E=matrix(J,I)/matrix(I,I)
29.      ! 用 90 的功能可以少一层循环
30.      matrix(J,I:M)=matrix(J,I:M)-matrix(I,I:M)*E
31.    end do
```

```
32.     end do
33.     return
34.end subroutine Upper
35.end module
36.
37.program main
38.     use LinearAlgebra
39.     implicit none
40.     integer, parameter :: N = 3    ! Size of Matrix
41.     real :: A(N,N)= reshape((/1,2,1,3,2,3,2,3,4/),(/N,N/))
42.     write(*,"('det(A)=',F6.2)")Determinant(A)
43.     stop
44.end program
```

14-2-4 Gauss-Jordan 法求联立方程式

$$\begin{cases} 3a+2b+c=6 \\ 2a+b-c=2 \\ a-4b+5c=2 \end{cases}$$

经过上面的等式,可以解得未知数 a=b=c=1。这个等式可以用矩阵的方式来表示:

$$A = \begin{bmatrix} 3 & 2 & 1 \\ 2 & 1 & -1 \\ 1 & -4 & 5 \end{bmatrix} \quad x = \begin{bmatrix} a \\ b \\ c \end{bmatrix} \quad b = \begin{bmatrix} 6 \\ 2 \\ 2 \end{bmatrix}$$

它们的关系式为 A*x=b,其中 x 为等待求解的答案

应用上一个小节中所介绍的上、下三角矩阵解法,可以实现用 Gauss-Jordan 法来求解联立式。惟一的差别在于矩阵后方又要夹带数组 b 来做为等号后面的数值。矩阵的每一行在互相加减时,数组 b 也要跟着一起做加减。

GAUSS_JORDAN.F90

```
1.module LinearAlgebra
2.  implicit none
3.contains
4.! Gauss_Jordan 法
5.subroutine Gauss_Jordan(A,S,ANS)
6.  implicit none
7.  real    :: A(:,:)
8.  real    :: S(:)
9.  real    :: ANS(:)
```

```
10.    real, allocatable :: B(:,:)
11.    integer :: i, N
12.    N = size(A,1)
13.    allocate(B(N,N))
14.    ! 保存原先的矩阵A及数组S
15.    B=A
16.    ANS=S
17.    ! 把B化成对角线矩阵(除了对角线外,都为0)
18.    call Upper(B,ANS,N)! 先把B化成上三角矩阵
19.    call Lower(B,ANS,N)! 再把B化成下三角矩阵
20.    ! 求解
21.    forall(i=1:N)
22.       ANS(i)=ANS(i)/B(i,i)
23.    end forall
24.    return
25.end subroutine Gauss_Jordan
26.! 输出等式
27.subroutine output(M,S)
28.    implicit none
29.    real    :: M(:,:), S(:)
30.    integer :: N,i,j
31.    N = size(M,1)
32.    ! write中加上advance="no",可以终止断行发生,使下一次的
33.    ! write接续在同一行当中
34.    do i=1,N
35.       write(*,"(1x,f5.2,a1)", advance="NO")M(i,1),'A'
36.       do j=2,N
37.          if(M(i,j)< 0)then
38.             write(*,"('-',f5.2,a1)",advance="NO")-M(i,j),char(64+j)
39.          else
40.             write(*,"('+',f5.2,a1)",advance="NO")M(i,j),char(64+j)
41.          end if
42.       end do
43.       write(*,"('=',f8.4)")S(i)
44.    end do
45.    return
46.end subroutine output
47.! 求上三角矩阵的子程序
48.subroutine Upper(M,S,N)
49.    implicit none
```

```
50.   integer :: N
51.   real    :: M(N,N)
52.   real    :: S(N)
53.   integer :: I,J
54.   real :: E
55.   do I=1,N-1
56.     do J=I+1,N
57.       E=M(J,I)/M(I,I)
58.       M(J,I:N)=M(J,I:N)-M(I,I:N)*E
59.       S(J)=S(J)-S(I)*E
60.     end do
61.   end do
62.   return
63. end subroutine Upper
64. ! 求下三角矩阵的子程序
65. subroutine Lower(M,S,N)
66.   implicit none
67.   integer :: N
68.   real    :: M(N,N)
69.   real    :: S(N)
70.   integer :: I,J
71.   real :: E
72.   do I=N,2,-1
73.     do J=I-1,1,-1
74.       E=M(J,I)/M(I,I)
75.       M(J,1:N)=M(J,1:N)-M(I,1:N)*E
76.       S(J)=S(J)-S(I)*E
77.     end do
78.   end do
79.   return
80. end subroutine Lower
81. end module
82. ! 求解联立式
83. program main
84.   use LinearAlgebra
85.   implicit none
86.   integer, parameter :: N=3 ! Size of Matrix
87.   real :: A(N,N)=reshape((/1,2,3,4,5,6,7,8,8/),(/N,N/))
88.   real :: S(N)=(/12,15,17/)
89.   real :: ans(N)
```

```
90.    integer :: i
91.    write(*,*)'Equation:'
92.    call output(A,S)
93.    call Gauss_Jordan(A,S,ANS)
94.    write(*,*)'Ans:'
95.    do i=1,N
96.      write(*,"(1x,a1,'=',F8.4)")char(64+i),ANS(i)
97.    end do
98.    stop
99.end program
```

执行结果如下：

```
Equation:
 1.00A+  4.00B+  7.00C= 12.0000
 2.00A+  5.00B+  8.00C= 15.0000
 3.00A+  6.00B+  8.00C= 17.0000
Ans:
A=  1.0000
B=  1.0000
C=  1.0000
```

14-2-5 逆矩阵

逆矩阵的算法与上一个小节中使用的方法差不多，在矩阵后面夹带一个单位矩阵（对角线为 1、其他地方都为 0 的矩阵），然后把前面那一个矩阵处理成对角线矩阵，矩阵每一次的加减运行时，后面夹带的矩阵也要跟着加入。

$$\begin{bmatrix} 1 & 1 & 3 \\ 3 & 2 & 2 \\ 1 & 3 & 1 \end{bmatrix} \begin{bmatrix} 1 & 0 & 0 \\ 0 & 1 & 0 \\ 0 & 0 & 1 \end{bmatrix} \Rightarrow \begin{bmatrix} 1 & 0 & 0 \\ 0 & 1 & 0 \\ 0 & 0 & 1 \end{bmatrix} \begin{bmatrix} -0.25 & 0.5 & -0.25 \\ -0.63 & -0.125 & 0.438 \\ 0.438 & -0.125 & -0.63 \end{bmatrix}$$

把第一个矩阵通过两列的相减，转变成对角线矩阵后，再把整列数字除上对角线数值，变成单位矩阵。这个时候第二个矩阵就会变成原本第一个矩阵的逆矩阵。程序的实际方法与使用 Gauss-Jordan 法来求解联立式的方法非常类似。

$$inv \begin{bmatrix} 1 & 1 & 3 \\ 3 & 2 & 2 \\ 1 & 3 & 1 \end{bmatrix} = \begin{bmatrix} -0.25 & 0.5 & -0.25 \\ -0.63 & -0.125 & 0.438 \\ 0.438 & -0.125 & -0.63 \end{bmatrix}$$

INVERSE.F90

```
1.module LinearAlgebra
2.  implicit none
```

```
3.  contains
4.  ! 求逆矩阵
5.  subroutine inverse(A,IA)
6.    implicit none
7.    real    :: A(:,:), IA(:,:)
8.    real, allocatable :: B(:,:)
9.    integer :: i,j,N
10.   N = size(A,1)
11.   allocate(B(N,N))
12.   ! 先把 IA 设置成单位矩阵
13.   forall(i=1:N,j=1:N,i==j)IA(i,j)=1.0
14.   forall(i=1:N,j=1:N,i/=j)IA(i,j)=0.0
15.   ! 保存原先的矩阵 A, 使用 B 来计算
16.   B=A
17.   ! 把 B 化成对角线矩阵(除了对角线外, 都为 0)
18.   call Upper(B,IA,N)! 先把 B 化成上三角矩阵
19.   call Lower(B,IA,N)! 再把 B 化成下三角矩阵
20.   ! 求解
21.   forall(i=1:N)IA(i,:)=IA(i,:)/B(i,i)
22.   return
23. end subroutine
24. ! 输出矩阵的子程序
25. subroutine output(matrix)
26.   implicit none
27.   real    :: matrix(:,:)
28.   integer :: m,n,i
29.   character(len=20):: for='(??(1x,f6.3))'
30.   m = size(matrix,1)
31.   n = size(matrix,2)
32.   ! 用字符串来设置输出格式
33.   write(FOR(2:3), '(I2)')N
34.   do i=1,N
35.     write(*, FMT=FOR)matrix(i,:)
36.   end do
37.   return
38. end subroutine output
39. ! 求上三角矩阵的子程序
40. subroutine Upper(M,S,N)
41.   implicit none
42.   integer :: N
```

```
43.    real     :: M(N,N)
44.    real     :: S(N,N)
45.    integer :: I,J
46.    real :: E
47.    do I=1,N-1
48.       do J=I+1,N
49.          E=M(J,I)/M(I,I)
50.          M(J,I:N)=M(J,I:N)-M(I,I:N)*E
51.          S(J,:)=S(J,:)-S(I,:)*E
52.       end do
53.    end do
54.    return
55.end subroutine Upper
56.! 求下三角矩阵的子程序
57.subroutine Lower(M,S,N)
58.    implicit none
59.    integer :: N
60.    real     :: M(N,N)
61.    real     :: S(N,N)
62.    integer :: I,J
63.    real :: E
64.    do I=N,2,-1
65.       do J=I-1,1,-1
66.          E=M(J,I)/M(I,I)
67.          M(J,1:N)=M(J,1:N)-M(I,1:N)*E
68.          S(J,:)=S(J,:)-S(I,:)*E
69.       end do
70.    end do
71.    return
72.end subroutine Lower
73.end module
74.! 求解联立式
75.program main
76.    use LinearAlgebra
77.    implicit none
78.    integer, parameter :: N=3 ! Size of Matrix
79.    real :: A(N,N)=(/ 1,2,3,4,5,6,7,8,8 /)
80.    real :: IA(N,N)
81.    integer :: i
82.    write(*,*)"原矩阵"
```

```
83.     call output(A)
84.     call inverse(A,IA)
85.     write(*,*)"逆矩阵"
86.     call output(IA)
87.     stop
88.end program
```

14-2-6 对角矩阵的运行

所谓的对角矩阵，就是类似下面的情况：

$$\begin{bmatrix} 2 & 3 & 0 & 0 & 0 & 0 & 0 \\ 1 & 2 & 3 & 0 & 0 & 0 & 0 \\ 0 & 1 & 2 & 3 & 0 & 0 & 0 \\ 0 & 0 & 1 & 2 & 3 & 0 & 0 \\ 0 & 0 & 0 & 1 & 2 & 3 & 0 \\ 0 & 0 & 0 & 0 & 1 & 2 & 3 \\ 0 & 0 & 0 & 0 & 0 & 1 & 2 \end{bmatrix}$$

上面的矩阵叫做三对角矩阵。矩阵中的每一行都只有靠近对角线位置上 3 个相邻的位置有数值，其他位置都为 0。利用这个特性来保存矩阵，可以节省很多空间。原本 N×N 大小的矩阵需要 N×N 的数组来保存，不过如果要保存像上例中的三对角矩阵，只需要用 N×3 大小的数组就足够了，因为只需要记录有数值的部分就行了，数字为 0 的部分不需要另辟空间来做记录。

使用这个数据结构来操作矩阵时，与前几个小节的方法比较起来当然是会有一些不同，来看看求解联立方程式要如何运行。

在此同样使用 Gauss-Jordan 法来解联立方程式。事实上，用三对角矩阵会比较简单。因为已经知道矩阵里有哪些地方为 0，这些地方在把矩阵对角线化的时候可以不再去理会。简化后的结果，在每一个循环中，只要对矩阵相邻两行来互相加减就够了，不需要把每一行都拿来操作，可以省去大量的运算。

GAUSS2.F90

```
1.! 三对角矩阵求解
2.program main
3.  implicit none
4.  integer, parameter :: Width=3
5.  integer, parameter :: Row=5      ! Size of Matrix
6.  real :: A(Row,Width)=(/0,2,3,4,1,&
7.                         1,3,4,5,2,&
```

```
 8.                         2,4,5,1,0/)
 9.    real   :: S(Row)=(/3,9,12,10,3/)
10.    real   :: ans(Row)
11.    integer :: i
12. ! equation:
13. ! a+2b=3
14. ! 2b+3c+4d=9
15. ! 3c+4d+5e=12
16. ! 4d+5e+f=10
17. ! e+2f=3
18.    call Gauss_Jordan(A,S,ANS,Row,Width)
19.    write(*,*)'Ans:'
20.    do i=1,Row
21.       write(*,"(1x,a1,'=',F8.4)")char(96+i),ANS(i)
22.    end do
23.    stop
24. end program main
25. ! Gauss-Jordan 法的函数
26. subroutine Gauss_Jordan(A,S,ANS,Row,Width)
27.    implicit none
28.    integer :: Row
29.    integer :: Width
30.    real    :: A(Row,Width)
31.    real    :: S(Row)
32.    real    :: ANS(Row)
33.    real    :: B(Row,Width)
34.    real    :: i
35.
36.    ! 保存原先的矩阵 A 及数组 S
37.    B=A
38.    ANS=S
39.    ! 把 B 化成对角线矩阵(除了对角线外,都为 0)
40.    call Upper(B,ANS,Row,Width)! 先把 B 化成上三角矩阵
41.    call Lower(B,ANS,Row,Width)! 再把 B 化成下三角矩阵
42.
43.    ! 求出解
44.    do i=1,Row
45.       ANS(i)=ANS(i)/B(i,2)
46.    end do
47.
```

```
48.    return
49. end subroutine Gauss_Jordan
50. ! 求上三角矩阵的子程序
51. subroutine Upper(M,S,Row,Width)
52.    implicit none
53.    integer :: Row
54.    integer :: Width
55.    real    :: M(Row,Width)
56.    real    :: S(Row)
57.    integer :: I,J
58.    real :: E
59.    do I=1,Row-1
60.       J=I+1
61.       E=M(J,1)/M(I,2)
62.       M(J,1:2)=M(J,1:2)-M(I,2:3)*E
63.       S(J)=S(J)-S(I)*E
64.    end do
65.    return
66. end subroutine Upper
67. ! 求下三角矩阵的子程序
68. subroutine Lower(M,S,Row,Width)
69.    implicit none
70.    integer :: Row
71.    integer :: Width
72.    real    :: M(Row,Width)
73.    real    :: S(Row)
74.    integer :: I,J
75.    real :: E
76.    do I=Row,2,-1
77.       J=I-1
78.       E=M(J,3)/M(I,2)
79.       M(J,3)=M(J,3)-M(I,2)*E  ! 只剩一个元素来相减
80.       S(J)=S(J)-S(I)*E
81.    end do
82.    return
83. end subroutine Lower
```

14-3 积 分

做积分的最好方法，当然是先求出积分函数再来求解。用数值方法来做积分，主要是应用在函数不存在时。从实验中得到的一连串数据，应该是没有办法刚好使用某一个函数来表示它，要对这一串数据做积分时，只能使用其他算法来做。一般最常见的方法是使用各种已知面积的小图形来填充这些区域，再经过计算这些图形的面积总和来逼近答案。

14-3-1 梯形法积分

梯形法做积分的原理很简单，把所需要积分的图形，用许多个小梯形方块来将它们填满。实现的程序如下：

TRAPE.F90

```
 1.module INTEGRAL
 2.  implicit none
 3.  real, parameter :: PI=3.14159
 4.contains
 5.! 生成数列
 6.  subroutine GenerateData(datas, width, func)
 7.    real datas(:), width
 8.    real, external :: func
 9.    real r
10.    integer i,n
11.    n = size(datas,1)
12.    width = PI/(n-1)
13.    r = 0
14.    do i=1,n
15.      datas(i)= func(r)
16.      r = r+width
17.    end do
18.  end subroutine
19.! 梯形法积分
20.  real function Trape_Integral(datas, width)
21.    implicit none
22.    real datas(:)
23.    real width         ! 每条数据的间隔
24.    real SUM           ! 计算所有上底加下底除以二的和
25.    integer i,n
```

```
26.    n = size(datas,1)
27.    SUM =(datas(1)+datas(n))/2.0
28.    do i=2,n-1
29.       SUM=SUM+datas(i)! 累加边长
30.    end do
31.    Trape_Integral=SUM*width   ! 计算面积和
32.    return
33.   end function
34.end module
35.! 梯形法积分范例
36.program main
37.   use INTEGRAL
38.   implicit none
39.   integer, parameter :: N = 10
40.   real DATAS(N), width
41.   real ANS ! 答案
42.   real, intrinsic :: sin ! 仿真用来生成数据的函数
43.   call GenerateData(DATAS, width, sin)
44.   ANS = Trape_Integral(DATAS, width)! 计算积分
45.   write(*,"('ans=',F5.2)")ANS           ! 显示答案
46.   stop
47.end program
```

积分的数据是使用 SIN 函数所生成的一长串数字，使用计算机来计算积分时，通常都是面对一串数字来做计算，而不是直接面对一个数学函数。子程序 GenerateData 的作用就是用来生成一串数字来做积分计算，所生成的是 X 值范围在 0～π 之间的 sin(X)，积分的结果应该是2。

14-3-2 SIMPSON 辛普森法积分

辛普森法的原理，是把函数图形使用很多段的二次曲线来近似图形，再计算这些二次曲线所形成的面积。使用辛普森法有一个限制，一定要有奇数个数据才能计算，因为每一条二次曲线都要从数据中取 3 个点。每一条二次曲线的积分公式如下（推导公式省略）。

$\int f(x)dx = (f_0+4*f_1+f_2)*h/3$

把每一段二次曲线累加起来，就可以得到整个辛普森法积分的公式：

$\int f(x)dx = (f_0+4*f_1+2*f_2+4*f_3+2*f_4...+4*f_{n-1}+f_n)*h/3$

程序实现如下：

SIMPSON.F90

```
1.module INTEGRAL
2.   implicit none
```

```fortran
3.    real, parameter :: PI=3.14159
4.  contains
5.  ! 生成数列
6.  subroutine GenerateData(datas, width, func)
7.     real datas(:), width
8.     real, external :: func
9.     real r
10.    integer i,n
11.    n = size(datas,1)
12.    width = PI/(n-1)
13.    r = 0
14.    do i=1,n
15.       datas(i)= func(r)
16.       r = r+width
17.    end do
18.  end subroutine
19.  ! 梯形法积分
20. real function Simpson_Integral(datas, width)
21.    IMPLICIT NONE
22.    real datas(:), width
23.    real sum
24.    integer i,n
25.    n = size(datas,1)
26.    if(mod(n,2)==0)then
27.       write(*,*)"要有奇数条数据"
28.       stop
29.    end if
30.    sum = datas(1)+ datas(n)! 先算出头尾的和
31.    do i=2,n-1
32.       if(mod(i,2)==0)then
33.          sum = sum + 4*datas(i)! 把4*f(x)的部分累加起来
34.       else
35.          sum = sum + 2*datas(i)! 把2*f(x)的部分累加起来
36.       end if
37.    end do
38.    Simpson_Integral = sum * width/3.0  ! SUM再乘上H/3 就好了
39.    return
40. end function
41. end module
42. ! SIMPSON法积分范例
```

```
43.program main
44.  use INTEGRAL
45.  implicit none
46.  integer, parameter :: N = 9
47.  real, intrinsic :: sin
48.  real datas(N), width
49.  call GenerateData(datas, width, sin)
50.  write(*,"('ans=',F6.2)")simpson_integral(datas, width)
51.  stop
52.end program
```

14-4 插值法与曲线近似

插值法与曲线近似其实是同样的一个课题，曲线近似的目的经常就是为了要做插值。插值法的应用很频繁，在实验室中，可以使用插值法来利用有限的已知数据点来预测未知的状态。

14-4-1 Lagrange Interpolation 多项式插值法

使用多项式来做插值，会经过所获得的 N 个数据点，生成最高项为 N-1 的多项式，这个多项式函数图形会经过这 N 个数据点。Lagrange Interpolation 的公式可以来生成这个多项式。

假设 (X_1,Y_1)、(X_2,Y_2) … (X_n,Y_n) 为 N 个数据点，经过 Lagrange Interpolation 法所生成通过这 N 个点的多项式函数 g(x) 为：

$$g(x) = \frac{(x-x_2)(x-x_3)\cdots(x-x_N)}{(x_1-x_2)(x_1-x_3)\cdots(x_1-x_N)}y_1 +$$

$$\frac{(x-x_1)(x-x_3)\cdots(x-x_N)}{(x_2-x_1)(x_2-x_3)\cdots(x_2-x_N)}y_2 +$$

$$\cdots +$$

$$\frac{(x-x_1)(x-x_2)\cdots(x-x_N)}{(x_N-x_1)(x_N-x_2)\cdots(x_N-x_{N-1})}y_N +$$

实例程序会配合 SGL 来绘出函数图形。

LAGRANGE.F90

```
1.module INTERPOLATE_UTILITY
2.  use sgl
3.  implicit none
4.  type point
5.    real x,y
```

```fortran
6.    end type
7.    real, parameter :: PI=3.14159
8.    real, parameter :: xmin = 0.0, xmax = PI*3.0
9.    integer, parameter :: N = 10, NP = 100
10.   type(point):: datas(N)
11.   type(point):: interpolate(NP)
12. contains
13. ! 生成数列
14.   subroutine GenerateData(func)
15.     real, external :: func
16.     real r, width
17.     integer i
18.     width =(xmax-xmin)/(N-1)
19.     r = 0
20.     do i=1,N
21.       datas(i)%x = r
22.       datas(i)%y = func(r)
23.       r = r+width
24.     end do
25.   end subroutine
26.   real function lagrange(x)
27.     real x
28.     real coeff
29.     integer i,j
30.     lagrange = 0
31.     do i=1,n
32.       coeff = 1
33.       do j=1,n
34.         if(i/=j)coeff=coeff*(x-datas(j)%x)/(datas(i)%x-datas(j)%x)
35.       end do
36.       lagrange = lagrange + coeff*datas(i)%y
37.     end do
38.   end function
39. ! 绘图函数
40.   subroutine display()
41.     real, parameter :: size = 0.1
42.     integer i
43.     call sglClearBuffer()
44.     call sglColor3i(255,255,255)
45.     ! 把所有插值出来的点用线段连接起来
```

```fortran
46.    do i=1,NP-1
47.       call sglLineV(interpolate(i)%x, interpolate(i)%y,&
48.                     interpolate(i+1)%x, interpolate(i+1)%y)
49.    end do
50.    call sglColor3i(255,0,0)
51.    ! 画出 n 个数据点的位置
52.    do i=1,N
53.       call sglLineV(datas(i)%x-size, datas(i)%y-size,&
54.                     datas(i)%x+size, datas(i)%y+size)
55.       call sglLineV(datas(i)%x+size, datas(i)%y-size,&
56.                     datas(i)%x-size, datas(i)%y+size)
57.    end do
58.    call sglUpdateBuffer()
59. end subroutine
60.end module
61.
62.program main
63.   use INTERPOLATE_UTILITY
64.   implicit none
65.   real, intrinsic :: sin
66.   real xinc,x
67.   integer i
68.
69.   call GenerateData(sin) ! 生成数据点
70.   x=0
71.   xinc =(xmax-xmin)/(NP-1)
72.   do i=1,NP
73.      interpolate(i)%x = x
74.      interpolate(i)%y = lagrange(x) ! 插值出 f(x) 的值
75.      x = x+xinc
76.   end do
77.   ! 画出插值得到的结果
78.   call sglDisplaySub(display)
79.   call sglSetVirtual(xmin, 2.0, xmax, -2.0)
80.   call sglCreateWindow(100,100,400,400,1)
81.   call sglMainLoop()
82.
83.   stop
84.end program
```

执行后所看到的红色 X 是初始数据点，白色的曲线是把所有的插值结果连接起来得到的线（如图14.1所示）。

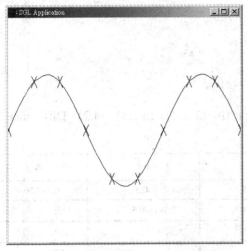

图 14.1

14-4-2　牛顿法 Forward Interpolation

使用 Lagrange 法有一个最大的缺点，每一次要插入新的数值时，要把全部的数据点代入，重新计算。用牛顿法 Forward Interpolation 同样可以生成一条经过 N 个点的多项式，不过它可以把部分计算事先创建成 Difference Table 表格，在插值时可以引用这个表格来加快插值速度。

这个方法是经过下面的公式来生成多项式：

$$g(x) = \sum_{n=0}^{k} \binom{s}{n} \Delta^n f_0$$

其中二项式系数的定义为：

$$\binom{s}{0} = 1$$

$$\binom{s}{1} = s$$

$$\binom{s}{2} = \frac{s(s-1)}{2!}$$

$$\binom{s}{n} = \frac{s(s-1)(s-2)\cdots(s-n+1)}{n!}$$

S 值的定义为：

$$S = \frac{x - x0}{h}$$

h 值是数据点之间的距离，使用这个方法时，数据点间的距离必须相等，所以 x1-x0 = x2-x1 = h

$\Delta^n f_i$ 的定义为：

$$\Delta^n f_i = \Delta^{n-1} f_{i+1} - \Delta^{n-1} f_i$$

$\Delta^n f_i$ 就是 Difference Table 表格中所要创建的数值。

举个例子，假如现在有 4 个数据点，分别是(1, 0)、(2, 0.5)、(3,1.5)、(4,2)，Difference Table 表格内容为：

I	f_i	$\Delta^1 f_i$	$\Delta^2 f_i$	$\Delta^3 f_i$
1	0	0.5–0 = 0.5	1–0.5=0.5	–0.5–0.5=–1
2	0.5	1.5–0.5 = 1	0.5–1=–0.5	无
3	1.5	2–1.5 = 0.5	无	无
4	2	无	无	无

程序实现如下：

NEWTON_FORWARD.F90

```fortran
1.module INTERPOLATE_UTILITY
2.  use sgl
3.  implicit none
4.  type point
5.    real x,y
6.  end type
7.  real, parameter :: PI=3.14159
8.  real, parameter :: xmin = 0.0, xmax = PI*3.0
9.  integer, parameter :: N = 10, NP = 100
10. type(point), save :: datas(N)
11. type(point), save :: interpolate(NP)
12. real, save :: table(N,N), width
13.contains
14.! 生成数列
15. subroutine GenerateData(func)
16.   real, external :: func
17.   real r
18.   integer i
19.   width =(xmax-xmin)/(N-1)
20.   r = 0
21.   do i=1,N
22.     datas(i)%x = r
```

```
23.        datas(i)%y = func(r)
24.        r = r+width
25.     end do
26.  end subroutine
27. !创建difference table
28.  subroutine BuildTable()
29.     integer row,col,i
30.     !real table(N,N)
31.     table = 0
32.     do i=1,N
33.        table(i,1)= datas(i)%y
34.     end do
35.     do col=2,N
36.       do row=1,N-col+1
37.         table(row,col)= table(row+1, col-1)- table(row, col-1)
38.       end do
39.     end do
40.  end subroutine
41.  real function newton(x, th, num)
42.     real x
43.     integer th, num
44.     real s, sum, coeff
45.     integer f,i,j
46.
47.     if(th+num-1 > N)then
48.       write(*,*)"数据点不足"
49.       return
50.     end if
51.
52.     newton = table(th,1)
53.     s =(x-datas(th)%x)/width
54.     f = 1
55.     coeff = 1.0
56.     do i=1,num-1
57.       f = f*i
58.       coeff = coeff*(s-i+1)
59.       newton = newton + coeff*table(th,i+1)/real(f)
60.     end do
61.  end function
62. !绘图函数
```

```fortran
63.  subroutine display()
64.    real, parameter :: size = 0.1
65.    integer i
66.    call sglClearBuffer()
67.    call sglColor3i(255,255,255)
68.    ! 把所有插值出来的点用线段连接起来
69.    do i=1,NP-1
70.      call sglLineV(interpolate(i)%x, interpolate(i)%y,&
71.                    interpolate(i+1)%x, interpolate(i+1)%y)
72.    end do
73.    call sglColor3i(255,0,0)
74.    ! 画出 n 个数据点的位置
75.    do i=1,N
76.      call sglLineV(datas(i)%x-size, datas(i)%y-size,&
77.                    datas(i)%x+size, datas(i)%y+size)
78.      call sglLineV(datas(i)%x+size, datas(i)%y-size,&
79.                    datas(i)%x-size, datas(i)%y+size)
80.    end do
81.    call sglUpdateBuffer()
82.  end subroutine
83.end module
84.
85.program main
86.  use INTERPOLATE_UTILITY
87.  implicit none
88.  real, intrinsic :: sin
89.  real xinc,x
90.  integer i
91.
92.  call GenerateData(sin)! 生成数据点
93.  call BuildTable()
94.  x=0
95.  xinc =(xmax-xmin)/(NP-1)
96.  do i=1,NP
97.    interpolate(i)%x = x
98.    interpolate(i)%y = newton(x,1,N)! 插值出 f(x)的值
99.    x = x+xinc
100. end do
101.
102. call sglDisplaySub(display)
```

```
103.    call sglSetVirtual(xmin, 2.0, xmax, -2.0)
104.    call sglCreateWindow(100,100,400,400,1)
105.    call sglMainLoop()
106.
107.    stop
108.end program
```

函数 newton 所需要的参数 x，用来赋值插值的位置，th 和 num 是指要使用从第 th 个点开始的 num 个点来做多项式插值。读者可以试着去改变程序第 98 行调用 newton 时最后两个参数的值，使用全部 N 个点时，执行结果会使得插值出来的数据通过全部的 N 个点（如图 14.2 所示）。

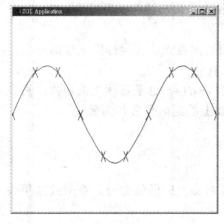

图 14.2

把第 98 行调用 newton 的程序代码改成 newton(x, 3, n-2)，会变成只使用第 3 个数据点之后的 n-2 个数据点来创建多项式。所画出来的图形不会通过前两个点（如图 14.3 所示）。

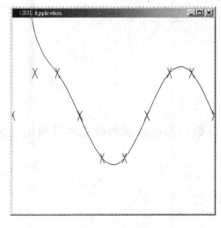

图 14.3

14-4-3　最小方差法（Least Square）

最小方差法是应用在已经可以用理论推得数据的函数形式，而不知道系数数值的时候。

因为实验不可能处于完美的情况，所得的数据不可能工整地落在函数曲线上，大多都是散布在理论所预测的附近。

最小方差法可以算出一条最接近每个数据点的实验曲线。假设某块铜条在温度 0 度时长度为 1 公尺，它在不同温度时由于热胀冷缩的长度变化如下：

5℃时，长 1.047 米

10℃时，长 1.112 米

15℃时，长 1.152 米

20℃时，长 1.191 米

25℃时，长 1.252 米

假如铜条在 0~25℃这个温度范围之内，长度会线性膨胀，试求铜条对于温度的膨胀系数为何？根据已知的条件（线性膨胀），可以列出理论上长度与温度关系式为：

$Y=aT+b$

这个函数图形很明显的是一条直线，但是上面的数据点无法在坐标图上连成一条直线。使用最小方差法，能够找到一条最接近每个数据点的直线。

这里应用的数学理论很简单，只要计算每个点到 $Y=aT+b$ 这条直线上的距离，再利用偏微分的方法求出 a、b 的值，使每个点到 $Y=aT+b$ 直线上的距离平方和为最短。

N 个点到 $Y=aT+b$ 直线上的距离平方总和为：

$$S = \sum_{i=1}^{N}(Y_i - aT_i - b)^2$$

要使距离平方和为最短，可以把上述的式子分别对 a、b 做偏微分，令两式结果为 0，并解出 a、b 值即可。

$$\frac{\partial S}{\partial a} = \sum_{i=1}^{N} 2(Y_i - aT_i - b)(-T_i) = 0$$

$$\frac{\partial S}{\partial b} = \sum_{i=1}^{N} 2(Y_i - aT_i - b)(-1) = 0$$

把上述的两式联立，就等于下面的式子

$$a\sum T_i^2 + b\sum T_i = \sum T_i Y_i$$

$$a\sum T_i + bN = \sum Y_i$$

上面的式子中，只有 a、b 的数值是未知的，其他数值都可以从数据点中计算出结果。把上面的式子写成矩阵的写法，就等于：

$$\begin{bmatrix} \sum T_i^2 & \sum T_i \\ \sum T_i & N \end{bmatrix} \begin{bmatrix} a \\ b \end{bmatrix} = \begin{bmatrix} \sum T_i Y_i \\ \sum Y_i \end{bmatrix}$$

最小方差法最后需要求解联立方程式，程序实现如下：

LEAST_SQUARE.F90

```
1.module datas
2.  implicit none
```

```
3.    integer, parameter :: N=5
4.    real :: temperature(N)=(/5.0,10.0,15.0,20.0,25.0/) ! 温度
5.    real :: length(N)=(/1.047,1.112,1.1152,1.191,1.252/) ! 长度
6.    real, save :: A,B   ! 函数 L=At+B 的系数
7. end module
8.
9. module sgl_util
10.   use datas
11.   use sgl
12.   implicit none
13.   real, parameter :: xmin = 0.0, xmax = 30.0
14.   real, parameter :: ymin = 0.5, ymax = 1.5
15. contains
16.   subroutine display()
17.     real, parameter :: xsize = 0.3, ysize=0.01
18.     real xs, ys, xe, ye
19.     real l,x
20.     l(x)= A*x+B
21.     integer i
22.     call sglClearBuffer()
23.     xs = xmin
24.     ys = l(xs)
25.     xe = xmax
26.     ye = l(xe)
27.     call sglColor3i(255,255,255)
28.     call sglLineV(xs,ys, xe,ye)
29.     call sglColor3i(255,0,0)
30.     do i=1,N
31.       call sglLineV(temperature(i)-xsize, length(i)-ysize, &
32.                     temperature(i)+xsize, length(i)+ysize)
33.       call sglLineV(temperature(i)+xsize, length(i)-ysize, &
34.                     temperature(i)-xsize, length(i)+ysize)
35.     end do
36.     call sglUpdateBuffer()
37.   end subroutine
38. end module
39.
40. ! 最小方差法范例
41. program main
42.   use sgl_util
```

```fortran
43.    implicit none
44.    ! 调用最小方差法的子程序来计算系数 A,B
45.    call least_square(temperature, length, N, A, B)
46.    write(*,"('A=',F6.4,' B=',F6.4)")A,B
47.
48.    call sglSetVirtual(xmin, ymax, xmax, ymin)
49.    call sglDisplaySub(display)
50.    call sglCreateWindow(100,100,400,400,1)
51.    call sglMainLoop()
52.
53.    stop
54. END
55. ! 计算最小方差直线的函数
56. subroutine least_square(x, y, n, s, t)
57.    implicit none
58.    integer n
59.    real x(n) ! x 上的数据点
60.    real y(n) ! y 上的数据点
61.    real s,t       ! 所要计算的系数
62.    real A,B,C,D,E,F   ! 联立方程式中的系数
63.    integer I          ! 循环计数器
64.    ! 解 As+Bt=E 中的未知数 s,t
65.    !    Cs+Dt=F
66.    ! 先设置好 A,B,C,D,E,F 的系数值
67.    A = 0; B = 0; E = 0; F = 0
68.    do I=1,N
69.       A=A+X(I)*X(I)
70.       B=B+X(I)
71.       E=E+X(I)*Y(I)
72.       F=F+Y(I)
73.    END DO
74.    C=B
75.    D=N
76.    ! 二元一次方程式有公式可解
77.    S=(B*F-E*D)/(B*C-A*D)
78.    T=(E*C-A*F)/(B*C-A*D)
79.    return
80. end subroutine
```

执行后所画出来的白色直线是最小方差法所求出的直线，红色 X 是初始数据点的坐标位置（如图 14.4 所示）。

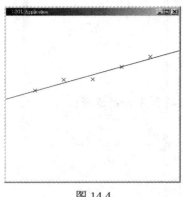

图 14.4

14-4-4 曲线近似法（Cubic Spline）

有的时候，实验中所得到的数据并没有理论上的函数可以来描绘，却又希望能够把这些数据点在坐标轴上画出图形，如果只是单纯地把相邻的数据点间用线段连接起来，会得到很难看的折线图。除了难看之外，利用这个折线图来做插值预测也不是很准确。使用曲线近似法可以处理这类的问题。

曲线近似也可以应用在计算机图学上，例如保存不规则向量物体时，可以在物体上取几个坐标点来做记录，再用曲线近似的方法来描绘出圆滑的物体外形。

这个小节会介绍 Cubic Spline 曲线近似法。这个方法，可以由名称中的 Cubic 知道它会使用 3 次多项式来做曲线。简单地说明一下这个算法的策略：

（1）有 N+1 个数据点时，会间隔出 N 个区间，需要生成 N 条的小曲线，每一条小曲线都是 3 次多项式的曲线。

（2）相邻的曲线间的数值、斜率、曲率都会"连续"。也就是指每一对相邻的小曲线间，都要能够平滑地衔接起来，最后才会出现一条平滑完美的大曲线。

把上面的条件，用数学语言来重新解释一次：

假设总共有 N+1 个数据点，需要 N 条小曲线来连接这 N+1 个点，第 i 条曲线会连接第 i 个点和第 i+1 个点，它的方程式为：

$$g_i(x) = a_i(x - x_i)^3 + b_i(x - x_i)^2 + c_i(x - x_i) + d_i$$

每一条曲线都要满足下列的条件：

（1）曲线端点会通过数据点，$g_i(x_i) = y_i$、$g_i(x_{i+1}) = y_{i+1}$。

（2）相邻曲线之间的数值会连续，$g_i(x_{i+1}) = g_{i+1}(x_{i+1})$。

（3）相邻曲线之间的斜率会连续，$g_i'(x_{i+1}) = g_{i+1}'(x_{i+1})$。

（4）相邻曲线之间的曲率会连续，$g_i''(x_{i+1}) = g_{i+1}''(x_{i+1})$。

由条件（1）可以到 $d_i = y_i$ 的结果

$$g_i(x_i) = y_i = a_i(x_i - x_i)^3 + b_i(x_i - x_i)^2 + c_i(x_i - x_i) + d_i = d_i$$

把条件（2）中的 d_i 用 y_i 代入，并配合条件（1），可以得到下面的式子：

$$g_{i+1}(x_{i+1}) = y_{i+1} = g_i(x_{i+1}) = a_i(x_{i+1} - x_i)^3 + b_i(x_{i+1} - x_i)^2 + c_i(x_{i+1} - x_i) + y_i \quad （eq\text{-}0）$$

令 $h_i = x_{i+1} - x_i$，从以之后 $x_{i+1} - x_i$ 会以 h_i 来表示。

函数 $g_i(x) = a_i(x - x_i)^3 + b_i(x - x_i)^2 + c_i(x - x_i) + d_i$ 的 1 次和 2 次微分结果为：

$$g_i'(x) = 3a_i(x - x_i)^2 + 2b_i(x - x_i) + c_i \quad （eq\text{-}1）$$

$$g_i''(x) = 6a_i(x - x_i) + 2b_i \quad （eq\text{-}2）$$

令 S_i 为 $g_i''(x_i)$，用（eq-2）来计算 S_i 值可以得到下面两个式子：

$$S_i = g_i''(x_i) = 6a_i(x_i - x_i) + 2b_i = 2b_i \quad （eq\text{-}3）$$

$$S_{i+1} = g_{i+1}''(x_{i+1}) = g_i''(x_{i+1}) = 6a_i(x_{i+1} - x_i) + 2b_i = 6a_i h_i + 2b_i \quad （eq\text{-}4）$$

把（eq-3）及（eq-4）两式联立后，可以解出 a_i、b_i 的值为

$$b_i = \frac{S_i}{2}、\quad a_i = \frac{S_{i+1} - S_i}{6h_i}$$

到此为止已经解出了 a_i、b_i、d_i 的值，就差 c_i 还没有解出来。要求 c_i 的值，可以把已解得的 a_i、b_i、d_i 代入（eq-0）中得到下面的式子：

$$y_{i+1} = \left(\frac{S_{i+1} - S_i}{6h_i}\right)(h_i)^3 + \frac{S_i}{2}(h_i)^2 + c_i(h_i) + y_i$$

这个式子可以解得 $c_i = \dfrac{y_{i+1} - y_i}{h_i} - \dfrac{2h_i S_i + h_i S_{i+1}}{6}$

现在已经可以把 a_i、b_i、c_i、d_i 的值用 S_i、h_i、y_i 来表示了，其中 $h_i = x_{i+1} - x_i$ 可以由两个相邻的数据点相减来计算，是已知数。y_i 是数据点中第 i 个数据的 y 坐标值，也是已知数。只剩下 S_i 的值还不知道。

解 S_i 的值需要用函数 $g_i'(x)$，利用条件（3）$g_i'(x_{i+1}) = g_{i+1}'(x_{i+1})$，可以得到下面的式子：

$$g_i'(x_i) = 3a_i(x_i - x_i)^2 + 2b_i(x_i - x_i) + c_i = c_i =$$

$$g_{i-1}'(x_i) = 3a_{i-1}(x_i - x_{i-1})^2 + 2b_{i-1}(x_i - x_{i-1}) + c_{i-1} = 3a_{i-1}h_{i-1}^2 + 2b_{i-1}h_{i-1} + c_{i-1}$$

把 ai、bi、ci、di 的值用前面解出来的结果代入，会得到下面的式子：

$$g_i'(x_i) = \frac{y_{i+1} - y_i}{h_i} - \frac{2h_i S_i + h_i S_{i+1}}{6}$$

$$= 3\left(\frac{S_i - S_{i-1}}{6h_{i-1}}\right)h_{i-1}^2 + 2\left(\frac{S_{i-1}}{2}\right)h_{i-1} + \frac{y_i - y_{i-1}}{h_{i-1}} - \frac{2h_{i-1}S_{i-1} + h_{i-1}S_i}{6}$$

最后可以简化上面的等式成为：

$$h_{i-1}S_{i-1} + (2h_{i-1} + 2h_i)S_i + h_i S_{i+1} = 6\left(\frac{y_{i+1} - y_i}{h_i} - \frac{y_i - y_{i-1}}{h_{i-1}}\right)$$

$$= 6(f[x_i, x_{i+1}] - f[x_{i-1}, x_i])\ (\text{以 } f[x_i, x_{i+1}] \text{ 来代表 } \frac{y_{i+1} - y_i}{h_i})$$

到了这个地步，整个问题已经变成了一个解联立方程式的问题。数据点有 N+1 个点时，总共有 N+1 条联立方程式要解。这个问题可以使用第二节中所讨论的矩阵方法来解决。细心的读者还可以发现，Cubic Spline 所要解的联立方程式可以用三对角矩阵来解决。把等式写成矩阵的形式如下：

$$\begin{bmatrix} ? & ? & ? & ? & ? & ? & ? \\ h_1 & 2(h_1+h_2) & h_2 & 0 & 0 & 0 & 0 \\ 0 & h_2 & 2(h_2+h_3) & h_3 & 0 & 0 & 0 \\ 0 & 0 & h_3 & 2(h_3+h_4) & h_4 & 0 & 0 \\ 0 & 0 & 0 & \ldots & \ldots & \ldots & 0 \\ 0 & 0 & 0 & 0 & h_{n-2} & 2(h_{n-2}+h_{n-1}) & h_{n-1} \\ ? & ? & ? & ? & ? & ? & ? \end{bmatrix} \begin{bmatrix} S_0 \\ S_1 \\ S_2 \\ S_3 \\ \ldots \\ S_{n-1} \\ S_n \end{bmatrix}$$

$$= 6 \begin{bmatrix} ? \\ f[x_2, x_3] - f[x_1, x_2] \\ f[x_3, x_4] - f[x_2, x_3] \\ f[x_4, x_5] - f[x_3, x_4] \\ \ldots\ldots \\ f[x_{n-1}, x_n] - f[x_{n-2}, x_{n-1}] \\ ? \end{bmatrix}$$

上面的矩阵中少定义了两个等式。因为第一个点和最后一个点在曲线上的斜率没有定义，起点和终点是线段的边界，所以都没有前后的线段来衔接，也就没有所谓的斜率连续条件存在。曲线起点和终点处的斜率需要自己来设置，最简单的设置方法是把这两个点的斜率都设为0。要设置成其他的数值也可以，不过在此不再多做讨论。设置成0是最简单的情况，这个情况等于是要去解出下列的矩阵：

$$\begin{bmatrix} 2(h_1+h_2) & h_2 & 0 & 0 & 0 & 0 \\ h_2 & 2(h_2+h_3) & h_3 & 0 & 0 & 0 \\ 0 & h_3 & 2(h_3+h_4) & h_4 & 0 & 0 \\ 0 & 0 & ... & ... & ... & 0 \\ 0 & 0 & 0 & ... & ... & ... \\ 0 & 0 & 0 & 0 & h_{n-2} & 2(h_{n-2}+h_{n-1}) \end{bmatrix} \begin{bmatrix} S_1 \\ S_2 \\ S_3 \\ ... \\ ... \\ S_{n-1} \end{bmatrix}$$

$$= 6 \begin{bmatrix} f[x_2,x_3]-f[x_1,x_2] \\ f[x_3,x_4]-f[x_2,x_3] \\ f[x_4,x_5]-f[x_3,x_4] \\ f[x_5,x_6]-f[x_4,x_5] \\ ...... \\ ...... \\ f[x_{n-1},x_n]-f[x_{n-2},x_{n-1}] \end{bmatrix}$$

因为S_0及S_n都已被设置为0，所以等式中只要解S_1到S_{n-1}的值就好了，联立方程式也会因此少了两条，原本的第一条和最后一条可以直接省略。解出S_i后就可以求出每一段曲线的方程式：

$$a_i = \frac{S_{i+1}-S_i}{6h_i} 、 b_i = \frac{S_i}{2} 、 c_i = \frac{y_{i+1}-y_i}{h_i} - \frac{2h_iS_i+h_iS_{i+1}}{6} 、 d_i = y_i$$

下面是使用三对角矩阵来求解 Cubic Spline 的实例程序。

SPLINE.F90

```fortran
1.module LinearAlgebra
2.contains
3.! Gauss-Jordan 法的函数
4.subroutine Gauss_Jordan(A,S,ANS,Row,Width)
5.  implicit none
6.  integer :: Row
7.  integer :: Width
8.  real    :: A(Row,Width)
9.  real    :: S(Row)
```

```
10.   real      :: ANS(Row)
11.   real, allocatable :: B(:,:)
12.   real      :: i
13.   allocate(B(Row,Width))
14.   !保存原先的矩阵A,及数组S
15.   B=A
16.   ANS=S
17.   !把B化成对角线矩阵(除了对角线外,都为0)
18.   call Upper(B,ANS,Row,Width)!先把B化成上三角矩阵
19.   call Lower(B,ANS,Row,Width)!再把B化成下三角矩阵
20.   !求出解
21.   do i=1,Row
22.      ANS(i)=ANS(i)/B(i,2)
23.   end do
24.   return
25.end subroutine Gauss_Jordan
26.!求上三角矩阵的子程序
27.subroutine Upper(M,S,Row,Width)
28.   implicit none
29.   integer :: Row              !矩阵的Row
30.   integer :: Width            !对角矩阵的宽度
31.   real    :: M(Row,Width)！对角矩阵的内容
32.   real    :: S(Row)！等号右边的值
33.   integer :: I,J              !循环计数器
34.   real :: E                   !两行相减时所乘上的系数
35.   do I=1,Row-1                !每一次只要对邻近的两行
36.      J=I+1                    !来相减就好了
37.      E=M(J,1)/M(I,2)
38.      M(J,1:2)=M(J,1:2)-M(I,2:3)*E !用90的功能可以少一层循环
39.      S(J)=S(J)-S(I)*E
40.   end do
41.   return
42.end subroutine Upper
43.!求下三角矩阵的子程序
44.subroutine Lower(M,S,Row,Width)
45.   implicit none
46.   integer :: Row              !矩阵的Row
47.   integer :: Width            !对角矩阵的宽度
48.   real    :: M(Row,Width)！对角矩阵
49.   real    :: S(Row)！等号右边的值
```

```fortran
50.    integer :: I,J          ! 循环计数器
51.    real :: E
52.    do I=Row,2,-1
53.       J=I-1
54.       E=M(J,3)/M(I,2)
55.       M(J,3)=M(J,3)-M(I,2)*E    ! 只剩一个元素来相减
56.       S(J)=S(J)-S(I)*E
57.    end do
58.    return
59. end subroutine Lower
60. end module
61.
62. module spline
63.    use LinearAlgebra
64.    implicit none
65.    integer, parameter :: POINTS = 20
66.    integer, parameter :: SEGMENTS = POINTS-1
67.    real :: xp(POINTS)! 已知的数据点
68.    real :: yp(POINTS)! 已知的数据点
69.    real :: a(SEGMENTS)! Y=a(X-Xi)**3+b(X-Xi)**2+c(X-Xi)+d
70.    real :: b(SEGMENTS)! 中的a,b,c,d
71.    real :: c(SEGMENTS)!
72.    real :: d(SEGMENTS)!
73.    real :: h(SEGMENTS)! hi=(Xi+1 - Xi)
74.    real :: matrix(POINTS-2,3)! 三对角矩阵
75.    real :: f(POINTS)! 等号右边的值
76.    real :: ans(POINTS)! 求得的解Si
77.    real, external :: func
78.    real :: X_Start=-10.0
79.    real :: X_End=10.0
80. contains
81. ! Cublic Spline 的子程序
82. subroutine Cublic_Spline()
83.    implicit none
84.    integer :: i
85.    do i=1,SEGMENTS
86.       h(i)=xp(i+1)-xp(i)! 设好Hi
87.    end do
88.    ! 设置等式
89.    do i=1,POINTS-2
```

```
90.      matrix(i,1)=h(i)
91.      matrix(i,2)=2.0*(h(i+1)+h(i))
92.      matrix(i,3)=h(i)
93.      f(i+1)=6.0*((yp(i+2)-yp(i+1))/h(i+1)-(yp(i+1)-yp(i))/h(i))
94.    end do
95.    f(1)=0.0
96.    f(POINTS)=0.0
97.    ans(1)=0.0
98.    ans(POINTS)=0.0
99.    ! 调用 Gauss-Jordan 法来解等式
100.   call Gauss_Jordan(matrix,f(2),ans(2),POINTS-2,3)
101.   ! 解出 a,b,c,d 来
102.   do i=1,SEGMENTS
103.     a(i)=(ans(i+1)-ans(i))/(6.0*h(i))
104.     b(i)=ans(i)/2.0
105.     c(i)=(yp(i+1)-yp(i))/h(i)-(ans(i+1)+2.0*ans(i))*h(i)/6.0
106.     d(i)=yp(i)
107.   end do
108.   return
109. end subroutine Cublic_Spline
110. ! Cublic Spline 的插值函数
111. real function Spline_Evalue(x)
112.   implicit none
113.   real x
114.   integer :: i    ! 决定 x 落在哪个线段里
115.   real :: diff
116.   ! 先算出要插值的 x 位在哪个区间当中
117.   if(x<=xp(1))then
118.     i=1
119.   else if(x>=xp(SEGMENTS))then
120.     i=SEGMENTS
121.   else
122.     do i=1,SEGMENTS
123.       if(x>=xp(i).and. x<=xp(i+1))exit
124.     end do
125.   end if
126.   diff=x-xp(i)
127.   ! 求出插值的值
128.   Spline_Evalue=((a(i)*diff+b(i))*diff+c(i))*diff+d(i)
129.   return
```

```
130.end function Spline_Evalue
131.! 生成数据
132.subroutine Gen_Datas(func)
133.implicit none
134.   real, external :: func
135.   real :: X_Step
136.   integer :: i
137.   X_Step=(X_End-X_Start)/real(POINTS-1)
138.   xp(1)=X_Start
139.   yp(1)=func(xp(1))
140.   do i=2,POINTS
141.     xp(i)=xp(i-1)+X_Step
142.     yp(i)=func(xp(i))
143.   end do
144.   return
145.end subroutine Gen_Datas
146.end module
147.
148.module sgl_util
149.   use sgl
150.   use spline
151.   implicit none
152.   integer, parameter :: LINES = 200
153.   type point
154.      real x,y
155.   end type
156.   type(point):: p(LINES+1)
157.contains
158.   subroutine display
159.      integer i
160.      real, parameter :: xsize = 0.2, ysize = 0.05
161.      call sglClearBuffer()
162.      call sglColor3i(255,255,255)
163.      do i=1,LINES
164.        call sglLineV(p(i)%x, p(i)%y, p(i+1)%x, p(i+1)%y)
165.      end do
166.      call sglColor3i(255,0,0)
167.      do i=1,POINTS
168.        call sglLineV(xp(i)-xsize,yp(i)-ysize,xp(i)+xsize,yp(i)+ysize)
169.        call sglLineV(xp(i)+xsize,yp(i)-ysize,xp(i)-xsize,yp(i)+ysize)
```

```
170.    end do
171.    call sglUpdateBuffer()
172.  end subroutine
173.end module
174.! Cublic Spline
175.! By Perng 1997/9/18
176.program main
177.  use sgl_util
178.  implicit none
179.  real, intrinsic :: sin
180.  integer i
181.  real x, xinc
182.  call Gen_Datas(sin) ! 由 sin 函数来生成数列
183.  call Cublic_Spline()
184.  x = X_Start
185.  xinc =(X_End-X_Start)/real(LINES)
186.  do i=1,LINES+1
187.    p(i)%x=x
188.    p(i)%y=Spline_Evalue(x)
189.    x = x+xinc
190.  end do
191.  call sglDisplaySub(display)
192.  call sglSetVirtual(X_Start, 2.0, X_End, -2.0)
193.  call sglCreateWindow(100,100,400,400,1)
194.  call sglMainLoop()
195.  stop
196.end program
```

Chapter 15

数据结构与算法

这一章所要介绍的课题是数据结构与算法。学会 Fortran 语法，只能算是学会程序设计的皮毛而已。程序员的能力，主要取决在实现及设计算法的能力，不在于他会使用哪些程序语言。

数据结构的课题，主要在讨论如何使用程序语言的基本类型来记录数据的方法。简单的数据结构方法，不需要学习大家就自然会使用，例如使用二维数组来记录矩阵。在前面章节中，已经应用过一些比较复杂的数据结构，例如第 10 章的串行结构，第 14 章的对角矩阵等等。

算法是指："通过编写程序解决问题的方法"。第 14 章的数值方法中，所介绍的就是各种用来计算数学问题的算法。这一章所要介绍的算法，是在编写每一种程序时，都有可能会使用的基本算法。

15-1 排　序

"排序"的目的不需要太多解释，简单地说，就是把一组数据依某种规则、顺序来排列。以下面这组数字为例：〔3,2,5,1,4〕，把它们由小排到大的结果为〔1,2,3,4,5〕，由大排到小的结果为〔5,4,3,2,1〕。排序的算法有很多种，在本节会介绍其中的四种。实例程序只范例由小排到大的做法，相信读者应该能自行领会由大排到小的做法。

15-1-1 冒泡排序法（Bubble Sort）

冒泡排序是最简单的排序方法之一，它的步骤如下：

（1）从第 1 个数字开始，依序把两个相邻的数值互相比较大小。如果前一个数字比后一个数字大，就把它们的位置互相交换。

（2）一直做到每一对相邻的数字都比较过后才结束这一轮的工作。

（3）回到第 1 步，再做下一个循环的比较。如果有 N 个数字要排序，就需要重复 N-1 次的扫描工作。

下面这组数字〔3,2,5,1,4〕以冒泡排序法排序的过程如下：

第一轮扫描

第 1 次	{[3,2],5,1,4}比较[3,2]，因为 3>2，所以这对数据要交换。数列变成{2,3,5,1,4}
第 2 次	{2,[3,5],1,4}比较[3,5]，因为 3<5，不需要交换
第 3 次	{2,3,[5,1],4}比较[5,1]，因为 5>1，需要交换，数列变成{2,3,1,5,4}
第 4 次	{2,3,1,[5,4]}比较[5,4]，因为 5>4，需要交换，数列变成{2,3,1,4,5}

经过第一轮扫描后，会找出最大的数值 5，并把它放在数组的最后面。

第二轮扫描

第 1 次	{[2,3],1,4,5}比较[2,3]，因为 2<3，不需要交换
第 2 次	{2,[3,1],4,5}比较[3,1]，因为 3>1，需要交换，数列变成{2,1,3,4,5}
第 3 次	{2,1,[3,4],5}比较[3,4]，因为 3<4，不需要交换

在第二轮扫描中,可以不去比较数列的最后一个数字,因为在第一轮中,就已经确定它是数列中的最大数值。如果硬是要比较的话,仍然可以排列出正确的结果,只不过会降低程序效率。在这一轮扫描中,可以找出数列的第 2 大数值,并且把它放在数列的倒数第 2 个位置上。

第三轮扫描

第 1 次	{[2,1],3,4,5}比较[2,1],因为 2>1,要交换,数列变成{1,2,3,4,5}
第 2 次	{1,[2,3],4,5}比较[2,3],因为 2<3,不需要交换

这一轮中,不需再比较[3,4]的大小,因为在上一轮中,就已经确立了 4>3 的事实。因为 4 是数列中第 2 大的数字,而最大的数字又已经排在 4 的后面。同样地,在这一轮扫描中,确立了数列的第 3 大数值是 3,并且把它安置在数列的倒数第 3 个位置上。

第四轮扫描

第 1 次	{[1,2],3,4,5}比较[1,2],因为 1<2,不需要交换

虽然表面上看起来已经排序完毕,但是还是要经过这一轮的扫描后才能确定。因为要在这次扫描后才会确定数列的第 4 大的数值。而找出第 4 大数值后,因为总共只有 5 个数字,最小的数值也会跟着找出来,排序结束。

可以由上面的过程看到,冒泡排序法可以想像成是让重的东西向下沉,轻的东西向上浮。等到状态稳定,就会得到排序结果。下面是冒泡排序法的实现程序:

BSORT.F90

```
1. ! 冒泡排序法范例
2. ! By Perng 1997/8/29
3. program BUBBLE_SORT_DEMO
4.   implicit none
5.   integer, parameter :: N=10
6.   integer :: A(N)=(/6,2,8,4,0,9,3,5,1,7/) ! 待排序的数据
7.   write(*,"('Source=>',10I3)")A
8.   call BUBBLE_SORT(A,N) ! 调用排序的子程序
9.   write(*,"('Sort=>',10I3)")A
10.  stop
11. end program
12.
13. subroutine BUBBLE_SORT(A,N)
14.   implicit none
15.   integer :: N,A(N)
16.   integer I,J, TEMP
17.   do I=N-1,1,-1    ! 开始做 N-1 次的扫描
18.     do J=1,I      ! 一对一对的来比较,I 之后的数字不用比较
```

```
19.     ! 如果A(J)> A(J+1)就把这两个数值交换
20.       if(A(J)> A(J+1))then
21.         TEMP=A(J)
22.         A(J)=A(J+1)
23.         A(J+1)=TEMP
24.       end if
25.     end do
26.   end do
27.   return
28.end subroutine
```

15-1-2　选择排序法（Selection Sort）

选择排序法的原理很简单，步骤如下：
（1）找出全部 N 个数据中最小的一个，把它和数列的第 1 个数字交换位置。
（2）找出剩下 N-1 个数据中最小的一个，把它和数列的第 2 个数字交换位置。
（3）找出剩下 N-2 个数据中最小的一个，把它和数列的第 3 个数字交换位置。
（4）……
（5）一直做到只剩下一个数据为止。

选择排序法的过程，就是一步一步地精选出数据中最小的数值，并把它放到所该对应的位置上。需要处理的数据每次会减少一个，一直到只剩下一个数值为止。

下面这组数字{3,2,5,1,4}用选择排序法排序的过程如下：

第一轮扫描

扫描的数据为[3,2,5,1,4]，发现 1 最小，把它跟第 1 个数字交换位置，数据变成{1,[3,2,5,4]}。

第二轮扫描

扫描的数据为剩下的[3,2,5,4]，发现 2 最小，把它跟第 2 个数字交换位置，数据变成{1,2,[3,5,4]}。

第三轮扫描

需要扫描的数据为剩下的[3,5,4]，发现 3 最小，把它跟第 3 个数字交换位置，数据变成{1,2,3,[5,4]}。

第四轮扫描

需要扫描的数据为剩下的[5,4]，发现 4 最小，把它跟第 4 个数字交换位置，数据变成{1,2,3,4,5}。这是最后一轮的扫描，因为只剩下一个数字还没有被选上，它一定是数据中的最大数值，最后一个位置就留给它用。

选择排序法的程序实现如下：

SELSORT.FOR

```
1.! 选择排序法范例
2.! By Perng 1997/8/29
```

```
 3. program SELECTION_SORT_DEMO
 4.   implicit none
 5.   integer, parameter :: N=10
 6.   integer :: A(N)=(/6,2,8,4,0,9,3,5,1,7/)! 排序的数据
 7.
 8.   write(*,"('Source=>',10I3)")A
 9.   call SELECTION_SORT(A,N)! 调用排序的子程序
10.   write(*,"('Sort=>',10I3)")A
11.
12.   stop
13. end program
14. !
15. ! 选择排序法的子程序
16. !
17. subroutine SELECTION_SORT(A,N)
18.   implicit none
19.   integer :: N,A(N)
20.   integer I,J   ! 循环计数器
21.   integer MIN   ! 找出每一轮中的最小值
22.   integer TEMP  ! 交换数据时使用
23.
24.   do I=1,N
25.     MIN=A(I)! 暂时令 A(I) 是最小值
26.     do J=I+1,N
27.       if(MIN > A(J))then  ! 发现 A(I) 不是最小
28.         TEMP=A(J)! 把 A(I)、A(J) 交换
29.         A(J)=A(I)
30.         A(I)=TEMP
31.         MIN=A(I)
32.       end if
33.     end do
34.   end do
35.
36.   return
37. end subroutine
```

15-1-3 Shell 排序法

这是 1959 年 D.L.Shell 所发明的排序方法,这个方法和前面两个方法比较起来比较没有那么直观,在此所使用的是比较简单的一种 Shell 排序法。排序 N 个数据项的步骤如下:

（1）令 K=N/2。

（2）把数据项分组，第 1、1+K 的数字为一组，第 2、2+K 为一组，第 3、3+K 为一组，一直到把所有的数据分配完毕为止。

（3）每一组各自互相比较大小，如果前者>后者（第 N 项>第 N+K 项），两者就要交换位置。而且还要再往回取出第 N-K、N 这两项再来比较，如果第 N-K 项>第 N 项，那又要再往回取出第 N-2K、N-K 这两项来比较。一直往回取到第 N-nK 项<第 N-(n-1) K 项，或者是到了不能再往回取为止。

（4）令 K=K/2，再回到第 2 步来重复，一直到 K=0 为止。

下面这组数字〔3,2,5,1,4〕以 Shell 排序法排序的过程如下：

令 K=5/2=2（取整数）

第 1 次	先取出第 1、3 个数字，也就是[3,5]这个小组来排序，因为 3<5，所以结果不变
第 2 次	取出第 2、4 个数字，也就是[2,1]这个小组来排序，可以发现 2>1，它们要交换位置，数据组变成{3,1,5,2,4}。本来应该要退回取出第 0、2 个数字，但它们不存在
第 3 次	取出第 3、5 个数字，也就是[5,4]这个小组来排序。因为 5>4，所以两者互换，数据组变成{3,1,4,2,5}
第 4 次	要退回取出第 1、3 个数字[3,5]，因为 3<5，结果不变。不会有第 5 次，因为第 4、6 个数字并不存在。到了该重新计算 K 值的时候了

K=2/2=1 时

第 1 次	取出第 1、2 个数字[3,1]，因为 3>1，所以两者互换，得到{1,3,4,2,5}
第 2 次	取出第 2、3 个数字[3,4]，因为 3<4，结果不变
第 3 次	取出第 3、4 个数字[4,2]，因为 4>2，所以两者互换，得到{1,3,2,4,5}
第 4 次	上一次已经交换的操作发生，所以要往回取出第 2、3 个数字[3,2]。因为 3>2，两者互换，得到{1,2,3,4,5}
第 5 次	上一次已经交换的操作发生，所以要往回取出第 1、2 个数字[1,2]。因为 1<2，所以结果不变
第 6 次	取出[2,3]这一组，结果不变
第 7 次	取出[3,4]这一组，结果不变
第 8 次	取出[4,5]这一组，结果不变。这是最后一组数据，而且 K 值也不能再细分下去了，所以排序结束

Shell 排序法看起来有一点复杂。和前面两种排序方法比较起来，前两种方法都是"循序渐近"地来做排序，它们在每一个循环完成后，都可以看到一些初步结果。例如在冒泡排序法中，第 N 次循环可以找出第 N 大的数字。而在选择排序法中，第 N 次循环可以找出第 N 小的数字。

Shell 排序法可以形容成"乱中有序"，因为它在每一次的循环中都只能大概地安排每一个元素到更加接近的位置，一直要到最后一次循环，才能确定每个数字的真正位置。

SHELL_SORT.F90

```
1.! 选择排序法范例
2.! By Perng 1997/8/29
```

```fortran
 3. program SHELL_SORT_DEMO
 4.   implicit none
 5.   integer, parameter :: N=10
 6.   integer :: A(N)=(/6,2,8,4,0,9,3,5,1,7/) ! 排序的数据
 7.
 8.   write(*,"('Source=>',10I3)")A
 9.   call SHELL_SORT(A,N)
10.   write(*,"('Sort=>',10I3)")A
11.
12.   stop
13. end program
14. !
15. ! 选择排序法的子程序
16. !
17. subroutine SHELL_SORT(A,N)
18.   implicit none
19.   integer :: N,A(N) ! 输入的数据
20.   integer I,J       ! 循环计数器
21.   integer TEMP      ! 交换数值用
22.   integer K         ! K 值
23.
24.   K=N/2             ! K 的初值
25.
26.   do while(K>0 )
27.     do I=K+1,N
28.       J=I-K
29.       do while(J>0 )
30.         ! 如果A(J)>A(J+K)，要换它们的数值，并往回取出
31.         ! A(J-K)、A(J)为新的一组来比较。
32.         if(A(J).GT. A(J+K))then
33.           TEMP=A(J)
34.           A(J)=A(J+K)
35.           A(J+K)=TEMP
36.           J=J-K
37.         else
38.           exit  ! A(J)<A(J+K)时可跳出循环
39.         end if
40.       end do
41.     end do
42.     K=K/2 ! 设置新的 K 值
```

```
43.     end do
44.
45.     return
46.end subroutine
```

15-1-4　快速排序法（Quick Sort）

　　这个小节所要介绍的快速排序法，相信任何人听到一定都会非常心动，因为它的名字听起来就很有威力，在一般的情况下，也确实是目前最快的排序方法。这个实例程序会使用递归调用的功能。

　　快速排序法处理 N 个数据的步骤如下：

　　（1）以数据组中的第 1 个数字做为键值 K，令 L=2、R=N。

　　（2）以 K 值为基准，把小于 K 的数字向前移动，大于 K 的数字向后移动。移动的过程中，会同时发现 K 值在数列中的大小排名，并把 K 值放在正确的位置上。

　　（3）假设 K 值排名为 S，把移动后的数列分成比 K 小和比 K 大这两组。数列中第 1～S-1 个数字都比 K 小，第 S+1～N 个数字都比 K 大，再把这两个小组拿去排序。

　　使用快速排序法时，每一个循环都会生成两个新的小组。切割的操作会一直进行到新的小组中只剩下一个数字为止。步骤 2 的过程有必要再做详细的介绍，同样令 L=2、R=N，num(n) 为数据中第 n 个数字：

　　（1）从数据组中的第 L 个数字开始，依序拿下一个数字和键值 K 来比较，一直到找出 >=K 的数值为止。把 L 重新设置为这个数值在数据中的位置。

　　（2）从数据组中的第 R 个数字开始，依序拿前一个数字和键值 K 来比较，一直到找出 <=K 的数值为止。把 R 设为这个数值在数据中的位置。

　　（3）如果 L<R，把数组中 L、R 这两个位置的数值交换，再回到上一个步骤来继续执行。如果 L>R，把数组第 1 个数字和第 R 个数字互换位置。到了这个时候，num(1～R-1)<=num(R)，num(R+1～N)>=num(R)，会确定出第 R 个数值的排名。

　　下面这组数字〔3,2,5,1,4〕以快速排序法排序的过程如下：

　　先取 K=num(1)=3 为键值来做比较，令 L=2、R=5。

　　（1）从第 L 个数字向后寻找 >=K 的数值，结果发现 num(3)=5>K，所以令 L=3。

　　（2）从第 R 个数字向前寻找 <K 的数值，结果发现 num(4)=1<K，所以令 R=4。

　　（3）因为 L=3<R=4，所以把 num(3) 及 num(4) 的数值交换，数据变成 {3,2,1,5,4}。

　　（4）再继续从 L=3 的地方向下找 >=K 的数值，结果发现 num(4)=5>K，所以令 L=4。

　　（5）再继续从 R=4 的地方向前找 <K 的数值，结果发现 num(3)=1<K，所以令 R=3。

　　（6）因为 L=4>R=3，所以要把 num(1) 和 num(R) 的数值交换。此时的数列内容为 {1,2,3,5,4}。而这一次的循环会确定 num(3) 的数值（因为 R=3），接下来要把 num(1～2) 的 [1,2] 及 num(3～5) 的 [5,4] 分成两组，再把它们用同样的方法来排序。

　　排序新的小组 [1,2]

　　取 K=num(1)=1 为键值，再根据前面的策略来排序。结果发现 L=2、R=1，所以这一次的比较对结果没有影响（因为 1 跟 1 交换位置，结果不变）。这个小组不能再做分组。

　　排序新的小组 [5,4]

取 K=num(1)=5 为键值，结果发现 L=1、R=2。所以 num(1)要和 num(2)互换，数据变成[4,5]，整个数列内容变成{1,2,3,4,5}。这个小组不能再做分组，而且也没有任何数据需要排序，所以工作完毕。

经过上面的解释，可以简单地把快速排序法做一个简述。快速排序法是一次次地把整个数据细分成许多小组，而每一次都会确定小组的第 1 个成员在数据中的排名。快速排序法的实现程序如下：

QUICK_SORT.F90

```fortran
1. ! 快速排序法范例
2. ! By Perng 1997/8/30
3. program QuickSort_Demo
4. implicit none
5.   integer, parameter :: N=10
6.   real :: B(N)
7.   integer :: A(N)
8.
9.   ! 用随机数来生成数列
10.  call random_seed()
11.  call random_number(B)
12.  A = B*100
13.  write(*,"('Source=>',10I3)")A
14.
15.  ! 调用 Quick_Sort 时除了要输入数组的信息外，还要给定要排列数组元素
16.  ! 的上下限位置范围。在此当然是要给 1,N ，表示要从头排到尾。
17.  call Quick_Sort(A,N,1,N)
18.  write(*,"('Sort=>',10I3)")A
19.
20.  stop
21. end program QuickSort_Demo
22. !
23. ! 快速排序法的子程序
24. !
25. recursive subroutine Quick_Sort(A,N,S,E)
26. implicit none
27.   integer :: N       ! 表示数组的大小
28.   integer :: A(N)    ! 存放数据的数组
29.   integer :: S       ! 输入的参数，这一组的数组起始位置
30.   integer :: E       ! 输入的参数，这一组的数组结束位置
31.   integer :: L,R     ! 用来找 A(L)>K 及 A(R)<K 时用的
32.   integer :: K       ! 记录键值 A(S)
```

```
33.    integer :: temp ! 交换两个数值时用的
34.    ! 首先要先给定 L,R 的初值。L 要从头开始，E 则要从尾开始
35.    L=S
36.    R=E+1
37.    ! Right 值 > Left 值时才有必要进行排序
38.    if(R<=L)return
39.
40.    K=A(S)! 设置键值
41.    do while(.true.)
42.      ! 找出 A(L)<K 的所在
43.      do while(.true.)
44.        L=L+1
45.        if((A(L)> K).or.(L>=E))exit
46.      end do
47.      ! 找出 A(R)>K 的所在
48.      do while(.true.)
49.        R=R-1
50.        if((A(R)< K).or.(R<=S))exit
51.      end do
52.      ! 如果 Right 跑到 Left 的左边时，循环就该结束了
53.      if(R <= L)exit
54.      ! 交换 A(L),A(R)的数值
55.      temp=A(L)
56.      A(L)=A(R)
57.      A(R)=temp
58.    end do
59.    ! 交换 A(S),A(R)的数值
60.    temp=A(S)
61.    A(S)=A(R)
62.    A(R)=temp
63.    ! 把 R 之前的数据重新分组，再做排序
64.    call Quick_Sort(A,N,S,R-1)
65.    ! 把 R 之后的数据重新分组，再做排序
66.    call Quick_Sort(A,N,R+1,E)
67.    return
68.end subroutine Quick_Sort
```

这一节中所介绍的排序方法，在一般的情况下的工作效率排名为：
（1）快速排序法
（2）Shell 排序法
（3）冒泡排序法

（4）选择排序法

请注意这个排名并不是绝对的，在某些特殊情况下，这个排名可能会被完全打破。不过在数据量少的时候，各种方法间的效率几乎是相等的。当读者所要排序的数据量不大、或者不要求效率时，随便选一个最熟悉的方法来使用就好了。

15-2 搜 索

搜索是在一堆东西中寻找特定物品。用肉眼来找东西时，经常会发生眼花、或是注意力不集中的现象，计算机的特长就是用来处理这一类"吃力不讨好"的工作。只要程序设计正确，计算机就不会犯错，本节将会介绍3种搜索方法。

15-2-1 顺序搜索

顺序搜索是最简单的方法，一句话就可以解释完毕："把东西一个一个拿出来，看看它是不是我们所要找的东西。"下面这组数据〔3,2,5,1,4〕以顺序搜索法检查数据中是否存在数字1的过程如下：

（1）先拿出 num[1]=3，不是 1，再向下找。
（2）再拿出 num[2]=2，不是 1，再向下找。
（3）再拿出 num[3]=5，不是 1，再向下找。
（4）再拿出 num[4]=1，找到了。

顺序搜索法的程序实现如下：

SSEARCH.F90

```
1.  ! 顺序搜索法范例
2.  ! By Perng 1997/8/31
3.  program SEQUENTIAL_SEARCH_DEMO
4.    implicit none
5.    integer, parameter :: N=10
6.    integer :: A(N)=(/6,2,8,4,0,9,3,5,1,7/) ! 存放数据组的数组
7.    integer KEY                ! 记录所要找的值
8.    integer LOC
9.    integer, external :: SEQUENTIAL_SEARCH
10.
11.   write(*,"('Source=>',10I3)")A
12.   write(*,*)'Input KEY:'
13.   read(*,*)KEY                         ! 键入待寻数据
14.   ! 调用顺序搜索的函数
15.   LOC = SEQUENTIAL_SEARCH(A,N,KEY)
16.   if(LOC/=0)then
```

```
17.    write(*,"('A(',I2,' )='I3)")LOC,KEY
18.   else
19.    write(*,*)"Not found"
20.   end if
21.   stop
22. end program
23. !
24. ! 顺序搜索法的子程序
25. !
26. integer function SEQUENTIAL_SEARCH(A,N,KEY)
27.   implicit none
28.   integer N, A(N)
29.   integer KEY              ! 所要寻找的值
30.   integer I                ! 循环的计数器
31.
32.   do I=1,N    ! 开始做扫描，最多做 N 次
33.     if(KEY==A(I))then
34.       ! 找到了，返回数字在数组中的位置
35.       SEQUENTIAL_SEARCH=I
36.       return
37.     end if
38.   end do
39.   ! 没找到时返回-1
40.   SEQUENTIAL_SEARCH=0
41.   return
42. end function
```

15-2-2 二元搜索

二元搜索法必须配合排序好的数据才能使用，假设所要寻找的数值为 K，数据存放在数组中，搜索的步骤如下：

（1）取出数组的中间值 M 和 K 值来互相比较，如果 K=M 就找到了。如果 K>M，因为数组早已做好排序，所以 K 值一定是在数组的后半段。如果 K<M，那 K 值一定是在数组的前半段。

（2）根据 K 值在数组的前半段或后半段来重新分组，再回到第一步来做搜索。分组会一直细分到数组不能再细分下去为止，而到此时若还没有找到 K，代表 K 值不存在。

在数组{1,2,3,4,5,6,7}中，寻找 5 的过程如下：

（1）数组有 7 个数字，取出中间值 array(4)=4 来和 5 比较，发现 5>4，所以 5 一定是在 array(4)之后。拿出 array(5)、array(6)、array(7)来当做新的一组。

（2）取出新小组的中间值 array(6)=6，发现 5<6，所以 5 在 array(6)之前。拿出 array(5)

做新的小组。

(3) 取出新小组的中间值 array(5)=5，发现 5=5。

二元搜索法充分利用数据排序的特性，上面的例子如果使用顺序搜索，要做 5 次搜索才会找到数据。而使用二元搜索法只要做 3 次搜索。如果数据已经做好排序，最好使用二元搜索法来搜索数据。二元搜索法的程序实现如下：

BSEARCH.FOR

```fortran
1. !
2. ! 二元搜索法范例
3. ! By Perng 1997/8/31
4. program BINARY_SEARCH_DEMO
5.   implicit none
6.   integer, parameter :: N=10       ! 数组的大小
7.   integer :: A(N)=(/2,5,7,9,10,11,13,17,21,23/)
8.   integer KEY
9.   integer LOC
10.  integer, external :: BINARY_SEARCH
11.
12.  write(*,"('Source=>',10I3)")A
13.  write(*,*)'Input KEY:'
14.  read(*,*)KEY
15.  ! 调用顺序搜索的子程序
16.  LOC=BINARY_SEARCH(A,N,KEY)
17.  if(LOC/=0)then
18.    write(*,"('A(',I2,' )='I3)")LOC,KEY
19.  else
20.    write(*,*)"Not found"
21.  end if
22.
23.  stop
24.end program
25.!
26.! 二元搜索法的子程序
27.!
28.integer function BINARY_SEARCH(A,N,KEY)
29.  implicit none
30.  integer N,A(N)
31.  integer KEY        ! 所要寻找的值
32.  integer L          ! 记录每一个小组的数组起始位置
33.  integer R          ! 记录每一个小组的数组结束位置
```

```
34.    integer M         ! 记录每一个小组的数组中间位置
35.
36.    ! 一开始的小组范围就是整个数组
37.    L=1
38.    R=N
39.    M=(L+R)/2
40.    ! 如果 KEY 值超出范围，肯定不存在数组中
41.    if((KEY < A(L)).OR.(KEY > A(R)))then
42.       BINARY_SEARCH = 0
43.       return
44.    end if
45.
46.    do while(L <= R )
47.       if(KEY > A(M))then
48.       ! 如果 key > 中间值，那数据就落在上半部
49.          L=M+1
50.          M=(L+R)/2
51.       else if(KEY < A(M))then
52.       ! 如果 key < 中间值，那数据就落在下半部
53.          R=M-1
54.          M=(L+R)/2
55.       else if(KEY == A(M))then
56.          BINARY_SEARCH = M
57.          return
58.       end if
59.    end do
60.
61.    BINARY_SEARCH = 0
62.    return
63. end function
```

15-2-3 散列搜索（Hashing）

这个算法光听名字实在是很难去想像它的作法。散列法的搜索效率很高，如果安排恰当，它几乎每次都只需要做一次对比操作，就可以判断数据是否存在。它主要的精力是放在如何安排数据在内存中的位置。将数据安排好后，搜索数据时只要计算它可能在内存中的位置，直接与这个位置上的数据来做对比。

散列搜索法主要在于它的概念，并没有一定的实现方法。任何人都可以自行设计散列公式来计算数据要如何放在数组中。

直接来看一个实例，假如要在{21,53,71,19,61,81,3,17,44,93}这一组数字中搜索数据。首

先要先定义出一个散列公式来决定数据要如何安置。观察这一组数字后，可以发现它们的值域范围在 0~100 之间，所以可以声明一个大小为 100 的数组，而且可以使用最简单的方法来决定数据在 array 中的位置，就是直接把数值 D 放在 array(D)中。用数学方法来解释这个散列函数，即为 hash(D)=D。这个实例中，数据会被安排如下：

array(21)=21, array(53)=53, array(71)=71, array(19)=19, array(61)=61,
array(81)=81, array(3)=3, array(17)=17, array(44)=44, array(93)=93

在搜索时，就用前面所定义的 hash(K)=K 来计算 K 值在数组中的位置，再比较 array(K) 的值是否等于 K。如果相等就代表搜索成功，如果不相等就代表数据不存在。例如要检查数据中是否有 17 时，因为 hash(17)=17，所以就去对比看看 array(17)的值是否为 17。结果发现没错，只对比一次就找到数据。如果要检查 45 时，因为 hash(45)=45，所以要去对比 array(45) 是否等于 45，结果不是，所以 45 不存在数据组中，同样只对比一次就可以确定数据不存在。程序实现如下：

HASH.F90

```fortran
1.  ! 散列搜索法示例
2.  ! By Perng 1997/8/31
3.  program HASH_SEARCH_DEMO
4.    implicit none
5.    integer, parameter :: N=10  ! 数组的大小
6.    integer Source(N)  ! 存放数据组的数组
7.    integer A(100)  ! 存放 Hashing 后的数组
8.    integer KEY       ! 记录所要找的值
9.    integer I         ! 循环记数器
10.   data Source /21,53,71,19,61,81,3,17,44,93/
11.
12.   write(*,"('Source=>',10I3)")Source
13.   write(*,*)'Input KEY:'
14.   read(*,*)KEY
15.   if(KEY<0 .or. KEY>100)then
16.     write(*,*)"Not found."
17.     stop
18.   end if
19.
20.   ! 创建 Hash 表格，表格中放的是数值在数组中的位置
21.   A = 0
22.   do I=1,N
23.     A(Source(I))= I
24.   end do
25.
26.   ! 在 Hash 表格中寻找数据
```

```
27.     if(A(KEY)/=0)then
28.         write(*,"('Source(',I2,' )=',I3)")A(KEY), KEY
29.     else
30.         write(*,*)"Not found"
31.     end if
32.
33.     stop
34. end program
```

上面的散列方法，使用大小为 100 的数组来存放 10 个数字。使用比较大的数组来存放数据会比较容易设计散列函数 hash(K)，比较不易发生当 a 不等于 b 时 hash(a)= hash(b)的现象，可以得到比较好的搜索效率。因为这个数据组中的数字都是在 0～100 间的整数，所以使用一个大小为 100 的数组，并且使用 hash(K)=K 的散列公式，可以确保只比较一次便能完成搜索。

再来看一个新的散列方法，同样用上一个实例中的数据组来做搜索。上一个实例程序只使用了 10%的数组空间，有 90%是浪费掉的。这一次不会再浪费那么多内存空间，而是把散列的数据放在大小为 10 的数组来充分利用内存。散列函数必须重新设计，才能符合新的数组大小。

这一次可以定义 hash(K)=K/10+1，也就是取出数字的 10 位数，再加上 1 来当做它在数组中的位置。不过这个方法会发生一个问题，因为它对不同数字很有可能算出同样的结果，例如 hash(11)=hash(12)=2。对这个情况要做一些例外处理，可以加上一个条件：如果所要使用的位置已经被其他数字占据，就向后挪一步。

要搜索时，同样先由 L=hash(K)=K/10+1 来计算数据位置，但是如果 array(L)不等于 K 时，并不代表 K 不存在，还要向后一个个来做检查，一直到全部数据都检查过为止。实现的程序如下：

HASH2.F90

```
 1. ! 散列搜索法示例
 2. ! by perng 1997/8/31
 3. program hashing_search_demo
 4.     implicit none
 5.     integer, parameter :: n=10  ! 数组的大小
 6.     integer source(n)! 存放数据组的数组
 7.     integer a(n)! 存放 hashing 后的数组
 8.     integer key                  ! 记录所要找的值
 9.     integer i                    ! 循环记数器
10.     integer loc
11.     data source /21,53,71,19,61,81,3,17,44,93/
12.     integer hash
13.     hash(key)= key/10+1 ! 定义 hash 函数
14.
```

```
15.    write(*,"('source=>',10I3)")source
16.
17.    a=0
18.    do i=1,n
19.      loc = hash(source(i))
20.      do while(.true.)
21.        if(a(loc)==0)then
22.          a(loc)=i
23.          exit
24.        else
25.          loc=loc+1
26.          if(loc>n)loc=1
27.        end if
28.      end do
29.    end do
30.
31.    write(*,*)'input key:'
32.    read(*,*)key
33.
34.    loc = hash(key)
35.    do i=1,N
36.      if(a(loc)==0)then
37.        write(*,*)"Not found."
38.        exit
39.      else if(source(a(loc))==KEY)then
40.        write(*,"('Source(',I2,')=',I3)")a(loc),key
41.        exit
42.      else
43.        loc=loc+1
44.        if(loc>n)loc=1
45.      end if
46.    end do
47.    if(i>N)write(*,*)"Not found."
48.
49.    stop
50.end program
```

这个方法不算是很有效率的方法。如果所要搜索的数据不存在，要扫描整个数组才能确认这个事实。这主要归咎于散列表格太小，而不是散列法的缺点。如果配合上串行结构来存放数据，可以得到比较好的效率。

现在来示例针对这个散列法所设计的串行结构。对串行不熟悉的读者可以再回到第 10

章复习。在这里使用同样的散列函数 hash(x)=10/x+1，hash(x)的值在 1~10 间，所以可以用 10 个串行来保存所有数值。这个方法所建构的串行结果如下：

    hash(x)=1 的串行：=>3
    hash(x)=2 的串行：=>19=>17
    hash(x)=3 的串行：=>21
    hash(x)=4 的串行：没有东西
    hash(x)=5 的串行：=>44
    hash(x)=6 的串行：=>53
    hash(x)=7 的串行：=>61
    hash(x)=8 的串行：=>71
    hash(x)=9 的串行：=>81
    hash(x)=10 的串行：=>93

搜索时只要在所属的串行中来搜索即可，不需要跨越到其他的串行中。不必等到扫描整个数据后，才能确认数据不存在。实现的程序如下：

HASH3.F90

```fortran
 1. module NumLink
 2.   implicit none
 3.   integer, parameter :: N=10
 4.   ! 声明制作串行的类型
 5.   type :: link
 6.     integer :: num                    ! 保存数据组
 7.     type(link), pointer :: next       ! 指向下一个环结的指针
 8.   end type link
 9.
10.   type(link), target  :: linking(N)  ! 保存 hashing 后的数据
11.   type(link), pointer :: proc        ! 暂时使用的指针
12.
13.   integer :: Source(N)=(/ 21,53,71,19,61,81,3,17,44,93 /)
14.
15. contains
16.   subroutine InitLink()
17.     integer i
18.     do i=1,N
19.       linking(i)= link(0, null())
20.     end do
21.   end subroutine
22.
23.! hash 函数
24.   integer function hash(KEY)
```

```
25.    integer KEY
26.    hash = KEY/10+1
27.    return
28. end function
29. !
30. ! 把数字经过散列处理后放入串行的子程序
31. !
32. subroutine Insert(KEY, INFO)
33.    integer :: KEY, INFO  ! 所要插入的数字及在 Source 中的位置
34.    integer :: L          ! hashing 后的结果
35.
36.    L=hash(KEY)
37.    proc=>linking(L) ! 把 proc 指向数组 linking 中 hash(L)的位置
38.
39.    ! 移动到串行中的最后一个位置
40.    do while(proc%num /= 0 )
41.       proc=>proc%next
42.    end do
43.
44.    proc%num = INFO
45.    !配置内存空间给 proc%next
46.    allocate(proc%next)
47.    proc=>proc%next
48.    proc%num = 0
49.    nullify(proc%next)
50. end subroutine Insert
51. !
52. ! 在串行中搜索数据的子程序
53. !
54. subroutine Hash_Search(KEY )
55.    integer :: KEY  ! 要搜索的值
56.    integer :: L    ! 计算 hashing 后的值
57.
58.    L=hash(KEY)
59.    proc=>linking(L) ! 把 proc 指向数组 linking 中 hash(L)的位置
60.
61.    ! 在这一个串行中一直向下顺序搜索到找到为止
62.    do while(.true. )
63.       if(proc%num==0)then
64.          write(*,*)"Not found."
```

```
65.        return
66.      end if
67.      if(Source(proc%num)==KEY)then
68.        write(*,"('Source(',I2,' )=',I3)")proc%num, KEY
69.        return
70.      end if
71.      if(associated(proc%next))proc=>proc%next
72.    end do
73.    return
74.  end subroutine Hash_Search
75. !
76. ! 输出串行中数据的子程序
77. !
78.  subroutine OutputLink()
79.    integer :: i
80.    do i=1,N
81.      proc=>linking(i)
82.      write(*,"(1X,I2,':')", advance="NO")i
83.      do while(associated(proc%next))
84.        write(*,"('->',I2)", advance="NO")Source(proc%num)
85.        proc=>proc%next
86.      end do
87.      write(*,*)
88.    end do
89.  end subroutine OutputLink
90.
91. end module NumLink
92. !
93. !   散列搜索法示例
94. !
95. program HASHING_SEARCH_DEMO
96. use NumLink
97. implicit none
98.    integer :: KEY   ! 记录所要找的值
99.    integer :: I     ! 循环计数器
100.
101.  call InitLink()
102.  write(*,"('Source=>',10I3)")Source
103.  do I=1,N
104.    call Insert(Source(I), I )
```

```
105.    end do
106.    write(*,*)'Link List=>'
107.    call OutputLink()
108. !  读入要找的值
109.    write(*,*)'Input KEY:'
110.    read(*,*)KEY
111. !  调用顺序搜索的子程序
112.    call Hash_Search(KEY)
113.    stop
114. end program HASHING_SEARCH_DEMO
```

15-3 堆栈 Stack

"堆栈"的概念很简单,它可以解决许多程序设计的问题。堆栈是一种管理数据进、出内存的规则,这个规则就是:"越早得到的数据越晚输出,越晚得到的数据越早输出。"

这就像我们平常在堆旧报纸的情况一样,越早以前堆的报纸会被压在下面,而昨天的那一份会被放在最上面。所以随手一拿,就会拿到最近才刚堆上去的那一份报纸。

15-3-1 堆栈的基本范例

根据堆栈"后到先出"的策略,可以编写一个实例程序来把所输入的一连串数据反向输出。这个程序的目的只是用来示例堆栈的运行过程,真正应用的程序在下一个小节中才会介绍。

STACK.F90

```
 1. module STACK_UTILITY
 2.   implicit none
 3.   private
 4.   integer, parameter :: TOP=50
 5.   integer, save :: current = 0
 6.   integer, save :: stack(TOP)
 7.   public push, pop
 8. contains
 9.   ! 把数据放入堆栈中
10.   subroutine push(value)
11.     integer value
12.     if(current>TOP)then ! 超过容量
13.       write(*,*)"Stack full."
14.       return
```

```fortran
15.     end if
16.     current = current+1
17.     stack(current)=value
18.   end subroutine
19.   ! 从堆栈中取出数据
20.   integer function pop(value)
21.     integer value
22.     if(current<=0)then ! 已经没有东西可以拿了
23.       pop=1
24.       return
25.     end if
26.     value = stack(current)
27.     current = current-1
28.     pop = 0
29.   end function
30.
31. end module
32.
33. program main
34.   use STACK_UTILITY
35.   implicit none
36.   integer, parameter :: N=5
37.   integer :: A(N)=(/ 1,2,3,4,5 /)
38.   integer i, stat, value
39.
40.   write(*,"('Source=>',5I3)")A
41.   do i=1,N
42.     call push(A(i))
43.   end do
44.
45.   do i=1,N
46.     stat = pop(value)
47.     write(*,"(I3)",advance="no")value
48.   end do
49.   write(*,*)
50.
51.   stop
52. end program
```

跟堆栈相关的程序代码，都编写在 MODULE STACK_UTILITY 中。堆栈数据实际是存放在数组 stack 中，变量 current 用来记录目前堆栈保存情况。这些数据都被设置成是私有的

数据结构与算法

数据，外部函数不能直接使用它们。整个 MODULE STACK_UTILITY 中，只有 push 和 pop 这两个函数是对外开放的使用接口。

调用 push 可以把数据放在堆栈的最顶端；调用 pop 则可以从堆栈的最顶端取出一条数据。Push 和 pop 都不能无限制调用，当 stack 数组用完时，就不能再 push 数据。而堆栈中没有数据时，就不能再调用 pop。

15-3-2 堆栈的应用－骑士走棋盘

这个小节会示例一个很典型的堆栈应用。相信大家都玩过西洋棋或是象棋，还记不记得西洋棋中的骑士是怎么移动的？骑士的移动规则有 8 种步法，大致上是走日字形，与中国象棋中的马有些类似。

现在来研究一个问题，有没有办法让一个骑士在棋盘上不重复踏入同一个格子而走遍整个棋盘呢？这个问题可以用试误法，经过不断尝试而得到结果。堆栈的概念正可以应用在这一类需要使用"试误法"解决的问题。先看看解决这个问题的方法：

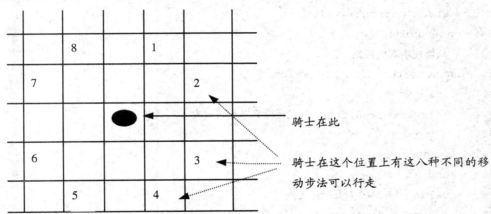

（1）把骑士放入棋盘上的某个起始位置，（放在不同的位置会有不同的解法生成）并记录下这个位置已经被践踏过。

（2）由第 1 种步法开始尝试，看看下一步所踏出去的位置是不是还没有被踩过。如果没有踩过就可以走下去，如果踩过，就换下一种步法来尝试。

（3）如果 8 种步法都踏不出去，代表前一步走进入死巷，要赶紧回头一步。回过头后，还要查出原本踏入这个死巷所使用的步法为何，不再使用它，换下一种步法来走走看。

（4）当整个棋盘都踏遍后，就找到了一个解。这时还可以再把骑士退回一步，试用新的步法再来找出新的走法，走不下去时就再退。所有方法都试过后，骑士会从起始位置再退一步（只好退出棋盘了），这个时候代表找到了所有的解。

实例程序使用堆栈来记录每一步所使用的步法，从堆栈的数据可以得知要如何后退。实例程序如下：

KNIGHT.F90

```
1.module STACK_UTILITY
2.  implicit none
```

```
  3.    private
  4.    integer, parameter :: TOP=50
  5.    integer, save :: current = 0
  6.    integer, save :: stack(TOP)
  7.    public push, pop
  8. contains
  9.    ! 把数据放入堆栈中
 10.    subroutine push(value)
 11.      integer value
 12.      if(current>TOP)then ! 超过大小
 13.        write(*,*)"Stack full."
 14.        return
 15.      end if
 16.      current = current+1
 17.      stack(current)=value
 18.    end subroutine
 19.    ! 从堆栈中取出数据
 20.    integer function pop(value)
 21.      integer value
 22.      if(current<=0)then ! 已经没有东西可以拿了
 23.        pop=1
 24.        return
 25.      end if
 26.      value = stack(current)
 27.      current = current-1
 28.      pop = 0
 29.    end function
 30.
 31. end module
 32. !
 33. ! 骑士走棋盘的示例
 34. ! By Perng 1997/9/1
 35. program knight
 36.    use STACK_UTILITY
 37.    implicit none
 38.    integer, parameter :: n=5 ! 定义棋盘有多大
 39.    integer board(n,n)! 记录棋盘的状态
 40.    integer, parameter :: total = n*n ! 棋盘有几个格子要走
 41.    integer x_move(8)! 骑士有8种移动的步法
 42.    integer y_move(8)!
```

```
43.    integer x_pos,y_pos        ! 骑士目前在棋盘上的位置
44.    integer x_new,y_new        ! 暂时算出的下一落脚处
45.    integer move               ! 所要使用的步法
46.    integer step               ! 完成了多少步
47.    integer sol                ! 计算总共有几种走法可以走完
48.    integer error
49.    data x_move /1,2, 2, 1,-1,-2,-2,-1/
50.    data y_move /2,1,-1,-2,-2,-1, 1, 2/
51.    data board / total*0 /     ! 全设为 0，代表都还没走过
52.    data sol /0/               ! 解的数目先设为 0
53.
54.    ! 假设从棋盘的正中央开始走
55.    x_pos=(n+1)/2
56.    y_pos=(n+1)/2
57.    step=1
58.    board(x_pos,y_pos)=step    ! 第一步在此
59.
60.    move=1                     ! 先试第一种走法
61.    do while(.true.)
62.       do while(move <= 8)     ! 因为只有 8 种走法
63.          ! 算出下一步
64.          x_new=x_pos+x_move(move)
65.          y_new=y_pos+y_move(move)
66.          ! 不能超出棋盘
67.          if(x_new < 1 .or. x_new > n)then
68.             move=move+1
69.             cycle
70.          end if
71.          if(y_new < 1 .or. y_new > n)then
72.             move=move+1
73.             cycle
74.          end if
75.          ! 当这个下一步的位置是空位时，才可让骑士进入
76.          if(board(x_new,y_new) == 0)then
77.             x_pos=x_new
78.             y_pos=y_new
79.             step=step+1
80.             board(x_pos,y_pos)=step ! 成功地踏出下一步
81.             call push(move)    ! 把目前的步法送入堆栈
82.             move=1             ! 下一步再从第一种步法开始试
```

```
83.      else
84.         move=move+1              ! 地点早已来过，换个新的步法
85.      end if
86.    end do
87.    ! setp=total=n*n 时代表全部都踏遍了
88.    if(step == total)then
89.      sol=sol+1
90.      write(*,"('第',I3,'个解')")sol
91.      call show_board(board,n)
92.    end if
93.    ! 往回退一步再向下试
94.    step=step-1
95.    ! step<=0 代表无路可退了，跳出循环
96.    if(step <= 0)exit
97.    board(x_pos,y_pos)=0  ! 往回退，所以这个地方要设成没来过
98.    error = pop(move)! 从堆栈中取出上一个步法
99.    if(error/=0)then
100.     write(*,*)"Stack empry"
101.     stop
102.   end if
103.   ! 向回退一步
104.   x_pos=x_pos-x_move(move)
105.   y_pos=y_pos-y_move(move)
106.   ! 换一个新的步法来试试
107.   move=move+1
108. end do
109. write(*,"('编共有',I3,'种解法')")sol
110.   stop
111.end program
112.!
113.! 显示棋盘状态的子程序
114.!
115.subroutine show_board(board,n)
116.   implicit none
117.   integer n
118.   integer board(n,n)
119.   integer i,j
120.   character*(20):: for = '(??(1x,i3))'
121.! 用字符串来设置输出格式
122.   write(for(2:3),'(i2)')n
```

```
123.    do i=n,1,-1
124.        write(*, fmt=for)board(:,i)
125.    end do
126.    return
127.end
```
列出几组解的内容：
第 1 个解
 21 12 7 2 19
  6 17 20 13 8
 11 22 1 18 3
 16 5 24 9 14
 23 10 15 4 25

第 2 个解
 23 12 7 2 25
  6 17 24 13 8
 11 22 1 18 3
 16 5 20 9 14
 21 10 15 4 19

第 3 个解
 23 12 7 2 21
  6 17 22 13 8
 11 24 1 20 3
 16 5 18 9 14
 25 10 15 4 19

……
……

第 64 个解
 19 2 7 12 21
  8 13 20 17 6
  3 18 1 22 11
 14 9 24 5 16
 25 4 15 10 23

共有 64 种解法

15-4 树状结构

第 10 章介绍指针时，已经示范过串行结构的使用，指针还经常使用在另外一种称为树状结构的数据结构。被称为树状结构的原因在于，树状结构的链接情况画成图形时，会出现如同树枝状的结构来。树枝状结构常常出现在下面的情况：

球赛的赛程

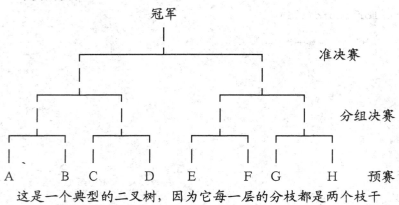

这是一个典型的二叉树，因为它每一层的分枝都是两个枝干

族谱

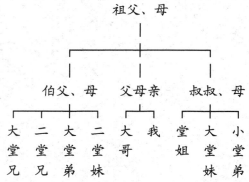

这是一个典型的多元树，每一层的分枝数目不定

本节介绍二叉树的应用，多重分枝的操作方法就让读者自行领会。在这里示例应用二叉树来做排序及搜索的方法，二叉树会以下面的格式来创建：

在这一棵二叉树中，左枝所保存的数值，永远都小于跟它对称的右枝所保存的数值。以这个方法所创建的二叉树，可以很容易地来做数据搜索。从最上端开始来对比，如果要寻找的数据大于目前的树枝中所保存的数值，那么数据一定是落在右枝。如果是小于的话，那就是落在左枝。以这个方法可以很快速地由上而下寻找数据。

二叉树创建后，数据也等于完成"排序"工作。经过特定的规则来取出二叉树数据，就可以达到排序的效果。以这个例子来看，只要先取出较小、而且较左边枝干中所保存的数值，就可以把数据由小到大来排序。

现在就来实现一个建构二叉树的实例，这个实例示例了如何使用二叉树来记录数据，并且同时完成排序。程序代码有点长，建议读者先翻到后面的程序解说部分来阅读，再回头来看整个程序。

BTREE.F90

```fortran
1. !
2. ! 二叉树排序范例
3. !
4. module typedef
5.   implicit none
6.   type :: data
7.     integer :: n            ! 存放的数据
8.     integer :: repeat       ! 数据重复的次数
9.     type(data), pointer :: left    ! 左枝
10.    type(data), pointer :: right   ! 右枝
11.  end type data
12. end module typedef
13.
14. module bin_tree
15.   use typedef
16.   implicit none
17.   private
18.   type(data), pointer :: tree, action
19.   integer, save :: numbers = 0
20.   public add, TraceTree
21. contains
22. !
23. ! 新加入一条数据
24. !
25. subroutine add(n )
26.   implicit none
27.   integer, intent(in):: n
28.   integer :: err
29.   type(data), pointer :: new
30.   integer :: level
31.   level=1
32.   numbers=numbers+1
33.   write(*, '(1x,a5,i4,a8)')"Get :",numbers," numbers"
34.   ! 配置一块新的空间
35.   allocate(new, stat=err )
36.   if(err/=0)then
37.     write(*,*)"Out of memory!"
38.     stop
```

```
39.    end if
40.
41.    write(*,"('root ')", advance="NO")
42.    ! 设置数据
43.    new%repeat=1
44.    new%n=n
45.    nullify(new%right, new%left )
46.    ! 如果是第一条数据
47.    if(numbers==1)then
48.      action=>new
49.      tree=>new
50.      write(*,"(': new')")
51.      return
52.    end if
53.
54.    action=>tree
55.
56.    do while(.true.)
57.      level=level+1
58. ! 数据大于目前枝干的数值时
59.      if(n>action%n)then
60.        if(associated(action%right))then
61.          action=>action%right   ! 再向右去寻找立身处
62.          write(*, "('->R')", advance="NO")
63.        else
64.          action%right=>new   ! 创建新的右枝
65.          action=>new
66.          write(*, "('->R: new')")
67.          exit
68.        end if
69. ! 数据小于目前枝干的数值时
70.      else if(n<action%n)then
71.        if(associated(action%left))then
72.          action=>action%left     ! 再向左去寻找立身处
73.          write(*, "('->L')", advance="NO")
74.        else
75.          action%left=>new    ! 创建新的左枝
76.          action=>new
77.          write(*, "('->L: new')")
78.          exit
```

```
79.      end if
80.    ! 数据等于目前枝干的数值时
81.    else if(n==action%n)then
82.      action%repeat=action%repeat+1  ! 把重复的数目加1
83.      deallocate(new) ! 可以不需要这个新的空间
84.      write(*, "(': Repeat')")
85.      return
86.    end if
87.  end do
88.  return
89.end subroutine add
90.!
91.! 显示排序的数据
92.!
93.subroutine TraceTree()
94.  implicit none
95.  call show_tree(tree )
96.  return
97.end subroutine TraceTree
98.!
99.! 排序数据的子程序
100.!
101.recursive subroutine show_tree(show )
102.  implicit none
103.  type(data), pointer :: show
104.
105.  if(associated(show))then
106.    call show_tree(show%left) ! 先取出左枝的数据
107.    call show_data(show) ! 再取出目前位置的数据
108.    call show_tree(show%right) ! 最后才取右枝的数据
109.  end if
110.
111.  return
112.end subroutine show_tree
113.!
114.! 显示这个枝干所保存的数据
115.!
116.subroutine show_data(show )
117.  implicit none
118.  type(data), pointer :: show
```

```
119.    integer :: i
120.
121.    do i=1,show%repeat
122.      write(*,*)show%n
123.    end do
124.
125.    return
126.end subroutine show_data
127.
128.end module bin_tree
129.!
130.! 主程序
131.!
132.program main
133.  use bin_tree
134.  implicit none
135.  integer num
136.
137.  do while(.true.)
138.    write(*,*)"请输入整数,输入 0 代表结束"
139.    read(*,*)num
140.     if(num==0)exit
141.    call add(num)
142.  end do
143.  call TraceTree()
144.
145.  stop
146.end program main
```

程序执行结果如下:

请输入整数,输入 0 代表结束

4 (输入整数)

 Get :   1 numbers

root : new (第 1 条数据会放在树根)

  请输入整数,输入 0 代表结束

6 (输入整数)

 Get :   2 numbers

root ->R: new (放在树根的右枝)

  请输入整数,输入 0 代表结束

2（输入整数）

　Get： 3 numbers

root ->L: new （放在树根的左枝）

　请输入整数，输入 0 代表结束

7（输入整数）

　Get： 4 numbers

root ->R->R: new （放在树根右枝的右枝）

　请输入整数，输入 0 代表结束

3（输入整数）

　Get： 5 numbers

root ->L->R: new （放在树根左枝的右枝）

　请输入整数，输入 0 代表结束

5（输入整数）

　Get： 6 numbers

root ->R->L: new

　请输入整数，输入 0 代表结束

1（输入整数）

　Get： 7 numbers

root ->L->L: new （放在树根左枝的左枝）

　请输入整数，输入 0 代表结束

0（输入整数）

　　　　　1
　　　　　2
　　　　　3
　　　　　4
　　　　　5
　　　　　6
　　　　　7

　　这个程序可以让用户输入一组整数，程序执行时还会同时显示树枝的"生长"情况。输入数字 0 会结束数据的输入，并把所输入的整数数列由小到大来输出。

　　程序使用二叉树来保存、同时排序所输入的数据。假如输入了下面的整数数列[4、6、2、7、3、5、1]。输入第 1 个数字时，二叉树只有"根"的部分存在，所以整数 4 会放在二叉树的树根部分。输入第 2 个数字时，会去比较二叉树树根所保存的数值，如果结果是"大于"，就会向右边生出一根新的树干，并保存这个新的数值；如果结果是"小于"，则会向左边开发。程序会一直重复这个操作，生长出越来越密的枝干，而比较的层次也会一层层地向越小的枝干延伸下去。用图来解释实例中的二叉树生长情况如下：

依序输入 4、6、2、7、3、5、1

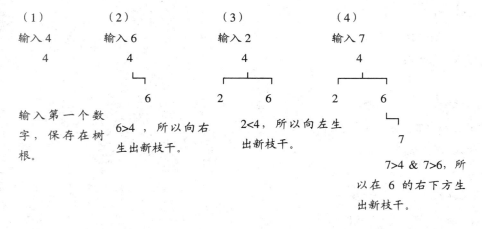

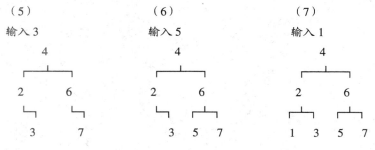

依照这个策略创建二叉树后，再根据下面几个策略来显示数据，就可以达成"由小到大"的排序效果。

（1）先显示较靠左边的枝干上的数据。

（2）显示目前所在位置的数据。

（3）再显示右侧枝干上的数据。

依这个策略，程序会先显示 1，再向上溯源显示 2，然后发现右下方还有 3，再溯回 4。此时已把根部以左的枝干都写完了，现在再来显示右边的枝干。同样会显示最左边的 5，再来会撤消到 6，最后会显示最右边的树枝 7。

来看程序实现的部分，module typedef 定义了创建二叉树所需要的自定义类型。变量 n 用来保存所输入的数字。repeat 的值通常是 1，用来记录变量 n 数值的重复次数。指针 left、right 用来创建左右两边的枝干。

```
4.  module typedef
5.    implicit none
6.    type :: data
7.      integer :: n        ! 存放的数据
8.      integer :: repeat   ! 数据重复的次数
```

数据结构与算法

```
9.    type(data), pointer :: left   ! 左枝
10.   type(data), pointer :: right  ! 右枝
11.   end type data
12.end module typedef
```

module bin_tree 包含二叉树运行的所有工具。它声明了下面的变量供 MODULE 中的函数使用：

```
type(data), pointer :: tree, action
! tree 记录树根的地址，action 则记录目前运行的枝干地址。
integer :: numbers=0
! 记录输入了几个数字。
```

子程序 add 是构建二叉树的工具，它会先要求配置一块新的空间来新生枝干，保存数据。

```
35.   allocate(new, stat=err )
```

如果程序发现这是第 1 条数据，会把这条数据放在树根的位置。也就是把树根 tree 指针指向 new 指针所指的位置，并结束子程序。

```
47.   if(numbers==1)then
48.     action=>new
49.     tree=>new
50.     write(*,"('：new')")
51.     return
52.   end if
```

如果不是第一次输入数据时，则会进入循环来一层层判断添加的数据要放在哪个位置上。创建二叉树有三种情况要做不同的处理。

（1）数据 ">大于" 目前的枝干。
（2）数据 "<小于" 目前的枝干。
（3）数据 "=等于" 目前的枝干。

大于的时候：

数据要往右边放，程序会先检查 "右枝" 是否已经创建，如果是，就把运行的目标向右枝移动，再进行下一次的判断。如果不是，就创建新的右枝来保存数据，并跳出循环。

```
59.   if(n>action%n)then
60.     if(associated(action%right))then
61.       action=>action%right   ! 再向右去寻找立身处
62.       write(*, "('->R')", advance="NO")
63.     else
64.       action%right=>new      ! 创建新的右枝
65.       action=>new
66.       write(*, "('->R: new')")
67.       exit
68.     end if
```

小于的时候：

数据要往左边放,程序先检查"左枝"是否已经创建,如果是,就把目标向这个左枝移动;否则就创建新的左枝来保存数据。

```
70.    else if(n<action%n)then
71.       if(associated(action%left))then
72.          action=>action%left    ! 再向左去寻找立身处
73.          write(*, "('->L')", advance="NO")
74.       else
75.          action%left=>new       ! 创建新的左枝
76.          action=>new
77.          write(*, "('->L: new')")
78.          exit
79.       end if
```

等于的时候:

输入重复的数据时,不用再创建新树枝,只要把 repeat 重复值累加 1。

```
81.    else if(n==action%n)then
82.       action%repeat=action%repeat+1    ! 把重复的数目加 1
83.       deallocate(new)    ! 可以不需要这个新的空间
84.       write(*, "(': Repeat')")
85.       return
86.    end if
```

如何取出树状结构的所有数据,是一项很重要的课题。这个实例程序中,只要依据前面介绍过的 3 个策略来取用树状结构,就可以做排序。函数 TraceTree 只是用来调用子程序 show_tree 从树根开始输出二叉树,先看子程序 show_tree 的部分。

```
101.recursive subroutine show_tree(show )
102.   implicit none
103.   type(data), pointer :: show
104.
105.   if(associated(show))then
106.      call show_tree(show%left)!  先取出左枝的数据
107.      call show_data(show)!  再取出目前位置的数据
108.      call show_tree(show%right)!  最后才取右枝的数据
109.   end if
110.
111.   return
112.end subroutine show_tree
```

从树状结构取用数据是一个典型的递归问题,最基本策略就是"先显示左边、再显示自己,最后才显示右边"。函数 show_tree 会自动往最左边的枝干一层一层地深入下去,最后才会使用右边的枝干。

子程序 show_data 的内容很简单，它会根据数据重复的次数来显示数字。子程序 TraceTree 是一个"引线"。第一次调用子程序 show_tree 时，要输入树根 tree 的地址，不过在 module bin_tree 中，所有的变量都被设置成是私有数据，必须通过接口来使用它们，函数 TraceTree 就是对外开放的使用接口。

```
93. subroutine TraceTree()
94.   implicit none
95.   call show_tree(tree) ! 从树根开始输出
96.   return
97. end subroutine TraceTree
```

　　"树状结构"的应用范围很广，例如用来做排序、搜索、创建有从属关系的数据结构等等。关于串行及树状结构，本书只介绍了"皮毛"的部分，目的只是让读者大概了解指针的应用。有兴趣的读者可以自行引用其他数据结构的书籍。

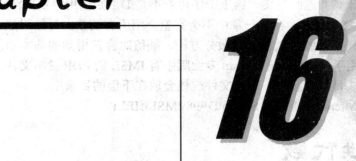

IMSL 函数库

第 14 章介绍了自行编写程序来解决问题的方法，其实数值方法中常遇到的问题，有专门的链接库可以使用。IMSL 是一套在数值方法上经常被使用的商业链接库，某些编译器会内附 IMSL，用户不需要再另外购买。Visual Fortran 的专业版就内含 IMSL。

有现成的函数可以使用，不代表程序员不需要学习自行编写数值方法程序的技巧。因为只有了解这些算法的真正运行过程，才能适当地去使用它们。

IMSL 的函数名称中，第 1 个字母可以用来判断参数的类型。如果第 1 个字母是 D，会使用双精度浮点数来计算并返回答案。第 1 个字母若不是 D，则使用单精度浮点数。

因为 IMSL 的函数太多了，在这一章中不会完整介绍所有函数的详细用法。本书中会介绍处理线性系统、非线性系统、微积分、微分方程、插值时会使用到的基本功能，详细说明还是要请读者参考使用手册。Visual Fortran 专业版中有 IMSL 的 PDF 说明文件，请到安装目录下面寻找。使用默认目录安装时，这些文件应该会放在下面的目录中：

C:\Program Files\Microsoft Visual Studio\DF98\IMSL\HELP

16-1 线性代数

早期的 IMSL 版本中，提供函数调用的方法来处理线性代数的问题。新版本的 IMSL 则使用 Fortran 90 自定义操作数的方法来解线性代数问题。新的方法使用起来比较方便，不需要再输入一大堆参数。

16-1-1 添加的运算符号

矩阵的加法和减法，在 Fortran 90 中已经不需要另外再提供函数来计算。关于其他的运算，新版本的 IMSL 提供下面的操作数：

A .x. B	A*B
.i. A	A^{-1}
.t. A, .h. A	A^T, A^H
A .ix. B	$A^{-1}*B$
B .xi. A	$B*A^{-1}$
A .tx. B, A .hx. B	A^TB, A^HB
B .xt. A, B .xh. A	BA^T, BA^H

Fortran 90 的库存函数 matmul 和 transpose 可以做矩阵乘法及转置矩阵，所以 ".x." 与 ".t." 这两个操作数并不算是很大的贡献。求逆矩阵的 ".i." 则是原来 Fortran 90 中没有提供的功能。这些添加的矩阵操作数，只能对浮点数类型来运算，不支持整数类型的矩阵，来看一个实例程序。

MATRIX_OPERATOR.F90

```
1.program main
2.  use IMSL
3.  real :: A(3,3)=(/ 1,2,3,&
```

```
4.                   1,5,6,&
5.                   2,8,9 /)
6. real :: B(3)=(/ 4, 15, 18 /), C(3)
7.  ! 求解 x+y+2z=4
8.  !      2x+5y+8z=15
9.  !      3x+6y+9z=18
10. C = A .ix. B ! invert(A)* B
11. write(*,*)C
12. stop
13.end program
```

这个程序可以求解一个联立式，A、B、C 这 3 个矩阵的关系为 A*C=B，所以 C=A^{-1}*B。刚好可以使用 C=A .ix. B 来计算。

16-1-2 矩阵函数

直接来看 IMSL 中所提供跟矩阵相关的函数。

函数名称	功能
S=SVD(A [,U=U, V=V])	把矩阵分解成 A=USV^T
E=EIG(A[[,B=B,D=D], V=V, W=W])	求 eigenvalue 及 eigenvector， 计算结果有 AV=VE 的关系， B、D 已经输入时则结果关系为 AVD=BVE 当 eigenvecor 为复数时，eigenvalue 会从 W 来返回，AW=WE,AWD=BWE
R=CHOL(A)	把矩阵分解成 A=R^{T}R
Q=ORTH(A [,R=R])	把矩阵做 QR 分解，A=QR,Q^{T}Q=I
U=UNIT(A)	求 unit 矩阵,把矩阵 A 中每个 column normalize
F=DEF(A)	求 determinant，行列式值
K=RANK(A)	求矩阵的 rank 值
P=NORM(A [,i])	计算矩阵 NORM， i=1 时，计算 $\|A\|_1$ i=2 时，计算 $\|A\|_2$，这也是默认值 i=huge(1)时，计算 $\|A\|_\infty$，huge(1)是库存函数，返回整数的最大值，用来代替无限大
C=COND(A)	求 condition number
Z=EYE(N)	得到 N*N 的单位矩阵
A=DIAG(X)	以 X vector 中的内容来设置对角线矩阵
X=DIAGONALS(A)	把矩阵 A 的对角线取出

Y=FFT(X,[WORK=W]); X=IFFT(Y,[WORK=W])	Fourier Transform
A=RAND(A)	把矩阵内容设置成 0~1 间的随机数
L=isNaN(A)	检查矩阵中是否有无法记录的数值，当数值计算超过浮点数的保存范围时，变量会记录下这个数值无法表达。当矩阵有无法表达的数值时，isNaN 会返回 .true.

EIGEN.F90

```
1. program main
2.  use IMSL
3.  implicit none
4.  real :: A(3,3)=(/ 1,0,0, &
5.                    0,2,0, &
6.                    0,0,3 /)
7.  real :: eigenvalue(3)
8.  real :: eigenvector(3,3)
9.  integer i
10.
11. eigenvalue = eig(A, v=eigenvector)
12. do i=1,3
13.   write(*,"('eigenvalue=',F5.2)")eigenvalue(i)
14.   write(*,"('eigenvector=[',3(F5.2,' '),']')")eigenvector(:,i)
15. end do
16.
17. stop
18. end program
```

当 eigenvector 为复数解时，调用 eig 时要使用 e= eig(A,W=zeigenvector)，其中 zeigenvector 要声明成复数类型；不能再使用 e= eig(A,V=eigenvector) 来读取结果。至于其他函数应该看说明就能够自行使用，在此就不再多做范例。

16-1-3 解线性系统

在 16-1-1 节中已经示范过使用逆矩阵求解线性系统的方法。事实上，如果单纯只是要解联立方程式，不需要知道逆矩阵的值。IMSL 中有另外的函数可以专门用来解决这类问题。

LINEAR.F90

```
1. program main
2.  use IMSL
3.  implicit none
4.  real :: A(3,3)=(/ 1,3,2, &
5.                    1,2,1, &
```

IMSL 函数库

```
 6.                        2,1,3 /)
 7.   real :: B(3,1)=(/ 4,6,6 /)
 8.   real :: X(3,1)
 9.
10.   call lin_sol_gen(A,B,X)! A*X=B,求解 X
11.   write(*,"(3F5.2)")X
12.
13.   stop
14.end program
```

函数 lin_sol_gen 可以解联立方程,请注意它所接受的参数都要是二维数组。所以程序代码中的 B 和 X 不能声明成一维数组。这个函数还可以接受其他额外的参数,这部分就请自行引用说明书。

16-2 求解非线性方程

IMSL 中提供几个不同的函数可以用来求解非线性方程,ZPLRC、ZPORC、ZPOCC 可以用来解多项式函数。ZANLY、ZBREN、ZREAL 则是用来求解任何类型的函数。

16-2-1 多项式函数

ZPLRC、ZPORC、ZPOCC 这三个函数都是用来求解多项式函数,它们的参数使用方法几乎完全相同,差别在使用的算法不同。这三个函数另外都还有以 D 字开头,使用双精度浮点数的版本 DZPLRC、DZPORC、DZPOCC。函数 ZPLRC 的使用方法如下:

subroutine ZPLRC(NDEG, COEFF, ROOT)

integer NDEG	多项式的最高 order
real COEFF(NDEG+1)	多项式中每个项式的次数
complex ROOT(NDEG)	计算得到的答案

在这只示例 ZPLRC 的使用,函数 ZPORC 的使用方法完全相同。以 D 开头的函数只差在参数 COEFF 和 ROOT 是使用双精度浮点数。ZPOCC 的差别则在多项式的系数 COEFF 是使用复数类型。

多项式函数的系数放在数组 coeff 中,假如函数为 $A_nX^n+A_{n-1}X^{n-1}...A_0$,则要准备大小为 n+1 的一维数组 coeff(n+1)。设置 coeff(1)=A_0、coeff(2)=A_1、coeff(n+1)=A_n。假如现在要求解 $x^2-3x+2=0$,实例程序如下:

ZPLRC.F90

```
1.program main
2.  use imsl ! 在 Visual Fortran 使用 IMSL 前最好先 use imsl
3.  implicit none
```

```
 4.   ! f(x)= X^2-3X+2
 5.   real :: p(3)=(/ 2.0, -3.0, 1.0 /)
 6.   complex r(2)! 答案是复数类型
 7.
 8.   call zplrc(2, p, r)! 求解 X^2-3X+2=0
 9.   write(*,*)r
10.
11.   stop
12.end
```

16-2-2 任意函数

函数(D)ZANLY、(D)ZBREN、(D)ZREAL 可以求解任意类型的函数。在上一章介绍数值方法时，可以发现不论使用哪一种方法，都要提供最初的猜值来慢慢逼近结果。而且并不是每一种算法都可以保证找到答案，所以最好要限制逼近的次数，不然程序会落在无穷循环中。

这几个函数在使用时都需要很多参数，有一些参数是用来限定逼近法使用的次数。首先介绍(D)ZREAL 的使用方法。

subroutine ZREAL(F, ERABS, ERRREL, EPS, ETA, NROOT, ITMAX, XGUESS, X, INFO)

real, external :: F	输入所要计算的函数，函数 F 只会有一个参数 X。而且参数 X 应该是只读的，函数 F 中不能改变 X 值
real ERRABS	当 ABS(F(X_i))<ERRABS 时，就视 X_i 为 F(X_i)=0 的解
real ERRREL	当逼近得到的新 X_i 值和旧 X_{i-1} 值 $$\left|\frac{X_i - X_{i-1}}{X_i}\right| < ERRREL$$ 也就是这两个数字很接近时，就视 X_i 为解，不再做新的逼近
real EPS	定义两个解之间最短的距离，任何两个解的差值一定不小于 EPS，abs(X_I-X_j)>=EPS
real ETA	假设 X_i 为新求得的解，X_j 为之前找到的其中一个解，当 abs(X_i-X_j)<EPS，不会把 X_i 视为新的解，会以 X_i+ETA 的值作为新的猜测值继续求解
integer NROOT	要求得多少解
integer ITMAX	逼近法最多可以使用的次数，当找不到答案时，最多只会在循环中跑 ITMAX 次，不会变成无穷循环
real XGUESS(NROOT)	每个解所需要的初值
real X(NROOT)	求得的答案
integer INFO(NROOT)	记录每个解是逼近几次之后得到的结果。若 INFO(n)>ITMAX，代表第 n 个解没有成功的找到，X(n)值不能使用

IMSL 函数库

ZREAL.F90

```
1. program main
2.   use IMSL
3.   implicit none
4.   integer, parameter :: ITMAX = 100
5.   integer, parameter :: NROOT = 2
6.   real, parameter :: EPS = 1.0E-6
7.   real, parameter :: ERRABS = 1.0E-6
8.   real, parameter :: ERRREL = 1.0E-6
9.   real, parameter :: ETA = 1.0
10.  integer INFO(NROOT)
11.  real, external :: f
12.  real :: X(NROOT)
13.  real :: XGUESS(NROOT)=(/ 1.0, 4.0 /)
14.
15.  call ZREAL(f, ERRABS, ERRREL, EPS, ETA, &
16.              NROOT, ITMAX, XGUESS, X, INFO)
17.  write(*,*)X
18.  stop
19. end program
20.
21. real function f(x)
22.   implicit none
23.   real x
24.   f=sin(x)
25.   return
26. end function
```

函数(D)ZBREN 使用类似二分法的方式来逼近结果，所以它需要两个猜值。(D)ZBREN 使用方法如下：

subroutine ZBREN(F, ERRABS, ERRREL, A, B, MAXFN)

real, external :: F	输入所要计算的函数，函数 F 只会有一个参数 X。而且参数 X 应该是只读的，函数 F 中不能改变 X 值
real ERRABS	当 ABS(F(X_i))<ERRABS 时，就视 X_i 为 F(X_i)=0 的解
real ERRREL	当逼近得到的新 X_i 值和旧 X_{i-1} 值 $\left\|\dfrac{X_i - X_{i-1}}{X_i}\right\| < ERRREL$ 也就是这两个数字很接近时，就视 X_i 为解，不再做新的逼近

real A	第 1 个猜值，要满足 F(A)*F(B)<0
real B	第 2 个猜值，要满足 F(A)*F(B)<0，计算得到的结果会放在 B 中返回
integer MAXFN	逼近法最多可以使用的次数，当找不到答案时，最多只会在循环中执行 MAXFN 次，不会变成无穷循环。函数最后会把逼近的次数存在 MAXFN 中返回

ZBREN.F90

```
1. program main
2.   use IMSL
3.   implicit none
4.   real, parameter :: ERRABS = 0.0
5.   real, parameter :: ERRREL = 0.001
6.   integer :: MAXFN = 100
7.   real :: A,B
8.   real, external :: F
9.   A=-1.0
10.  B=1.0
11.  call ZBREN(F, ERRABS, ERRREL, A, B, MAXFN)
12.  write(*,*)B,MAXFN
13. end program
14.
15. real function F(X)
16.   implicit none
17.   real X
18.   F = sin(x)
19.   return
20. end function
```

(D)ZANLY 是专门用来计算复数解的函数，使用方法如下：

subroutine ZANLY(F, ERRABS, ERRREL, NKNOWN, NNEW, NGUESS, ZINIT, ITMAX, Z, INFO)

complex, external :: F	输入所要计算的函数，函数 F 只会有一个参数 X。而且参数 X 应该是只读的，函数 F 中不能改变 X 值
real ERRABS	当 ABS(FP(Z_i))<ERRABS 时，就视 Z_i 为 FP(Z_i)=0 的解。函数 FP 定义为 F(Z)/P 其中 P=(Z-Z_1)(Z-Z_2)....(Z-Z_n)，Z_{1-n} 为已知的解
real ERRREL	当逼近得到的新 Z_i 值和旧 Z_{i-1} 值 $\lvert Z_i - Z_{i-1} \rvert < ERRREL$ 也就是这两个数字很接近时，就视 Z_i 为解，不再做新的逼近

integer NKNOWN	已经知道的答案数目，已知的解存放在 ZINIT(1~NKNOWN)中
integer NNEW	想再计算出多少个答案
integer NGUESS	提供的初值数目，初值放在 ZINIT(NKNOWN+1~NKNOWN+NGUESS)中
complex ZINIT(NROOT)	存放已知解及初值
integer ITMAX	最多可以去逼近的次数
complex Z(NROOT)	计算结果
integer INFO(NROOT)	记录每个解是逼近几次后计算出来的结果

ZANLY.F90

```
1.program main
2.  use IMSL
3.  implicit none
4.  integer, parameter :: N = 3
5.  complex, external :: F
6.  real, parameter :: ERRABS = 0.0001
7.  real, parameter :: ERRREL = 0.0001
8.  integer, parameter :: NKNOWN = 0
9.  integer, parameter :: NNEW = N, NGUESS = N
10. complex :: ZINIT(N)=(/(1.0, 0.0),(2.0,0.0),(3.0,0.0)/)
11. integer, parameter :: ITMAX = 100
12. complex :: Z(N)
13. integer :: INFO(N)
14.
15. CALL ZANLY(F, ERRABS, ERRREL, NKNOWN, NNEW, NGUESS, ZINIT,&
16.    ITMAX, Z, INFO)
17. write(*,"(3('('F5.2','F5.2')'))")Z
18.
19. stop
20.end program
21.
22.complex function F(Z)
23. complex Z
24. F =(Z-5.0)*(Z-4.0)*(Z)
25. return
26.end function
```

16-2-3　求解非线性系统

前两个小节所解的问题都只有一个等式，这个小节中要来求解多个非线性联立方程式。IMSL 有 4 个函数可以求解非线性系统，在这里只范例(D)NEQNF 的使用，另外 3 个函数 NEQNJ/NEQBF/NEQBF 就请自行引用使用说明书。

假如所要求解的问题为：

$X^2 + Y^2 + Z^2 = 3$

$X*Y + Y*Z + X*Z = 3$

$e^x + e^y + e^z = 3e$

需要求解的未知数有 X、Y、Z 等 3 个未知数，而等式也有 3 条。

subroutine NEQNF(FCN, ERRREL, N, ITMAX, XGUESS, X, FNORM)

external FCN	用来计算非线性系统的子程序
real ERRREL	相对差值，当第 N+1 次逼近的解跟第 N 次的解误差小于 ERRREL 时，就视为得到答案
integer N	等式的数目
integer ITMAX	逼近法最多可做的次数
real XGUESS(N)	猜测的初值
real X(N)	返回的答案
real FNORM	设 X1~Xn 为求得的解，FNORM=$\sum_{i=1}^{n} f(x_i)^2$ FNORM 值越接近 0 代表误差越少

NEQNF.F90

```
1.  program main
2.   use IMSL
3.   implicit none
4.   external FCN
5.   real, parameter :: ERRREL = 0.0001
6.   integer, parameter :: N = 3
7.   integer, parameter :: ITMAX = 100
8.   real :: XGUESS(N)=(/ 0.0, 1.0, 2.0 /)
9.   real X(N), FNORM
10.
11.  CALL NEQNF(FCN, ERRREL, N, ITMAX, XGUESS, X, FNORM)
12.  write(*,*)X
13.
```

```
14.    stop
15. end
16.
17. subroutine FCN(XA, F, N)
18.    implicit none
19.    integer N
20.    real, target :: XA(N)
21.    real F(N)
22.    real, pointer :: x,y,z
23.    ! 在计算时使用x,y,z看起来比较清楚
24.    x=>XA(1)
25.    y=>XA(2)
26.    z=>XA(3)
27.
28.    F(1)= x*x + y*y + z*z -3
29.    F(2)= x*y + y*z + x*z -3
30.    F(3)= exp(x)+ exp(y)+ exp(z)-3*exp(1.0)
31.
32.    return
33. end subroutine
```

子程序 FCN 用来计算非线性系统，它会得到 3 个参数。数组 F(N)用来保存每条方程式的结果，数组 XA(N)则会输入目前所得到的值。子程序中要利用输入的 XA(N)值，计算出每一条方程式的结果，存放在 F(N)中返回去。

这个程序使用 x、y、z 这 3 个指针来使用 XA(1)、XA(2)、XA(3)的值，这只是为了在编写等式时，看起来比较接近原本的数学表示法，程序的 28～30 行等于下面的写法：

```
F(1)= XA(1)*XA(1)+ XA(2)*XA(2)+ XA(3)*XA(3)- 3
F(2)= XA(1)*XA(2)+ XA(2)*XA(3)+ XA(1)*XA(3)- 3
F(3)= exp(XA(1))+ exp(XA(2))+ exp(XA(3))- 3*exp(1.0)
```

16-3 微积分

这一节会介绍使用 IMSL 来求解积分、多重积分、微分、及偏微分的方法。

16-3-1 积 分

这一节中会介绍 IMSL 其中 3 个求解积分的函数，(D)QDAGS、(D)QDAGP、(D)QDAGI。这 3 个函数可以应用在不同的问题上，首先来介绍(D)QDAGS，这个函数求解的是最平常的积分问题：

$$\int_a^b f(x)dx$$

其中 f(a)及 f(b)可以是正负无限大的值,不过在 f(a~b)之间的数字不能是正负无限大。详细使用说明如下:

subroutine QDAGS(F, A, B, ERRABS, ERRREL, ANS, ERR)

real, external :: F	输入所要积分的函数
real A	积分的起点值
real B	积分的终点值
real ERRABS	希望的误差绝对值
real ERRREL	希望的误差相对值
real ANS	返回的积分结果
real ERR	返回的误差估计值

下面的实例程序实际示例 $\int_0^\pi \sin(x)dx$ 的计算。

QDADS.F90

```
 1. program main
 2.  use IMSL
 3.  implicit none
 4.  integer NOUT
 5.  real, external :: F
 6.  real A, B
 7.  real, parameter :: ERRABS = 1E-5
 8.  real, parameter :: ERRREL = 1E-5
 9.  real ANS, ERR
10.
11.  A = 0.0
12.  B = 3.14159
13.  CALL QDAGS(F, A, B, ERRABS, ERRREL, ANS, ERR)
14.  write(*,"('积分值='F5.2,' 估计误差范围:'F6.4)")ANS, ERR
15.
16. end
17.
18. real function F(X)
19.  implicit none
20.  real X
21.  F = sin(X)
```

IMSL 函数库

```
22.    return
23.end function
```

当函数 f(x)在积分范围 a~b 中间会出现 f(x)=-∞ 或 f(x)= ∞值时，x 被称为 singular point，这种函数不适合使用(D)QDAGS 来积分。函数 QDAGP 可以解决这类的问题，不过必须说明清楚这些 singular point 的位置。

subroutine QDAGP(F, A, B, NPTS, POINTS, ERRABS, ERRREL, ANS, ERR)

real, external :: F	输入所要积分的函数
real A	积分的起点值
real B	积分的终点值
integer NPTS	有几个 singular point
real POINTS(NPTS)	用数组输入 singular point 的位置
real ERRABS	希望的误差绝对值
real ERRREL	希望的误差相对值
real ANS	返回的积分结果
real ERR	返回的误差估计值

下面的实例程序范例 $\int_0^3 \log_e |(x-1)(x-2)| dx$ 的积分结果。

QDAGP.F90

```fortran
1.program main
2.  use IMSL
3.  implicit none
4.  real, external :: F
5.  real A, B
6.  integer, parameter :: NPTS = 2
7.  real :: POINTS(NPTS)=(/ 1.0, 2.0 /)
8.  real, parameter :: ERRABS = 1E-2
9.  real, parameter :: ERRREL = 1E-2
10. real ANS, ERR
11.
12. A = 0.0
13. B = 3.0
14. CALL QDAGP(F, A, B, NPTS, POINTS, ERRABS, ERRREL, ANS, ERR)
15. write(*,"('积分值='F5.2,' 估计误差范围:'F6.4)")ANS, ERR
16.
17. stop
18.end
```

```
19.
20.real function F(X)
21.    implicit none
22.    real X
23.    F = LOG(abs((X-1.0)*(X-2.0)))
24.    return
25.end function
```

最后要介绍的是 QDAGI，它适用在积分的区间范围出现正负无限大时的情况。详细使用方法如下：

subroutine QDAGI(F, BOUND, INTER, ERRABS, ERRREL, ANS, ERR)

real, external :: F	输入所要积分的函数
real BOUND	引用 INTER
integer INTER	INTER=-1 时，积分范围为-∞到 BOUND 间
	INTER=1 时，积分范围为 BOUND 到∞间
	INTER=2 时，积分范围为-∞到∞间
real ERRABS	希望的误差绝对值
real ERRREL	希望的误差相对值
real ANS	返回的积分结果
real ERR	返回的误差估计值

这个实例程序示例了 $\int_1^\infty \frac{1}{x^2}dx$ 的计算

QDAGI.F90

```
1.program main
2.  use IMSL
3.  implicit none
4.  real, external :: F
5.  real :: BOUND = 1.0
6.  integer :: INTER = 1
7.  real, parameter :: ERRABS = 1E-3
8.  real, parameter :: ERRREL = 1E-3
9.  real ANS, ERR
10.
11. call QDAGI(F, BOUND, INTER, ERRABS, ERRREL, ANS, ERR)
12. write(*,"('积分值='F5.2,' 估计误差范围:'F6.4)")ANS, ERR
13.
14. stop
```

```
15.   end
16.
17.   real function F(X)
18.     implicit none
19.     real X
20.     F = 1.0/(x*x)
21.     return
22.   end function
```

16-3-2 多重积分

上一节所计算的积分问题，都是在函数 f(x)中只有一个参数 x 的情况。现在来看函数 f(x,y,...)中有多个参数的情况。IMSL 有两个函数可以做多重积分，(D)TWODQ 用来做二重积分，(D)AND 则可以用来做任意层次的积分。先介绍(D)TWODQ 的使用：

subroutine TWODQ(F, A, B, G, H, ERRABS, ERRREL, IRULE, ANS, ERREST)

假设所要积分的函数类型为 $\int_A^B \int_{g(x)}^{h(x)} f(x,y) dx dy$

real, external :: F	输入所要积分的函数 f(x,y)，函数 F 会得到两个参数
real A	积分的范围
real B	积分的范围
real, external :: G	用来计算 g(x)的函数
real, external :: H	用来计算 h(x)的函数
real ERRABS	希望做到的误差绝对值
real ERRREL	希望做到的误差相对值
integer IRULE	设置在 Gauss-Kronrod rule 下的点数 IRULE=1 时，7-15 IRULE=2 时，10-21 IRULE=3 时，15-31 IRULE=4 时，20-41 IRULE=5 时，25-51 IRULE=6 时，30-61
real ANS	返回的积分结果
real ERREST	返回的误差估计值

下面是计算 $\int_0^5 \int_0^5 (x+y) dx dy$ 的实例：

TWODQ.F90

```fortran
1. program main
2.   use IMSL
3.   implicit none
4.   real A, B
5.   real, parameter :: ERRABS = 0.001
6.   real, parameter :: ERRREL = 0.001
7.   integer, parameter :: IRULE = 6
8.   real, external :: F,G,H
9.   real :: ANS
10.  real :: ERREST
11.  A = 0.0
12.  B = 5.0
13.  call TWODQ(F, A, B, G, H, ERRABS, ERRREL, IRULE, ANS, ERREST)
14.  write(*,*)ANS
15.  stop
16. end program
17.
18. real function F(X,Y)
19.   implicit none
20.   real X, Y
21.   F = X+Y
22.   return
23. end function
24.
25. real function G(X)
26.   implicit none
27.   real X
28.   G = 0.0
29.   return
30. end function
31.
32. real function H(X)
33.   implicit none
34.   real X
35.   H = 5.0
36.   return
37. end function
```

IMSL 函数库

这个实例中，g(x)跟 h(x)的函数很简单，都是固定的数值，所以都没有使用到输入的 X 值。

再来介绍(D)QAND 的使用，它可以用来做下面形式函数的积分：

$$\int_{a_1}^{b_1} \int_{a_2}^{b_2} \int_{a_3}^{b_3} \cdots \int_{a_n}^{b_n} f(x_1, x_2, \cdots x_n) dx_n dx_{n-1} \cdots x_1$$

subroutine QAND(F, N, A, B, ERRABS, ERRREL, MAXFCN, ANS, ERREST)

real, external :: F	输入所要积分的函数 f(x1,x2,...xn)
integer N	维度
real A(N)	积分的范围
real B(N)	积分的范围
real ERRABS	希望的误差绝对值
real ERRREL	希望的误差相对值
integer MAXFCN	设置函数 F 调用次数的上限
real ANS	返回的积分结果
real ERREST	返回的误差估计值

下面的实例程序会计算出这个式子 $\int_0^1 \int_0^1 \int_0^1 (x_1 + x_2 + x_3) dx_3 dx_2 x_1$ 的值。

QAND.F90

```
1.  program main
2.   use IMSL
3.   implicit none
4.   real, external :: F
5.   integer, parameter :: N=3
6.   real A(N), B(N)
7.   real, parameter :: ERRABS = 0.0001
8.   real, parameter :: ERRREL = 0.001
9.   integer, parameter :: MAXFCN = 10000
10.  real errest, ans
11.  integer I,J, num
12.
13.  A = 0.0
14.  B = 1.0
15.  CALL QAND(F, N, A, B, ERRABS, ERRREL, MAXFCN, ANS, ERREST)
16.  write(*,*)ANS
17.
18.  stop
```

```
19.end
20.
21.real function F(N, X)! 计算f(X1,X2,...Xn)
22.  implicit none
23.  integer N
24.  real X(N)
25.  F = sum(x)! sum(x)= x(1)+x(2)+...x(n)
26.  return
27.end function
```

16-3-3 微 分

函数(D)DERIV 可以用来做 1 次、2 次、或 3 次微分，使用方法如下：

subroutine DERIV(F, KORDER, X, BGSTEP, TOL)

real, external :: F	要计算微分的函数
integer KORDER	设置要计算几次微分, KORDER=1~3
real X	微分 f'(x)的位置
real BGSTEP	计算微分的范围会在 x-4*BGSTEP ~ x+4*BGSTEP 间
real TOL	希望的误差范围

下面的实例会实际范例计算 f(x)=sin(x)的一次微分：

DERIV.F90

```
1.program main
2.  use IMSL
3.  implicit none
4.  real, external :: F
5.  integer, parameter :: KORDER = 1
6.  real :: x=0.0
7.  real, parameter :: BGSTEP = 1E-3
8.  real, parameter :: TOL = 1E-3
9.  write(*,*)DERIV(F, KORDER, X, BGSTEP, TOL)
10. stop
11.end
12.
13.real function F(X)
14.  real X
```

```
15.     F = sin(X)
16.    return
17.end function
```

16-4 微分方程

这一节会介绍常微分方程 ODE 和偏微分方程 PDE 的解法。

16-4-1 常微分方程（I）

IVPRK、IVMRK、IVPRG 这 3 个函数都可以用来配合 initial value 初值，求解一次常微分方程（First order ODE）。IVPRK、IVMRK 都使用 Rouge-Kutta 法，IVPRG 则使用 Adams or Gear 法。先来介绍 IVPRK 的使用：

subroutine IVPRK(IDO,N,FCN,T,TEND,TOL,PARAM,Y)

integer IDO	用来表示 IVPRK 函数的执行状态 IVPRK 是设计用来做多次计算使用的，当第 1 次调用 IVPRK 时，请把 IDO 设为 1。第 1 次调用 IVPRK 时会配置一些内存空间供后面的计算使用 第 1 次调用 IVPRK 执行后，会把 IDO 值设置为 2，表示内存空间已经配置完毕 最后一次调用 IVPRK 时，请把 IDO 设置为 3，IVPRK 会把它所使用的内存空间释放
integer N	微分方程式的数目
external FCN	计算微分方程式的子程序
real T	系统的初始时间值，当 IVPRK 正常执行完毕后，T 值会被设置成 TEND
real TEND	所要计算的系统时间值
real TOL	期望的误差值范围
real PARAM(50)	用来控制 IVPRK 函数执行时的行为，数组中每个元素值都有它所代表的设置值，这些设置值请自行引用使用说明。当 PARAM(n)=0 时，第 n 个位置所代表的设置内容会使用默认值
real Y(N)	调用 IVPRK 前请先在数组 Y 中设置初始值 Y(n)= Yn(T) IVPRK 执行完后，数组 Y 中会存放微分方程的解 Y(n)= Yn(Tend)

下面的实例会计算 y'(t)=-0.01*y(t), y(0)=2 的情况下，时间 t 值为 10、20...100 下的结果。

IVPRK.F90

```
1.! IMSL IVPRK 范例
2.! 求解 Y'(t)=-0.01*Y(t)
```

```
3.! initial condition Y(0)=2
4. program main
5.   use IMSL
6.   implicit none
7.   integer, parameter :: MXPARM = 50
8.   integer, parameter :: N = 1
9.   integer IDO, ISTEP, NOUT
10.  real PARAM(MXPARM), T, TEND, Y(N)
11.  real, parameter :: TOL = 1E-3
12.  external FCN
13.
14.  PARAM = 0  ! 完全使用默认值
15.  WRITE(*,"(' Time', 9X,'Y')")
16.  Y(1)= 2.0 ! Initial condition
17.  T = 0.0    ! Y(T)=2.0 中的时间 T 值
18.  IDO = 1
19.  do ISTEP=0,100,10
20.    TEND = ISTEP
21.    call IVPRK(IDO, N, FCN, T, TEND, TOL, PARAM, Y)
22.    write(*,'(F5.1,F12.4)')T, Y
23.  end do
24.  call IVPRK(3, N, FCN, T, TEND, TOL, PARAM, Y)! 释放内存
25.
26.  stop
27. end program
28.! 计算微分方程式
29.! YPRIME=Y'=f(t,y)
30. subroutine FCN(N, T, Y, YPRIME)
31.   implicit none
32.   integer N
33.   real T, Y(N), YPRIME(N)
34.   real, parameter :: K=-1E-2
35.   ! Y' = K*Y
36.   YPRIME(1)= K*Y(1)
37.   return
38. end subroutine
```

程序最先是以 t=0、y(t)=2 为初值来计算 y(10)的结果，在第 2 次调用 IVPRK 中，是以 t=10、y(t)则刚好使用上次计算的结果为初值，来计算下一个 y(20)。第 24 行是最后一次调用 IVPRK，在这里并没有要计算微分方程式，纯粹是为了把第 1 个参数 IDO=3 的值输入，让 IVPRK 去释放它所使用的内存。

IMSL 函数库

再来看另一个函数 IVPRM 的使用，它的用法比 IVPRK 简单一些，少了两个参数。

subroutine IVMRK(IDO, N, FCN, T, TEND, Y, YPRIME)

integer IDO	用来表示 IVMRK 函数的执行状态 IVMRK 是设计用来做多次计算使用的，当第 1 次调用 IVMRK 时，请把 IDO 设为 1。第 1 次调用 IVMRK 时会配置一些内存空间供后面的计算使用 第 1 次调用 IVMRK 执行后，会把 IDO 值设置为 2，表示内存空间已经配置完毕 最后一次调用 IVMRK 时，请把 IDO 设置为 3，IVMRK 会把它所使用的内存空间释放
integer N	微分方程式的数目
external FCN	计算微分方程式的子程序
real T	系统的初始时间值，当 IVMRK 正常执行完毕后，T 值会被设置成 TEND
real TEND	所要计算的系统时间值
real Y(N)	调用 IVMRK 前请先在数组 Y 中设置初始值 Y(n)= Yn(T) IVPRK 执行完后，数组 Y 中会存放微分方程的解 Y(n)= Yn(Tend)
real YPRIME(N)	返回 Yn'(Tend)的值

上个实例程序中求解的微分方程式只有一个式子，实例程序 IVMRK.F90 会示例求解多个式子的微分方程式系统。并不是只有 IVMRK 才能求解多个式子，IVPRK 同样也可以解微分程序系统。

IVMRK.F90

```
1.!  IMSL  IVMRK 示例
2.! 求解 Y1'(t)=-5*Y1(t)+ 2*Y2(t)
3.!     Y2'(t)=13*Y1(t)- 0.5*Y2(t)
4.!     initial condition Y1(0)=1, Y2(0)=1
5.program main
6. use IMSL
7. implicit none
8. integer, parameter :: MXPARM = 50
9. integer, parameter :: N = 2
10. integer IDO, ISTEP, NOUT
11. real T, TEND, Y(N), YPRIME(N)
12. real, parameter :: TOL = 1E-3
13. external FCN
14.
15. WRITE(*,"(' Time',4(9X,A3))")"Y1","Y2","Y1'","Y2'"
16. Y = 1.0 ! Initial condition
```

```
17.    T = 0.0 ! Y(T)=1.0 中的时间 T 值
18.    IDO = 1
19.    do ISTEP=1,10
20.      TEND = ISTEP/10.0
21.      call IVMRK(IDO, N, FCN, T, TEND, Y, YPRIME)
22.      write(*,'(F5.1,4F12.4)')T, Y, YPRIME
23.    end do
24.    call IVMRK(3, N, FCN, T, TEND, Y, YPRIME)！释放内存
25.
26.    stop
27.end program
28.! 计算微分方程式
29.! Y1'(t)=-5*Y1(t)+ 2*Y2(t)
30.! Y2'(t)=13*Y1(t)- 0.5*Y2(t)
31.subroutine FCN(N, T, Y, YPRIME)
32.    implicit none
33.    integer N
34.    real T, Y(N), YPRIME(N)
35.    real, parameter :: K=-1E-2
36.    ! Y1'(t)=-5*Y1(t)+ 2*Y2(t)
37.    YPRIME(1)= -5*Y(1)+ 2*Y(2)
38.    ! Y2'(t)=13*Y1(t)- 0.5*Y2(t)
39.    YPRIME(2)= 13*Y(1)+ 0.5*Y(2)
40.    return
41.end subroutine
```

最后来介绍 IVPAG,它同样也是用来计算微分方程,差别在使用的算法不同。

subroutine IVPAG(IDO,N,FCN,FCNJ,A,T,Tend,TOL,Y,YPRIME)
与 IVPRK 比较,只有 FCNJ 和 A 这两个参数不同。

integer IDO	用来表示 IVPAG 函数的执行状态
	IVPAG 是设计用来做多次计算使用的,当第 1 次调用 IVPAG 时,请把 IDO 设为 1。第 1 次调用 IVPAG 时会配置一些内存空间供后面的计算使用
	第 1 次调用 IVPAG 执行后,会把 IDO 值设置为 2,表示内存空间已经配置完毕
	最后一次调用 IVPAG 时,请把 IDO 设置为 3,IVPAG 会把它所使用的内存空间释放
integer N	微分方程式的数目
external FCN	计算微分方程式的子程序
external FCNJ	计算 Jacobian,只有在 PARAM(13)=1 时,才会去调用 FCNJ

IMSL 函数库

real A(:,:)	当 PARAM(19)不为 0 时才会真正使用它，用来输入 implicit 系统下的矩阵
real T	系统的初始时间值，当 IVPAG 正常执行完毕后，T 值会被设置成 TEND
real TEND	所要计算的系统时间值
real TOL	期望的误差值范围
real PARAM(50)	用来控制 IVPAG 函数执行时的行为，数组中每个元素值都有它所代表的设置值，这些设置值请自行引用使用说明。当 PARAM(n)=0 时，第 n 个位置所代表的设置内容会使用默认值
real Y(N)	调用 IVPAG 前请先在数组 Y 中设置初始值 Y(n)= Yn(T) 　IVAG 执行完后，数组 Y 中会存放微分方程的解 Y(n)= Yn(Tend)

下面的实例程序，同 IVPRK.F90 一样会求解 y'(t)=-0.01*y(t), y(0)=2。

IVPAG.F90

```fortran
1.! IMSL IVPAG 范例
2.! 求解 Y'(t)=-0.01*Y(t)
3.! initial value Y(0)=2
4. program main
5.  use IMSL
6.  implicit none
7.  integer, parameter :: MXPARM = 50
8.  integer, parameter :: N = 1
9.  integer IDO, ISTEP, NOUT
10. real A(1,1)
11. real PARAM(MXPARM), T, TEND, Y(N)
12. real, parameter :: TOL = 1E-3
13. external FCN, FCNJ
14.
15. PARAM = 0   ! 令 IVPAG 计算过程的设置完全使用默认值
16. WRITE(*,"(' Time', 9X,'Y')")
17. Y(1)= 2.0 ! Initial value Y(T)=2.0
18. T = 0.0    ! Initial value Y(T)=2.0 中的时间 T 值
19. IDO = 1
20. do ISTEP=10,100,10
21.    TEND = ISTEP
22.    call IVPAG(IDO, N, FCN, FCNJ, A, T, TEND, TOL, PARAM, Y)
23.    write(*,'(F5.1,F12.4)')T, Y
```

```fortran
24.    end do
25.    call IVPAG(3, N, FCN, FCNJ, A, T, TEND, TOL, PARAM, Y)!释放内存
26.
27.    stop
28.end program
29.! 计算微分方程式
30.! YPRIME=Y'=f(t,y)
31.subroutine FCN(N, T, Y, YPRIME)
32.    implicit none
33.    integer N
34.    real T, Y(N), YPRIME(N)
35.    real, parameter :: K=-1E-2
36.    ! Y' = K*Y
37.    YPRIME(1)= K*Y(1)
38.    return
39.end subroutine
40.! 在这里不计算 Jacobian 值
41.! 所以函数 FCNJ 完全不做事
42.! 实际使用时，要在 DYPDY 中返回计算结果
43.subroutine FCNJ(N, T, Y, DYPDY)
44.    implicit none
45.    integer N
46.    real T, Y(N), DYPDY(N)
47.    return
48.end subroutine
```

16-4-2 常微分方程（II）

这个小节要介绍利用边界条件来求解 ODE 的函数(D)BVPFD 及(D)BVPMS。首先来看 (D)BVPMS 的使用，这个函数需要输入 18 个参数，使用上非常麻烦。

subroutine BVPMS(FCNEQN,FCNJAC,FCNBC,NEQNS,TLEFT,TRIGHT,DTOL,BTOL,MAXIT, NINIT,TINIT,YINIT,LDYINI,NMAX,NFINAL,TFINAL,YFINAL,LDYFIN)

external FCNEQN	计算微分方程的函数 subroutine FCNEQN(NEQNS, T, Y, P, DYDX) integer NEQNS 等式的数目 real T 输入的自变量 T 值 real Y(NEQNS)输入的 Yn(t) real P 求解非线性系统时使用的 continuation parameter real DYDX(NEQNS)记录计算出来的 yn'(t)
external FCNJAC	计算 Jacobian subroutine FCNJAC(NEQNS, T, Y, P, DYPDY)

IMSL 函数库

	前 4 个参数和 FCNEQN 相同, real DYPDY(NEQNS,NEQNS)需要计算 DYPDY(i,j)=$\partial f_i / \partial y_j$
external FCNBC	计算边界条件,这个函数需要根据边界条件,把计算结果放入 H 数组中 subroutine FCNBC(NEQNS,YLEFT,YRIGHT,P,H) NEQNS 跟 P 和上面两个函数相同 real YLEFT(NEQNS)输入目前所要计算的左边界值 real YRIGHT(NEQNS)输入目前所要计算的右边界值 real H(NEQNS)计算边界条件的结果
integer NEQNS	等式的数目
real TLEFT	左边的边界值
real TRIGHT	右边的边界值
real DTOL	计算微分方程时所期望的误差范围
real BTOL	计算边界条件时所期望的误差范围
integer MAXIT	Newton 法迭代次数的上限值
integer NINIT	所提供的 shooting point 数目,可以是 0
real TINIT(NINIT)	shooting point 的内容,当 NINIT 为 0 时,不会去使用 TINIT
real YINIT(NEQNS, NINIT)	初值猜值,当 NINIT 为 0 时,不会去使用 YINIT
integer LDYINI	数组 YINIT 第一个维度所实际声明的大小,若声明 YINIT 时,第一个维度大小不等于 NEQNS,一定要把它的大小在 LDYINI 中写清楚
integer NMAX	shooting points 最多可容许的数目,最少必须为 2,当 NINIT 不为 0 时,NMAX 必须等于 NINIT
integer NFINAL	实际得到的解的数目
real TFINAL(NMAX)	解出来的 T 值位置
real YFINAL(NEQNS, NMAX)	解出来的 Y 值,YFINAL(i,j)=Yi(TFINAL(j))
integer LDYFIN	数组 YFINAL 的第一个维度所实际声明的大小,若声明 YFINAL 时,第一个维度大小不等于 NEQNS,一定要把它的大小在 LDYINI 中写清楚

这里的实例程序会示例求解下面的微分方程:

$y'''-y''+y'-y=0, y(0)=y(2\pi)=1, y'(0)=y'(2\pi)=0$

这个方程经过 y1'=y, y2=y',y3=y''转换后会变成一次常微分方程:

y1'=y2

y2'=y3

y3'=y3-y2+y1

BVPFD.F90

```fortran
1.  ! IMSL BVPMS 范例
2.  ! 求解 y'''-y''+y'-y=0
3.  ! 经过 y1'=y, y2=y', y3=y'' 代换后会变成 First order ODE
4.  ! y1'=y2
5.  ! y2'=y3
6.  ! y3'=y3-y2+y1
7.  ! 答案为 y1=cos(t), y2=-sin(t), y3=-cos(t)
8.  program main
9.   use IMSL
10.  implicit none
11.  integer, parameter :: NEQNS=3, NMAX=20, LDY=NEQNS
12.  integer, parameter :: MAXIT=19, NINIT=NMAX
13.  integer I, J, NFINAL
14.  real, parameter :: PI=3.14159
15.  real, parameter :: TOL=1E-4, XLEFT=0.0, XRIGHT=2*PI
16.  real X(NMAX), Y(LDY,NMAX)
17.  external FCNEQN, FCNJAC, FCNBC
18.  ! 猜值
19.  Y = 0.0
20.  ! shooting points
21.  do I=1, NINIT
22.     X(I)= XLEFT + REAL(I-1)/REAL(NINIT-1)*(XRIGHT-XLEFT)
23.  end do
24.  ! Solve problem
25.  call BVPMS(FCNEQN, FCNJAC, FCNBC, NEQNS, XLEFT, XRIGHT, TOL, &
26.             TOL, MAXIT, NINIT, X, Y, LDY, NMAX, NFINAL, X, Y, LDY)
27.  ! Print results
28.  write(*,"(4X'X',4(5XA5))")"Y1(X)","Y2(X)","Y3(X)"
29.  do I=1,NFINAL
30.     write(*,"(F5.3,3F10.5)")X(I),Y(:,I)
31.  end do
32.  stop
33. end program
34. !
35. ! 计算偏微分方程
36. !
37. subroutine FCNEQN(NEQNS, T, Y, P, DYDX)
38.  implicit none
```

```
39.    integer NEQNS
40.    real T, P, Y(NEQNS), DYDX(NEQNS)
41.    ! y1' = y2
42.    DYDX(1)= Y(2)
43.    ! y2' = y3
44.    DYDX(2)= Y(3)
45.    ! y3' = y3 - y2 + y1
46.    DYDX(3)= Y(3)- Y(2)+ Y(1)
47.    return
48.end subroutine
49.!
50.! DYPDY(i,j)= dFi/dYj
51.!
52.subroutine FCNJAC(NEQNS, T, Y, P, DYPDY)
53.    implicit none
54.    integer NEQNS
55.    real T, P, Y(NEQNS), DYPDY(NEQNS,NEQNS)
56.    ! y1' = 0*y1 + 1*y2 + 0*y3
57.    DYPDY(1,1)= 0.0
58.    DYPDY(1,2)= 1.0
59.    DYPDY(1,3)= 0.0
60.    ! y2' = 0*y1 + 0*y2 + 1*y3
61.    DYPDY(2,1)= 0.0
62.    DYPDY(2,2)= 0.0
63.    DYPDY(2,3)= 1.0
64.    ! y3' = 1*y1 - 1*y2 + 1*y3
65.    DYPDY(3,1)= 1.0
66.    DYPDY(3,2)=-1.0
67.    DYPDY(3,3)= 1.0
68.    return
69.end subroutine
70.! 定义边界条件
71.! F(1), F(2)...F(n)的值都应该等于0
72.!
73.subroutine FCNBC(NEQNS, YLEFT, YRIGHT, P, F)
74.    implicit none
75.    integer NEQNS
76.    real P, YLEFT(NEQNS), YRIGHT(NEQNS), F(NEQNS)
77.    ! Define boundary conditions
78.    F(1)= YLEFT(1)- 1.0  ! y1(0)=y1(2PI)=1 => y1(0)-1 = 0
```

```
79.     F(2)= YLEFT(2)- YRIGHT(2)! y2(0)=y2(2*PI)=0 => y2(0)-y2(2*PI)=0
80.     F(3)= YRIGHT(2)! y2(2*PI)=0
81.     return
82. end subroutine
```

这个题目的解很明显的是 $Y_1(t)=\cos(t)$, $Y_2(t)=-\sin(t)$, $Y_3(t)=-\cos(t)$，程序执行所得到的值会证明这个结果。这个函数没有使用 Fortran 90 的新功能，所以每次调用时都必须输入所有参数才能执行。

BVPMS 已经算是一个很麻烦的函数了，不过 BVPFD 更加麻烦，它需要使用 22 个参数。

subroutine BVPFD(FCNEQN,FCNJAC,FCNBC,FCNPEQ,FCPBC,NEQNS,NLEFT,NCUPBC, TLEFT,TRIGHT,PISTEP,TOL,NINIT,TINIT,YINIT,LDYINI,LINEAR,PRINT,MXGRID,NFINAL,TFINAL,YFINAL,LDYFIN, ERREST)

external FCNEQN	计算微分方程的函数 subroutine FCNEQN(N, T, Y, P, DYDX) integer N 等式的数目 real T 输入的自变量 T 值 real Y(NEQNS)输入的 Yn(t) real P 求解非线性系统时使用的 continuation parameter real DYDX(NEQNS)记录计算出来的 yn'(t)
external FCNJAC	计算 Jacobian subroutine FCNJAC(NEQNS, T, Y, P, DYPDY) 前 4 个参数和 FCNEQN 相同， real DYPDY(NEQNS,NEQNS)需要计算 $DYPDY(i,j)= \partial f_i / \partial y_j$
external FCNBC	计算边界条件，这个函数需要根据边界条件，把计算结果放入 H 数组中。 subroutine FCNBC(NEQNS,YLEFT,YRIGHT,P,H) NEQNS 跟 P 和上面两个函数相同 real YLEFT(NEQNS)输入目前所要计算的左边界值 real YRIGHT(NEQNS)输入目前所要计算的右边界值 real H(NEQNS)计算边界条件的结果
external FCNPEQ	第 11 个参数 PISTEP 不为 0 时才会去调用 FCNPEQ，跟 FCNEQN 一样是用来计算微分方程，不过会配合输入的 P 值来计算代换过后的微分方程 subroutine FCNPEQ(N, T, Y, P, DYPDP) N,T,Y(N),P 这 4 个参数跟 FCNEQ 相同 real DYPDP(N)计算 dy'/dp 的值
external FCNPBC	第 11 个参数 PISTEP 不为 0 时才会去调用 FCNPBC，跟 FCNBC 一样是用来计算边界条件，不过会配合输入的 P 值来计算 subroutine FCNPBC(N,YLEFT,YRIGHT,P,DFDP) N,YLEFT,YRIGHT,P 跟 FCNBC 相同 real DFDP(N)计算 dF/dP 的值
integer NEQNS	微分方程式的数目
integer NLEFT	initial condition 的数目

IMSL 函数库

integer NCUPBC	有多少对边界条件
real TLEFT	时间轴上左边边界的值
real TRIGHT	时间轴上右边边界的值
real PISTEP	一开始的 P 增值
real TOL	期望的误差值
integer NINIT	包含边界值在内的初始计算值数目
real TINIT(NINIT)	初始的计算位置
real YINIT(N,NINIT)	猜值
integer LDYINI	数组 YINIT 第一维实际声明的大小
logical LINEAR	是否为线性系统
logical PRINT	是否要显示计算过程
integer MAXGRID	最多可以计算出来的解
integer NFINAL	实际计算出来的解
real TFINAL(MAXGRID)	解的时间轴值
real YFINAL(LDYFIN, MAXGRID)	解的 Y 轴值
integer LDYFIN	数组 YFINAL 第一维实际声明的大小
real ERREST(NEQNS)	所求得的函数 Y(J)的误差

BVPFD.F90

```
1.! IMSL BVPFD 范例
2.! 求解 y'''-y''+y'-y=0
3.! 经过 y'=y, y2=y', y3=y''代换后会变成 First order ODE
4.! y1'=y2
5.! y2'=y3
6.! y3'=y3-y2+y1
7.! 答案为 y1=cos(t), y2=-sin(t), y3=-cos(t)
8. program main
9.   use IMSL
10.  implicit none
11.  integer, parameter :: MXGRID=45, NEQNS=3, NINIT=10, &
12.                       LDYFIN=NEQNS, LDYINI=NEQNS, NLEFT=1,NCUPBC=1
13.  INTEGER I, J, NFINAL
14.  real, parameter :: PI = 3.14159
15.  real, parameter :: TOL=1E-3, TLEFT=0.0, TRIGHT=2*PI, PISTEP=0.0
```

```fortran
16.    real ERREST(NEQNS), TFINAL(MXGRID), TINIT(NINIT),&
17.         YFINAL(LDYFIN,MXGRID), YINIT(LDYINI,NINIT)
18.    real ERROR(NEQNS, NINIT)
19.    logical, parameter :: LINEAR=.true., PRINT=.false.
20.    external FCNBC, FCNEQN, FCNJAC
21.
22.    ! 定义所要计算的T值位置
23.    DO I=1, NINIT
24.       TINIT(I)= TLEFT +(I-1)*(TRIGHT-TLEFT)/FLOAT(NINIT-1)
25.    end do
26.    YINIT = 0
27.    ! 求解
28.    call BVPFD(FCNEQN, FCNJAC, FCNBC, FCNEQN, FCNBC, NEQNS, NLEFT,&
29.               NCUPBC, TLEFT, TRIGHT, PISTEP, TOL, NINIT, TINIT,&
30.               YINIT, LDYINI, LINEAR, PRINT, MXGRID, NFINAL,&
31.               TFINAL, YFINAL, LDYFIN, ERREST)
32.    ! 输出结果
33.    write(*,"(14X,'T',6X,Y1=COS(t)', 5X,'Y2=-SIN(t)',5X,'Y3=-COS(t)')")
34.    write(*,"(4F15.6)")(TFINAL(I),(YFINAL(J,I),J=1,NEQNS),I=1, NFINAL)
35.
36.    stop
37. end program
38. !
39. ! 计算偏微分方程
40. !
41. subroutine FCNEQN(NEQNS, T, Y, P, DYDX)
42.    implicit none
43.    integer NEQNS
44.    real T, P, Y(NEQNS), DYDX(NEQNS)
45.    ! y1' = y2
46.    DYDX(1)= Y(2)
47.    ! y2' = y3
48.    DYDX(2)= Y(3)
49.    ! y3' = y3 - y2 + y1
50.    DYDX(3)= Y(3)- Y(2)+ Y(1)
51.    return
52. end subroutine
53. !
54. ! DYPDY(i,j)= dFi/dYj
55. !
```

```
56. subroutine FCNJAC(NEQNS, T, Y, P, DYPDY)
57.   implicit none
58.   integer NEQNS
59.   real T, P, Y(NEQNS), DYPDY(NEQNS,NEQNS)
60.   ! y1' = 0*y1 + 1*y2 + 0*y3
61.   DYPDY(1,1)= 0.0
62.   DYPDY(1,2)= 1.0
63.   DYPDY(1,3)= 0.0
64.   ! y2' = 0*y1 + 0*y2 + 1*y3
65.   DYPDY(2,1)= 0.0
66.   DYPDY(2,2)= 0.0
67.   DYPDY(2,3)= 1.0
68.   ! y3' = 1*y1 - 1*y2 + 1*y3
69.   DYPDY(3,1)= 1.0
70.   DYPDY(3,2)=-1.0
71.   DYPDY(3,3)= 1.0
72.   return
73. end subroutine
74. ! 定义边界条件
75. ! F(1), F(2)...F(n)的值都应该等于 0
76. !
77. subroutine FCNBC(NEQNS, YLEFT, YRIGHT, P, F)
78.   implicit none
79.   integer NEQNS
80.   real P, YLEFT(NEQNS), YRIGHT(NEQNS), F(NEQNS)
81.   ! Define boundary conditions
82.   F(1)= YLEFT(1)- 1.0 ! 要先使用左边的边界值
83.   F(2)= YLEFT(2)- YRIGHT(2)! 再来要使用左右两边的边界值
84.   F(3)= YRIGHT(2)! 最后才使用右边的边界值
85.   return
86. end subroutine
```

16-5 插值与曲线近似

这一节会介绍 IMSL 中做曲线近似及最小方差的函数。

16-5-1 曲线近似

这个小节会介绍三个与 Cubic Spline 曲线近似相关的函数，(D)CSIEZ、(D)CSINT、

(D)CSVAL。首先来介绍(D)CSIEZ：

subroutine CSIEZ(NDATA,XDATA,FDATA,N,XVEC,VALUE)

integer NDATA	输入的数据点数目
real XDATA(NDATA)	数据点的 X 轴值
real FDATA(NDATA)	数据点的 Y 轴值
integer N	所要插值的数据数目
real XVEC(N)	所要插值的 X 轴位置
real VALUE(N)	插值得到的结果

CSIEZ.F90

```
1.  program main
2.    use IMSL
3.    implicit none
4.    integer, parameter :: NDATA = 10, N = 20
5.    real XDATA(NDATA), FDATA(NDATA)
6.    real XVEC(N), VALUE(N)
7.    real, parameter :: xmin = -5.0, xmax = 5.0
8.    real xinc, xp
9.    integer i
10.
11.   xinc =(xmax-xmin)/(NDATA-1)
12.   xp = xmin
13.   do i=1, NDATA
14.     XDATA(I)= xp
15.     FDATA(I)= SIN(XDATA(I))
16.     xp = xp+xinc
17.   end do
18.
19.   xinc =(xmax-xmin)/(N-1)
20.   xp = xmin
21.   do i=1, N
22.     XVEC(I)= xp
23.     xp = xp+xinc
24.   end do
25.   ! 做插值
26.   call CSIEZ(NDATA, XDATA, FDATA, N, XVEC, VALUE)
27.   ! 输出插值结果
```

```
28.    do i=1, N
29.       write(*,"('(',F5.2,',',F5.2,')error:'F6.3)")&
30.       XVEC(i), VALUE(i), VALUE(i)-sin(XVEC(i))
31.    end do
32.    stop
33. end program
```

上一章介绍曲线近似的实现方法时，会分成两个步骤。第 1 个步骤会先计算出每一条小曲线的 3 次方程式系数，最后才计算插值的值。函数(D)CSIEZ 中会一口气完成这两个步骤，直接计算出插值的结果。

先计算出曲线方程式的系数有它的好处，当程序中需要对同一组数据点做多次曲线近似时，先得到方程式系数再求插值，执行效率会比较好。(D)CSINT 可以用来计算方程式系数，(D)CSVAL 则可以经过系数来求插值。

subroutine CSINT(NDATA,XDATA,FDATA,BREAK,CSCOEF)

integer NDATA	输入数据点的数目
real XDATA(NDATA)	输入的数据点 X 轴值
real FDATA(NDATA)	输入的数据点 Y 轴值
real BREAK(NDATA)	每条小曲线的端点值
real CSCOEF(4,NDATA)	每条小曲线的系数值

subroutine CSVAL(X,XINTV,BREAK,CSCOEF)

real X	等待插值的位置
integer XINTV	小曲线的数目
real BREAK(XINTV+1)	端点数目
real CSCOEF(4,XINTV+1)	每条小曲线的系数值

CSINT.F90

```
1. program main
2.    use IMSL
3.    implicit none
4.    integer, parameter :: NDATA = 25, N = 30
5.    real XDATA(NDATA), FDATA(NDATA)
6.    real BREAK(NDATA), CSCOEF(4,NDATA), X
7.    real, parameter :: xmin = -5.0, xmax = 5.0
8.    real xinc, xp, value
9.    integer I
10.
11.   xinc =(xmax-xmin)/(NDATA-1)
12.   xp = xmin
```

```
13.    do I=1, NDATA
14.       XDATA(I)= xp
15.       FDATA(I)= sin(XDATA(I))
16.       xp = xp + xinc
17.    end do
18.
19.    call CSINT(NDATA, XDATA, FDATA, BREAK, CSCOEF)
20.    xinc =(xmax-xmin)/(N-1)
21.    xp = xmin
22.    do I=1, N
23.       ! 由 xp 值来求插值，BREAK 及 CSCOEF 值是由 CSINT 中得到的
24.       value = CSVAL(xp, NDATA-1, BREAK, CSCOEF)
25.       write(*,"('(',F5.2,',',F5.2,')error:'F6.3)")&
26.           xp, value, sin(xp)-value
27.       xp = xp + xinc
28.    end do
29.
30.    stop
31.end program
```

当程序中对同一组数据只需要做一次曲线插值时，使用(D)CSIEZ 会比较方便。当程序中对同一组数据需要做多次的曲线插值时，先调用(D)CSINT 来计算系数，再调用(D)CSVAL 来做插值会有比较好的效率。

16-5-2 最小方差

在这里要介绍 3 种不同功能的函数，(D)RLINE 可以找出一条 $Y=aX+b$ 直线来逼近所有数据点，(D)RCURV 可以找出一条 n 次多项式 $Y = A_nX^n + A_{n-1}X^{n-1} + ... A_2X^2 + A_1X + A_0$ 来逼近所有数据点，(D)FNLSQ 则可以对任意类型的函数来做最小方差法。首先介绍(D)RLINE 的使用：

subroutine RLINE(NOBS,XDATA,YDATA,B0,B1,STAT)

integer NOBS	数据点数目
real XDATA(NOBS)	数据点的 X 轴值
real YDATA(NOBS)	数据点的 Y 轴值
real B0	最小方差法所求得的直线 Y=B0+B1*X 的 B0 值
real B1	最小方差法所求得的直线 Y=B0+B1*X 的 B1 值
real STAT(12)	STAT 数组会返回计算最小方差直线过程中所得到的一些信息。详细内容请引用使用说明

IMSL 函数库

RLINE.F90

```fortran
1. program main
2.   use IMSL
3.   implicit none
4.   integer, parameter :: NOBS = 5
5.   real XDATA(NOBS), YDATA(NOBS)
6.   real B0, B1
7.   real STAT(12)
8.   real xinc, xp, value
9.   real F,X
10.  F(X)= 2*X + 3
11.  integer I
12.
13.  ! 生成数据点
14.  do I=1, NOBS
15.    XDATA(I)= real(I)
16.    YDATA(I)= F(XDATA(I))
17.  end do
18.
19.  call RLINE(NOBS, XDATA, YDATA, B0, B1, STAT)
20.  ! 结果一定为 y=2X+3，因为数据点是根据这个函数来生成的
21.  write(*,"('Y=',F5.2,'X+'F5.2)")B1,B0
22.
23.  stop
24. end program
```

(D)RCURV 可以用最小方差法来求得一条最接近数据点的 n 次多项式，使用方法如下：
subroutine RCURV(NOBS,XDATA,YDATA,NDEG,B,SSPOLY,STAT)

integer NOBS	输入的数据点数目
real XDATA(NOBS)	数据点的 X 值
real YDATA(NOBS)	数据点的 Y 值
integer NDEG	所要计算的多项式次数
real B(NDEG+1)	多项式系数
real SSPOLY(NDEG+1)	计算最小方差过程中的一些信息，详细内容请引用使用说明
real STAT(10)	计算最小方差过程中的一些信息，详细内容请引用使用说明

RCURV.F90

```fortran
1. program main
2.   use IMSL
3.   implicit none
4.   integer, parameter :: NOBS = 10, NDEG = 2
5.   real XDATA(NOBS), YDATA(NOBS)
6.   real B(NDEG+1), poly(NDEG+1)
7.   real STAT(12)
8.   real xinc, xp, value
9.   real F,X,R
10.  F(X,R)= R + 1 + 2*X + 3*X*X  ! R用来制造一些扰动
11.  integer I
12.
13.  call random_seed()
14.  ! 生成数据点
15.  do I=1, NOBS
16.     XDATA(I)= real(I)
17.     call random_number(R)
18.     YDATA(I)= F(XDATA(I), R)
19.  end do
20.
21.  call RCURV(NOBS, XDATA, YDATA, NDEG, B, poly, STAT)
22.  write(*,"(F5.2'+'F5.2'X+'F5.2'X*X')")B
23.
24.  stop
25. end program
```

(D)FNLSQ 可以对任何类型的函数来做最小方差计算。使用方法如下:

subroutine FNLSQ(F,INTCEP,NBASIS,NDATA,XDATA,FDATA,IWT,WEIGHT,A,SSE)

real, external :: F	输入计算数值用的函数 F, F 会得到 K,X 两个参数。假设最小方差所要计算的函数是由 F1、F2...Fn 所组成的, 整数 K 值代表现在要计算 Fk(x)的值
integer INTCEP	INTCEP=0 时, 不计算常量项 INTCEP=1 时, 会计算常量项 计算常量项就等于计算函数与 X 轴的交点
integer NBASIS	所应用的函数是由几种基本函数组成的, 例如 F(X)=sin(x)+cos(x)是由两种基本函数组成的
integer NDATA	所输入的数据数目
real XDATA(NDATA)	数据的 X 值

IMSL 函数库

real FDATA(NDATA)	数据的 Y 值
integer IWT	IWT=0 时，每个数据点的权重都相同 IWT=1 时，会使用 WEIGHT 数组中的值来作为权重
real WEIGHT(NDATA)	权重值
real A(INTCEP+NBASIS)	基本函数的系数 当设置要计算常量项时，A(1)为常量项，函数系数由 A(2)开始记录。不计算常量项时，函数系数由 A(1)开始记录
real SSE	所有点的误差值平方总和

FNLSQ.F90

```
1. program main
2.   use IMSL
3.   implicit none
4.   integer, parameter :: INTCEP = 1
5.   integer, parameter :: NBASIS = 2
6.   integer, parameter :: NDATA = 90
7.   integer, parameter :: IWT = 0
8.   real, external :: F
9.   real A(NBASIS+INTCEP), WEIGHT(NDATA), XDATA(NDATA), FDATA(NDATA)
10.  real SSE
11.  real G,X
12.  integer I
13.  G(X)= 1.0 + 2.0*SIN(X)+ 3.0*COS(X)
14.
15.  do I=1, NDATA
16.    XDATA(I)= 6.0*(FLOAT(I-1)/FLOAT(NDATA-1))
17.    FDATA(I)= G(XDATA(I))
18.  end do
19.
20.  call FNLSQ(F, INTCEP, NBASIS, NDATA, XDATA, FDATA, IWT, WEIGHT, A, SSE)
21.  ! 应该会计算出 f(X)=2*sin(X)+3*cos(X)
22.  write(*,"('F(X)='F5.2'+'F5.2'SIN(X)+'F5.2'COS(X)')")A
23.
24.  stop
25. end program
26. ! F(X)= a*SIN(X)+ b*COS(X)
27. real function F(K, X)
28.  implicit none
29.  integer K
```

```
30.    real X
31.    select case(K)
32.    case(1)！第 1 种基本函数
33.      F = SIN(X)
34.    case(2)！第 2 种基本函数
35.      F = COS(X)
36.    case default ！错误的值
37.      write(*,*)"unknown"
38.    end select
39.    return
40. end function
```

Chapter

附 录

附录 A Fortran 库函数

说明 Fortran 库函数时，会根据下面几个原则来说明：

（1）若无特别赋值，参数的整数 INTEGER 类型泛指长短整型，浮点数 REAL 泛指单精度及双精确度的浮点数。

（2）括号[]中的参数是可以省略的参数。

（3）像 CABS、IABS、ABS 这几个函数都是用来取绝对值，不过 CABS 只适用于 COMPLEX 数，IABS 只适用于整数，ABS 则全部都适用。这一类同样功能的函数组合，在介绍时会把它们放在一起，不再分开介绍。

数值运算函数

ABS(x)(IABS,DABS,CABS)

x=INTEGER/REAL/COMPLEX
return=INTEGER/REAL/COMPLEX
功能：返回参数 x 的绝对值

AIMAG(c)

c=COMPLEX
return=REAL
功能：返回复数 c 的虚部

AINT(r [,kind])(DINT)

r=REAL
return=REAL
功能：返回舍去小数后的参数值

ANINT(r [,kind])(DNINT)

r=REAL
return=REAL
功能：返回最接近参数 r 的整数值

CEILING(r)

r=REAL
return=INTEGER
功能：返回一个等于或大于 r 的最小整数（Fortran 90 增加）

CMPLX(a,b[,kind])

a,b=REAL

return=COMPLEX

功能：返回以 a 值为实部，b 值为虚部的复数

CONJG(c)

c=COMPLEX
return=COMPLEX
功能：返回 c 的共轭复数

DBLE(num)

num=INTEGER/REAL/DOUBLE/COMPLEX
功能：把参数转换成双精确度浮点数

DIM(a,b)

a,b=INTEGER/REAL
return=INTEGER/REAL
功能：a-b > 0 时返回 a-b，否则返回 0

EXPONENT(x)

x=REAL
return=REAL
功能：返回使用 $n*2^e$ 的模式来表示浮点数 x 时（n 为小于 1 的小数），"指数"部分 e 的数值

FLOOR(r)

r=REAL
return=INTEGER
功能：返回等于或小于 r 的最大整数

FRACTION(x)

x=REAL
return=REAL
功能：返回使用 $n*2^e$ 的模式来表示浮点数 x 时，"小数"部分 n 的值

INT(i[,kind])(IFIX,IDINT)

i=INTEGER/REAL/COMPLEX
return=INTEGER
功能：把参数转换成整型数，小数部分会无条件舍去

LOGICAL(a [,kind])

a=LOGICAL
功能：转换不同类型的 LOGICAL 变量，把 a 变量转换成赋值 kind 类型的 LOGICAL

变量

MAX(a,b,...)

a,b,...=INTEGER/REAL
return=INTEGER/REAL
功能：返回最大的参数值

MIN(a,b,...)

a,b,...=INTEGER/REAL
return=INTEGER
功能：返回最小的参数值

MOD(a,b)

a,b=INTEGER/REAL
return=INTEGER/REAL
功能：计算 a/b 的余数。当参数为浮点数时，返回（a-int(a/b)*b）的值

MODULO(a,b)

a,b=INTEGER/REAL
return=INTEGER/REAL
功能：同样计算 a/b 的余数，使用和 MOD 不同的公式来计算。参数为整数时，返回 a-FLOOR(REAL(a)/REAL(b))*b，参数为浮点数时返回 a-FLOOR(a/b)*b

NEAREST(a,b)

a,b=REAL
return=REAL
功能：b>0.0 时，返回大于 a 的最小浮点数值。b<0.0 时，返回小于 a 的最大浮点数值。因为浮点数的保存会有误差，这个函数可用来查看真正的保存数值

NINT(a[,kind])(DNINT)

a=REAL
return=INTEGER
功能：返回最接近参数 a 的整数值

REAL(i)

I=INTEGER
return=REAL
功能：把整型数转换成浮点数

RRSPACING(x)

X=REAL

功能：返回 SPACING(X)的倒数

SCALE(x,i)

x=REAL,i=INTEGER
return=REAL
功能：返回 x*（2**i）

SET_EXPONENT(x,n)

x=REAL,n=INTEGER
return=REAL
功能：返回 FRACTION(x)*（2**n）

SIGN(a,b)(ISIGN,DSIGN)

a,b=INTEGER/REAL
return=INTEGER/REAL
功能：b>=0 时，返回 abs(a)；b<0 时，返回-abs(a)

SPACING(x)

X=REAL

功能：返回 X 值所能接受的最小变化值。因为浮点数的有效位数是有限的，它没有办法真正保存连续的数值。这个函数会返回用浮点数保存 X 值时，所能接受的最小数值间隔

TRANSFER(source,mold [,size])

source=any type
mold=any type
size=INTEGER

把 source 参数中的内存数据直接转换成参数 mold 所使用的类型，size 可以用来赋值要转换多少笔数据。例如：

transfer(1.0,1)= 1065353216
把保存浮点数 1.0 的内存内容改用整型数来解释，会读出 1065353216

数学函数

ACOS(r)(DACOS)

r=REAL
return=REAL
功能：计算 arccosine(r)

ASIN(r)(DASIN)

r=REAL

return=REAL
功能：计算 arcsine(r)

ATAN(r)(DATAN)

r=REAL
return=REAL
功能：计算 arctangent(r)

ATAN2(a,b)(DATAN2)

a,b=REAL
return=REAL
功能：计算 arctangent(a/b)

COS(x)(CCOS,DCOS)

x=REAL/COMPLEX
return=REAL/COMPLEX
功能：计算 cosine(x)

COSH(r)(DCOSH)

r=REAL
return=REAL
功能：计算 hyperbolic cosine(x)

EXP(n)(CEXP,DEXP)

n=REAL/COMPLEX
return=REAL/COMPLEX
功能：计算自然对数 e^n 的值

LOG(x)(ALOG,DLOG,CLOG)

x=REAL/COMPLEX
return=REAL/COMPLEX
功能：计算以自然对数 e 为底的对数值

LOG10(x)(ALOG10,DLOG10,CLOG10)

x=REAL
return=REAL
功能：计算以 10 为底的对数值

SIN(x)(CSIN,DSIN)

x=REAL/COMPLEX
return=REAL/COMPLEX

功能：计算 sine(x)

SINH(r)(DSINH)

r=REAL
return=REAL
功能：计算 hyperbolic sine(x)

SQRT(x)(CSQRT,DSQRT)

x=REAL/COMPLEX
return=REAL/COMPLEX
功能：计算 x 的开平方值

TAN(r)(DTAN)

r=REAL
return=REAL
功能：计算 tangent(x)

TANH(r)(DTANH)

r=REAL
return=REAL
功能：计算 hyperbolic tangent(x)

字符函数

ACHAR(i)

i=INTEGER
return=CHARACTER
功能：返回 ASCII 字符表上编号为 i 的字符

ADJUSTL(s)

s=CHARACTER
return=CHARACTER
功能：返回向左对齐的字符串 s

ADJUSTR(s)

s=CHARACTER
return=CHARACTER
功能：返回向右对齐的字符串 s

CHAR(i[,kind])

i=INTEGER

return=CHARACTER

功能：返回计算机所使用的字集表上编号为 i 的字符。PC 上使用的字集表为 ASCII 表，所以在 PC 上 CHAR 函数与 ACHAR 函数效果相同

IACHAR(c)

c=CHARACTER
return=INTEGER

功能：返回字符 c 所代表的 ASCII 码

ICHAR(c)

c=CHARACTER
return=INTEGER

功能：返回字符 c 在计算机所使用的字集表中的编号。在 PC 上 ICHAR 与 IACHAR 效果相同

INDEX(a,b[,back])

a,b=CHARACTER
back=LOGICAL
return=INTEGER

功能：返回子字符串 b 在母字符串 a 中第一次出现的位置。如果第 3 个参数 back 有给定真值时，代表从后面开始搜索，返回子字符串 b 在母字符串 a 中最后一次出现的位置

LEN(s)

s=CHARACTER
return=INTEGER

功能：返回字符串 s 的长度

LEN_TRIM(s)

s=CHARACTER
return=INTEGER

功能：返回字符串 s 中除去字尾空格符后的长度

LGE(a,b)

a,b=CHARACTER
return=LOGICAL

功能：判断两个字符串 a>=b 是否成立

LGT(a,b)

a,b=CHARACTER
return=LOGICAL

功能：判断两个字符串 a>b 是否成立

LLE(a,b)

a,b=CHARACTER
return=LOGICAL
功能：判断两个字符串 a<=b 是否成立

LLT(a,b)

a,b=CHARACTER
return=LOGICAL
功能：判断两个字符串 a<b 是否成立

REPEAT(s,i)

s=CHARACTER
i=INTEGER
return=CHARACTER
功能：返回一个重复 i 次 s 的字符串

SCAN(a,b[,back])

a,b=CHARACTER
back=LOGICAL
return=INTEGER
功能：返回字符串 b 所包含的任意字符在字符串 a 中第一次出现的位置。如果 c 有给定真值时，则返回最后出现的位置

TRIM(s)

s=CHARACTER
return=CHARACTER
功能：返回把字符串 s 尾部的空格符除去后的字符串

VERIFY(string,set [,back])

string, set=CHARACTER
back=LOGICAL
return=INTEGER
功能：检查在字符串 string 中有没有使用字符串 set 中的任何字符，返回字符串 string 中第一个出现不属于字符串 set 字符的位置。如果 back 有给定真值时，则返回最后一次出现的位置。例如：

verify("abcde", "ab")= 3

因为第 1 个字符串 string 中，第 3 个字母 c 不属于第 2 个字符串 set 内容的任何一个字符。

verify("ababab", "ab")=0

因为第 1 个字符串 string 中，每个字符都是字符串 set 内容的其中一个字符。

verity("abcde","ab",.true.)=5

第 3 个参数输入.true.值时，会从字符串 string 尾端向前检查

数组函数

这个部分都是 Fortran 90 新添加的函数，在介绍时会使用下面的名词

Array	指任何维数的数组
Vector	指一维数组
Matrix	指二维数组
Dim	指数组的维数，是一个整数
Mask	指数组的逻辑运算
[ ]	括号中表示可忽略的参数

ALL(mask[,dim])

return=LOGICAL

功能：对数组做逻辑判断，如果每个元素都合乎条件就返回真值，否则返回假值。例如：

all(a>5)

检查数组 a 中是否全部的数值都大于 5，返回一个逻辑值。

all(a>b)

a、b 必须是类型相同的数组，检查数组 a 中是否每一个元素都比数组 b 中任何一个元素大，返回一个逻辑值。

all(a>5, 2)

假设数组 a 大小为(n1,n2)，则返回的 logical 数组为 ans(n1)。数组 a(:, i)中每个值拿来与 5 比较大小，所有的数字都大于 5 时返回.true.，判断结果在 ans(i)中。

ALLOCATED(array)

return=LOGICAL

功能：检查一个可变大小的数组是否已经声明大小

ANY(mask[,dim])

return=LOGICAL

功能：对数组做逻辑判断，只要有一个元素合乎条件就返回真值。用法与 ALL 很类似，只差在判断时所使用的条件由"全部"改成"任何"。例如：

any(a>5)

只要数组 a 中有一个元素值大于 5，就返回.true.。

any(a>b)

a、b 必须是类型相同的数组，数组 a 中只要有一个元素比数组 b 中其中一个元素大，返回.true.。

any(a>5, 2)

假设数组 a 大小为(n1,n2)，返回值大小为 n1 的一维 logical 数组 ans(n1)。数组 a(:, i)中每个值拿来跟 5 比较大小，任何一个数字大于 5 时返回.true.，判断结果在 ans(i)中。

COUNT(mask[,dim])

return=INTEGER

功能：对数组做逻辑判断，返回合乎条件的元素数目。例如：

count(a>5)

计算数组 a 中大于 5 的元素个数。

count(a>b)

a、b 必须是类型相同的数组，计算 a(d1,d2,…)>b(d1,d2,…)成立的个数。

count(a>5, 2)

假如 a 大小为(N1,N2)，会返回大小为 ans(N1)的逻辑数组。ans(i)为 a(:,i)>5 的个数。

count(a>b, 2)

假如 a 大小为(N1,N2)，会返回大小为 ans(N1)的逻辑数组。ans(i)为 a(:,i)>b(:,i)的个数。

CSHIFT(array,shift[,dim])

shift=INTEGER

return=array

功能：数组的元素值会以某一维为基准来循环交换内容。shift 表示平移的量值，dim 表示针对这一维来做交换。例如：

integer a(5)=(/ 1,2,3,4,5 /)

a = cshift(a, 1)

结果为 a=(/ 2,3,4,5,1 /)，每个元素都往前移一位，第 1 笔数据则插回最后。

若 $A = \begin{bmatrix} 1 & 2 & 3 \\ 4 & 5 & 6 \\ 7 & 8 & 9 \end{bmatrix}$

B = cshift(A, 1, 2)

结果为 $B = \begin{bmatrix} 2 & 3 & 1 \\ 5 & 6 & 4 \\ 8 & 9 & 7 \end{bmatrix}$

B = cshift(A, 1, 1)

结果为 $B = \begin{bmatrix} 4 & 5 & 6 \\ 7 & 8 & 9 \\ 1 & 2 & 3 \end{bmatrix}$

DOT_PRODUCT(vector_a,vector_b)

vector_a, vector_b=任何基本数值类型的数组

return=任何基本数值类型
功能：把两个一维数组当成向量来做内积

DPROD(vector_a,vector_b)

vector_a, vector_b=real 类型数组
return=DOUBLE
功能：同样做两个向量的内积，返回值为双精度浮点数

EOSHIFT(array,shift[,boundary][,dim])

return=array
功能：把数组以某个维数为基础，移动数组中的元素。boundary 有值时，移动后剩下的位置会设置成 boundary 的值。例如：
integer a(5)=(/ 1,2,3,4,5 /)
a = eoshift(a, 1)
执行结果为 a=(/ 2,3,4,5,0 /)，所有的数字都向前移动一个位置。与 cshift 不同的是，最前面的数字不会循环放回数组最后面，最后面的数字没有赋值 boundary 值时，会自动填 0。
integer a(5)=(/ 1,2,3,4,5 /)
a = eoshift(a, 1, 10)
加入 boundary 值后，最后面会填上 boundary 的值，上面的执行结果为 a=(/ 2,3,4,5,10 /)。

LBOUND(array[,dim])

return=INTEGER
功能：返回数组声明时的下限值。例如：假如声明了一个数组 a(-1:3, -5:5)
lbound(a, 1)= -1
lbound(a, 2)= -5

MATMUL(matrix_a,matrix_b)

return=matrix
功能：对两个二维数组所存放的矩阵内容做矩阵相乘运算，返回值是二维数组

MAXLOC(array[,dim][,mask])

return=INTEGER
功能：找出数组最大值的所在位置，返回值可能是整数或是整数数组。当数组 array 为一维时，返回一个整数，当数组为 n 维数组时，返回大小为 n 的一维数组

MAXVAL(array[,dim][,mask])

return=array_type
功能：返回数组中的最大元素值

MERGE(true_array,false_array [,mask])

return=array

功能：true_array、false_array 大小要完全相同，merge 会根据 mask 运算的结果来决定要取 true_array 或 false_array 的值到返回的矩阵当中，mask 运算中某一位置为"真"时，会填入 true_array 的值，为"否"时，会填入 false_array 的值。例如：

integer a(5)=(/ 1,2,3,4,5 /)
integer b(5)=(/ 5,4,3,2,1 /)
integer c(5)
c = merge(a, b, a>3)

执行结果 c=(/ 5,4,3,4,5 /)，因为 a(1~3)都不大于 3，所以 c(1~3)=b(1~3)。而 a(4~5)大于 3，所以 c(4~5)=b(4~5)。

MINLOC(array [,dim][,mask])

return=INTEGER
功能：返回数组中最小元素的位置

MINVAL(array [,mask])

return=INTEGER
功能：返回数组中最小元素的值

PACK(array ,mask [,vector])

array=任何类型的数组
return=一维数组，类型与输入的 array 相同
功能：会根据数组在内存中的排列顺序，照 mask 运算的逻辑值，把判断成立的数值从 array 中取出，放到返回值的一维数组中。当 vector 没有输入时，返回值的数组大小为 array 中条件成立的数值数目。vector 有输入时，返回值的数组大小与 vector 相同。

integer a(5)=(/ 1,2,3,4,5 /)
integer b(3), c(5)
b = pack(a, a>=3)
c = pack(a, a>=4,(/ 6,7,8,9,10 /))

执行结果 b=(/ 3,4,5 /)，因为 a(3~5)>=3。c=(/ 4,5,8,9,10 /)，因为 a(4~5)>= 4，最后面的 8,9,10 是参数 vector 所提供的，满足条件的数值只有 2 个，返回值却必须与输入的 vector 数目相同，不足的数字都由 vector 的内容来补充

PRODUCT(array [,dim] [,mask])

return=INTEGER/array
功能：返回数组中所有元素的相乘值

RESHAPE(data ,shape)

return=array
功能：通过 shape 的设置，把一串数据"整型"好后，再传给一个数组。例如：
integer :: a(3,3)=(/ 1,2,3,4,5,6,7,8,9 /)
integer :: b(9)

b = reshape(a,(/9/))
a = reshape(b,(/3,3/))

这个函数是用来转换不同类型的数组数据，参数 data 会经过数组在内存中的排列顺序，把它的内容视为一长串数字。参数 shape 可以把这组数字数据视为它所设置的数组类型。

SHAPE(array)

return=array

功能：返回数组的维数及大小，假设 array 为 n 维数组，返回值为大小为 n 的一维数组。例如：

integer a(2,3,4)
integer b(3)
b = shape(a)

执行结果 b(1)=2、b(2)=3、b(3)=4，b(n)等于数组 a 声明时第 n 维的大小。

SIZE(array [,dim])

return=INTEGER

功能：返回数组大小，例如：

integer a(5,5,5)
size(a)= 125   ！因为数组 a 中总共有 125 个数字
size(a,1)= 5   ！因为数组 a 第一维的大小为 5。

SPREAD(source,dim,ncopies)

source=任意类型数组
dim=INTEGER
ncopies=INTEGER
return=array

功能：把一个数组复制到比自己高一维的数组中，复制次数由 ncopies 来决定。而复制的"基础位置"则由 dim 来决定要在哪一维。若参数 source 为一个数值，返回值是大小为 ncopies 的一维数组。若参数 source 是大小为（d1, d2, ..., dn）的数组，则结果是大小为（d1, d2, ..., ddim-1, ncopies, ddim, ..., dn）的数组

integer a(3)
b = spread(a, 1, 2)

执行结果 b(:,1)= a(:)，b(:,2)=a(:)

integer a(3,3)
integer b(3,2,3)
b = spread(a, 2, 2)

执行结果 b(:,1,:)=a(:,:)，b(:,2,:)=a(:,:)

SUM(array [,dim] [,mask])

return=array_type/array

功能：计算数组元素的总和

TRANSPOSE(matrix)

return=matrix
功能：返回一个转置矩阵

UBOUND(array [,dim])

return=INTEGER/array
功能：返回数组声明时的下限值

UNPACK(vector,mask，field)

field=任意类型数值
return=array
功能：根据逻辑运算的结果，返回一个变型的多维数组。结果会根据在内存中的顺序，如果逻辑为真，会填入 vector 的值，否则就填入 field 的值。例如：
integer :: a(4)=(/ 1,2,3,4 /)
integer b(2,2)
logical :: c(2,2)= reshape((/.true., .true., .false., .false./),(/2,2/))

b = unpack(a, c, 0)执行后 b=$\begin{bmatrix} 1 & 0 \\ 2 & 0 \end{bmatrix}$

unpack 函数刚好与 pack 相反，它是用来把一维数组转换成多维数组。

查询状态函数

这个部分几乎全是 Fortran 90 所新添加的函数。

ASSOCIATED(pointer [,target])

return=LOGICAL
功能：检查指针是否已经设置目标。target 有输入时，则检查 pointer 是否指向 target 变量

BIT_SIZE(i)

i=INTEGER
return=LOGICAL
功能：返回参数 i 占了多少 bits 的内存空间

DIGITS(r)

r=REAL
return=INTEGER

功能：返回浮点数 r 使用多少 bits 来记录"数字"的部分

EPSILON(r)

r=REAL

return=REAL

功能：参数 r 的数值不影响结果，只有参数 r 的类型会影响结果。它会返回 spacing(1.0_4) 或 spacing(1.0_8)的值，输入单精度浮点数时，返回 spacing(1.0_4)，也就是当变量为 1.0 时，所能计算的最小数字间隔大小

HUGE(x)

x=INTEGER/REAL

return=INTEGER/REAL

功能：返回参数 x 的类型所能记录的最大数值

KIND(x)

x=INTEGER/REAL

return=INTEGER

功能：返回参数声明时使用的 kind 值

MAXEXPONENT(r)

r=REAL

return=INTEGER

功能：返回浮点数 r 所能接受、记录数值中最大 2^i 的 i 值

MINEXPONENT(r)

r=REAL

return=INTEGER

功能：返回浮点数 r 所能接受、记录数值中最小 2^i 的 i 值

PRECISION(x)

x=REAL/COMPLEX

return=INTEGER

功能：返回参数类型的有效位数范围

PRESENT(x)

x=any_type

return=LOGICAL

功能：在函数中检查某个参数是否有传递进来

RADIX(x)

x=INTEGER/REAL

return=INTEGER

功能：返回保存参数 x 所使用的数字系统。通常的返回值是 2，代表二进制系统

RANGE(x)

x=INTEGER/REAL/COMPLEX
return=INTEGER

功能：返回参数类型所能保存的最大值域范围，返回的 n 值代表 10n

SELECTED_INT_KIND(i)

i=INTEGER
return=INTEGER

功能：返回想声明参数所赋值的值域范围的变量时，所应使用的 kind 值

SELECTED_REAL_KIND(p,r)

p,r=INTEGER
return=INTEGER

功能：返回想要声明能够保存 p 位有效位数、指数为 r 时的浮点数所该使用的 kind 值

TINY(r)

r=REAL
return=REAL

功能：返回参数类型所能保存的最小的正数值

二进制运算函数

这个部分全是 Fortran 90 新添加的函数。

BIT_SIZE(i)

I=INTEGER
功能：返回参数 i 所占用的内存位数

BTEST(i,pos)

i,pos=INTEGER
return=LOGICAL
功能：检查整数 i 以二进制保存时的第 pos 个位置的 bit 是否为 1

IAND(a,b)

a,b=INTEGER
return=INTEGER
功能：对 a、b 做二进制的逻辑"ANS"运算

IBCLR(i,pos)

i,pos=INTEGER
return=INTEGER
功能：返回把整数 i 值以二进位保存时的第 pos 个 bit 值设为 0 后的新值

IBITS(i,pos,n)

i,pos,n=INTEGER
return=INTEGER
功能：把整数 i 值以二进位保存时的第 pos~pos+n 处的位取出所代表的值

IBSET(i,pos)

i,pos=INTEGER
return=INTEGER
功能：返回把整数 i 值以二进位保存时的第 pos 个 bit 值设为 1 后的新值

IEOR(a,b)

a,b=INTEGER
return=INTEGER
功能：返回对 a、b 做二进位 exclsive OR 运算后的值

IOR(a,b)

a,b=INTEGER
return=INTEGER
功能：返回对 a、b 做二进位 OR 运算后的值

ISHFT(a,b)

a,b=INTEGER
return=INTEGER
功能：返回把整数 a 以二进位方法右移 b 位后的数值

ISHFTC(a,b[,size])

a,b,size=INTEGER
功能：返回把整数 a 以二进位方法右移 b 位后的数值，右移出去的高位数值会循环放回低位中

MVBITS(from,frompos,len,to,topos)

from,frompos,len,to,topos=INTEGER
功能：这是子程序，不是函数。to 是返回的参数。取出整数 from 中的 frompos~frompos+len 的位值，重新设置整数 to 中 topos~topos+len 处的位值

NOT(i)

i=INTEGER

return=INTEGER
功能：返回把整数 i 的二进制值做 0、1 反相后的结果

其他函数

这个部分全是 Fortran 90 的新添加。

DATE_AND_TIME(data,time,zone,values)

data,time,zone=CHARACTER
values=integer_array(8)
功能：这是子程序不是函数。会把现在的时间返回到参数中

RANDOM_NUMBER(r)

r=REAL/REAL(n)
功能：这是子程序不是函数。生成一个 0 到 1 之间的随机数值，在参数 r 中返回

RANDOM_SEED([size,put,get])

size=INTEGER
put,get=INTEGER(size)
功能：这是子程序不是函数。用 get 数组来返回目前所使用来启动随机数的"种子"数值。或用 put 数组来设置新的随机数启动"种子"数值

SYSTEM_CLOCK(c,cr,cm)

c,cr,cm=INTEGER
功能：这是库存子程序，不是库存函数。c 会返回程序执行到目前为止的处理器 clock 数，cr 会返回处理器每秒的 clock 数，cm 会返回 c 所能保存的最大值

附录 B ASCII 表

DEC	HEX	CHAR	DEC	HEX	CHAR	DEC	HEX	CHAR
0	0	☺	30	1E	cursor up	60	3C	<
1	1	☺	31	1F	cursor down	61	3D	=
2	2	☺	32	20	space	62	3E	>
3	3	♥	33	21	!	63	3F	?
4	4	♦	34	22	"	64	40	@
5	5	♣	35	23	#	65	41	A
6	6	♠	36	24	$	66	42	B
7	7	beep	37	25	%	67	43	C
8	8	backspace	38	26	&	68	44	D
9	9	tab	39	27	'	69	45	E
10	A	line feed	40	28	(	70	46	F
11	B	home	41	29	)	71	47	G
12	C	form feed	42	2A	*	72	48	H
13	D	carriage	43	2B	+	73	49	I
14	E	sound	44	2C	,	74	4A	J
15	F	✹	45	2D	-	75	4B	K
16	10	▶	46	2E	.	76	4C	L
17	11	◀	47	2F	/	77	4D	M
18	12	↕	48	30	0	78	4E	N
19	13	‼	49	31	1	79	4F	O
20	14	π	50	32	2	80	50	P
21	15	§	51	33	3	81	51	Q
22	16	syn	52	34	4	82	52	R
23	17	etb	53	35	5	83	53	S
24	18	↑	54	36	6	84	54	T
25	19	↓	55	37	7	85	55	U
26	1A	→	56	38	8	86	56	V
27	1B	escape	57	39	9	87	57	W
28	1C	cursor right	58	3A	:	88	58	X
29	1D	cursor left	59	3B	;	89	59	Y

ASCII 表

DEC	HEX	CHAR	DEC	HEX	CHAR	DEC	HEX	CHAR
90	5A	Z	120	78	x	150	96	û
91	5B	[	121	79	y	151	97	ù
92	5C	\	122	7A	z	152	98	ÿ
93	5D	]	123	7B	{	153	99	Ö
94	5E	^	124	7C	|	154	9A	Ü
95	5F	_	125	7D	}	155	9B	¢
96	60	`	126	7E	~	156	9C	£
97	61	a	127	7F	□	157	9D	¥
98	62	b	128	80	Ç	158	9E	₧
99	63	c	129	81	ü	159	9F	ƒ
100	64	d	130	82	é	160	100	á
101	65	e	131	83	â	161	101	í
102	66	f	132	84	ä	162	102	ó
103	67	g	133	85	à	163	103	ú
104	68	h	134	86	å	164	104	ñ
105	69	i	135	87	ç	165	105	Ñ
106	6A	j	136	88	ê	166	106	ª
107	6B	k	137	89	ë	167	108	º
108	6C	l	138	8A	è	168	108	¿
109	6D	m	139	8B	ï	169	109	⌐
110	6E	n	140	8C	î	170	10A	¬
111	6F	o	141	8D	ì	171	10B	½
112	70	p	142	8E	Ä	172	10C	¼
113	71	q	143	8F	Å	173	10D	¡
114	72	r	144	90	É	174	10E	«
115	73	s	145	91	æ	175	10F	»
116	74	t	146	92	Æ	176	110	░
117	75	u	147	93	ô	177	111	▒
118	76	v	148	94	ö	178	112	▓
119	77	w	149	95	ò	179	113	│

DEC	HEX	CHAR	DEC	HEX	CHAR	DEC	HEX	CHAR
180	114		210	132	Ò	240	150	=
181	115	µ	211	133	Ó	241	151	±
182	116	¶	212	134	Ô	242	152	=
183	117		213	135	Õ	243	153	=
184	118		214	136	Ö	244	154	(
185	119	¹	215	137	×	245	155	)
186	11A	º	216	138	Ø	246	156	÷
187	11B	»	217	139	Ù	247	157	~
188	11C	¼	218	13A	Ú	248	158	°
189	11D	½	219	13B	¦	249	159	·
190	11E	¾	220	13C	_	250	15A	·
191	11F	¿	221	13D	¦	251	15B	v
192	120	À	222	13E	¦	252	15C	n
193	121	Á	223	13F	─	253	15D	²
194	122	Â	224	140	a	254	15E	¦
195	123	Ã	225	141	ß	255	15F	
196	124	Ä	226	142	G			
197	125	Å	227	143	p			
198	126	Æ	228	144	S			
199	127	Ç	229	145	s			
200	128	È	230	146	µ			
201	129	É	231	147	t			
202	12A	Ê	232	148	F			
203	12B	Ë	233	149	T			
204	12C	Ì	234	14A	o			
205	12D	Í	235	14B	d			
206	12E	Î	236	14C	8			
207	12F	Ï	237	14D	f			
208	130	Ð	238	14E	e			
209	131	Ñ	239	14F	n			